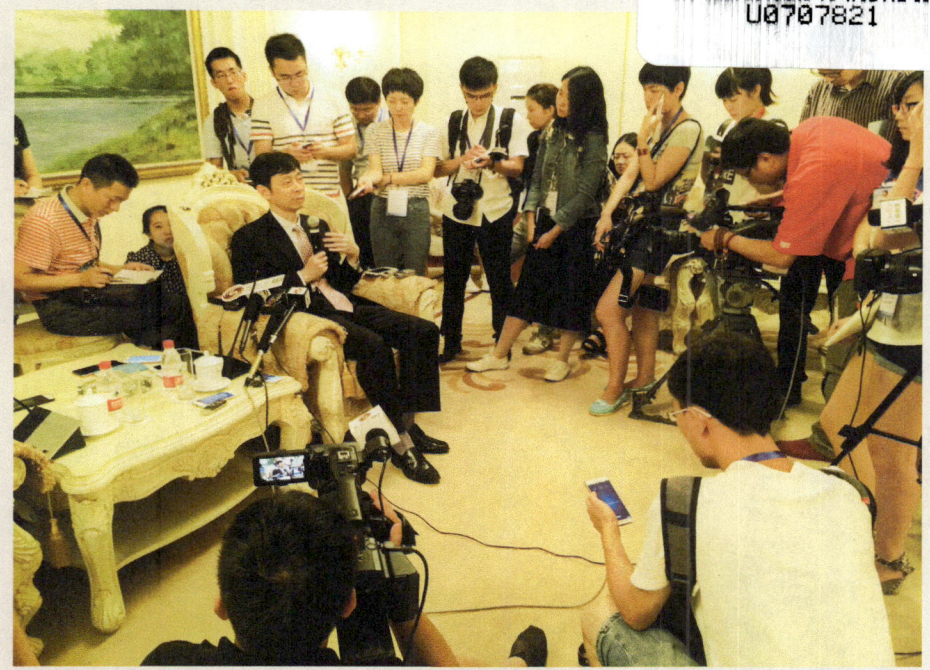

◎ 2015年7月,记者在合肥"机器人世界杯"采访

◎ 2015年8月,记者在中国科学院院史馆采访

◎ 2015年8月,记者在新疆天文台参加科技支疆记者行

◎ 2015年8月,记者在新疆塔克拉玛干沙漠参加科技支疆记者行合影

◎ 2015年8月，记者在新疆和田参加科技支疆记者行合影

◎ 2015年9月，记者在浙江青田参加农业文化遗产记者行

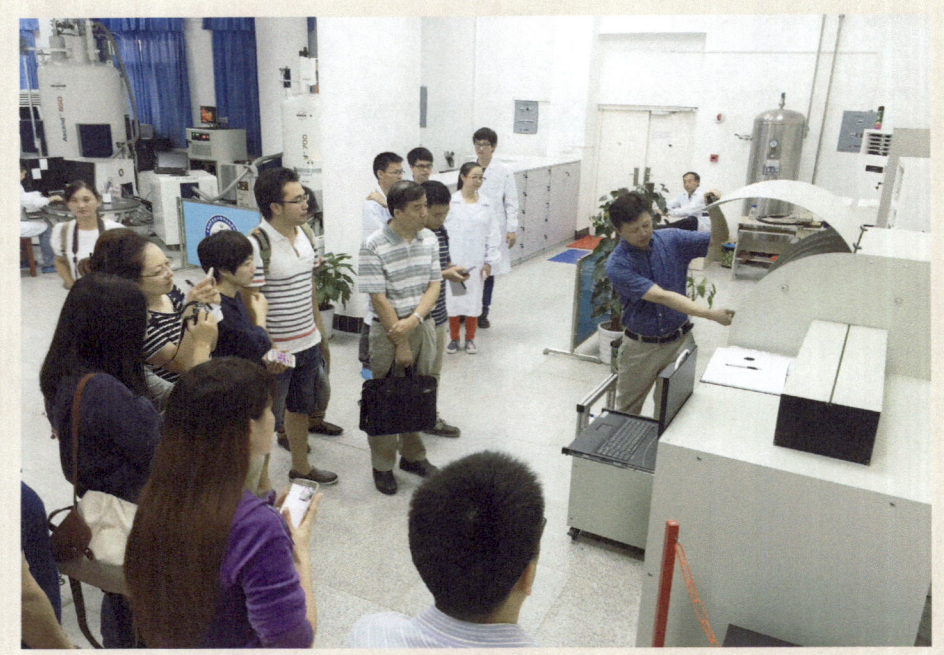

◎ 2015年9月，记者在中国科学院武汉物理与数学研究所采访

◎ 2015年11月，记者在贵州平塘FAST馈源舱起吊现场合影

◎ 2015年11月，记者在贵州平塘FAST馈源舱起吊现场采访时合影

◎ 2015年12月，记者在酒泉卫星发射中心暗物质卫星发射现场采访时合影

◎ 2016年1月，记者在中国科学院2016年年度工作会议发布会暨"十二五"成果发布会现场采访

◎ 2016年2月,记者在西双版纳参加热带雨林生态保护记者行

◎ 2016年3月,记者在中国科学院煤转化科研成果新闻发布会现场采访

◎ 2016年4月,记者在四子王旗采访"实践十号"返回式科学实验卫星科学应用系统专家(一)

◎ 2016年4月,记者在四子王旗采访"实践十号"返回式科学实验卫星科学应用系统专家(二)

◎ 2016年4月，记者在四子王旗"实践十号"返回式科学实验卫星回收现场采访

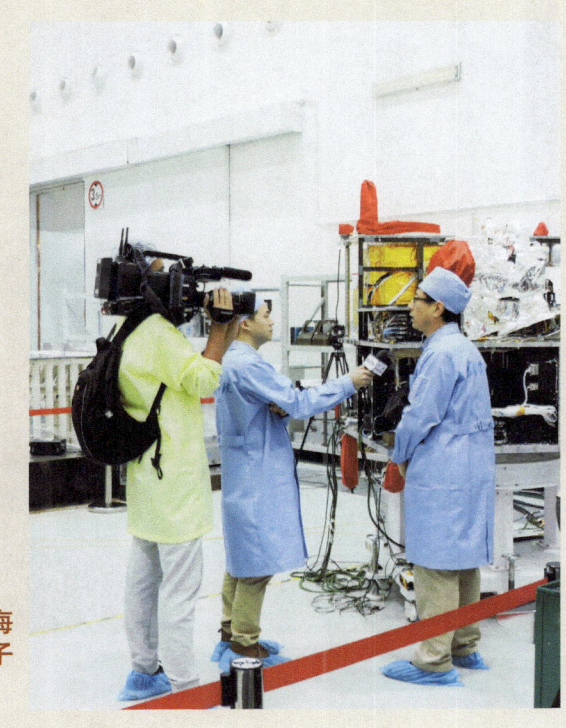

◎ 2016年5月，记者在上海微小卫星工程中心开展量子卫星出厂前采访

◎ 2016年5月，记者在中国科学院自动化研究所进行中国科学院公众科学日采访

◎ 2016年6月，中外记者在中国科学院大学现场报道德国总理默克尔来访活动

◎ 2016年7月,记者在中国科学院呼伦贝尔生态草牧业试验区采访拍摄

◎ 2016年8月,记者在酒泉卫星发射中心采访量子科学实验卫星首席科学家潘建伟院士

◎ 2016年8月，记者在酒泉卫星发射中心量子科学实验卫星发射采访时合影

◎ 2016年8月，记者参加中国科学院深渊科考重大成果新闻发布会

◎ 2016年9月，中国科学院科学传播局与中央电视台综合频道共同主办节目《人机大战》北京项目说明会现场

◎ 2016年9月，记者在贵州平塘FAST落成启用仪式采访时合影

◎ 2016年10月,记者在国务院新闻办公室参加《西藏生态安全屏障保护与建设工程(2008—2014年)建设成效评估》新闻发布会

◎ 2016年10月,记者在中国科学院院机关参加量子科学实验卫星在轨测试阶段性成果新闻发布会

◎ 2016年10月,记者在湖北武汉开展"精准扶贫"专题记者行采访

◎ 2016年10月,记者在湖南十八洞村开展"精准扶贫"专题记者行采访

◎ 2016年11月，中国科学院科学传播局与中央电视台综合频道共同主办节目《人机大战》西安项目征集会现场

◎ 2016年11月，中国科学院科学传播局与中央电视台综合频道共同主办节目《人机大战》深圳项目征集会现场

◎ 2016年12月，记者在中国科学院院机关参加"十三五"空间科学任务全面启动新闻发布会

◎ 2016年12月，火车上的午餐。2016年的最后一个工作日，记者们刚刚结束在武汉的采访活动，乘坐G572次列车返回北京

摄影：熊德、王晓亮、吕珍慧、李燕、金立旺、任晖、董广志、冯春

创新年轮　攀登足迹

中国科学院第十四届科星奖获奖作品选

中国科学院科学传播局　编

科学出版社
北京

内 容 简 介

本书收集了中国科学院第十四届"科星新闻奖"的所有获奖作品，这些作品真实、客观地反映了中国科学院近两年来的发展和成就。这其中，既有对重大创新成果和科技事件的及时报道，如空间科学先导专项系列报道；也有对老一辈科学家和一线科技工作者爱国敬业、献身科学的精神的热情讴歌，如欧阳自远院士、高福院士、叶叔华院士；更有对科技界一些亟待解决的问题乃至机制体制弊端的理性反思。本书不仅是中国科学院改革创新发展历程的真实写照，更是我国乃至国际科技发展的忠实记录。

本书适合广大科技工作者、新闻工作者以及关注中国科学院发展的公众阅读。

图书在版编目（CIP）数据

创新年轮　攀登足迹：中国科学院第十四届科星奖获奖作品选 / 中国科学院科学传播局编 . —北京：科学出版社，2017.1

ISBN 978-7-03-051474-5

Ⅰ. ①创… Ⅱ. ①中… Ⅲ. ①新闻 – 作品集 – 中国 – 当代 ② 中国科学院 – 概况　Ⅳ. ① I253②G322.21

中国版本图书馆 CIP 数据核字（2016）第 320146 号

责任编辑：侯俊琳　朱萍萍　程　凤 / 责任校对：赵桂芬　何艳萍
责任印制：徐晓晨 / 封面设计：有道文化
联系电话：010-64035853
电子邮箱：houjunlin@mail.sciencep.com

科 学 出 版 社 出版
北京东黄城根北街 16 号
邮政编码：100717
http://www.sciencep.com

北京建宏印刷有限公司 印刷
科学出版社发行　各地新华书店经销

*

2017 年 1 月第　一　版　　开本：720×1000　1/16
2021 年 7 月第三次印刷　　印张：37 1/2
字数：710 000
定价：198.00 元
（如有印装质量问题，我社负责调换）

中国科学院第十四届"科星新闻奖"评审委员会

评委会主任

名誉主任　白春礼　中国科学院院长、党组书记
主　　任　谭铁牛　中国科学院副院长、党组成员
副 主 任　高　福　中国科学院院士
　　　　　周德进　中国科学院科学传播局局长、新闻发言人

评委会委员（按姓氏笔画排序）

　　　　　丁　士　经济日报社副总编辑
　　　　　丁　玫　新华社摄影部常务副主任
　　　　　万立骏　中国科学院院士
　　　　　王　磊　瞭望周刊社副总编辑
　　　　　邓庆旭　新浪网副总裁
　　　　　江　夏　人民日报经济社会部主任
　　　　　任　谦　中国国际广播电台副总编辑
　　　　　刘　清　中国科学院科技战略咨询研究院副院长
　　　　　李　方　腾讯网总编辑
　　　　　杨章怀　搜狐网总编辑助理
　　　　　邹　明　凤凰网总编辑
　　　　　汪金福　新华网总编辑
　　　　　张　坤　中国青年报社总编辑
　　　　　张明新　中国新闻社副总编辑
　　　　　张柏春　中国科学院自然科学史研究所所长

张碧涌　光明日报社编委
陈　杰　中央电视台社会新闻部主任
林　群　中国科学院院士
赵　彦　中国科学院科学传播局副局长
徐　来　果壳网总编辑
郭道富　中国科学报社副总编辑
唐维红　人民网副总裁
黄向阳　中国科学院文献情报中心主任
曹京华　中国科学院国际合作局局长
崔俐莎　新华社国内部常务副主任
潘晓闻　中央人民广播电台总编室主任

评委会办公室
主任（兼）　周德进　中国科学院科学传播局局长
副主任　　　熊　德　中国科学院科学传播局新闻联络处处长
　　　　　　龚海华　中国科学院国际合作局综合处副处长

《中国科学院第十四届科星奖获奖作品选》编辑委员会

主　　编　谭铁牛
副 主 编　周德进　赵　彦
编　　辑　熊　德　王　嵩　张轶楠　王晓亮　吕珍慧
　　　　　李　燕　刘宇飞　温家林　韩扬眉
执行编辑　李　燕

序　言

经过几个月的紧张工作，中国科学院第十四届"科星新闻奖"评选终于尘埃落定，这本《创新年轮　攀登足迹——中国科学院第十四届科星奖获奖作品选》也如期和大家见面了。

本届"科星新闻奖"的评选范围是 2014 年 7 月 1 日至 2016 年 6 月 30 日期间报道中国科学院重大科研成果、改革创新发展等各方面工作的作品。本次共收到参评作品 228 件，最终评选出 96 件优秀作品，其中一等奖 16 件、二等奖 32 件、三等奖 48 件，同时从报道数量多、作品质量优并取得一定成绩的新闻记者中评选出"丰产奖"获得者 10 人。本届还评选出了"突出贡献奖" 6 项，以表彰撰写过对中科院相关工作产生实际推动作用，或策划过与中科院工作相关的具有创新性并产生极大社会影响的报道的优秀媒体工作者。这些获奖作品都收录在了本书中。

过去的两年，对于中国科学院来说，是关键和意义极为重大的两年。中国科学院党组按照习近平总书记 2013 年 7 月 17 日视察中国科学院提出的实现"四个率先"的要求，结合贯彻落实党的十八届三中全会精神，研究制定了《中国科学院"率先行动"计划暨全面深化改革纲要》（以下简称《"率先行动"计划》），并经 2014 年 7 月 7 日国家科改领导小组会议审议通过。2014 年 8 月，习近平总书记、李克强总理、张高丽副总理和刘延东副总理分别作出重要批示，对《"率先行动"计划》给予充分肯定，进一步强调了实现"四个率先"目标的重大意义和重要任务，并对中科院下一步全面深化改革、抓好组织实施和工作落实，对国家有关部门支持实施和协同推进《"率先行动"计划》提出了要求。

按照新时代的要求，经过全院上下广泛讨论和酝酿并形成共识，中国科学院适时调整了办院方针，确定了"三个面向""四个率先"的新方针，即"面向世界科技前沿,面向国家重大需求,面向国民经济主战场,率先实现科学技术跨越发展,率先建成国家创新人才高地,率先建成国家高水平科技智库,率先建设国际一流科研机构"。中国科学院的改革创新发展迎来了新的篇章。

两年来,中国科学院认真学习贯彻落实党的十八大和十八届三中、四中、五中、六中全会精神,认真学习领会习近平总书记系列重要讲话精神,认真贯彻落实党中央、国务院决策部署,按照《"率先行动"计划》提出的目标和任务,全面深化改革,统筹推进各项改革发展举措,全面总结"十二五"工作,积极谋划"十三五"改革创新发展,各项工作都取得了丰硕的成果,也为经济社会发展、科技进步和国家安全作出了重大贡献。

中国科学院这些重要的历史时刻,改革创新发展的重要成就,也通过我们的新闻媒体如实地记录了下来。两年来,广大媒体对中国科学院改革创新发展的成果以及我国科技事业的进展的宣传报道掀起了一次又一次高潮,创造了一个又一个科技新闻报道的新纪录。如,2015 年 12 月 17 日,我国暗物质粒子探测卫星"悟空"成功发射升空,各媒体新闻刊发数量创历史新高,《人民日报》、新华社、《光明日报》、《经济日报》、《科技日报》等 13 家中央媒体先后累计刊发原创性报道 110 篇,其中 28 次头版报道、7 次头版头条报道、3 次整版报道,甚至 *Nature*、《人民日报海外版》也先后主动刊发了相关报道;中央电视台也全天滚动播发新闻,6 次直播全面展示,创造了新纪录。这些报道被众多媒体转发广泛传播,既为广大人民群众献上了一桌科学"盛宴",又牢牢占据了舆论的制高点,为我国创新驱动发展战略的实施,乃至整个改革事业的推进,营造了良好的氛围。

两年来,新闻媒体秉承"见人、见事、见成果"的报道理念,深入科研一线采访基层科研工作者,展现科研工作者科研进展和精神风貌的报道作品不仅在量上有所突破,在质上更有明显的提升。"走进中国科学院·记者行"已经成为媒体记者与科研工作者密切接触的精品活动。两年间我们组织的"科技援藏""药物创新""农业文化遗产保护""西双版纳热带雨林生态保护""生态草牧业实验区"等专题活动,产生了一批又一批体验式新闻报道的精品，如本文集收录的《远在天边的随心起舞——一个科研机构的创新文化》《留住农业文明的生存智慧》《树梢上的实验室》等。

习近平总书记在 2016 年 5 月 30 日召开的全国科技创新大会、两院院士大会、中国科协第九次全国代表大会上发表的重要讲话中，吹响了我国"建设世界科技强国的号角"。习总书记还进一步指出："科技创新、科学普及是实现创新发展的两翼，要把科学普及放在与科技创新同等重要的位置。"

提高全民科学素质，普及科学知识、弘扬科学精神、传播科学思想、倡导科学方法是广大科研工作者和新闻工作者的共同责任；实现习总书记的要求，"在全社会推动形成讲科学、爱科学、学科学、用科学的良好氛围，使蕴藏在亿万人民中间的创新智慧充分释放、创新力量充分涌流"，离不开科技界和新闻界的共同努力。衷心希望在未来的日子里，科技界和我们广大媒体能够共同携起手来，为我国的科学传播事业做出新的贡献！

2017 年 1 月

目　　录

序言

文字作品一等奖

中科院开启新一轮改革大幕……………………………………………赵永新 /3
中科院：在破解先导专项中"涅槃"………………………………………李大庆 /6
五论贯彻实施"率先行动"计划（系列评论）…………………………张林 等 /12
做，就做不一样的实验……………………………………………………吴月辉 /27
"实践十号"卫星发射（系列报道）……………………………………吴晶晶 等 /32
远在天边的随心起舞
　　——一个科研机构的创新文化 …………………………………………夏　欣 /47
"谁的研究所？"
　　——中科院西光所自我革命，参股不控股，孵化70余家高科技企业
　　………………………………………………………………………………邱晨辉 /53
科技如何"光"耀产业
　　——探访中科院西光所……………………………………………………张　素 /59
用地球上最大的"耳朵"聆听宇宙……………………………………喻菲 等 /63
海纳百川　人才为先………………………………………………………佘惠敏 /70

文字作品二等奖

冲破藩篱、打破定式，激发创新动力
　　——中科院院长白春礼解读"率先行动"计划……………………吴晶晶 /79
重塑科学家精神：挺起创新型国家的脊梁（系列报道）……………王永霞 等 /82
不按套路出牌的科学家……………………………………………………陈梦炜 /101
中国科学家首次证实哺乳动物早期胚胎可以在太空中完成发育
　　………………………………………………………………………………程盈琪 /104

中科院启动专项行动促科技成果"变现" 硬科技成就"科技富豪"
　　……………………………………………………………… 余晓洁 等 /107
引力波探测，你知道中国有多大能量吗？……………………… 喻菲 等 /110
"伪装者"埃博拉现形记 ……………………………………………… 丁　佳 /117
暗物质卫星专题报道………………………………………………… 邱晨辉 /120
留住农业文明的生存智慧…………………………………………… 夏　欣 /128
一口"仙气"点亮肺部………………………………………………… 杜　芳 /132
人工全合成结晶牛胰岛素"诞生"五十周年（系列报道）……… 王　丹 /137
一个蛋白质的合成
　　——50年前中国科学家完成的一项震动世界的"诺奖级"工作
　　……………………………………………………………………… 邱德青 /142
科学号科考船：中国梦从大洋起航………………………………… 李大庆 /149
"80后"科研伉俪为 GPCR 解码……………………………………… 梁　伟 /156
探寻人类生命的新知
　　——中国美国科学院"双料"院士王晓东和他引领的北京生命科学研究所
　　……………………………………………………………………… 杨维汉 /162
液态金属机器：变形只是开始……………………………………… 余惠敏 /167
让成果走下书架上货架……………………………………………… 吴月辉 /173
新药创制"国家队"谋变
　　——中科院上海药物所鼓励科研人员创业，让产业"反哺"科研
　　……………………………………………………………………… 许琦敏 /177
中科院建院 65 周年　白春礼称"百年目标"是世界科技强国
　　……………………………………………………………………… 张　素 /180
国家创新体系中，中科院位置在哪里？
　　——"率先行动"计划给出答案………………………………… 齐　芳 /182
中科院推进新一轮科技体制改革
　　——本刊专访中国科学院院长白春礼…………………………… 孙英兰 /185
蛋白质组：解码生命"天书"………………………………………… 沈　慧 /190

文字作品三等奖

《自然》选 10 大中国科学之星
　　——脑神经权威叶玉如系唯一入选港人 ……………………… 刘凝哲 /197

中国脑计划争弯道超车
　　——为机器人开发类人大脑 ………………………………… 周　琳 /200
又一个"科学的春天" ……………………………………… 孙英兰 /205
专家解读"实践十号"：搭载19名"乘客"的"流动实验室"
　　……………………………………………………………… 张　素 /212
"鹦鹉螺"旁崛起新一代光源
　　——X射线自由电子激光装置即将开始安装，关键设备基本实现国产化
　　…………………………………………………………… 许琦敏 /215
不忘初心，披肝沥胆60年
　　——感受中科院院士、第二军医大学东方肝胆外科医院院长
　　　　吴孟超的赤子情怀 ………………………………… 黄超 等 /218
挽起求索科学的"小手" …………………………………… 李晨阳 /223
科学院深处飘来浓醇酒香
　　——中科院植物所苦心研究培育出葡萄好品种 ……… 郭超豪 /227
中国问天甲子风云录 ………………………………………… 彭训文 /230
寻找最简单的完美理论
　　——记中科院院士吴岳良与他的"引力量子场论" …… 齐　芳 /235
圆珠笔之问：小小"球珠"拷问中国制造 ………………… 李萌 等 /238
中国新发射卫星有望揭开暗物质之谜 …………………… 王聪 等 /242
这里的冬天不太冷 …………………………………………… 甘　晓 /245
雪域高原变绿了
　　——尽管气温持续上升，西藏高原生态系统总体趋好 … 程盈琪 /248
跑好从实验室到市场的创新"接力赛"
　　——中科院西安光机所科技成果产业化的启示 ……… 吴晶晶 /250
太阳活动周期性影响全球气候变化 ………………………… 宛　霞 /253
传统磁共振成像技术盲区"亮"了
　　——我国拍出首个肺病患者气体磁共振影像 ………… 王潇雨 /256
科技之笔绘出沙海绿舟 ……………………………………… 佘惠敏 /258
别让历史淡忘了他们
　　——走进中国科学家的抗战岁月 ……………………… 刘　莉 /264
第八届"科洽会"成为西北地区首个零碳展会 …………… 李　蓓 /267
桂东伟：把文章写在防治荒漠大地上 ……………………… 梁　伟 /269

让中国科技点亮"一带一路" ·· 董碧娟 /275
走进中国科学院科技支疆前沿（系列报道）································ 倪思洁 /280
技术人员不是"二等公民"·· 吴月辉 /288
科研创新　深圳可以做全国的"鲶鱼"······································ 马　芳 /290
暗物质卫星：照亮中国空间科学·· 丁　佳 /298
力争率先建成国家创新人才高地·· 刘　云 /302
他们为何能获国家科技奖？ ·· 潘旭涛 等 /304
北极海冰减少加重我国东部雾霾·· 申敏夏 /307
量子时代的美好生活·· 桂运安 /310
中科院打响科技体制改革头炮
　　——以院所分类改革带动科研评价、资源配置调整············ 邱晨辉 /314
叶叔华院士（系列报道）·· 徐瑞哲 /318
从天空到地壳，永远追赶最前沿
　　——中科院上海天文台研究员叶叔华的坚守和超越············ 董纯蕾 /327
"我像你们这么大正在开卡车"
　　——中科院院长白春礼为国科大本科新生上第一课············ 李大庆 /333

电视作品一等奖

何元庆：玉龙雪山冰川密码破译人·· 杨壮 等 /337
"率先行动"计划　领跑科技体制改革······································ 帅俊全 /345

电视作品二等奖

中国梦劳动美·大科学工程（系列报道）··································· 刘鑫 等 /351
2016年最值得期待的科技事件（系列报道）······························· 鲁超 等 /367
于敏：愿将一生献宏谋·· 葛　嘉 /384
挑战国家科学技术奖·· 刘星 等 /396

电视作品三等奖

《两院院士谈创新》之"搞科研如何选对路？"···························· 赵悦 等 /415
科学卫星"悟空"开启太空探索之旅·· 帅俊全 /421
纪念人工合成牛胰岛素五十周年·· 张　莉 /423

广播作品一等奖

中国"天眼"将要开眼，视野穿越百亿光年 ………………… 黄光辉 /439

广播作品二等奖

全球最高等级 P4 实验室在武汉建成
　　——中国将对埃博拉等烈性传染病开展研究 ………………… 陈　雨 /445

广播作品三等奖

突破奖，突破了什么？ ……………………………………………… 段玉龙 /451
第八届中国科学院–新疆科技合作洽谈会今天开幕 ………… 黄光辉 /461
丹心铸就共和国核盾牌
　　——2014 年度国家最高科学技术奖获得者"于敏" ……… 张棉棉 /463

网络新闻作品一等奖

总书记讲话戳到科技界痛点　院士盼早日落实 ……………… 赵竹青 /469

网络新闻作品二等奖

沙漠上种葡萄
　　——中科院力助南疆"聚沙成金" …………………………… 赵竹青 /475
王震西院士：中国稀土永磁行业的领路人 …………………… 王振红 /478

网络新闻作品三等奖

西藏高原环境变化科学评估（系列报道） …………………… 王振红 /485
欧阳自远：寻梦广寒宫 ……………………………………… 宋雅娟 等 /494
新中国第一奖学金的前世今生 ………………………………… 吴　兰 /499
最初的远征
　　——中国发现约八万年前的新人类化石 …………………… 张博然 /502

摄影作品一等奖

"悟空"升空目击记
　　——我国首颗暗物质粒子探测卫星昨成功发射 …………… 谢震霖 /511
中国"天眼"成长记（系列报道）………………………… 金立旺 等 /517

摄影作品二等奖

树梢上的实验室 ……………………………………………… 谢震霖 /529
暗物质粒子探测卫星 ………………………………………… 金立旺 /535
中国科学院国家天文台对全世界发布 LAMOST 首批巡天光谱数据
　………………………………………………………………… 殷　刚 /539

摄影作品三等奖

LED 灯下的猕猴 ……………………………………………… 金立旺 /545
天眼——实地探秘 FAST 工程现场 ………………………… 谢震霖 /551
中科院发掘、保护、发展贵州从江县农业文化遗产 ……… 黄光辉 /555
搭建观天智眼
　　——记世界最大单口径射电望远镜铺设工程 …………… 欧东衢 等 /559

文字作品一等奖

文字作品一等奖获奖作品

中科院开启新一轮改革大幕	人民日报社	赵永新
中科院：在破解先导专项中"涅槃"	科技日报社	李大庆
五论贯彻实施"率先行动"计划（系列评论）	中国科学报社	张林 等
做，就做不一样的实验	人民日报社	吴月辉
"实践十号"卫星发射（系列报道）	新华社	吴晶晶 等
远在天边的随心起舞 ——一个科研机构的创新文化	光明日报社	夏欣
"谁的研究所？" ——中科院西光所自我革命，参股不控股，孵化70余家高科技企业	中国青年报社	邱晨辉
科技如何"光"耀产业 ——探访中科院西光所	中国新闻社	张素
用地球上最大的"耳朵"聆听宇宙	新华社	喻菲 等
海纳百川　人才为先	经济日报社	佘惠敏

人民日报

以研究所分类改革为突破口　加快实现"四个率先"

中科院开启新一轮改革大幕

人民日报社　赵永新

中科院院长白春礼19日宣布，以研究所分类改革为突破口，全面启动实施《中国科学院"率先行动"计划暨全面深化改革纲要》（简称"率先行动"计划），力争到2020年左右基本实现"四个率先"目标，在我国实施创新驱动发展战略、建设创新型国家中发挥国家战略科技力量应有的骨干引领作用，到2030年左右全面实现"四个率先"目标，为把我国建成世界科技强国奠定坚实基础，为实现中华民族伟大复兴的中国梦提供有力支撑。

白春礼说，2013年7月17日，习近平总书记视察中科院时提出的"四个率先"（率先实现科学技术跨越发展，率先建成国家创新人才高地，率先建成国家高水平科技智库，率先建设国际一流科研机构）要求，为中科院的未来发展指明了方向。"只有全面深化改革，才能从根本上解决长期影响和制约创新发展的一系列重大问题、激发创新动力与活力，加快实现'四个率先'，带动和引领我国实现由科技大国向科技强国的转变。"

《人民日报》第1版头条
2014年8月20日

据介绍,"率先行动"计划围绕研究所分类改革、调整优化科研布局、深化人才人事制度改革、探索智库建设新体制、深入实施开放兴院战略等5个方面,制定了25项改革发展举措。

中科院将根据不同性质科技创新活动的特点和规律,对现有科研机构进行较大力度的系统调整和精简优化,作为全面深化改革的突破口和着力点,重点建设四类科研机构:面向国家重大需求,组建若干科研任务与国家战略紧密结合、创新链与产业链有机衔接的创新研究院;面向基础科学前沿,建设一批国内领先、国际上有重要影响的卓越创新中心;依托国家重大科技基础设施,建设一批具有国际一流水平、面向国内外开放的大科学研究中心;依托具有鲜明特色的优势学科,建设一批具有核心竞争力的特色研究所。

研究所分类改革的目标是:到2020年前,基本完成分类定位、分类管理的体制机制设计,开展四类科研机构建设试点;到2030年,形成相对成熟定型、动态调整优化的中国特色现代科研院所治理体系,建成一批具有重要影响力、吸引力和竞争力的国际一流科研机构,在部分优势学科领域形成5~10个具有鲜明学术特色的世界级科学研究中心。

白春礼表示,对研究所进行分类定位、分类评价、分类管理,将有助于从根本上突破体制机制壁障,清除各种有形无形的栅栏,打破各种院内院外的围墙,着力开辟"政策特区"和"试验田",让机构、人才、装置、资金、项目都充分活跃起来,形成创新发展的强大合力。

文字作品一等奖

赵永新（笔名柏木钉）

南开大学现当代文学硕士，《人民日报》经济社会部科技采访室主编，高级记者。1995年进入人民日报社工作，2007年之前主要从事环境保护新闻采编工作，是第一个报道圆明园铺设防渗膜事件的记者，先后荣获地球奖、首届（2005年）"绿色中国年度人物"等。2007年之后转向科技新闻采编工作，采写了多篇有影响力的消息、通讯、评论、内参等，为深入实施科教兴国战略、创新驱动发展战略，以及推动科技体制改革、院士制度改革、新药评审制度改革等做出了一定贡献。

科技日报

承担高校和企业难以承担的研究　面向国家二三十年后的战略需求

中科院：在破解先导专项中"涅槃"

科技日报社　李大庆

《科技日报》第 1 版
2014 年 7 月 27 日

陈立泉院士与锂电池结缘是在德国。

1976 年 12 月，作为中科院与德国马普学会的第一批交流者，中科院物理研究所（简称物理所）的陈立泉登上了前往联邦德国的航班，去马普固体所进修。陈立泉原本是研究晶体的，但在马普固体所他看到德国人正在研究锂电池，并听说这种纽扣大小的电池，有可能替代大块头的铅酸电池，于是马上给物理所写信，请求转变方向，研究锂电池。结果获得批准。自此，陈立泉步入了锂电池研究领域。回国后，中科院对陈立泉研究锂电池予以支持，在"六五"到"八五"期间都拨了经费。国家"863"计划启动后，陈立泉成了其中锂电池项目的首席科学家。他在国内首先研制成功锂电池，并建成我国第一条锂电池中试生产线。

超前研究、超前布局、服务国家战略需求，这正是中科院人的追求。

多学科优势

如今，物理所的年轻人还在研究锂电池。只不过，这项研究有了新的名称：A类先导专项。

所谓A类先导专项，就是定位于解决关系国家长远发展的重大科技问题，是对国家未来发展具有战略性、全局性影响的项目，是超前布局、超前研究的中科院重大项目。

中科院重大科技任务局局长王越超说，先导专项分为A类和B类。A类是前瞻战略科技专项，B类是基础与交叉前沿方向布局。A类先导专项包括干细胞与再生医学研究、未来先进核能——钍基熔盐堆核能系统、空间科学、应对气候变化的碳收支认证及相关问题、低阶煤清洁高效梯级利用等研究。

中科院部署A类先导专项可以说是为自己找到一个比较准确的定位。中科院有基础研究，但不少高校也有；中科院有高新技术研究，然而许多企业也有。而中科院的A类先导专项研究却是高校和企业所没有的。这些研究都是瞄准未来二三十年的战略需求，高校因力量有限而难以开展，企业又由于技术太超前、投资太高而望尘莫及。

在A类先导专项中，有一个未来先进核裂变能项目，即钍基熔盐堆研究，就是利用钍作为燃料进行核反应发电。它安全性高、核废料极少，还不可能核扩散。我国是钍的资源大国，若能用钍生产核能，可保我国能源供应千年无忧。王越超说，我们的目标是"瞄准核燃料来源、核废料处理两大瓶颈问题，开展系统的关键技术与集成研究，突破系列核心技术"。

中科院的优势是学科门类齐全。钍基熔盐堆研究主要是由中科院上海应用物理研究所（简称上海应物所）挂帅，包括中科院的12家单位约900人参与。中科院金属研究所（简称金属所）副所长张健说，金属所承担的是熔盐堆结构金属材料的研究，"用于制作结构支撑部件，如反应堆堆芯容器、回路管道、熔盐泵等，既要耐高温、耐腐蚀，又要防辐照"。像金属所一样，中科院上海有机化学研究所（简称有机所）承担了萃取法锂同位素分离及熔盐制备的研究，上海高等研究院进行先进热—功转换关键技术研究，中科院长春应用化学研究所（简称长春应化所）从事核纯级氟化钍制备研究，中科院上海硅酸盐研究所（简称上海硅酸盐所）开展熔盐腐蚀基础问题研究，而中科院化学研究所（简称化学所）则研究熔盐在环境中的行为……

多学科优势在这里充分显现。中科院人拧成了一股绳。

深度试水

"屁股坐在哪就要为哪服务"。撇开这句话的对与错，它在目前是影响中国科技发展的大问题。

2006年3月，中科院确立了知识创新工程三期的目标，提出要"集中力量解决一批国家规划中明确提出的重大科技问题，解决一批具有明确技术出口、能产生重大社会经济效益的产业核心技术与关键技术问题"。中科院副院长在接受《科技日报》记者采访时说，中科院的研究所主要是以学科为导向设立的。而现代科技新成果许多都是学科交叉的产物。中科院在知识创新工程三期中要打破学科的束缚，极力推进跨学科的联合与协作攻关能力。

愿望是美好的，阻力却是巨大的。中科院虽在推动学科交叉、解决重大任务方面有进步，但整体上仍难克服研究所的本位主义。用一位中科院人的话说："你一个研究员，占着所里的创新岗位，拿着所里的工资，却不为所里工作，整天干着外单位的任务，所里为什么养着你？"说到底，就是屁股坐在我这儿，就得为我服务。

这类问题绝不仅仅限于中科院。

中科院先导专项的实施为打破屁股坐在哪的束缚创造了良机。对中科院部署的重大任务，研究所也鼓励所内人员积极参与。而中科院也把是否参与先导专项视为研究所能力和水平的一个重要方面。

对于中科院来讲，部署实施先导专项是"一石二鸟"的妙策。2010年3月，国务院审议并原则通过中科院"创新2020"规划时，同意中科院"组织实施战略性先导科技专项，形成重大创新突破和集群优势"，"深化院所改革，形成有利于鼓励创新的体制机制"。中科院正是借实施先导专项之机，在鼎力攻关中探索体制机制创新。

创新与坚守同行

李泓是 A 类先导专项"变革性纳米产业制造技术聚焦"中长续航动力锂电池项目的首席科学家，负责研制第三代锂电池——高能量密度的负极材料以硅取代石墨的电池。

这个先导项目集中了中科院 11 家单位的科研团队协作攻关。对于已明确技术路线的材料的选定，先导项目采用了团队竞赛的办法。

在研制锂硫、锂空全固态材料方面，李泓选择了那些过去研究成果比较突出的研究团队。"在项目启动时，我也无法判断哪个团队做得最好，就选了几家一起做，然后测试其研制样品的指标。今年你做得好，你就是这个材料研制队伍的负责人；明年他做得好，他就是这个队伍的负责人。"对于那些一开始没能加入项目研制队伍的，先导项目也为他们保留着机会。一旦你的样品测试结果最好，你就可以支配该方向 80% 的经费。而测试结果暂时落后的团队，保留继续研究的资格，当年度和其他单位一起共享其余的 20% 的经费。

"这个平台的竞争非常激烈。"李泓说，今年做锂硫电池时，中科院化学所、物理所、大连化学物理研究所（简称大连化物所）、苏州纳米技术与纳米仿生研究所（简称苏州纳米所）、金属所等五家单位的多个研究团队送来了样品。测试是在标准的条件下进行的，允许项目内各单位查看竞争对手的数据。在激烈竞争中，两个月内某项技术指标就提高了 40%。我们的竞争规则是公开的，测试的打分办法也是大家同意的。根据测试结果，我们每年动态地调整队伍。"通过这种方式，遴选出性能最好的各种电池材料，再开展紧密的合作，争取做出性能优异的电池。"

李泓说自己深知领衔这样一个项目的"危险"：这不是做几个实验、发几篇论文就可以交差的，而是得拿出经过第三方测试的性能更好的电池来。

对于动力电池项目采取的竞争性集中评测、动态调整的管理办法，中科院很是支持，并且把它作为一个先导专项的管理范例。

先导专项鼓励创新，同样还要求科学家的默默坚守。

在吉林西部，有个中科院长岭草地农牧生态研究站。此地人烟稀少，距长春市有四个多小时的车程。大面积的草地与农田尽收眼底。记者在这里感受到自然风光的同时，也体验到了科研的艰辛与文化生活的贫乏。然而，中科院东北地理与农业生态研究所研究员周道玮的团队就长年坚守在这里。他们也参与了 A 类先导专项，开展东北草地固碳现状、速率、机制和潜力的研究。

"我们在东北地区草地中的 560 个点采集了 5 万多个样品，以研究东北草地生态系统理论固碳潜力、现实固碳潜力、近期可实现的固碳潜力及对应的固碳速率；探索自然环境下草地生态系统的饱和碳储量，以及人类干扰和管理下碳储量和固碳速率的变化；此外，还要确定该地区草原碳库的稳定性维持机制。"周道玮博士如是说。

他们的坚守是科研的一种常态。

在中科院，创新与坚守并行。创新体现了中科院人的责任感，而坚守则表现出了科学家的职业操守。

文字作品一等奖

李大庆

《科技日报》记者。在中国科学院这座"新闻富矿"里耕耘多年。先后采访过中国科学院实施的知识创新试点工程、"创新2020"和"率先行动"计划等大的改革行动。采写过有关中国科学院的大量稿件，包括涉及中国科学院及所属研究所改革与发展的长篇通讯、人物通讯，以及介绍中国科学院所取得的最新科技进展、科研成果的新闻消息。曾经多次获得过中国科学院的"科星新闻奖"。

2015年4月10日在科学号科考船上采访船长隋以勇

2016年1月与中国科学院研究所的宣传负责人交流媒体报道的体会

11

五论贯彻实施"率先行动"计划（系列评论）

不改革就会被改革

——一论贯彻实施"率先行动"计划

中国科学报社　张　林[①]

《中国科学报》第1版
2014年7月22日

历史上每次科技革命无不孕育出一场轰轰烈烈的产业革命，并给现代国家带来无尽的启示。

今天，中国从中得到的，也是诸多启示中最核心的部分——科技强国。科技是决定大国兴衰和国际竞争格局的重要力量。当今世界，新一轮科技革命、产业革命正在孕育兴起。机会稍纵即逝，抓住了就是机遇，抓不住就是挑战。

当前，我国整体科技水平大幅提升，科技发展正进入由"量的扩增"向"质的飞跃"转变的关键时期。一些重要领域已进入世界先进行列，并由过去的"跟跑者"变为"并行者""领跑者"。

然而，也应看到，我国产业发展面临的诸多问题和挑战仍不容忽视，

---

① 钟科平为作者笔名。

科技创新与国家和全社会的期望之间仍存在一定差距。广大科技工作者不仅要保持清醒的认识，更要具备前所未有的责任意识、危机意识和忧患意识。

2013年9月30日，在北京中关村进行了一场特殊授课。中共中央政治局第九次集体学习首次走出中南海，高规格聚焦"实施创新驱动发展战略"主题。

此前的中科院、武汉"光谷"之行，以及此后探访中南大学、北京大学等高校实验室，"课堂"一再变更，习近平总书记的足迹遍及基层创新的土壤，调研科技创新，鼓励科技创新。

党的十八大以来，党中央对科技创新提出了一系列新论断、新要求。党的十八大报告明确提出实施创新驱动发展战略，党的十八届三中全会对深化科技体制改革做出系统部署。

步履匆匆、间不容息，中央领导对科技创新的冀望从未如此强烈与迫切；屏气凝神、雷厉风行，党和国家对新时期科技工作的战略定位、路径选择等进行了一系列高屋建瓴的规划、部署，旨在使创新成为中国发展的强音，成为中国经济发展的强大动力。

历史已经证明，中国经济的发展必须依靠科技创新，而创新的驱动力和推动力在于不断改革。习近平总书记指出："如果把科技创新比作我国发展的新引擎，那么改革就是点燃这个新引擎必不可少的点火系。"当前，随着国家治理体系、资源配置导向等方面的改革日益深化，对科技体制、科技投入、事业单位的改革也在稳步推进，这些举措必将产生重大和深远影响。形势催人、形势逼人，大至一国，小到一企业，全面深化改革已是人心所向、大势所趋。

7月7日，国家科技体制改革和创新体系建设领导小组正式通过中科院"率先行动"计划。这意味着中科院未来一段时间内的改革方向及重点已经明晰，这支国家战略科技力量将再次踏上深化科技体制改革的征程。

一年来，对照"四个率先"要求，中科院上下一直在查找差距，梳理问题，分析对策。

大家普遍认为，随着改革进入深水区和攻坚期，体制机制的制约因素日益凸显。不从根本上突破这些瓶颈，改革就难以深化，发展就迈不开步伐。

今年3月，俄罗斯科学院表决通过新院章，明确了任务职能、组织架构、院士制度等内容，标志着历时多年的"大科学院"改革终于尘埃落定。俄罗斯科学院的改革重组，将对俄罗斯的国家科研体系产生巨大影响。改革固然不是为改革而改革，但不改革肯定会被改革。

此次改革，对于中科院同样如此。中科院提出以推进研究所分类改革为突破口、以调整优化科研布局为着力点的主要改革目标，同时将在人才人事、科技智库、对外开放合作等方面深入推进改革，大幅提升创新主体活力、科技创新能力和支撑经济社会发展的能力。

虽然说，改革不可能一蹴而就，也不可能一劳永逸，但不改革就没有"出路"，不突破就难以"率先"。改革必将带来变化，挑战必将带来机遇，深化改革，方能大步跨越；抓住机遇，方能把握未来。让我们乘着改革的强劲东风，满载科技强国梦想，扬帆起航。

从跟着走到领着跑

——二论贯彻实施"率先行动"计划

中国科学报社　彭科峰

作为与新中国同年诞生的国家科研机构，自建院以来，中科院始终坚持与祖国同行，与时代同步，与科学共进，一路华章不断。

"数风流人物，还看今朝。"近年来，中科院各项事业快速发展，创新能力显著提升，创新成果不断涌现。应当说，当前的中科院厚积薄发，已经初步具备实现"四个率先"、引领我国科技实现跨越发展、以创新支撑经济提质增效升级的基础和优势。

中微子物理、量子通信、高温铁基超导、拓扑绝缘体、纳米科技、人类基因组测序、生命起源与演化……近年来，中科院亮点不断，动作频频，取得一大批具有重大国际影响力的成果。

2013 年，一项被誉为国际凝聚态物理领域重要科学突破的"量子反常霍尔效应"，离不开中科院人的艰苦攻关。而高居美国物理学会年度 11 项成果之首的"北京谱仪发现四夸克物质"，也离不开中科院人的不懈探索。

2013 年，科技部、中科院启动"渤海粮仓"计划。由此追溯至 20 世纪 60 年代，以李振声院士为代表的中科院人，已在这片盐碱地上接力奉献了 30 多年。他们选育和创新的一批新品种及关键技术，在盐碱荒地改良和农业增产方面效果显著，受到高度赞扬。

一花独放不是春，百花齐放春满园。历数中科院近年来的科技成果，其数量之多、种类之全、影响范围之广，在国内科技界首屈一指。在创新驱动成为国家战略的当下，中科院已然蓄势待发，准备抢占未来世界科技的新高地。

走好科技创新先手棋，就能占领先机赢得优势，而中科院具有在基础前沿领域实现跨越发展的创新潜力。目前，中科院具有丰富的学科积累和多学科综合交叉的优势，物理、化学、材料科学、数学、环境与生态学、地球科学等学科的整体水平已进入世界先进行列，在一些领域方向也基本具备了进入世界第一方阵的良好态势。

抢占科技第一高地，就不能跟在别人后面走，而要勇于做领跑者。实践证明，中科院具有支撑和引领经济社会发展的创新能力。近年来，中科院自主研发的一批关键核心技术相继应用于载人航天、月球探测、先进卫星、载人深潜等国家重大工程和国防建设；在信息技术、清洁能源、新材料、高性能计算等领域，为我国战略性新兴产业发展提供了重要的技术支撑；在农业、生态环境、人口健康、公共安全等领域和服务国家宏观决策等方面，同样发挥了重要作用。

领跑，就需要更多创新人才，中科院已具有国内一流水平的科技创新队伍、"三位一体"的组织优势、国际先进的科研条件。中科院通过"百人计划"等人才计划，吸引和凝聚了一大批优秀科技人才。中科院集科研院所、学部、教育机构于一体，具有独一无二的优势。

当然，我们必须清醒地认识到，中科院的科技创新能力与国家重大战略需求和世界先进水平相比还存在一定差距。比如，对国家重大战略聚焦不够，各院所未充分发挥合力优势，科研投入与产出不相匹配等。

展望未来，中科院将采取高点必争、前沿领跑的战略，"有所为有所不为"，以国家重大战略需求为引领，聚焦重点前沿，攻坚克难，为深入实施创新驱动发展战略做出新的贡献。

科技引领赛跑。国家的发展要求我国的科技创新必须从"跟着走"向"领着跑"转变。当下，科技体制改革不断深化，中科院始终遵循科学发展的客观规律，对科技资源进行全面整合。2013年，中科院启动实施机关科研管理改革，简政放权，扩大研究所和科研人员的创新自主权。

如今，中科院正在启动实施"率先行动"计划，将改革延伸到科研院所，力图通过研究所分类改革，构建适应国家发展需求、有利于重大成果产出的现代科研院所治理体系，同时对现有资源进行整合，进一步释放和激发创新活力。

当然，人类历史上的每一项改革都会遇到各种各样的阻力。当前，我国改革开放已进入深水区，科技体制的改革同样如此。作为国家战略科技力量，中科院必须率先行动，做出表率，为科技界探索解决制约科技创新体制机制问题的良策。

  而今迈步从头越。中科院的历史，向来是一部锐意创新、不断进取的历史。这一次的"率先行动"计划，既是中科院一以贯之的改革精神的延续，也是率先领跑的必然要求。相信通过这一次的深化改革，中科院将迎来新一轮的发展机遇，中国科技界的明天会更加美好。

让创新人才"冒"出来

——三论贯彻实施"率先行动"计划

中国科学报社 倪思洁

7月是毕业的季节,也是中科院收获的季节。

作为"三位一体"架构的组成部分,中国科学院大学(简称国科大)为100余家研究所的5099名博士毕业生、4583名硕士毕业生授予了学位。36年的研究生教育史上,国科大已培育出近12万名研究生。此次"丰收",又为这一历史添上浓重一笔。

人才兴则科技兴。近年来,人才培养和引进在中科院备受重视。"百人计划"的启动实施,支持了一批优秀国内外科研人才;"知识创新工程"的实施,使人事制度成为改革的突破口;"创新2020"规划的启动,让人才系统工程得以深入实施;紧紧围绕"一三五"规划,组织实施重大创新活动,凝聚和造就创新人才,加快出成果、出人才、出思想,并将资源配置、评价体系列为改革重点。

仅"百人计划"一项就硕果累累。据统计,通过"百人计划",中科院支持和培养了2000多名优秀人才,已有27位"百人计划"入选者当选为两院院士。在2013年新当选的中科院院士中,"百人计划"入选者占全国新当选院士总数的15%。

如今,每项国家重大科技任务、每个世界先进科学前沿,几乎都有中科院创新人才的身影。他们发挥着中坚作用,活跃于科技前沿。

时代发展的新需求,对中科院人才工作提出了新挑战。一年前,国家主席习近平向中科院提出了"率先建成国家创新人才高地"的要求。中科院的人才引进培养实力究竟如何、对优质人才的吸引力能提高多少、领军人才的国际影响力能提升几何、科研人员能否安心致研,成为中科院不得不反思的问题。

居安思危。要建成国家创新人才高地，中科院必须直面自身薄弱点：与高校和企业相比，中科院在吸引和凝聚高端人才的竞争力上尚存不足，人才竞争流动机制尚不健全，安心致研的内外部环境有待优化，青年科技人才发展机会和空间受限，骨干队伍创新能力有待提高，具有国际影响力的领军人才和战略科技专家还不够多。

问题越多，任务就越重；差距越大，使命就越艰巨。"一揽子"改革计划正在酝酿，改革之手正在点燃创新引擎。

打造人才高地，需要一支素质优良、国际领先的人才队伍。"十百千万"队伍建设目标应运而生，科技国家队将凝聚数十位有世界影响力的科技大家、百余位战略科学家和领军人才、千余名拔尖科技人才、万余名骨干人才。

提升水平，要求一个开放流动、竞争合作的用人机制。以用人制度改革为突破口，创新科技人才使用机制，在卓越创新中心实行末位流转制度，实施"国际人才计划"……各种想法正在逐渐成形。

增强实力，呼唤一个按需择优、因人而异的激励政策。时至今日，"百人计划"已实施 20 年，面对各种各样的人才计划，中科院需要筹划、整合、完善、精简。

十年树木，百年树人，"率先建成国家创新人才高地"并非朝夕之事。当下，科研人员的创新能力为干涸的制度之土所困；而今，雷声已响，甘霖待降，人事人才制度改革的雨露定将让创新人才破土而出。

为决策插上"硬"翅膀

——四论贯彻实施"率先行动"计划

中国科学报社 闫 洁

科学决策,离不开强大的"外脑"。纵览全球,世界各国已纷纷进入"智库时代"。党的十八大和十八届三中全会要求加强中国特色新型智库建设——中国智库的成长将迎来一个新的春天。

在中国,作为科技国家队,打造高水平科技智库,为国家重大决策建言献计,一直被视为中科院的重要使命所在。面对全球化,中国需要改革创新,而改革就是要打破传统观念的束缚和影响,破除体制机制障碍。以建设创新型国家为己任的中科院必须迎接扬弃传统、摆脱束缚、激发活力的挑战,为国家宏观决策提供可靠依据。同时,提高科学决策、民主决策、依法决策水平,最需要的也是改革创新,中科院作为国家战略科技力量,就必须在大变革的时代发出科技最强音,彰显出科学技术方面无可替代的能量。

从这个意义上说,率先建成国家高水平科技智库,正是当今时代国家发展的需要,也是科学技术发展的需要。

中国突飞猛进的发展,始终离不开科学思想的引领、科学技术的支撑、科技创新的驱动。作为国家自然科学最高学术机构、在科学技术方面的最高咨询机构,中科院也一直肩负着为"国家谋"的重任。仅近两年,中科院学部新设立的咨询研究课题就达 40 余项,向国务院报送咨询报告 36 份。发展先进核能、建设可持续能源体系、主体功能区规划、节能减排、应对气候变化……一份份凝聚着院士、专家智慧和心血的咨询报告,与国家宏观决策诉求紧密呼应,为中国科技、经济乃至整个社会的飞速发展做出了不可磨灭的贡献。2013 年,中科院发布《科技发展新态势与面向 2020 年的战略选择》等战略报告,为我国前瞻谋划和布局前沿科技领域与方向提供了重要的思想和科学基础。

新时期，新形势，对中科院打造高水平科技智库提出了更加迫切的要求。一方面，我国面临着资源约束趋紧、环境污染严重、生态系统退化等严峻形势，一系列制约经济社会发展的难题亟待破解。科学的政府决策呼唤中科院智囊团的强力支持。另一方面，虽然中科院人在建设国家科技思想库上一直砥砺前行，不遗余力，但在为国家和社会发展建言献策方面仍大有可为，大有作为。

建设国家高水平科技智库，中科院如何敏锐地把握国家需求，更好地为国家建设、社会进步贡献自己独特的智慧？

过去一年来，面对党和国家的信任与期盼，中科院一直在思考、酝酿，也在积极准备、行动。从思想库建设委员会开会密集研讨，到筹建科技战略咨询研究院，打造高水平科技智库的战略逐渐明晰，并成为中科院"率先行动"计划的重要组成部分。

可以预见，在不远的将来，这一科技智库无疑会为中科院的科技咨询与决策服务插上一对坚实的翅膀，让思想碰撞出智慧的火花，让更多科学的决策和真知灼见服务国家、惠及民生。

长风破浪会有时。建设国家科技智库，中科院被寄予前所未有的期望和要求；而对于国家科技智库的理解与定位，恰恰体现出中科院在时代变幻中所具有的前瞻意识和大局观。

时不我待，只争朝夕。在实现中华民族伟大复兴中国梦的历史征程中，期待有中科院"智囊团"的身影，更期待他们为中国科技智库画卷书写浓墨重彩的一笔。

大棋盘中下出妙手

——五论贯彻实施"率先行动"计划

中国科学报社　丁　佳

回顾中国科学院的历史,从来不缺乏改革、进取、创新的勇气与魄力。

追求真理,服务国家,创新为民。建院以来,中科院敢领风气之先,不但培养了几代科学大家,组建了一个个高水平的研究机构,孵化出诸如联想一样的高新技术企业,更始终行走在历次科技体制改革的最前沿。

当今,世界格局风起云涌,科技创新百舸争流,新科技革命和产业变革蓄势待发,中国面临的发展形势日益复杂和严峻。中国科技正处于从量的扩张向质的提升转变的关键时期,国家和社会公众对科技创新的期盼也越来越迫切。

与此同时,中科院也进入了改革的深水期和攻坚期。如何更好地体现国家战略科技力量的作用与价值,发挥中科院引领和支撑经济社会发展的创新能力,并为我国深化科技体制改革提供先导、引领、带动、示范,既要保持变革的勇气、创新的自信,亦要有清醒的认识。

现代科研院所治理结构和运行机制的不够健全,现行科技评价和资源配置与重大成果产出的不相适应,科研工作的低水平重复、同质化竞争、碎片化发展,管理能力和水平有待进一步提升……小富即安要不得,必须向改革要增量。

中科院的工作做得好不好,直接影响国家创新体系的建设,直接关系到国家科技发展的全局。对比基础,发现优势,关键在于客观分析与国家战略需求和世界前沿的差距所在,才能更好地应对未来艰巨的挑战。

党的十八届三中全会后,全面深化改革再出发,改革已是大势所趋、人心所向。作为中国科技的"国家队"和引领科技发展的"火车头",中科院无疑最迫切地感受到时代大潮的强烈召唤！志之所趋，穷山距海不能限。要彻底扫除阻碍科技发展的桎梏，中科院必须拿出"啃硬骨头"的胆识和"壮士断腕"的勇气。

在全面深化改革的道路上，中科院已率先起航。

2013年上半年，中科院实施了较大力度的机关科研管理改革，减少了职能交叉重叠，强化了院层面的决策咨询和统筹协调，得到了院内外的普遍认同。

2014年年初，中科院5家卓越创新中心密集启动。这是科技"国家队"为实现推动跨越发展而谋篇布局的关键一步，清晰绘出"率先行动"计划这一年度主线。

7月7日，"率先行动"计划获批，标志着中科院深化改革的未来"一揽子"改革方案已步入实施阶段。

新一轮科技体制改革的大幕已徐徐拉开，创新的源泉也将喷薄欲出。科技发达国家的经验已经证明，只有真正构建起适应国家发展要求、有利于重大成果产出的现代科研院所治理体系，才能最大限度地利用好智力资源，迸发出更大的创新活力。

德国的科研机构管理体制为我们提供了良多启示。德国马普学会定位于基础研究，亥姆霍兹联合会定位于大科学工程，而弗劳恩霍夫协会则专注于应用研发。这种三足鼎立的分类管理体制就像三个有力的轮子，载着德国战车不断驶向未来。

问渠哪得清如许，为有源头活水来。身为"国家队"，中科院就应将改革的阵地进一步前移，要做"火车头"，中科院的深化改革就必须把触角伸向科技创新的"源头"——研究所。

中科院下设100多家研究所，学科涉猎范围广，研究性质一应俱全，必须根据不同研究所的优势、特点，以及科技创新活动的特点和规律，分类定位、分类管理，开辟体制机制改革"试验田"，真正建立适应中国国情的现代科研院所治理体系。

形势催人奋进，改革任重道远。每一个身处改革征途中的中科院人，都要在大棋盘中找准定位，迈好步伐，肩负起应有的责任，破难题，谋未来，不断做出国家战略科技力量应有的基础性、关键性、前瞻性重大创新贡献。

创新年轮　攀登足迹
中国科学院第十四届科星奖获奖作品选

张　林

1999年参加工作，2007年到中国科学报社工作，经历了从周刊到主报，从行业新闻到时政要闻、科技新闻、深度报道的转变。近年来，先后任《中国科学报》深度报道组、评论栏目主编，总编室采访部负责人。坚持在采编一线工作期间，年发稿量和获评好新闻数量均位居报社前列。同时承担了报社主要重大评论的写作，参与或主持实施了SARS十年、"神舟十号"与"天宫一号"对接、党的十八大、党的十一届三中全会、"嫦娥"探月、中科院"率先行动"计划，以及近年来全国两会、两院院士大会、院士增选等重大报道任务，均取得了良好的传播效果。

彭科峰

1982年出生，湖南人。从2007年开始从事新闻报道工作，至今已近10载。担任过报纸的记者、编辑，也担任过知名网站的高级编辑，在时政、财经、科技、文化等领域耕耘多年。从业期间，采访足迹遍及大江南北，曾前往西藏、新疆、青海、内蒙古、甘肃等偏远地区采访多次。虽行万里路，惜未曾读遍万卷书。

文字作品一等奖

倪思洁

《中国科学报》记者,从事中国科学院政务新闻、科技界突发新闻及科技政策领域报道。曾获中国科学院优秀党员荣誉,并获得科技部科技好新闻奖、中国科学院"科星新闻奖"、中国科学报社总编辑特别奖等。2015年,获美国科学促进会国际科技记者奖学金,赴美采访报道,开设专栏"来自美国科学促进会年会的报道"。2016年受德国罗伯特博世基金会资助,赴德采访调研,开设"域外传真·科报记者看德国"专栏。

闫 洁

自2011年6月起到中国科学报社工作至今。进入报社以来,一直在总编室担任要闻版编辑,并主持过《中国科学报》一版"周一平"系列评论栏目,编辑、撰写的稿件多次获奖。其中,撰写的《中科院西安光机所研究员李学龙:"回国如回家,不需要理由"》《率先建设国际一流科研机构》等稿件先后获中国科学院"科星新闻奖";编辑的《为了纠正亚里士多德的错误——中国学者在一古老数学问题上获重大突破》获中国新闻奖三等奖。

创新年轮　　攀登足迹
中国科学院第十四届科星奖获奖作品选

丁　佳

　　长期关注科技创新领域，多次参与重大选题报道，如全国"两会"、载人航天工程、两院院士大会等。受澳大利亚政府邀请，作为唯一一名中国记者参加"国际媒体访问计划"赴澳交流。相关作品曾获第二十五届中国新闻奖三等奖，上海市"浦江杯"好新闻奖二等奖，中科院"科星新闻奖"一等奖、二等奖、三等奖及丰产奖，中国科技新闻学会"光明杯"科技传播奖三等奖、科技报系统优秀作品三等奖、"讯飞杯"优秀团体奖等多个国家、省部级新闻奖项。

做，就做不一样的实验

人民日报社　吴月辉

重大原创成果赢得的掌声是经久不息的：2012年3月8日，中国科学院高能物理研究所王贻芳团队参与的大亚湾中微子实验国际合作组发现的中微子振荡新模式，入选美国《科学》杂志评选的"年度十大科学突破"，并且，3年后的2015年11月9日，大亚湾中微子实验项目首席科学家王贻芳还凭借这一成果获得"基础物理学突破奖"——这也是中国科学家在国际上首次获得这一殊荣。

这项重大物理成果在国际高能物理界引起热烈反响，被誉为"开启了未来中微子物理发展的大门"。业界同行指出，大亚湾实验测量到中微子混合参数 θ_{13}，将为今后中微子物理、天体物理、宇宙学等前沿科学研究提供精确的初值输入，对基本粒子物理的大统一理论、寻找与鉴别新物理，甚至揭开宇宙"反物质消失之谜"具有重要意义。

大亚湾中微子实验团队到底是如何摘得这一桂冠的？

《人民日报》第20版
2016年5月9日

眼光

在意识到测 θ_{13} 数值的重要性之后，王贻芳认为中国绝不能错失这次机会，应该积极参与其中。

大亚湾中微子实验团队之所以能取得成功，首先要归因于他们敏锐的眼光。

2003年冬天，当时还是中国科学院高能物理研究所一名普通研究员的王贻芳注意到，利用反应堆中微子来测 θ_{13} 已成为国际热点，多个外国团队正打算进行同类实验，一场竞争激烈的赛跑正悄然展开。

中微子是构成物质世界的12种基本粒子之一。由于它几乎不跟任何物质发生作用，不容易被捕捉到，所以也成为迄今为止人类了解最少的一种基本粒子。

"然而，了解中微子却非常重要，对它的认识和研究将有助于揭开宇宙演变的诸多奥秘。"王贻芳说。

根据"大爆炸"理论，宇宙在诞生之时，物质与反物质应该是等量产生的。但在过去的近百年里，人类在可观测到的宇宙范围内，一直没有发现宇宙中有大量反物质存在的迹象。截至目前，科学家们认为，反物质已经消失了。那反物质到底去哪儿了？这是宇宙起源和演化中的一个重大谜团，而中微子振荡或许是解开这个谜团的钥匙。

"要解开这个谜团，中微子混合参数 θ_{13} 数值的测量将是必须跨出的一步。中微子混合参数总共有六个，之前已经有三个半被测出了。只有对混合参数 θ_{13} 完成测量之后，科学家才能进行下一步工作。"王贻芳说。

在意识到测 θ_{13} 数值的重要性之后，王贻芳认为中国绝不能错失这次机会，应该积极参与其中。于是他和同事们首先设计出了一个实验方案，然后在许多人的帮助下开始多方奔走，呼吁国内也开展同类研究。

坚持

王贻芳不甘心这么好的项目因为没有经费而"流产"，决定带着实验团队，坚持去做一件他们本不擅长的事情——找经费。

想法固然是好的，但真正实施起来却困难重重。首先要过的一个难关就是申请立项获得资金。

在大亚湾中微子实验项目之初，整个工程估算下来至少需要2.4亿元。

尽管王贻芳的方案获得了科学技术部（简称科技部）、中科院和国家自然科学基金委员会（简称国家基金委）等单位的高度认可，但却没有单位能批出这么多钱来实际支持这个项目。

"根据我国当时的经费支持政策与惯例，国家基金委的项目一般最多为1000万元；科技部的'973'项目，一般上限为4000万元。3亿元以上的项目可以去国家发改委申请大科学装置项目。这意味着，4000万元至3亿元之间的项目，没有部门可以受理。我们的大亚湾中微子实验项目正好处于这个'真空地带'。"曹俊说。

曹俊回忆说，他和王贻芳当时决定拿出自己的人才基金，一个基金重点项目，再加上高能所特批的几十万元，来凑这笔经费。"但就算这样，也才只有几百万元，相比上亿元还是相差太远了！"

最终，在大家的坚持和努力下，国际合作解决了8000万元，然后由包括科技部、中科院在内的国内6家单位共同出资1.57亿元，这一项目终于在2006年5月得以正式立项。后来，团队内部常常自我调侃："费了大劲才请来6个'婆婆'"。

这种坚持不放弃的精神在实验的各个阶段都有体现。

大亚湾中微子实验项目是中国基础科学领域目前最大的国际合作项目。在合作初期，项目的主要合作方中国和美国就曾在实验方案上出现分歧。当时，王贻芳认为中方的方案在科学上更有优势，于是在一年多的时间内，与10余位具有国际影响力的美国高能物理学家据理力争，最终被大家接受。

"现在的科学研究，很难关起门来做。国际上各种技术的发展日新月异，不可能所有技术、所有新发现都是我们做出来的，我们只是很小的一部分，一起合作才能走在技术上的最前沿，"王贻芳说，"但在合作的过程中一定要把握好度。一方面，要吸引国际上的科技队伍来做这个事，得让别人有发言权，让别人觉得有主人的感觉；同时也要注意不能放弃主导权。"

创新

如果别人做了，我们再做就没有意义了。我们要有创新，要有自己的特点。

大亚湾中微子实验基地位于广东大亚湾核电站旁，共有3个实验大厅，均位于山腹内，由水平隧道相连。每个实验厅内有一套宇宙线探测系统。中微子探测系统共有 8 个模块，两个近点各放置两个，远点放置 4 个。此外还有两个功能厅，用于液体闪烁体的混制、储存和灌装，以及水的净化处理。

"探测中微子的中心探测器是一个直径 5 米、高 5 米的圆桶，里面装有液体闪烁体，总重 110 吨。其核心部分是液体闪烁体和光电倍增管。中微子在探测器内发生反应后能够激发液体闪烁体，产生微弱的闪烁光。光电倍增管探测到闪烁光，将它转换成电信号，这样我们就探测到了中微子。"曹俊说。

曹俊说，现在的这个最终方案是团队在资金不多的情况下，发挥聪明才智设计出来的最佳方案，精度非常高，又有很多创新。

2003 年前后，有 7 个国家提出了 8 个实验方案，最终进入建设阶段的共有 3 个：中国的大亚湾实验、法国的 Double Chooz 实验和韩国的 RENO 实验。

面对竞争，王贻芳并不害怕，他有自己清醒的判断，他要另辟蹊径，做一个不一样的实验。"实验不是一天两天就能做的，需要琢磨，我们能不能做。还有就是别人有没有做过，如果别人做了，我们再做就没有意义了，我们要有创新，要有自己的特点"。他认为，必须根据自己现有的条件、技术、环境、资金等来选择一个项目，走在国际最前沿。

为了让实验测得更精准，王贻芳当时创造性地提出要放置 8 个一模一样的探测器。然而，要把探测器造得一模一样是非常困难的，何况还要造 8 个，这能行吗？这个方案一提出来，便受到许多人的质疑。

"两个探测器之间多少肯定是会有差别的，那差多少？我当时进行了模拟计算，估计可以做到两个探测器之间探测效率相差 0.38%，但经验丰富的法国团队说他们只能做到 0.6%，韩国团队说能做到 0.5%。看来要让国际同行信服我们确实达到了这么高的精度是很困难的。因此，王贻芳提出每个实验点放 2～4 个探测器，同一个站点的探测器在同样的环境下直接比较。最终经过现场实验数据的比较，我们做出来的差别只有 0.2%，比预估的还要小。"曹俊说。

最终，这个最初并不被十分看好的科研团队只用了 55 天时间，便测得了中微子混合参数 θ_{13} 的数值和一种新的中微子振荡模式，获得了这场赛跑的最后胜利。

文字作品一等奖

吴月辉

《人民日报》经济社会部科技采访室记者。2011年7月从《人民日报海外版》调入《人民日报》经济社会部科技采访室，从一名文化记者向科技记者转型。代表作品有"嫦娥三号"系列报道、《暗物质 我们身边的隐形"居民"》《载人航天 千年飞天梦想成真》等。曾获得第九届浙江省广播电视对外传播"金鸽奖"新闻一等奖、2013年科技部"科技好新闻"奖、人民日报社精品奖、《人民日报（海外版）》十佳编辑、《人民日报》好新闻奖等奖项。

吴月辉赴中国科学院农业资源中心南皮生态农业试验站采访

吴月辉赴中国科学院西北高原所三江源野外实验站采访

"实践十号"卫星发射(系列报道)

我国成功发射首颗微重力科学实验卫星"实践十号"

新华社　吴晶晶　荣启涵

新华社通稿
2016年4月6日

6日1时38分,我国首颗微重力科学实验卫星——"实践十号"返回式科学实验卫星,在酒泉卫星发射中心由"长征二号丁"运载火箭发射升空,进入预定轨道。"实践十号"将在太空中完成19项微重力科学和空间生命科学实验,力争取得重大科学成果。

"实践十号"卫星首席科学家胡文瑞院士介绍,"实践十号"于2012年12月31日正式立项,是我国空间科学先导专项首批科学实验卫星中唯一的返回式卫星,也是单次开展科学实验项目最多的卫星。其科学目标是研究、揭示微重力条件和空间辐射条件下物质运动及生命活动的规律,并取得创新科技成果。

"实践十号"将利用太空中微重力等特殊环境完成19项科学实验,涉及微重力流体物理、微重力燃烧、空间材料科学、空间辐射效应、重力生物效应、空间生物技术六大领域。其中，8项流体物理和燃烧实验将在留轨舱内进行，另外11项科学实验将在回收舱进行。19个项目由中科院11个研究所和6所高校承担，此外欧洲空间局和日本宇宙航天研发机构各参加了一个科学实验项目。

据介绍，"实践十号"总设计寿命15天，将利用我国成熟的返回式卫星技术按预定程序返回地球，回收舱将在内蒙古四子王旗着陆。

"'实践十号'卫星的成功发射、在轨运行和回收将极大地提高我国微重力科学及空间生命科学研究的整体水平，为未来空间环境的开发利用提供创新知识，对促进我国空间科学创新发展具有重大意义。"空间科学卫星工程常务副总指挥、中科院国家空间科学中心主任吴季说。

"实践十号"卫星工程由中国科学院国家空间科学中心抓总负责。中国航天科技集团公司第五研究院抓总研制卫星系统及卫星平台；中国科学院力学研究所负责科学应用系统；中国科学院国家空间科学中心牵头负责地面支撑系统及有效载荷总体工作；上海航天技术研究院负责研制运载火箭系统，这是"长征"系列运载火箭的第226次飞行。

科学家揭秘：这个太空中的"超级实验室"到底有多牛

新华社 吴晶晶 荣启涵 余晓洁

6日1时38分，酒泉卫星发射中心，"长征二号丁"运载火箭成功将中国科学卫星系列第二颗星——"实践十号"返回式科学实验卫星送入太空。

"实践十号"卫星搭载着19项创新性的科学实验，相当于把一个综合性的实验室搬到了太空。这个实验室有多牛？科学家们为我们揭秘。

使命：揭开被重力掩盖的科学秘密

对于科学家来说，宇宙空间是一个很好的实验室。地球上的物理现象，都受到地球重力的制约，比如浮力、沉降等。在微重力，也就是通常说的"失重"环境下，能观察到很多地球上不可能观测到的独特现象。

"极端物理条件下，物质的运动规律、物理化学过程、生命过程等都可能会发生变化，这就意味着重大科学突破的可能。""实践十号"卫星首席科学家、中科院院士胡文瑞说。

我国是继美国、俄罗斯之后第三个掌握返回式卫星技术的国家，"实践十号"是我国发射的第25颗返回式卫星。"也是首颗大规模实施无人空间微重力实验的返回式科学卫星。"中国航天科技集团公司第五研究院"实践十号"卫星工程总设计师唐伯昶说。

"从20世纪80年代后期，我国就开始利用返回式卫星做微重力科学实验，但都是搭载在其他用途的卫星上。'实践十号'是第一颗专门为进行微重力科学和空间生命科学研究而发射的卫星，对于科学研究来说，机会十分难得。"胡文瑞说。

他说，近年来，微重力环境是各国研究的焦点领域。人类要走向太空，就必须研究微重力环境下物质会发生哪些变化。而科学家们的一些理论猜想，也只有到太空微重力的环境下，才能进行实验验证。

"地球重力场是盖在物质运动规律和生命活动规律上的面纱，不揭开就无法看到很多问题的本质，"中国科学院国家空间科学中心主任、空间科学卫星工程常务副总指挥吴季说，"'实践十号'卫星是一个高效、短期、综合空间实验平台，它的使命就是揭开被重力所掩盖的科学秘密，力争获得重大科学突破。"

优势：具备比空间站更好的微重力环境

为了开展微重力研究，科学家们尝试在地球上模拟微重力环境，比如利用几十米、几百米高的落塔或落井，抛物线飞机和探空火箭。

"落塔或落井的微重力时间只有几秒钟；抛物线飞机的低重力时间有30秒；探空火箭一般有5分钟到十几分钟。它们可以做流体、燃烧等耗时短的微重力实验，而材料生长、生物过程等需要较长时间的实验就无法进行，""实践十号"卫星科学应用系统总设计师康琦说，"长时间的空间科学实验需要利用科学卫星、航天飞机、空间站进行，与地面微重力实验互为补充。"

我国将在2020年前后开始空间站的建设，为什么还要发射科学卫星呢？胡文瑞解释说，空间站有实验时间长、可以有人参与等优势，但残余重力、机械动力和人的活动干扰可能给实验结果带来影响。"实践十号"卫星是专门为微重力科学和空间生命科学而设计的卫星，将为实验提供更好的微重力环境和其他条件。

一是卫星的微重力水平更高，是地球表面重力的$10^{-3}g$，而太空站仅为地球重力的$10^{-3}g$；二是它的机动性高，比如这次要进行的胚胎实验可以在发射前8小时才装到卫星上，缩短在地面停留的时间，如果搭载在载人飞船上就做不到这一点，而且返回式科学卫星在实验完成后就可以及时回收，这是空间站做不到的；三是科学卫星风险小，且造价大大低于建设一个空间站。

胡文瑞说，其他国家发射科学卫星是对空间站任务的补充，而我国科学卫星上的实验项目和未来空间站任务是完全"错身"的，实验内容不会重复，具有不可替代的作用。

突破:绝不重复别人的实验

胡文瑞介绍,"实践十号"搭载的19个实验项目是从200多项申请中脱颖而出的,按照创新性、可行性、必要性等科学标准,经过严格遴选、反复论证,涵盖微重力流体物理、微重力燃烧、空间材料科学、空间辐射效应、微重力生物效应、空间生物技术六大领域。

"我们绝不会重复别人的实验,"胡文瑞说,"所有实验任务都是全新探索,每一项科学实验均具有创新性,有很强的科学研究价值,有望获取具有国际先进水平的、具有自主知识产权的重大科技成果。"

据介绍,这19项实验都非常有特点,比如微重力下煤燃烧实验等项目针对能源、农业和健康等国家战略目标,为解决地球上的现实问题提供帮助;导线绝缘层着火实验等项目结合航天器防火等关键技术需求,为我国航天工程后续发展提供支撑;哺乳动物早期胚胎发育、造血与神经干细胞三维培养等项目瞄准空间生命科学的前沿课题,对人类未来走向太空有重要意义。

胡文瑞透露,这些实验的前期理论研究已经发表了数十篇论文,一些专门研制的仪器设备也达到国际领先水平。比如为熔体材料生长实验而研制的空间多功能材料生长炉,不仅能提供实验所需的高温温场环境,而且有6个工位,能实现8项样品的转位换位、提拉生长、高温温度的精确控制。

纪录:单次实验项目最多

胡文瑞介绍,目前世界上只有俄罗斯和中国把返回式卫星技术运用到科学卫星上。"实践十号"搭载了19个科学实验,涉及28项科学实验研究,是迄今为止单次空间微重力、生命科学实验项目及种类最多的卫星。

不同于俄罗斯科学卫星是任务结束后整体返回地球,"实践十号"分为留轨舱和返回舱。"19个实验中,8个流体物理和燃烧实验将在留轨舱进行,其他11个科学试验将在回收舱进行。"康琦说,"实践十号"设计寿命为15天,返回舱在轨飞行若干天后将返回地球,而留轨舱将继续在轨工作3~5天。

"实践十号"卫星整体为柱锥组合体形状,高约5.2米,直径超过2米。19个实验载荷分别装在29个铝合金箱子里,总共近600公斤。

康琦介绍说,"实践十号"上的生命科学实验其实在地面上就已经开始了,其他实验在卫星入轨后两小时开始进行。留轨舱的实验会轮流进行,而回收舱的实验是同时进行,经过地面模拟飞行实验确保它们不会相互干扰。

作为我国新一代返回式卫星,"实践十号"在卫星技术方面也得到了较大改进,实现了三大飞跃:一是姿态控制将小发动机作为推进系统的推力器,可以保证较好的卫星微重力水平;二是以与国际接轨的数据管理系统替代原先的程序控制器,使得遥控指令和遥测数据的安排,以及改变飞行程序的数据注入都更加灵活;三是增设流体回路的热控分系统,使卫星回收舱内部的热能有效排到星外,以确保生物样品的温度环境。

据介绍,卫星飞行期间,科研人员可以在卫星科学应用系统任务运行中心通过视频、图片看到各项实验的整个过程,通过获得的数据开展研究。回收舱返回地球后会很快开启,回收的实验装置会被送到各研究单位进行研究。

"实践者"上天要干哪些"大事"

新华社 荣启涵 吴晶晶 余晓洁

6日1时38分，搭载着19个"特殊乘客"的"实践十号"返回式科学实验卫星开始了为期15天的太空之旅。

这19个"特殊乘客"就是装载在卫星内部的19个实验载荷，它们会在太空利用地球上没有的微重力实验环境完成19个创新实验，涉及28项科学实验任务。"实践十号"卫星工程常务副总指挥吴季说，这些实验具有很强的潜在科研意义和应用意义。

——这位科学"实践者"将在太空试验场里办哪些"大事"？先来一睹为快！

大事一：小鼠胚胎细胞在太空如何生长发育

随着人类走向太空，未来，哺乳动物能在太空正常繁衍吗？

——为了回答这个疑惑，"实践十号"把小鼠早期胚胎带上了太空。它能否在空间环境下正常分裂、发育？其发育过程与地面有哪些不同？

"我们以小鼠细胞胚胎为研究对象，对其进行培养并显微实时跟踪观察，看它在微重力环境中能否继续分裂到8个细胞、16个细胞……观察在微重力情况下，哺乳动物胚胎能否和在地球上一样正常发育。"中国科学院动物研究所研究员段恩奎说。

日本研究人员几年前曾在美国网络科学杂志《科学公共图书馆·综合》上发表报告称，在太空微重力等环境下，哺乳动物正常的胚胎发育可能会受到阻碍，因此哺乳动物要在太空繁衍难度较大。

这一次，中国将利用返回式科学实验卫星，以小鼠早期胚胎为研究对象，通过研究太空环境对哺乳动物早期胚胎生长发育的影响，揭示空间环境条件下动物早期生命活动规律，为未来长期太空飞行中保障人类生殖发育健康提供科学依据。

我们的太空"实践者"还有望在世界上首次获得空间小鼠早期胚胎是否能发育的实时图像。

大事二：向太空火灾事故说"不"

载人空间飞行过程中，存在多种威胁航天器和航天员安全的潜在风险，其中航天器舱内火灾是最严重的一种。这次"实践者"要做的另一件"大事"，就是为今后载人空间飞行探索更安全的防火规范和材料选用、使用规范。

"内部起火是有氧环境卫星、飞船、载人航天器等面临的最大威胁之一"，"实践十号"卫星首席科学家胡文瑞院士说，俄罗斯的"和平号"空间站、美国的"阿波罗号"飞船都有过惨痛教训。

微重力环境比地面更容易着火，而且着火点不易被发现，很难扑灭。那么，哪些材料能用，哪些材料不能用？如何发现火情？怎么灭火？这一系列问题都要靠太空实验去解决。

这次"实践十号"计划开展的"导线绝缘层着火实验"和"典型非金属材料着火实验"，会在特殊的设备中通过大电流发热或加热丝进行引燃，观察微重力条件下特定材料的着火和燃烧特性，了解环境流动、氧气浓度和材料形状等因素对火焰传播的影响规律，并与重力条件下的燃烧进行对比。

"实践十号"卫星科学应用系统总设计师康琦介绍，目前我国航天防火还不规范，主要是借鉴航空和地面的防火标准。现在我国航天器因为在轨时间短，这个问题还不突出，如果将来建空间站，没有这方面的研究和标准，后果不堪设想。

大事三：当太空辐射遇上微重力，基因组会不会变

《火星救援》被喻为一部太空生存指南，但细心的观众会发现，里面对辐射的描述相对较少。这并不是说太空辐射问题已经破解，而是由于至今还没有完备的手段能够解决太空辐射的风险问题。

太空环境中，既有太阳耀斑和日冕物质抛射时产生的太阳高能粒子，也有长期存在的能量高、穿透性强的银河宇宙射线，即使是数十厘米厚的铝板也难以防护。

目前各国开展空间辐射生物学研究,主要是进行风险评估和寻找对策。这次"实践十号"搭载了3个生物辐射盒,携带了水稻种子、拟南芥种子和线虫等样品,研究空间辐射引起生物基因组变化和空间辐射损伤的分子网络调控,建立辐射风险评估体系,为我国空间站辐射评估和防护提供基础。

项目负责人、大连海事大学教授孙野青说,这一实验将为载人航天中的深空探测任务和舱外暴露实验提供技术基础。

空间环境中的高放射性辐射和微重力是人类空间活动面临的两个有害因素。那么在微重力环境下,辐射对人体基因组的损伤风险是叠加、抵消还是乘积的?应如何评估?

中国科学院生物物理研究所研究员、实验项目组负责人杭海英介绍,此次"实践十号"将开展的"空间辐射对基因组的作用和遗传效应研究"实验,以小鼠细胞和果蝇为样本,定量研究空间辐射对基因组稳定性方面的影响,就是希望解答这个问题。

"我们把小鼠细胞模型放置在培养装置里,地面可以控制培养温度、更换培养液。"杭海英表示,可以把细胞固定在某一个成长状态,等到返回后专门研究不同时间点基因活动的改变。

杭海英说,必须对这两个因素的危害性做出客观评估并据此寻找恰当的应对方法,才能保证人类长期空间活动的顺利进行。

大事四:地面看不见的"冷焰燃烧",煤炭能实现吗

美国空间站十大成果之一,就是通过棉花团点燃观察到"冷焰燃烧",而这一低温状态下的燃烧是地面无法看到的。胡文瑞院士介绍,此次"煤燃烧及其污染物生成实验"也期待看到微重力条件下煤的"冷焰燃烧"实验效果。

实验将选择2~3种我国典型煤种,在实验装置中点燃,观测不同炉温、不同煤种、不同粒径和环境气体成分条件下的单个球形煤粒和煤粉颗粒群的燃烧全过程,记录下单个球形煤粒火焰形状、颗粒表面变化、挥发和释放现象及其变化规律等——这样的实验放在地面听起来普普通通,但放在遥远的太空,意义却大不同。

康琦说,煤炭是我国主力能源,其燃烧带来的污染较大。在地球上,受浮力、热对流等因素影响,煤燃烧的系数无法准确测得。而在微重力环

境下进行煤燃烧实验，则可以避免这些干扰，有望获得一些地面无法得到的基础数据。这对完善煤燃烧理论和模型，帮助人类更好地利用煤炭资源有重要意义。

这些只是"实践十号"要干的"大事"中的一部分。

我们期待在未来15天里，这位科学"实践者"通过19项实验，揭示微重力条件和空间辐射条件下不为人知的科学秘密——这不仅将加深人类对自身生命和物质的研究，同时将为未来空间站或在外星建立长期居住基地提供生态环境和生命保障体系研究的理论与技术准备。

> 新闻链接

中国空间科学计划及其"四先锋"

新华社　余晓洁　吴晶晶

6日，我国"实践十号"返回式科学实验卫星成功发射。"实践十号"是中国科学院（简称中科院）空间科学战略性先导专项"四先锋"中的"老二"。它所属的空间科学专项是干什么的？它的"兄弟"们都有何专长？庞大的"卫星家族"还有哪些成员？

我国的空间科学计划

空间科学是以航天器为主要平台，研究发生在日地空间、行星际空间乃至整个宇宙空间的物理、天文、化学及生命等自然现象及其规律的科学。

2011年1月，中科院空间科学战略性先导科技专项正式立项。它致力于在最具优势和最具重大科学发现潜力的科学热点领域，通过自主和国际合作科学卫星计划，实现科学上的重大创新突破。

"十二五"期间，专项开展了首批4颗空间科学卫星的研制。

空间科学"四先锋"

暗物质粒子探测卫星

2015年12月17日，我国成功发射暗物质卫星"悟空"。它有望在暗物质粒子探测和宇宙线物理这两大科学难题上取得突破。截至今年3月17日，"悟空"已完成了2/3天区的扫描，共探测到4.6亿个高能粒子。数据分析正在紧张进行中，预计今年年底将公布首批科学成果。

"实践十号"返回式科学实验卫星

2016年4月6日，我国将首颗微重力科学实验卫星——"实践十号"发射升空。它的主要科学目标是：开展空间科学实验，研究、揭示微重力条件和空间辐射条件下的物质运动及生命活动规律，取得创新科技成果。

量子科学实验卫星

我国有望于2016年下半年发射量子卫星，它将进行星地高速量子密钥分发实验，并在此基础上进行广域量子密钥网络实验，以期在空间量子通信实用化方面取得重大突破；在空间尺度进行量子纠缠分发和量子隐形传态实验，开展空间尺度量子力学完备性检验的实验研究。

硬X射线调制望远镜卫星

硬X射线调制望远镜卫星也有望于2016年下半年发射，它将实现宽波段X射线巡天，发现被尘埃遮挡的超大质量黑洞和未知类型天体；通过观测黑洞、中子星、活动星系等高能天体，研究致密天体和黑洞强引力中物质的动力学和高能辐射过程；探索利用X射线脉冲星实现航天器自主导航的技术和原理。

中国空间科学未来设想

中国空间科学中长期发展规划研究团队近日完成了《2016—2030年空间科学规划研究报告》，提出至2030年，中国空间科学要在宇宙的形成和演化、系外行星和地外生命的探索、太阳系的形成和演化等热点科学领域取得重大科学突破。

为了实现这一战略目标，报告提出了2020年、2025年、2030年的分阶段目标，并提出了"黑洞探针计划""天体号脉计划""系外行星探测计划""火星探测计划"等一系列空间科学计划。

庞大的"卫星世家"

自1957年苏联将世界第一颗人造卫星送入环地轨道以来，人类已经向浩瀚的宇宙中发射了大量的卫星。

人造地球卫星用途广、种类繁多，空间科学卫星仅是其中一类，还有太空"信使"通信卫星、太空"遥感器"地球资源卫星、太空"气象站"气象卫星、太空"向导"导航卫星、太空"间谍"侦察卫星、太空"广播员"广播卫星、太空"测绘员"测地卫星、太空"千里眼"天文卫星等，组成一个庞大的"卫星世家"。

比如，今年3月30日我国成功发射了第22颗北斗导航卫星。北斗导航卫星系统是我国自行研制的全球卫星导航系统，是继美国全球定位系统、俄罗斯格洛纳斯卫星导航系统之后第三个成熟的卫星导航系统。目前，北斗卫星导航系统正进一步增强系统星座稳健性，强化系统服务能力。预计到2020年，30多颗北斗导航卫星将具备全球覆盖的能力。

文字作品一等奖

吴晶晶

新华社国内部主任记者,长期负责时政、科技类报道,参与了"神舟"与"天宫"系列发射、暗物质探测卫星、量子卫星、FAST等重大科技事件的报道。曾获中国新闻奖一等奖、二等奖,科技好新闻奖一等奖,全国政协好新闻奖一等奖,并多次获得中国科学院"科星新闻奖"。

吴晶晶在"实践十号"卫星返回现场与科学家合影

荣启涵

女,毕业于清华大学社会科学学院,2014年进入新华社国内部中央采访中心工作,从事环境、海洋及科技方面的报道工作。

45

荣启涵在采访中留影

余晓洁

女，新华社中央新闻中心主任记者

余晓洁在采访中留影

远在天边的随心起舞

——一个科研机构的创新文化

光明日报社　夏　欣

中国科学院西双版纳热带植物园有近50年的奋斗史，是中科院首批知识创新工程试点单位之一。她因地处西南边陲而美丽和神秘。《光明日报》记者日前走进这一国家级热带植物科学研究基地，听到植物园主任陈进讲了一段话，感觉这段话比这里耀眼的景色更令人印象深刻。

"算是有点'酸葡萄'吧，我们这里不讲唯院士领衔，也不看发多少论文得多少奖。我们只讲做事，讲怎样不受干扰、按科学规律去做事。"

这段话简短却并不简单。

开放的访学文化——边地也能登上世界舞台

《光明日报》第5版
2016年2月18日

这家植物园几乎在我国大西南最偏远的地方。即使现在的交通便捷发达，可以飞到昆明转机再飞到景洪，可之后也要驱车在高速公路上跑一个多小时才能到。

因为边远，所以边缘。但记者的真实感受是，这个常态在这里被完全打破了。

作为一家科学研究单位，这里有着像西双版纳的空气一样清新的学术风气——纯正、得体、国际范儿：高效唯实的理念、紧凑密集的科研活动、建筑设施完美的风格色调、阳光儒雅的年轻人，还有不时在办公区一晃而过的洋面孔……

"这里崇尚自由开放的学术空气，"党委书记李宏伟开诚布公，"如此偏远的地方，怎样才能让有才华的人'来一个，红一个'，而不是'来一个，死一个'？没有可以直接拷贝的经验，一直以来我们坚持把眼光放长远，重视与国内外学术同行的交流融合，让大家把事业发展放在中国乃至世界植物学界的大框架中思考定位。"

"人最有创造热情的阶段是在45岁之前。在偏远的地方搞科研，更要懂得尊重这个规律，适时把年轻人放到优秀的环境中，实现成长。"陈进说。

据介绍，近十几年，园里每年都设法拿出经费，用于科研人员的外出交流、学习，战略性地将年轻人"送出去"。从2013年起，明确规定35岁以下的科研人员晋升必须有国外学习、工作经历。

这是必要投资，但也不指望投一个就成一个。"因为科学研究本身就不是急功近利的事"，陈进认为，不仅要鼓励"出"，甚至也不必在乎"回"，"留在国外，只要能在那些著名植物园站稳脚跟，举起一面旗，也是我们园输出的一种世界性的影响。"但是鲜有人逾期不归，包括自费出去的也会学成归来，为植物园的发展贡献自己的力量。

让偏远的园所成为热带生物学家的摇篮和天堂，这是一种人才观，更是一种创新文化。除了有国外学习、工作阅历的人，园里还有40多名外籍人员，研究生、访问学者居多，正式签约的外籍职员有9名。外籍职员有自己的学术圈子，那些圈子里的"异质化"因子正是这里需要的。他们来了也没有特殊待遇，一律从副教授做起。

每周二下午，园里都要举办全英文交流的学术沙龙，开讲者来自国内外，其中不乏全球植物学界的"大牛"，信息通过网络提前发布，听众热情踊跃，常有人闻讯远道辗转而来。

多年来，中科院西双版纳热带植物园先后与50多个国家（地区、国际组织）开展交流与合作，国际影响不断扩大。

随机采访这里的几位年轻人，都认为这里很开放、很国际化，对全球环境很敏感，特别是在森林生态学研究方面"灵敏度极高"。

能直接被带入、融入国内外的科学大舞台，恐怕是各路人才不顾偏远安心留下的一个原因。

科学的考评文化——重在去除"非科学困扰"

评议"注水""小圈子"现象等不公正评审，是科学界难以摆脱的"非科学困扰"。记者看到，这些问题在中科院热带植物园是有"解"的，中央有关科技体制改革文件的精神得到了很好的体现。

从 2005 年起，园里就将考评制度从一年一次改为四年一次。"科学研究不可能今天立项，明天就出成果。年年'折腾'考核，容易把创新型人才评浮躁，并不利于人才成长和创新性成果的涌现。"陈进说，为取得科学、合理的考评结果，园里在建立科学公平的考评机制上下了功夫，"决不简单以在什么档次的刊物上发了多少文章定乾坤"。

获得国内外同行的肯定，是园里业务考核的一个重要原则。科技处用一整套科学严密的遴选方法，选出 10 位国外同行、10 位国内同行，对每个课题组的科研报告（中、英文两个版本）进行通讯评审。同时课题组还要向单位学术委员会做学术报告，该委员会由 15 位科学推选的本单位专家组成，按三个等级做无记名投票。依据外评、内评情况，园主任办公会给出最终评议结果。事实证明，这样的考评文化，有效避免了近亲考核导致的"拉帮结派"。

余迪求是 2002 年按"百人计划"引进的留美博士后，专攻分子生物学。他在接受采访时说："刚到这儿创建分子生物学研究小组时，没有仪器设备和相关的温室条件，难得园里没有给我额外压力，来了就踏踏实实做数据积累，同时带硕士、博士生。"到了第四年考核的时候，他还坐在冷板凳上，没能拿出直接成果。"按照一般单位的标准，似乎很难过关了，但评委充分尊重分子生物学的研究规律，肯定了我的前期研究进展和工作成绩，考核得以通过，这在别处恐怕做不到。"

然而这朵花很快就绽放了。2008 年起，余迪求和他的团队成员不断取得成果突破，在植物学界国际顶级刊物《植物学》及《美国科学院院刊》（*PNAS*）上连续独立发表十几篇论文。尽管园里并不要求毕业生一定出论文，他的两个博士还是获得了含金量很高的中国科学院优秀博士学位论文的荣誉，一个学生去年被吸收进中国科协的"托举计划"，独立建立自己的研究组。

记者采访了另一位正瞒着家人跑野外、不愿透露姓名的科研人员。

他坦率地说:"搞生态学、生物多样性,研究周期较长,也的确比较费力。但有园里在科研投入上的支持。没有年年考核的压力,专心做事就好了。"

年轻人的创新意愿尤其受到重视。园里鼓励自愿结合型青年研究小组,拨专项经费支持。"要让大家无所顾忌往前冲。当然也不是没有要求。2015年是考核年,其中有的课题组因没达到考核标准,经严格评审论证,被解散。"科学传播与培训部业务主管杨振说。

服务型的管理文化——重在让科学家静下心做事。

在机关的"六个处一个办",很容易形成"管理部门就是管人"的工作套路。李宏伟说,我们园就是要把"管人"变"服务",一切围绕有利于让科研人员静心做事这个核心。

首先做减法,减掉管理层的"坑"。除了办公室,所有中层机构只设一个正职,不设副职,把管理成本降下来。

聘用干部的决定权放在评委会而不是人事部门。评委会的席位分配是:非领导职务的党委委员2名,资深教授4名,园林、科普部门代表2名,中层干部、职工代表各1名,所有委员按类别随机抽签产生,候选人须得到评委会50%以上票数,才可以报园主任经会议讨论聘用。

制度、政策的制定要有利于科研服务,其他方面的管理也必须牵动员工的"植物园情结"和归属感。

除了每周二的学术沙龙,园里还有每周一次在中餐时间举办的30分钟讨论会。主题提前数周预告,内容相对轻松和带有发散性,从心理卫生到怎么谈恋爱等,五花八门,人人都可主讲。

短短三五十分钟,也是园内文化的一部分。李宏伟笑言,"我刚刚讲了一讲,主题是怎样教育子女,反响还挺不错的"。更轻松的交流场合还有咖啡吧,职工支付5元,学生免费,提供瓜子、土豆片等,很是温馨。

青年科技人员玉最东告诉记者,园里提供的新住房就在室内羽毛球场附近,很漂亮,并且房租便宜。

什么是服务好的标准?李宏伟的诠释很别致:"园里有位科学家这样真诚地说过,有时自己在夜间会突然惊醒,扪心自问,自己的研究是否对得住人家为我们提供的服务?"让科学家时时想着怎样搞好科研,这就是标准。

开明的领导文化——重在发挥非权力影响

今年52岁的陈进是民族植物学专业出身,中科院博士。他1986年进园,20多岁起涉足管理岗位,经历过植物园20世纪80年代后期"合并重组"的艰难时期。从那时起他就在思考,这样一个远在天边的单位,其价值是什么,拿什么发展?

1997年后,陈进曾有过到德国、美国的两次访学机会。他借助友人帮助,到多个世界著名植物园进行深度考察。

多年的探索思考让他坚定地认为:一个单位经营得好不好,并不一定靠核心人物手中的权力。他2005年当园主任,迄今担任过三任园领导,其中当过一任书记。就是在那一任上,陈进提出领导干部非权力影响的问题,认为核心人物的人格修养、价值取向很大程度上决定一个单位的文化氛围,而这种文化往往能够影响和决定整个单位的凝聚力、向心力。

陈进说,这种创新文化一方面受益于中科院科学民主、唯实求真的大氛围;另一方面也得益于所在的这方水土,周围多个民族相处和谐,地方政府和老百姓对植物园由衷爱戴和长期支持。

李宏伟在陈进任上曾做过助理和副主任,两人共事多年,一些想法高度默契,都重视营造健康的园内文化。

两位主要领导有着共同的重文化、看结果的价值取向。

(1)要综合、唯物地看待科学家和科学研究的价值。并不是所有的科学研究都能惊天动地,影响世界。"默默无闻并不意味着没有价值。历史上生前无人问津、身后热闹的科学家被证明太多了。"

(2)成果不是考评、审批出来的。有些成果一辈子没获过重大奖项,却创造了非凡的社会经济价值。"如园里早年对橡胶的考察和漫长的橡胶推广,最终派生出一个重要的支柱产业。而这都不是靠层层考评、审批出来的。"

科学研究、物种保存和科普教育,是这个边远植物园长期以来坚持的三个功能使命。"我们不能引导大家去争去抢,贪大求功,靠利益驱动追求所谓马太效应。带领大家踏踏实实做事,这才是一个学术研究机构应有的品质追求和特有文化。"陈进最后说。

夏欣

《光明日报》高级记者，1982年从北京师范大学毕业后进入《光明日报》从事新闻采编工作至今。

2001年起先后担任《光明日报》五个业务部门负责人，但始终不曾脱离一线采访。

2014年在青海果洛

2014年在西昌

"谁的研究所？"

——中科院西光所自我革命，参股不控股，孵化 70 余家高科技企业

中国青年报社　邱晨辉

要难倒一位科学家，其实没有想象中的那么难。"你们的研究那么高大上，可这究竟有什么用？"这样一句话就很可能让一位科学家哑口无言。中国科学院西安光学精密机械研究所（简称西光所）所长赵卫就遭遇过这种情况。

尽管他所在的单位，是我国西北地区最大的研究所之一，承担不少与光学相关的国家任务，但当他把高速摄影、现代光学、光电子学等术语搬出来给外人听时，却收效甚微，即便提及"嫦娥"卫星搭载的光学载荷出自他们之手，也仍会收到一个追问："这对我们普通民众有什么用？"

《中国青年报》第 6 版
2015 年 12 月 16 日

这个看似过于刁钻的问题，却在一定程度上道出了我国科研论文数量多、成果多，但含金量不高、成果转化率低的尴尬现状——据统计，我国国际科学论文数量已居世界第二位，专利申请量和授权量也分别居世界首位和第二位，但科技成果转化率仅为 10% 左右，有的国家重点支持的科研项目转化率还不足 1%。

这背后，又有受到法律法规的约束，科技成果入股成"黄粱一梦"，以及体制机制的限制，科技人员的积极性难以得到激励等深层次问题。

这些也都曾让赵卫头疼，但如今，他所在的西光所已在很大程度上走出困局，至少从数字上来看是这样，根据该所统计，截至目前已孵化70余家高科技企业，实现产值12亿元，累计吸引社会投资7亿元，纳税7000万元，带动社会就业3000余人，预计2015年该所收益可达7000万元。至于他本人，有了这些社会通用的数字语言，再不怕"究竟有什么用"的问题。

这期间究竟发生了什么？《中国青年报》记者近日来到西光所实地探访。

没积极性？研究所参股但决不控股

如何把研究所的科技成果转移转化出去？成立公司，用市场化的方式来运作。这是很多人的第一反应。

但现实情况是，研究所成立的公司，要么是研究所管得太死，缺乏市场活力，难以与市场化的企业抗衡；要么是很快与研究所脱离，缺乏后续科研的支持，也是半死不活。

赵卫的团队就曾走过这样的弯路。

那是20世纪末21世纪初，中科院的研究院所迎来一波改制潮，办了不少企业。西光所也成立了一家公司，占股超过九成。然而公司成立十几年来一直处在盈亏平衡点，无法真正按市场运作，甚为尴尬。

赵卫曾担任这家公司的董事长，而其他大股东，则是研究所的其他领导或是研究人员。这么一来，每次召开董事会，就像举行研究所的领导班子会议一样。

很快，赵卫意识到了问题——把研究所那套决策方式，用在公司上并不适合，一个是科研导向，一个是市场导向，两者本应该有博弈，但现实情况是，一旦遇到问题，整个公司领导集体都只用研究所的思维方式来考虑，公司的发展，自然排到后面。

说到底，"科学家并非无所不能，搞市场并非我们所长"，赵卫很清醒地意识到，企业必须适应市场的规则和文化，不能让孵化的企业又慢慢形成了研究所的文化，进行研究所式的管理。

2014年，这家公司引入社会资本改制，西光所占股降到30%，不再控股，也不参与企业经营，企业又重新焕发了活力。在赵卫看来，这再一次验证了那句圈子里的老话：积极性的调动不能空喊口号，实践证明，股权激励是最好的激励手段。

从那以后，他定下一条规矩，研究所参股，不控股。

郑宏志是从美国硅谷回来的海归人才，怀揣全球领先水平的超低相位噪声技术，这种技术可以应用于高档智能手机市场，他当时对国内创业环境的一大要求即是"希望投资人进来是少管事的，有事我找你，没事你少找我"。

西光所做到了这一点。2014 年，郑宏志依托该所创办公司，很快融资 2000 万元，现已量产供货给乐视手机和魅族手机，累计出货量超过 300 万个，是高端智能手机中少有的国产芯片。一些在西光所创业的人员说，让创业团队持大股，就像当年小岗村包产到户解放了生产力一样，激发了他们自主创新的活力，能够以市场需求反推研发。

赵卫告诉记者，这种做法还对科研有了实实在在的反哺作用，过去科学家看文献找方向，研究的课题企业并不感兴趣，如今市场需求"倒逼"研发，彻底改变了科技成果转化的传统路径。

资产流失？是全体纳税人的研究所

这一做法不可避免地惹来了一些争议。

比如，花了几千万元培育出的科研成果，转移到创业公司时，只作价几百万元的股份，是不是国有资产流失？

赵卫并不回避这个问题，他的一个基本认识是，国家任务完成与课题验收后的成果束之高阁，或者没有转化成功，才是极大的科研资源闲置。

一组来自中科院的数据显示，2013 年，该院有有效专利 2.2 万件，转化的仅有 1955 件，实际收益仅为 6.75 亿元。赵卫说，科研院所有创新能力，但产业化需求相对较少，相应地，企业有需求，但又没有足够的创新能力，这才真正致使科技资源浪费和国有资产流失。

从纯粹的资金层面来讲，赵卫也认为西光所的探索，并未触碰国有资产流失的红线。他说，技术价值不取决于投入资金，而取决于市场价值，要按市场规律重新定义国有资产流失。技术是有时效性的，要把科研成果快速转化到市场上，实现市场价值，才能实现国有资产的真正增值。

"今天作价几百万元，明天就可能是几千万元，后天就可能会辐射到更广的社会行业里，产生十亿、百亿元的价值。"赵卫说。

说到底，这个问题在不少西光所的人看来，是一个"科研院所究竟是谁的"问题——是中科院的，还是国家全体纳税人的？

赵卫说，如果仅仅是前者，任何从所里流出去的，未在短时间内产生盈利或是重大效益的，都可以称为资产流失，但如果是后者，最终辐射到整个社会里的价值，还能说是资产流失吗？

他回忆，当时，整个研究所针对研究所的归属问题有过一场讨论——究竟是谁的研究所。

后来，他们的意见趋于一致，研究所是国家的，而不是院所"私产"，既然如此，就不仅要让中科院满意、国家满意、员工满意，也要让地方满意、人民满意，他们认为，这是创新型国家建设和创新驱动发展战略对研究所历史使命提出的新要求。

相应地，针对科研人员出去创业会不会造成研究所技术和人才流失的问题，也是同理。

事实上，这也是一种回归。"国家队就要干国家队该干的事，而不是仅仅为了几百个员工更好地活下去，那样的话，自己办企业去就好了，没必要非要在国家的研究院所里待着。"赵卫说。

做技术之母？打造中国的硅谷模式

赵卫的探索并没有止步于"不控股"。已参股的，选择减持甚至退出卖掉股份，是他另一个大胆的做法。

刘兴胜曾是美国一位研究高功率半导体激光器的专家，后与西光所参股不控股的思路一拍即合，2006年回国创业，很快成立了国内首屈一指的高功率半导体激光器研发和生产公司。

五六年过去了，西光所在这家公司的参股不增反减，由最早的参股38%到现在的不到11%。2012年，西光所又转让100多万股，收回现金1000万元。

无独有偶，西光所创办的另一家高科技公司，2014年开始引入社会资本进行股权改制，西光所转让37%的股权，并经过股权稀释后，占股比例下降到33%，收回资金3000多万元。

赵卫告诉记者，整个2014年，西光所退出股份共获得4900多万元资金。拿这些钱干什么？可以用于反哺科研，或者孵化新的企业。更为重要的是，他说，"我们不希望研究所永远躺在一两个企业那里取得高额回报。

我们要永远处于一种饥饿的状态，才能保持进取精神，不断研发新的技术，孵化新的企业"。

事实上，与传统的研究院所科技成果转移转化相比，西光所这条路，更看重的是市场需求牵引科研立项，立项有的放矢、应用无缝对接，说白了，就是把企业搬进研究所，把研究所建在企业。而传统的模式，则是先有成果，再找应用，这就往往带来重科研、轻产业，大科研、小产业，产业是科研的附属品，科研与产业脱节、割裂等问题。

西光所博士、西光所首个孵化器中科创星首席科技官米磊告诉记者，西光所的这条路，很大程度上借鉴了斯坦福大学与硅谷互相成就的模式，在他看来，传统制造业是农田模式，要不断除去杂草，才能种好庄稼，而硅谷是热带雨林模式，要素聚集后，企业自然生长。他也希望西光所能成为一个适于高科技企业生长的热带雨林——聚集人才、资本、技术、服务等要素，打通科技成果产业化接力棒体系，形成帮助企业从想法到知识产权再到上市的完整创新产业链。

这些，不论是对于初创企业缺乏启动资金、无法迈出创业首步的"最先一公里"，还是科技成果因缺乏平台而难以转化为产品的"最后一公里"来说，都具有至关重要的意义。

事实上，任何企业，特别是高科技企业的发展都不可能仅靠一个产品或一项技术，必须不断地丰富和发展，这恰恰契合西光所另一个身份——技术之母。赵卫说，为企业提供强大的技术支撑，做企业的技术之母，这是他们能够快速孵化高科技企业的又一个"秘诀"。

2014年，赵卫在给陕西省领导汇报时打了一个包票，从当时起到2017年，西光所可以孵化出100家高科技企业。一年过去，他所在的研究所已经孵化了70多家企业。

创新年轮　　攀登足迹
中国科学院第十四届科星奖获奖作品选

邱晨辉

《中国青年报》记者。2011年工作至今，三次参与全国两会报道，作品在2012年、2013年分别获得报社年度最佳报道，2014年3月当选报社首席记者，2016年3月担任报社两会报道政协采访组组长，2016年5月起担任报社"小邱之问"全媒体工作室负责人。

代表作有《"千人计划"入选者被解聘调查》《"第五大发明"系列调查》《新校园分裂》《长征兄弟和嫦娥姐妹的那些事儿》《飞向太空凝视你，我的祖国》和《被天文改变的小镇》等；H5作品《我是长征七号火箭，请求加您为好友》《今晚，你比月亮，还要亮！》等；VR作品《独家全景视频探访观天巨眼FAST》等。

科技如何"光"耀产业

——探访中科院西光所

中国新闻社　张　素

中国科学院西安光学精密机械研究所（简称西光所）所长赵卫仍然记得多年以前住院时与护士的一次对话。

"西光所？你们是做什么相机的？"

"我们做的是航天相机，市场上没有，你们也用不了。"

"哎，做光学的不做照相机？"

护士兴味索然，赵卫大为触动。

创建于1962年的西光所以"光"为主线，主要研究领域包括基础光学、空间光学、光电工程，长期承担国家重大需求，圆满完成探月工程等国家重大任务。

"一个国家的研究所，却与市场上的高科技产品、老百姓的日常生活没有太多关联。我想我们应有一些影响千家万户的科研技术，于是开始思索如何适应新的形势变化。"赵卫9日接受中新社记者专访时说。

中新社电讯通稿
2015年11月9日

创新年轮 攀登足迹
中国科学院第十四届科星奖获奖作品选

受此启发，西光所提出"拆除围墙、开放办所"。在完成国家重大科研任务的同时，把为企业产品升级换代提供关键技术支撑、引领技术发展方向作为新时期的重要使命。

如何"拆墙"？赵卫回答，首先是打破思想"藩篱"，将研究所的归属定义为国家和全体纳税人，研究所职工都是"雇员"，提倡"职业道德"。其次是破除人才框架，以科技创新成果来考核人才。

"拆墙"过程颇为不易。"大家起初不理解，包括领导班子内部意见也不统一。我就不断地去开会、去交流、去推行。"赵卫说，随着第一家"试验品"炬光科技公司成功，阻力逐渐减小。

时至今日，这里汇聚了各具特色的创业者。31岁的朱锐曾中断攻读香港大学博士学位而在深圳创业，遇到挫折时接到西光所的"橄榄枝"。他的公司成功研发出中国首个可测血管深度的投影式红外血管显像仪，产品在国内多家大型医院应用并远销欧洲、南美洲等地。

"西光所发起的西科天使基金认可我的技术价值，这里的学生也认可我的团队和技术。"朱锐说。

在西光所研究生部与中科创星孵化器共建的"硬科技"众创空间里，中国科学院大学在读博士李斌带领几名师弟组成"Etrack 团队"，拿着数十万元（人民币，下同）资金致力于研发一套让渐冻人"用眼打字"的小型化设备。"在这里，我们的学生不仅能主动钻研科研课题，还能把创新的想法变成现实，甚至转变成创客或者创业项目。"西光所研究生部主任李晋芳说。

拥有逾25年光通信领域研发经验的 Brent E.Little 博士正在与光子集成中心主任程东博士一起研制光子集成芯片。他认为中国拥有广阔市场、制造基础、人才优势和更多机会，政府也非常支持这份事业，他坚信未来更为光明。

西光所现已形成光子信息、光子制造和生物光子三大学科与产业布局，共孵化74家高科技企业，实现产值12亿元，累计吸引社会投资7亿元，纳税7000万元，带动社会就业3500余人。该所还形成了"人才聚集—资金投入—企业规模化发展—反哺科研"的良性循环。

实践过程中，该所也坚持几项基本准则。比如"参股而不控股"，赵卫解释称是坚持研究所的定位，孵化企业而不办企业。再如"在其位与谋其职"，科研人员身兼多重身份，只有承担所内科研任务时才会有津贴，同时允许创业失败者重返研究所。

今年2月，国家主席习近平考察西光所，认可和支持该所在科技创新方面的探索。国家正在实施的创新驱动发展战略，给他们吃下"定心丸"、打下"强心剂"。

科技在此"光"耀产业，也有人担心会否只是"流星"。赵卫说，西光所的制度正在逐步内化，"产学研结合"已成为牢固的市场化模式，后继者会有更好的革新来推动科技成果产业化发展。

创新年轮　　攀登足迹
中国科学院第十四届科星奖获奖作品选

张素

中国新闻社记者。2012年初涉此行，曾参与全国两会、里约奥运会等的报道。自2014年8月开始正式成为科技报道队伍的一名"新兵"，致力于将深奥的科技进展以"新鲜有趣"的方式传播给海内外读者。代表作有《中国贵州的这口"锅"要出什么"菜"》《月满中秋"上游记"——"天宫二号"发射趣读》等。

用地球上最大的"耳朵"聆听宇宙

新华社 喻 菲 全晓书 杨春雪

中国贵州,在形成于4500万年前的巨型天坑中,科学家与工程师们正在建造面积相当于30个足球场的世界最大单口径射电望远镜。它像一只庞大而灵敏的"耳朵",将捕捉来自遥远星尘最细微的"声音",洞察隐藏在宇宙深处的秘密。

这项建在贫困边远山区的中国有史以来最大的天文工程,总投资达12亿元,于2011年3月动工,预计2016年9月竣工。科学家将用这只"大耳朵"发现宇宙中神秘怪异的天体,并满足人类最本质的好奇心:宇宙是怎么诞生的,为什么会有星星,为什么会有我们,我们在宇宙中是孤独的吗?

中国科学院国家天文台射电部首席科学家李菂

新华社通稿
2015年7月27日

说："建成后，这座射电望远镜在未来 20 ～ 30 年将保持世界一流地位。"

快！望远镜

"大耳朵"正式的名字是：500 米口径球面射电望远镜。科学家将它的英文名 five-hundred-meter aperture spherical radio telescope 缩写为 FAST。尽管被称作"快"，建设这样巨大的望远镜却绝对无法快速实现。从 1993 年最初提出这个计划到现在已过去了 20 多年，其间经历了反复研究论证。

千百年来人类只是通过可见光波段观测宇宙，实际天体的辐射覆盖了整个电磁波段。射电望远镜是在无线电波段观测天体。由于无线电波可穿透宇宙中大量存在而光波又无法通过的星际尘埃介质，所以射电望远镜可以观测更遥远的未知宇宙。射电望远镜几乎可以全天候、不间断地工作。

来自太空天体的无线电信号极其微弱，自 70 多年前射电天文学诞生以来，所有射电望远镜收集的能量还翻不动一页书。阅读宇宙边缘的信息需要大口径望远镜。

为了加快对宇宙探索的进程，提高中国的深空探测能力，积极参与国际竞争，中国天文界于 1993 年提出利用贵州喀斯特洼地建造世界最大的单口径射电望远镜。

如今，在贵州平塘名叫"大窝凼"的洼地中，望远镜的白色钢架已填满整个山谷。绕着圈梁走一圈大约需要 30 分钟。

工人们近日开始为望远镜铺设反射面。FAST 与一般的光学望远镜长得很不一样，镜面由 4000 多块小反射面组成。每一块反射面的背后都有钢索牵拉，用于调整方向。这样精巧的设计可以让反射面不断变形，追踪移动的天体，形成抛物面汇聚电磁波，就像一口大锅中又套着个可以移动的大碗。

"让如此巨大的望远镜改变形状，最大的困难是必须快速测量和控制上千台电机。我们通过激光测量精确定位，精度要达到毫米级。"李菂说。

FAST 工程办公室副主任张海燕介绍，与号称"地面最大的机器"的德国波恩 100 米望远镜相比，FAST 灵敏度将提高约 10 倍；与被评为人类 20 世纪 10 大工程之首的美国 Arecibo 300 米望远镜相比，其综合性能提高约 10 倍。

"它非常壮观，给人宏大、震撼之感，"国家天文台宇宙暗物质与暗能量研究团组首席科学家陈学雷最近参观了 FAST 施工现场后感叹道，"国家投资建设了这么大的望远镜,作为科学家,我们一定要用好它,做出新的发现。FAST比目前世界上所有的射电望远镜都更大、更灵敏,肯定会取得一些国外没有的发现。"

实际上,脉冲星、类星体、宇宙微波背景辐射、星际有机分子等重要天文发现都与射电望远镜有关。诺贝尔奖历史上明确基于天文观测的10项获奖成果中有6项都出自射电望远镜,射电天文学已成为诺贝尔奖的摇篮。

目前,约20个国家正在联合建设世界上最强大的射电望远镜阵列——平方公里阵SKA。FAST将比SKA早建成10~20年。李菂说:"我们一定要充分利用这个时间优势,尽快取得创新性成果,尽快挖掘获得诺贝尔奖级发现的潜力。如果能探测到引力波或揭示物质新形态,这些会是诺贝尔奖级的发现。"

他表示:"我们的望远镜是开放的,未来欢迎国内外的科学家来使用。"

托"外星人"的福

20年前,为FAST寻找台址的朱博勤在崎岖的山路上跋涉了两个多小时,爬上"大窝凼"的垭口,映入眼帘的是:青山环抱着一片圆圆的洼地,山上绿树葱郁,山谷内灰瓦木屋点缀在农田之间,鸡犬之声不绝于耳。这里有个好听的名字:绿水村。12户人家65口人居住在连电都不通的封闭小世界里,在寂静晴朗的夜晚,有时也抬头望望散布苍穹的星辰。

贵州地处亚热带湿润季风性气候区,由于这里沉积了厚厚的碳酸盐岩,加之地质、气候、水文等因素的影响,喀斯特地貌得到良好的发育,约占全省总面积的70%,特别是在贵州南部,发育了大量喀斯特峰丛洼地。科学家认为这种天然的洼地正适合建造形如大锅的FAST,可以大大减少工程成本。

专家们先根据卫星遥感影像,对400多个备选洼地的形态特征、水文、地质、气象及电波环境等诸多方面做了评估,并通过计算机模拟了工程填挖量,从中选出30多个进行实地考察。

在"地无三尺平"的贵州,稍微平坦一点的地方,就有农民种地。很多类似"大窝凼"的洼地中都有居民。

台址系统总工程师朱博勤回忆说,有外国专家参与了考察。附近的老百姓听说后赶了半天路来围观,漫山遍野站满了人。"他们渴望了解外面的世界,就像我们渴望了解宇宙。"

科学家说要在这建一座射电望远镜,村民们不懂。当科学家说可以用射电望远镜找外星人,大家就明白了,并且特别高兴,因为全世界都会知道他们的家。

最后,专家选定"大窝凼",因为它不大不小,深度合适,形状很圆,适于施工建设。

朱博勤说,"大窝凼"岩石有足够的承载强度,这里的喀斯特地质条件可以保障雨水向地下泄流,避免损坏望远镜。

此外,在"大窝凼"方圆5公里内没有一个乡镇,25公里内只有一个县城,无线电干扰较少,无重大自然灾害记录。贵州有一批电子工业企业,具有大型无线电天线生产能力,拥有大型铝业基地,运输方便,水电丰富。这些为FAST的建造提供了优越的工程环境。

为了人类最大的望远镜,"大窝凼"的居民搬迁到镇里居住,他们在"新世界"的生活条件大大改善。其他洼地中的村民们羡慕不已地说:"不知道哪辈子修来的福,他们靠外星人搬离了这个地方。"

天籁之音

FAST建成后,用这只"大耳朵"听什么,科学家们还在不断讨论中。

李菂说,它投入使用后,可观测的天体数目将大幅度增加,将搜寻到更多的奇异天体,可为科学家提供更多更好的观测统计样本,更可靠地检验现代物理学、天文学的理论和模型。"FAST拟回答的科学问题不仅是天文的,也是面对人类与自然的。它潜在的科学产出也许我们今天还难以预测。"

主要研究暗物质与暗能量的科学家陈学雷说:"我对FAST非常期待。我们希望通过观测中性氢的分布来研究宇宙膨胀速度。"

陈学雷解释说,中性氢在宇宙中到处都是,中性氢可以产生波长为21厘米的谱线。宇宙的百科全书是用微弱的21厘米氢谱线写成的。"我们通过对中性氢的观测就能知道物质在宇宙中是怎样分布的,进而可以测量出宇宙如何膨胀,并推算暗能量的性质。"

奇异的脉冲星强烈地吸引着科学家们。李菂说:"目前人类已经发现2000多颗脉冲星,我们期待找到新种类的脉冲星。在银河系的近邻仙女座M31中,科学家预测那里应有脉冲星,但是还没找到。目前所有望远镜中,几乎只有FAST才有足够的灵敏度在仙女座中找到脉冲星。我们期望能在那里找到50～80颗脉冲星。"

陈学雷说:"脉冲星有很多怪异的现象和性质,我们还无法理解。科学家已经发现一些转得特别快的脉冲星,叫毫秒脉冲星,大约几毫秒转一圈。它为什么转那么快,还需要研究。"

"脉冲星就像天体物理实验室,很多最极端的现象就发生在那里。科学家可以将脉冲星作为工具研究万有引力。如果将来发现脉冲星与黑洞组成的双星系统,我们就可以利用脉冲星去研究黑洞周围的时空。"陈学雷说。

由于脉冲星的稳定性可以超过原子钟,有科学家提出,可以用脉冲星为太空飞船导航。

"另一个重要目标是利用脉冲星探测引力波。引力波是爱因斯坦广义相对论一个非常重要的预言,但科学家还没有检测到。引力波会使脉冲到达时间发生变化。如果我们能观测到全天的脉冲星或者某一方向上的多个脉冲星周期发生变化,就能探测到引力波。"陈学雷说。

科学家还准备用 FAST 搜寻识别可能的星际通信信号,开展对地外文明的搜索。

李菂说:"找到地外智慧生命很难。我们的重点是寻找宇宙分子,也就是研究宇宙学尺度上的生命起源。几乎可以肯定,再有两三年,科学家就可以在太空中直接找到氨基酸。我估计找到地外生命也是非常可能的,无论是太阳系内还是太阳系外。"

他说,目前科学家已经在太空中发现 180 多种分子,如一氧化碳、氢分子、氨气、甲醛,以及一些很奇特的分子,如巧克力、各种酒精、指甲油分子等。

此外,FAST 将为中国深空探测提供一个高灵敏度、高分辨率的地面跟踪与遥控设备,它将使中国深空测控能力延伸至太阳系外缘,将深空通信数据下行速率提高数十倍,同时填补美国、西班牙和澳大利亚三个深层空间跟踪站在经度分布上的空白。

李菂说:"对于人类来说,探索未知世界、满足好奇心,是与吃饭睡觉同等重要的本质权利。以前中国科学家在贫穷的条件下依然可以在数学、计算机、粒子物理等领域从事世界一流的科学研究。现在国家支持我们建设 FAST 这样的大型望远镜,我们将代表人类诉求不断探索未知世界。"

"探索未知世界会激发人类的创造力,去做人类以前做不到的事情,找到原来根本想象不到的解决问题的办法,这其中会产生巨大价值。"

创新年轮　攀登足迹
中国科学院第十四届科星奖获奖作品选

喻菲

在新华社对外部长期从事科技、考古、社会、文化等领域的报道，曾在阿富汗做过战地记者。近年来在中国特稿社从事深度报道和特稿写作，被对外部评为科技报道专家型记者，擅长用通俗有趣、生动优美的方式报道中国科技进展，尤其热爱天文、空间科学和太空探索。曾为国际权威科学刊物《自然》杂志撰写特稿，多篇稿件被西方主流媒体采用。有关暗物质卫星的报道被评为"中国新闻奖"。为暗物质卫星和"天宫二号"撰写科普图书《寻找暗物质》及《筑梦天宫》。

全晓书

2001年毕业于北京外国语大学，进入新华社对外部工作，现任中国特稿社采编室主任。从事新闻采编工作15年来，涉猎广泛，对时政、经济、军事、社会、教育、科技、文化、音乐等多个领域都进行过深入的报道。近年来，更加关注科技领域，参加过珠峰南北两极科考、国际天文学大会等重大活动，采写和编辑过很多重要的科技报道，还面对面采访过诺贝尔奖获得者，也经常和知名的科幻作家交流，致力于将中国的科技进展及其幕后英雄的故事更好地呈现给读者，提高大众的科学素养，让更多的中国人有机会感受科学之美，实现科学之梦。

文字作品一等奖

杨春雪

2012年毕业于北京外国语大学，硕士研究生，现任新华社对外部记者。典型的"双鱼座"女生，爱对着天空幻想，也爱脚踏实地生活。长期关注中国社会和科技发展，致力于"向世界讲好中国故事"，曾参与贵州射电望远镜落成、"天宫二号"升空、解密中国首颗量子通信卫星、暗物质卫星等系列重大科技报道，有精良的中英文写作功力，作品曾被海外主流媒体《纽约时报》《华盛顿邮报》、CNN等采用。2016年参与撰写由科学出版社出版的《筑梦天宫》。

海纳百川　人才为先

经济日报社　佘惠敏

《经济日报》第12版
2014年12月8日

20年前，青黄不接，人才断层；20年后，群星闪耀，后继有人。

栽好梧桐树，引得凤凰来。中国科学院"百人计划"实施20年来，引进培养优秀人才2145人，培养出一批国际一流的跨世纪学术带头人。开我国科技人才引进先河的"百人计划"，为什么可以成为人才"吸金石"？请看《经济日报》记者发回的报道。

先行探索，不拘一格揽人才

作为1994年度首批"百人计划"入选者，中科院地质与地球物理研究所所长、中科院院士朱日祥的经历非常典型。"我在国内读完博士后才出国做研究，去的是法国的实验室，人家实验室里每一样设备都是我没有见过的。"朱日祥感到非常震撼，产生了一个愿望，那就是在中国建一个世界一流的实验室。

这个愿望后来变成了现实。几年后，朱日祥入选"百人计划"，获得

200万元资金支持。"20年前的200万元是个天文数字，经过十几年的努力，我们终于建造了国际一流的平台。这样的实验室，我们的前辈想做是做不到的，因为国家的条件和国力不允许。在国际刊物上发表了几篇文章，这并不是我最自豪的地方；在自己的土地上建立了让外国人羡慕的实验平台，才是我最自豪的。我相信中国今天的科研条件，完全可以做世界最前沿的工作。"

20世纪90年代，像朱日祥一样被该计划吸引的学者还有不少。那时，由于历史因素，我国高层次人才年龄结构偏大，"人才断层"现象凸显。1994年，中科院研究员的平均年龄为55岁，"代际转移"迫在眉睫。与此同时，80年代的"出国潮"导致大批优秀人才滞留海外，能否吸引他们回国成为我国人才队伍持续发展的关键。

时任中科院院长的周光召指出，"现在的这一代青年是跨世纪的一代，是实现中国社会主义现代化建设第二步、第三步战略目标关键的一代"。中科院党组启动了一系列加快优秀青年人才成长的政策和措施，1994年开始推出的"百人计划"就是其中的拳头产品，旨在到20世纪末吸引百余名海内外优秀青年人才，培养一批跨世纪的学术带头人。

在1994~1997年的起步探索阶段，在经费紧张、资源匮乏的情况下，中科院从事业费中挤出专款，给予每位入选者100万~200万元的科研启动经费，并设立特殊津贴，适当提高人才待遇。在遴选过程中，坚持公开招聘、按需引进、择优选拔，并通过定期检查和考核等方式加强管理。

"1994年'百人计划'推出时，条件优厚到我都想申请。院里说你已经是人才了，就别申请了。"回忆起当时"百人计划"带来的轰动，中科院院长白春礼说，两年后他升任中科院副院长，分管"百人计划"，才终于与之结缘。"1994年'百人计划'首批招聘到位的12人，3年后答辩时，全部拿到'国家杰出青年科学基金'。"

作为我国最早启动的高目标、高标准和高强度支持的人才计划，"百人计划"的一系列政策举措和改革探索具有较强的示范带动作用。在"百人计划"之后，国家有关部门和地方陆续启动的一系列人才计划，很多都借鉴和参考了"百人计划"的经验和做法。

同心耕耘后继有人跨世纪

"中科院的'百人计划'在海外华人中影响很大，希望'百人计划'

能帮助更多青年学者实现创新梦想。"中科院城市环境研究所所长朱永官是2001年度"百人计划"入选者，在海外学习工作的8年中，他经常看到中科院的"百人计划"招聘广告。在澳大利亚工作期间，他向中科院工作人员透露了想回国工作的意愿，很快就收到了当时分管"百人计划"的副院长白春礼的邀请信。

"中科院的'百人计划'非常务实，而且符合人才发展规律。"2001年入选，2002年回国，朱永官一直感谢"百人计划"的支持。"中科院的'百人计划'入选者绝大部分是成长中的学者，比较年轻，35岁左右的比较多，有做科研的能力，但缺乏带团队的经验。中科院的经费和宽松环境，让'百人计划'入选者能尽快建立自己的科研团队。经过3～5年的发展，就能建立较完整的研究队伍。"

1998～2010年，在跨越世纪的这十几年中，"百人计划"进入全面发展阶段。在这个阶段，中科院实施知识创新工程，"百人计划"得到财政部专项经费支持，引才力度和规模进一步加大。同时，为适应改革发展的新形势，按照时任院长路甬祥优化和调整"百人计划"定位和管理的要求，"百人计划"进一步拓展内涵和形式，设立"引进国外杰出人才计划"，引进全职回国工作的海外优秀人才；设立"海外知名学者"计划，吸引短期来华工作的海外高层次人才；同时，设立国内"百人计划"、项目"百人计划"、自筹"百人计划"等，逐步形成适应不同科研活动人才需求、引才引智相结合的人才计划体系。

在"百人计划"启动的20世纪90年代初期，学术界青黄不接，年轻的科技带头人寥寥无几，面临后继无人的局面。而在"百人计划"实施20年后，年轻的科技带头人越来越多，后继无人变成了"后继有人"。

据统计，截至2013年年底，"百人计划"共引进培养优秀人才2145人，入选时平均年龄约37岁。中科院研究员的平均年龄也从1994年的55岁降至如今的46岁。

"百人计划"让一批优秀人才成长为新世纪科技领军人才和学术技术带头人。20年间，"百人计划"入选者中走出了28位中科院或工程院院士，走出了524位"国家杰出青年科学基金"获得者，培养了一大批担任"973""863"等国家重大科技任务的首席科学家或负责人。更为重要的是，"百人计划"是一个开放的人才计划，它并不局限于中科院内部，而是为国家培养和输出了李家洋、王恩哥、张杰、薛其坤、曹健林等一批批创新人才和战略科学家。

着眼长远，革故鼎新建高地

海外学者考虑是否归国时，最大的顾虑是什么？是做不出像以往一样的高水平研究成果。为了让"百人计划"入选者尽快适应国内情况，尽快投入科研，中科院做过很多工作。

中科院国家天文台研究员刘继峰是2010年"百人计划"入选者。回国后，他很快创立了自己的科研团队。"得益于中科院开放自由、相互合作的气氛，我们在黑洞研究中领先了一小步。"他说。

科学家们认为在遥远星系中闪耀的X射线极亮天体中往往存在一个黑洞，但如何确定该黑洞质量是个世界性难题。刘继峰团队首次对这种黑洞进行了成功测量，这也是迄今为止国际上对这类黑洞唯一成功的测量。研究成果发表在2013年11月28日出版的《自然》杂志上，被审稿人称为"夺取了这个领域的圣杯"。

"事实证明，海外研究人员回国后做不了科研的说法是片面的，"刘继峰说，"祝愿'百人计划'越办越好，让更多科技工作者与祖国一起成长。"

20年间，"百人计划"入选者取得了一大批重大原创成果和关键技术突破。2005～2013年，两院院士评选出的92项年度国内十大科技进展中，"百人计划"入选者有13项成果入选，占全国的14.1%。获得2013年度国家自然科学奖一等奖的铁基高温超导项目研究团队，五位主要完成人中有两位是"百人计划"入选者。IPS细胞全能性证明、量子反常霍尔效应发现和中微子第三种震荡模式发现等由"百人计划"入选者领衔完成的重大原创成果都在国际上产生了重要影响。在汤森路透2014年公布的最近11年前1%高被引论文中，共有24名"百人计划"入选者名列其中，分别占中科院的52.2%和全国的17.9%。

"百人计划"20年的探索实践，有哪些经验值得认真总结并坚持？中科院院长白春礼表示，主要有四条经验。一是坚持以人为本、引进与培养相结合。既为入选者提供启动经费，帮助组建科研团队，也为他们解决后顾之忧。二是坚持高标准和按需引进，建立严格规范的专家评审机制和公示制度。三是坚持遵循规律、与时俱进，不断探索改进管理制度，建立相应的人才支持政策和评价模式。四是充分发挥院所两级积极性，建立"所自主决策，院择优支持"机制，赋予研究所更大的用人自主权。

未来的"新百人计划"将有哪些改变？白春礼表示，"百人计划"将在政策和机制上继续进行改革探索，实施"新百人计划"，重点支持科技帅才、技术英才和青年俊才的引进培养。"我们将以实施'新百人计划'为契机，进一步深化人才强院战略，加大人才人事制度改革力度，整合现有各类人才计划，改革薪酬体系和绩效考评办法，健全人才流动机制，提升研究队伍的国际化比例。"

佘惠敏

2003年从清华大学新闻与传播学院硕士毕业后，进入《经济日报》工作至今，现为《经济日报》科技新闻部主任记者。多次参与两会报道、奥运报道、中国科技奖励大会报道等重大报道活动。多次获得中国新闻奖、中国人大新闻奖、科技好新闻奖、科星新闻奖等奖项，曾获"2013年全国青年岗位能手"称号，多次获得《经济日报》年度十佳记者称号。

其中短篇小说集《扬州鬼》、历史文化专著《仕女》、译著《第一夫人》已获出版，还在《奇幻世界》《希望》《中国校园文学》《今古传奇》《中华传奇》等多家杂志发表过数十篇中短篇小说，并在《课堂内外》《太空探索》等杂志发表过多篇科普作品。

2015年两会环保部长新闻发布会，佘惠敏向新任环保部长提问

2015年两会，佘惠敏单膝跪地工作

文字作品二等奖

文字作品二等奖获奖作品

作品	单位	作者
冲破藩篱、打破定式，激发创新动力 ——中科院院长白春礼解读"率先行动"计划	新华社	吴晶晶
重塑科学家精神：挺起创新型国家的脊梁（系列报道）	半月谈杂志社	王永霞 等
不按套路出牌的科学家	中国日报社	陈梦炜
中国科学家首次证实哺乳动物早期胚胎可以在太空中完成发育	中国日报社	程盈琪
中科院启动专项行动促科技成果"变现" 硬科技成就"科技富豪"	新华社	余晓洁 等
引力波探测，你知道中国有多大能量吗？	新华社	喻菲 等
"伪装者"埃博拉现形记	中国科学报社	丁佳
暗物质卫星专题报道	中国青年报社	邱晨辉
留住农业文明的生存智慧	光明日报社	夏欣
一口"仙气"点亮肺部	经济日报社	杜芳
人工全合成结晶牛胰岛素"诞生"五十周年（系列报道）	健康报社	王丹
一个蛋白质的合成 ——50年前中国科学家完成的一项震动世界的"诺奖级"工作	上海文汇报	邱德青
科学号科考船：中国梦从大洋起航	科技日报社	李大庆
"80后"科研伉俪为GPCR解码	中华儿女报刊社	梁伟
探寻人类生命的新知 ——中国美国科学院"双料"院士王晓东和他引领的北京生命科学研究所	新华社	杨维汉
液态金属机器：变形只是开始	经济日报社	佘惠敏
让成果走下书架上货架	人民日报社	吴月辉
新药创制"国家队"谋变 ——中科院上海药物所鼓励科研人员创业，让产业"反哺"科研	上海文汇报社	许琦敏
中科院建院65周年 白春礼称"百年目标"是世界科技强国	中国新闻社	张素
国家创新体系中，中科院位置在哪里？ ——"率先行动"计划给出答案	光明日报社	齐芳
中科院推进新一轮科技体制改革 ——本刊专访中国科学院院长白春礼	瞭望周刊社	孙英兰
蛋白质组：解码生命"天书"	经济日报社	沈慧

冲破藩篱、打破定式，激发创新动力

——中科院院长白春礼解读"率先行动"计划

新华社 吴晶晶

中科院 19 日宣布启动实施《中国科学院"率先行动"计划暨全面深化改革纲要》。作为国家战略科技力量，中科院此次改革要解决哪些问题、实现什么目标？改革面临着哪些困难、将如何突破？

中科院院长白春礼表示，近年来，中科院通过实施知识创新工程和"创新2020"，创新能力显著提升，创新成果不断涌现，但与国家重大战略需求和世界先进水平相比，还存在较大差距。

比如，对国家重大需求和世界科技前沿的战略重点凝练聚焦不够，集中力量发挥多学科优势开展重大创新活动的体制机制不健全；吸引和凝聚高端人才的竞争力不足，人才竞争流动机制不健全；科技评价和资源配置还不适应重大成果产出导向的要求，科研工作中不同程度地存在低水平重复、同质化竞争现象等。

"这些问题反映了我国、中科院

新华社通稿
2014 年 8 月 19 日

科技领域布局、科技创新能力与经济社会发展要求不相适应的阶段性特征，凸显出现行科技体制机制和创新生态系统与科技快速发展要求不相适应的根本性矛盾，既有特殊性，又有普遍性，必须通过深化改革加以解决。"白春礼说。

白春礼介绍说，中科院这次改革主要有五方面举措。一是以推进研究所分类改革为突破口，构建适应国家发展要求、有利于重大成果产出的现代科研院所治理体系。二是以调整优化科研布局为着力点，进一步把重点科研力量集中到国家战略需求和世界科技前沿。三是深化人才人事制度改革，建设国家创新人才高地。四是探索智库建设新体制，建设国家高水平科技智库。五是深入实施开放兴院战略，提升科技服务和支撑能力。

改革举措中最核心的是研究所分类改革，将研究所分为创新研究院、卓越创新中心、大科学研究中心、特色研究所等四类。这项改革涉及中科院组织体系和宏观管理体制的变革，涉及研究所的定位和科研方向，也涉及人财物等资源配置，情况复杂、难度很大。

白春礼表示，当前，我国科技体制改革宏观层面的顶层设计正在积极推进，微观层面的科研项目、经费管理和科技评估等改革也在不断深入，但在中观层面上，科研院所体制机制和科研活动的组织管理方式，总体上仍然沿袭着长期以来的固有模式，成为制约创新能力提升的根本性因素。从这个意义上说，科研院所体制机制改革和科研活动组织模式创新，是当前深化科技体制改革的关键。

"就中科院而言，一些研究所仍然存在大而全、小而全的现象，科研工作低水平重复、同质化竞争、碎片化扩张等问题难以有效纠正。必须从根本上突破这些体制机制上的瓶颈，"他说，"我们以研究所分类改革为突破口和着力点，旨在从根本上突破体制机制壁障，清除各种有形无形的栅栏，打破各种院内院外的围墙，着力开辟'政策特区'和'试验田'，让机构、人才、装置、资金、项目都充分活跃起来。"

改革意味着利益的重新分配，中科院这次改革面临哪些困难和挑战？又将如何应对？白春礼认为，当前，无论从全国来看，还是就中科院而言，改革都已进入深水区和攻坚期，好改易改的大多已经改了，我们要面对的多是硬骨头。比方说，如何建立有效促进跨所跨学科协同创新的体制机制，如何提高投入产出效益等。另外，改革必然会涉及利益调整，也会招致一些非议甚至抵触。例如，原有的经费分配机制会必然存在一定的惯性，研究所人员对于新的定位和角色需要有一个明确认识的过程。

他表示，中科院将进一步强化重大成果产出导向，突出重点科研领域和重大科技任务，建立科学高效的人财物协同投入机制，克服资源配置的碎片化和效率不高等现象，提高投入产出效益。适应市场在资源配置中起决定性作用的新要求，加强可持续发展的资源保障体系建设。

重塑科学家精神：挺起创新型国家的脊梁（系列报道）

四位院士心中的科学家精神

半月谈杂志社　张漫子

《半月谈》
2016年6月5日

带着什么是科学家精神的问题，记者走访了中国科学院院士、物理学家薛其坤，中国工程院院士、环境学家钱易，中国工程院院士、化学工程专家金涌，以及结合已故中国科学院院士、我国航天事业奠基人梁思礼的人生故事与观点，探寻这一答案。

追求真理

受访专家认为，科学家精神的内核首先在于"求真"，即对真理的追求，对待科学严谨的态度，以及敢于怀疑的态度。

"科学就是科学，来不得半点马虎。不管是做科研、做教授，一个真正的科学家，必须把工夫用足。"薛其坤认为，科学发现没有第二，需要争分夺秒，没有退路。

通往真相的路，得自己寻找。为寻找一种由原子铺成、厚度仅为一根头发丝的十万分之一的"薄膜材料"，从2008年起，薛其坤及其团队进行了上千次实验。

开始，他们沿国际技术路线进行尝试，总是失败。渐渐地，他们探索用不同元素和结构来生长材料。1000个样品，一次次生长、测量，一次次不顺利、调整，再生长、再测量……终于，历时4年攻关，薛其坤率领团队终于找到一种叫作"磁性拓扑绝缘体薄膜"的特殊材料，并利用它在实验中观测到"量子反常霍尔效应"。

钱易是一位执着于真理的环境学家。2005年，围绕怒江水电开发该不该上的问题，国家环保总局邀请钱易等36位专家展开讨论。会上，有关部门一位官员强调："环境保护固然重要，但毕竟发展是硬道理啊！"钱易没有沉默，她反问道："难道环境保护是软道理吗？不能一讲经济开发，环境保护就得让步。不能为了搞工程就修改保护区的规划，甚至把保护区的核心区挪地方，这是违法的！"

在浮躁的社会风气影响下，科学界也有很多与求真背离的现象，如学术成果剽窃抄袭、数据造假等，这令钱易忧虑不已，"不要虚假要真实，对人真、对事真，不能丢掉做人的本分"。

济世情怀

老一辈科学家身上特别宝贵的品质，在于他们牢记于心的时代使命、家国情怀与责任担当。

我国航天事业奠基人梁思礼中学毕业后赴美国留学。怀揣着"工业救国"的理想，1949年拿到辛辛那提大学自动控制专业博士学位的他，放弃著名无线电公司伸出的橄榄枝，回到祖国，在没有资料、仪器、设备的一穷二白中开拓，为导弹事业奉献67年，创造了新中国航天事业的诸多首次。

将满80岁的钱易如今依旧关注着中国的生态问题。从事环境研究60余载的她，以水污染的防治为己任。在她看来，这不仅仅是政府的事情，更是科学家的使命，每个公民的责任。

坚韧、执着

坚韧，意味着坚毅勤勉，面对挫折的重重考验而不放弃；执着，意味着对科学的专注、忘我。在颇具建树的科学家眼中，数十年如一日的坚韧、执着是重大科研成果产出的必要条件。

"就我了解，全世界从事实验物理研究并取得重要成就的人，无一例外都是坚持、刻苦的。"薛其坤说。

几乎所有认识薛其坤院士的人都知道他"7—11"的生活轨迹：早上7点进实验室，晚上11点才离开，数十年如一日。

在薛其坤看来，他最缺少的就是时间。"每天8个小时分析实验数据、看实验结果，你会忘记时间的存在。"

常言道，人生不如意十有八九。科研的事，也是如此。尤其是在行业内研究才刚刚起步的阶段，面对无尽的挫折，老一辈科学家想到的不是放弃，而是一门心思做到底。

1956年10月，中国第一个导弹研究机构——国防部第五研究院成立，梁思礼被任命为导弹控制系统研究室副主任。但很快，1962年的"东风二号"导弹发射试验，令踌躇满志的梁思礼尝到了失败的滋味。

这枚导弹发射后不久，便摇摇晃晃，跌落在距发射点300米的地方。望着炸出来的大坑，在场的航天人流下绝望的泪水，"我们真的不成吗？"梁思礼却一言不发。后来回忆起这一幕，他说："我从来不觉得会不行、得收摊了。在我的思想里，就应该做下去，必须做下去，做不下去也要做下去。"

对于白手起家的中国航天领域，自第一次试射起，一个又一个十年，无数次的失败，在梁思礼身边的人看来，他与导弹的一次次交锋简直可以写本"失败者之书"。他却不这么认为。"人要想成事，须得有遇事能断的智慧，一不忧成败，二不忧得失。就是要做下去，没有理由。"

正因为历经无数次失败，才有了梁思礼开创的航天可靠性工程学。后来，他参与了"长征二号"系列火箭的研制工作，并创造了16次发射全部成功的纪录。

兴趣与好奇心

"做研究就像上山摘樱桃。你假设山上有樱桃，但并不意味着实际上真有樱桃。上山的过程中，每一步会经历什么，你能发现什么，完全是不确定的。"薛其坤给《半月谈》记者打了个比方。他说，有时候阶段性的发现很奇妙，就像读侦探小说，不到最后一刻，不知道结局是什么，它会吸引你不停走下去。

"做了研究你就知道,一进入实验里面,就会着迷,每天都愿意泡在实验室,全神贯注找答案。不积累到一定时间,根本出不来什么结果。"金涌认为,好奇心是从事科研的原动力。真正抱着一颗好奇心,对研究对象充满兴趣的人,更有可能接近事实真相。

有了兴趣、有了对事物的好奇心,才可能产生创造力。在金涌看来,创造力不同于瞎想、空想,因为它有目的性、实践性。创造力要求不能因循守旧,必须摆脱惯性思维的束缚。

受访院士们认为,科研无疑需要忍耐寂寞和抵御诱惑。一方面是科学前沿的不确定性,一方面是极大的名利诱惑。数十年的研究生涯,单纯为坚持而坚持是很困难的,这需要科学家具有足够的责任担当、对研究课题抱有相当的兴趣和好奇心,坚持不懈、专注执着。

金展鹏：轮椅院士的 18 年坚守

半月谈杂志社 谢 樱

只有食指能动的英国科学家斯蒂芬·霍金，被誉为"另一个爱因斯坦"。在中国，脖子以下高位瘫痪的中国科学院院士、中南大学教授金展鹏，被誉为"中国霍金"。

18 年前，金展鹏突发疾病致瘫，但他以病躯坚守岗位，培养了一大批学术精英，创造了中国科技界的奇迹。

"中国金"闪耀国际科技界

1955 年 9 月，未满 18 岁的金展鹏考入中南矿冶学院（中南大学的前身），攻读金相专业，这所学校当时有着全国体系最完整、水平最高的有色金属学科群。

大学 4 年，同学们印象最深的有两件事：一是大部分时间里，金展鹏是打着赤脚在读书，因为他只有一双鞋；二是金展鹏的功课非常好，尤其是画法几何、高等数学、物理化学、金属热力学、新材料设计……

"很朴实、很单纯的一个年轻人，学习很刻苦。"他当年的同班同学黄栋生教授回忆说。

正因为心无旁骛，1960 年，金展鹏以优异成绩成为硕士研究生，师从马恒儒教授，从事耐热镁合金的学习和研究，同时留校担任辅导员、班主任。

金展鹏以全校第一的成绩，通过了改革开放后首批出国留学外语考试。一直关注着这位年轻人的中国冶金学泰斗黄培云先生，把他推荐给麻省理工学院的校友、瑞典皇家学院的马兹·希拉德教授。

1979 年，金展鹏赴瑞典皇家学院做访问研究。置身于国际学科前沿，他异常珍惜这个宝贵的学习机会。每个周末学院都放电影，金展鹏从未去过，因为此时是实验设备最闲的时候。有一天，他在实验室工作太晚，竟在电梯里被困了一个通宵。

留学期间，金展鹏潜心钻研，将传统材料科学与现代信息学巧妙结合，首创了三元电子扩散偶——电子探针微区成分分析方法，实现了用1个试样测定出三元相图整个等温截面。而在此之前，德国科学家必须用52个试样才能达到同样的目的。这一方法轰动了国际相图界，被誉为"金氏相图测定法"。

即便国外科研机构极力挽留，金展鹏仍坚持回国，组建了自己的相图室，取得了多项重大研究成果。声名鹊起的金展鹏，被国际业界同行誉为"中国金"。从他团队走出来的"金家军"，大多成为国际相图界的高端人才。

"每次开国际相图大会，只要是黑头发黄皮肤的人，就会有人主动走上来问，你是从'中国金'那里来的吗？"金展鹏的学生郑峰说。

"我想为国家多做点事"

正当他意气风发走向事业巅峰之际，不幸发生了。1998年，因严重的颈椎病，金展鹏全身瘫痪，仅脖子以上部分可以动弹。

除了脑袋能思维，金展鹏吃饭要人喂，衣服要人穿，看书要人翻。然而，这样一位重度残疾的花甲老人，却以非凡的毅力跟命运做着不屈的抗争。

"总不能坐着等死吧。"金展鹏告诉《半月谈》记者，住院期间，他还带着几个博士、硕士生，他需要读书，需要指导学生的论文。可是身子坐不起来，手又没法拿书，他就躺在床上，让妻子将学生论文悬在头顶上，可没读十几分钟，60多岁的妻子拿书的手直哆嗦，金展鹏的眼睛也累得酸疼流泪。后来，妻子用废木条钉了一个三脚架支在床头，他才将几个学生的论文看完。

"每篇论文都超过100页，金老师一个字一个字地看，连标点符号也不放过。"学生王江说，在住院的9个月里，他看了近1000页的论文。

整整18年，金展鹏在轮椅上教书育人、潜心科研，完成了1项国家"863"项目、3项国家自然科学基金项目和1项国际合作项目；培养了20多位博士研究生和硕士研究生；撰写了17份关于中国材料科学发展战略的建议书。2003年，金展鹏以杰出的学术成就，当选为中国科学院院士。

18年来，究竟是什么力量在支撑着这位高位截瘫的老人，克服巨大的生理病痛？"因为，我活着对国家还有用。"金展鹏回答时，神采奕奕。

"我想为国家多做点事。身体越不行，越要抓紧，我今年78岁了，就怕没时间了。"金展鹏说。

"学生是他的止痛药"

18年来，每天上午10～12时、下午16～18时，金展鹏的夫人胡元英女士，都会推着轮椅，送他来到学校相图室，风雨无阻。

"冬天特别冷，夏天特别晒，可金老师天天准时来。有一回下大雨，师母推他走进相图室的时候，鞋子都湿透了，"金展鹏的工作助手蔡格梅说，"因为他的心里满满地装着学生。"

高位截瘫、青光眼、高血压……全身大大小小的毛病无数，金展鹏的身体状况无疑是让人担心的，但他总显得平静而坚强。

蔡格梅说："有时在工作过程中突然感到身体不适，金老师就在办公室的沙发上躺一躺。他总是自己扛着，让人心疼。"

当轮椅上的这位老者神采飞扬、驰骋在他的精神殿堂时，或许正经历着常人难以想象的肉体痛苦。

"学生是他的止痛药。"胡元英女士告诉记者，病床上的老伴常被病痛折磨，但只要学生带着论文来和他探讨时，他就立马忘了疼。

郑峰是中南大学材料科学与工程学院的教授。30多年前，金展鹏是他的毕业论文指导老师，这让他们结下了深厚情谊。在国外留学时，每年春节郑峰都会收到金老师寄来的贺卡，还有相图室发表的论文清单。"金老师就像一根风筝线，无论我们飞得多高，他都会牵着我们。"

"我有点小成就，首先向金老师报喜；遇到困难，首先向金老师求助，就连我检索日语资料所用的词典，都是金老师从长沙寄到美国去的。"郑峰说，电话里每次问及老人家身体，金老师总说"马马虎虎"。

2003年，郑峰回国看望恩师时，才发现电话里侃侃而谈的老师已瘫痪了5年多。"我们通过无数次电话，金老师却只字未提自己的病情。"

学生刘华山清晰地记得，数十年前，家乡发洪水导致家中严重受灾，金老师拿出钱来救济他。由于经常在实验室加班错过饭点，金老师多次叫他到家里吃饭。"师母做的'芋头扣肉'，我们每次想起来都觉得有家的味道。"

"希望学生们都超过我"

金展鹏培养的50多名弟子分布在17个国家，活跃在材料科学的国际前沿。"美国相图专业委员会有27名成员，其中4名是金老师的学生。"郑峰说。

每每有学生选择从海外学成归国，他比谁都高兴。金展鹏告诉《半月谈》记者："孩子的成绩大小不重要，只要能尽自己的力量为国家作贡献，就很好。"

"长江学者"杜勇是2003年回国的。"一想起金老师在轮椅上还指导学生搞科研，我就觉得，没有理由不把在国外学到的东西传授给下一代。"

"金老师总会千方百计为学生提供一切可能的深造机会。"刘华山记得，毕业留校后，他得到去日本做博士后的机会。但当时正是金老师病倒住院时，实验室人手极少，刘华山犹豫了。"我一时半会儿还扛得住""困难是暂时的""眼光放远点"，金展鹏一再鼓励刘华山赴日留学。因为感念师恩，两年后刘华山如期归国。

"学术腐败是中华崛起的大敌。"金展鹏常常告诫自己的学生，科学领域来不得半点虚假，要不死后都会被人"追认"为学术骗子。他对学生的实验、论文指导细致入微，却从来不署名；他的课题项目经费不少，但从没私自报过一分钱。

"金老师被评为院士之后，总有很多企业、学校开价不菲邀请他去当顾问、客座教授。对这种挂名式的兼职，金老师总是拒绝，因为他觉得自己'帮不了什么忙'。"刘华山说。

金展鹏说，尽管近年来中国在材料学方面的科研水平已经大大提高，但仍和世界顶级技术存在较大差距。"希望在年轻人身上。我现在最大的心愿，就是希望学生们都超过我。"

裴端卿：科学就是挑战未知领域

半月谈杂志社　叶　前　王　攀

他高高地举起一杯尿液说，未来能从您的尿液中提取诱导多能干细胞，经过进一步研究编程，再输入您身体受损的器官。这一过程能够将任何一个阶段，甚至是高龄老人的细胞恢复到只有早期胚胎才具备的多潜能阶段，让您的组织器官"返老还童"。

他是中科院广州生物医药与健康研究院院长、中国细胞生物学学会再生细胞生物学分会会长裴端卿。作为一名科学家，"有趣"是裴端卿常挂在嘴边的一个词。因为有趣，他选择将生命科学作为终身职业；因为有趣，他花费8年时间打磨一篇论文；因为有趣，他把看似废物的尿液变成传说中的"不老泉"……

尿液里的秘密

2013年，一支法国纪录片拍摄团队专门来到广州拜访裴端卿，希望在这里证实一个传言：中国人真的在尿液里找到了"长生不老"的奥秘。

在广州的实验室，裴端卿和他的团队向世界证明：尿液可以提供健康的细胞，而科学家可以利用这些细胞得到高质量的神经干细胞，并且进一步将它们变成血液细胞、骨细胞、皮肤细胞、肝细胞甚至神经细胞。在不远的将来，科学家或许可以将这些分化的细胞移植到人体损伤部位，替换衰老的细胞和组织，延长人类生命。

是什么让这支团队取得令世界瞩目的研究成果？裴端卿说，是耐得住寂寞的坚守，是对基础科学领域不放弃、不抛弃的坚持。

最初的起步是这样来的。在日本等发达国家科研人员探索的基础上，裴端卿研究团队取得了突破性发现：维生素C可提高多能干细胞的诱导率达100倍之多。这一研究成果于2009年12月在线发表在世界干细胞权威杂志《细胞·干细胞》中，并被选为2010年首期封面文章。

2010年，裴端卿团队再次实现突破。他们发现细胞发育的逆转过程是有规律可循的，它由一个被称为"间充质向上皮转化"的机制启动，并为继续改进诱导多能干细胞技术提供了理论依据。

美国斯坦福大学干细胞生物学家马吕斯·魏理格博士表示，裴端卿等人的研究结果推动了重编程，是人们试图从分子水平上理解细胞重编程机理的一个重要发现，对于细胞和再生医学研究具有广泛和深远的意义。

在这些突破的基础上，"尿液奇迹"诞生。裴端卿说，和传统做法相比，这一发现的主要意义在于诱导方法上采用了非整合技术，诱导后的神经干细胞不带有任何诱导因子，消除了诱导因子引起成瘤性的隐患。

"看得更远一点，若技术不断发展成熟，由于诱导多能干细胞'年轻力壮'，再生和分化能力非常强，那么短缺的器官源也很可能得到解决，"裴端卿说，"不仅如此，帕金森病、糖尿病、地中海贫血、老年痴呆、脊髓型肌萎缩的治疗或许都能在此找到答案。"

科学就是挑战未知领域

"到现在我都记得，大概七八岁的时候，父亲牵着我的手，告诉我当一名科学家很光荣。他一口气讲了很多科学家的故事，给我留下深刻印象。"裴端卿说。

1980年，15岁的裴端卿以优异成绩考取华中农科院。毕业后，他又以优异的成绩考取中美生物化学与分子生物学留学项目，并于1985年赴美留学。

"学成归来，改变国家的落后面貌"的想法，一直萦绕在裴端卿心头。

2002年，回到祖国的裴端卿已经37岁。17年的海外研究生涯，让他握有美国大学终身教职，成为业内闻名的肿瘤学家。但他最终放弃了自己擅长的金属蛋白酶与肿瘤转移领域，转身投入国内尚是一片空白的干细胞与再生医学基础研究领域，开始了艰苦的拓荒路。

"中国拥有世界五分之一的人口，我们不该也不能永远在人类探索未知领域的竞赛中缺席啊！"裴端卿说。

那是一段白手起家、筚路蓝缕的日子。

最困难的时候，连中科院的金字招牌都失去了光彩——由于技术相对落后、基本硬件设施缺乏、实验周期漫长难出成果，裴端卿和团队一度连学生都招不到。

想尽办法鼓舞士气、咬牙带着队伍坚持再坚持,成了裴端卿的日常功课。小时候父亲讲给他的励志故事,被他一遍一遍地讲述给团队同事、学生,支撑整支队伍度过了最艰难的时期。

打造"中国团队"

在裴端卿办公桌右侧的墙上,贴着一幅他自己用小楷工整抄写的《沁园春·雪》。在遇到科研难题的时候,他会一再背诵这首词,勉励自己和同事战胜困难,勇往直前。

"科学已经不是一个人单枪匹马能够完成的事业,我们必须凝聚团队的力量去面对。在这一过程中,我们应当继承老一辈科学家的精神,也要汲取和借鉴世界先进经验,以开放的心态打造属于我们这个时代的'中国团队'。"裴端卿说。

从2004年担任副院长开始,裴端卿就开始了新的团队建设计划。他分别引进和培养了近20位从事干细胞研究的研究员,自己培养了25名博士生,目前整个研究院科研人员有600余名。

曾在英国帝国理工大学从事科研工作的西班牙籍科学家米格尔正是其中一员。来到研究院后,他放弃了之前擅长的肾癌研究,与裴端卿一起投身干细胞领域,并取得了诸多轰动性的突破。2010年,他成为第一位非华裔的"973"计划首席科学家。

"通过裴端卿的努力,世界看到中国在诱导多能干细胞领域的开放姿态,这也是中国近年来在该领域取得成功的重要原因之一。"米格尔告诉《半月谈》记者。

大家愿意追随裴老师,因为他可以给学生们6年时间去做一个科研项目,也因为他每天早上7点半上班、晚上11点下班,样样事情身先士卒;因为他时刻愿意与大伙讨论实验结果,也因为他会主动帮助每一个学生找到适合自己的方向。

"80后"簇拥的实验室,气氛融洽,乐趣良多。

"毕业后,我想留在这里继续发展。这里就是全球最好的干细胞研究平台,也有全球最好的研究团队,我能在这里实现自己的最大价值。"博士生王晓山说。

现在的裴端卿,更加注重锻炼身体,希望"跑一个全程马拉松",因为只有拥有健康的体魄,才能为国家和社会做更多科研工作。

"这是一个伟大的时代,我不想错过难得的机遇。"裴端卿说。

桂建芳：30年研究一条鱼

半月谈杂志社 李 伟 朱文辰

"破解生殖奥秘，揭示病疫玄妙，渔业护平湖……"该诗句出自"鱼院士"桂建芳写的《水调歌头·水经新注》，也是他工作的真实写照。

有人认为"30年研究一条鱼，该有多枯燥"，桂建芳院士却说"做科研，静不下来，便深不下去"。从小在千湖之省湖北长大，谈起与鲫鱼的渊源，桂建芳院士坦言，心里一直怀有一个朴素梦想——通过自己的研究，让更多的人吃上鲜美的鱼。

架起基础研究和应用的通道

桂建芳院士1985年从武汉大学获得遗传学专业硕士学位，进入中国科学院水生生物研究所工作，如今已步入花甲之年的他，从事鱼类发育遗传学与细胞工程学研究已有30年。

30年间，他把人人都能吃上鱼的梦想，一步一步变为现实。如今在湖北人餐桌上已是司空见惯的喜头鱼（学名鲫鱼），在全国大部分地区推广养殖。这正得益于桂建芳院士的研究成果——异育银鲫"中科3号"。

"中科3号"由于具有优良养殖性状，被确定为国家大宗淡水鱼类产业技术体系推介的第一个水产新品种，以及农业部近5年来推介的渔业主导品种之一。目前，在主要的渔产区，异育银鲫"中科3号"的占有率达到70%，为我国人口提供了重要的动物蛋白来源。

这些数据，可能普通百姓感受不深，但发生在我们餐桌上的实际变化，是真真切切的。桂建芳院士回忆说，30年前，月工资60元就已经算是高收入的年代，当时市面上的鲫鱼每斤卖8～10元，显然对于一般家庭来说是种奢侈品。而如今市场上，鲫鱼依旧是那个价，几乎所有家庭都能消费得起。

"我们的研究架起了基础研究和应用的通道。"桂建芳院士说，30年间他坚持运用分子生物学、发育生物学的理论和技术，系统研究多倍体银鲫鱼的遗传基础和生殖机制，通过提升鲫鱼产量，保证了鲫鱼的价格适中，使其成为家庭餐桌上重要的营养蛋白供给。

育种，是社会需要，更是科研使命

每年四五月份，是桂建芳院士和他的同事们最兴奋的季节。桂建芳对此深有感触："这是鱼类繁殖的季节，各种实验都在这个时间展开。"在这个时候他会亲自上手给研究生演示实验操作。

从1985年起，29岁的桂建芳开始专注研究银鲫，在全国大江、大河、大湖50多个样点调研取样，取样四五千条，用分子标记进行遗传评价，不辞辛苦，默默无闻。

在长期的育种过程中，桂建芳积累了很多具有潜在价值的遗传资源，带领团队针对鲫鱼养殖区域广、养殖总量大，但同时出现品种混杂、养殖急需品种更新的严峻现状，开展新品种选育。

桂建芳院士团队通过雄核发育产生的异育银鲫"中科3号"，跟普通鲫鱼相比，不仅吃起来口感好，而且生长速度快20%，出肉率高6%，遗传性状稳定；整条鱼呈瘦长形，体形更好看；加上鱼鳞不易脱落，售卖时卖相也好。

业内专家普遍认为，桂建芳院士团队培育出的"中科3号"银鲫，不单单是开发了一个鲫鱼新品种，更重要的是其原创银鲫育种技术路线，开拓出一条X和Y染色体连锁标记辅助的全雄鱼培育技术路线，开创了一种新思路。该项研究成果荣获2011年国家自然科学奖二等奖。

不懈的研究，广阔的视野

桂建芳的贡献不仅仅是"中科3号"。他的研究团队还通过艰苦努力，运用分子标记技术改进了我国土著优质食用鱼黄颡鱼的制种，大大提高了生产效率。

他们不但研究新品种，还着力解决淡水生态可持续发展的问题。作为淡水生态与生物技术国家重点实验室两届主任，桂建芳院士创作的《水调歌头·水经新注》中写道："既饮健康水，又食改良鱼。江河湖海苍茫，踏浪好心舒。不管豚鱼虾蟹，无论草虫菌藻，何者是多余……添植被，铺湿地，展蓝图。六湖一脉环绕，碧水还通途……"

这首词形象地展现了解决淡水养殖与水环境保护这一矛盾问题的新型渔业模式：通过技术集成，形成以水生植物恢复和重建为核心的城市水体生态修复技术，为最终解决我国受损淡水生态系统恢复和重建的技术难题奠定了基础。

桂建芳院士说，无论是从事基础性研究还是技术性研究，重要的是把知识融会贯通，解决实际问题。这，便是他"30年研究一条鱼"的科学视野。

让科学家精神照亮创新型国家之路

半月谈杂志社　王永霞　等

2016年5月30日，全国科技创新大会、两院院士大会、中国科协第九次全国代表大会在北京隆重召开。这是共和国历史上又一次科技盛会。习近平总书记在会上发表重要讲话，从人类社会演进、中华文明发展、世界科技革命的全局高度和历史站位，深刻阐述了国家发展和科技创新面临的重大机遇，提出了建设世界科技强国的目标和五大重点任务。此次会议在科技界产生强烈反响，科学家群体为之振奋不已。可以预见，此次会议确定的重大举措，将促使科研生态环境大为改善，也将为科学家精神的培育、生长提供丰厚的土壤。

建设世界科技强国有了时间表，时代呼唤重塑科学家精神

"我国科技事业发展的目标是，到2020年时使我国进入创新型国家行列，到2030年时使我国进入创新型国家前列，到新中国成立100年时使我国成为世界科技强国。"在5月30日的大会上，习近平总书记为我国迈向世界科技强国提出了一张令人振奋的时间表。

习近平总书记提出五点要求：一是夯实科技基础，在重要科技领域跻身世界领先行列；二是强化战略导向，破解创新发展科技难题；三是加强科技供给，服务经济社会发展主战场；四是深化改革创新，形成充满活力的科技管理和运行机制；五是弘扬创新精神，培育符合创新发展要求的人才队伍。

在国家的大力推动下，科研创新的环境将大为改善，科研工作者将获得事业发展的历史性机遇。而对于担任科研创新主力军的广大科技工作者群体，习近平总书记也提出了殷切期望："有多大担当才能干多大事业，尽多大责任才能有多大成就。两院院士和广大科技工作者要发扬我国科技

界追求真理、服务国家、造福人民的优良传统,勇担重任,勇攀高峰,当好建设世界科技强国的排头兵。"总书记指出的追求真理、服务国家、造福人民,正是科学家精神的核心所在。可以说,发扬科学家精神已经成为时代的要求。

"不要以出成果的名义干涉科学家的研究,不要用死板的制度约束科学家的研究活动。很多科学研究要着眼长远,不能急功近利,欲速则不达。"习近平总书记的讲话也让社会各界深思,如何创造更好的发展环境,为科学家们提供自由探索的空间,创造我国科技创新的美好明天。

松绑、服务,为科学家提供自由飞翔的空间

"不少科学工作者至少有三分之一的时间,是忙着对付各种检查和写项目申请书,有的申请书要写一两百页。做科研与搞工程是不一样的,不能把科学家都变成会计、律师。科学研究要有创新,很多时候科学探索是未知的,无法把今后的任务都像工程计划一样制订出来。"中国科学院紫金山天文台副台长、暗物质粒子探测卫星首席科学家常进告诉《半月谈》记者。

他说,目前社会对科学家总体来说是宽容的,科学家面临的主要问题是行政管理机构效率低下,浪费科学家时间的事情太多了。"要给科学家自由的时间,不要总是去打扰他们。"搞科研需要有连贯性,引力波就是十年磨一剑的典型例子。不要给科学家其他的负担,如果有太多时间花在申请经费上,怎么可能出大成果呢?

"科学家需要自由的环境。即便科学家揭示的真相并不让人舒服,也要接受。科学家的思想如果受到限制,或者刻意迎合某些意愿朝某个方向发展,就不可能成为真正优秀的科学家,而我国现在正缺少这样的氛围和环境。"江苏省科协秘书长周景山表示。

合肥工业大学副校长刘志峰认为,要加强不同政策、制度之间的协调,考虑基础研究、应用基础研究和应用研究的特点,予以不同形式、不同层次的支持。充分考虑不同部门、不同岗位科研人员的特点,为有能力、有条件的研究人员创造条件,最大限度地发挥他们的创新能力。

对于科研人员的担忧,习近平总书记5月30日的重要讲话已经做出了有力的回答。"要尊重科学研究灵感瞬间性、方式随意性、路径不确定性的特点,允许科学家自由畅想、大胆假设、认真求证";"要让领衔科技

专家有职有权，有更大的技术路线决策权、更大的经费支配权、更大的资源调动权"；"政府科技管理部门要抓战略、抓规划、抓政策、抓服务，发挥国家战略科技力量建制化优势。"

松绑、服务的双管齐下，将有效激发科研人员的创新活力。

制定科学、合理、有效的评价机制

我国目前的科研投入、科研条件与一些发达国家和地区的高等学府、研究机构相比并不差，但研究成果及对产业发展的支持并不理想。

山西大学物理学教授张云波认为，阻碍科学家精神发挥的根本因素是科研评价机制太过功利化。

一位教育部门管理人员告诉《半月谈》记者，目前的机制不利于鼓励科学家淡泊名利干工作，其实质是一种功利性考核。"高校排名的标准是论文、项目、获奖、专利。"

他举了个例子，有位副教授潜心研究三年，科研没出成果。到了第四年，该评教授时，他发现没东西，只好花费一年时间突击发表多篇论文，评上教授之后，又回头继续搞之前放下的科研项目，但是已经失去了最好的时机。

相关受访者表示，功利化的评价体制的导向作用，伤害了广大科学工作者的权益和尊严，消减了该有的激励作用。"一些奖项要看关系，看包装力度，评价成功的标准不是看有多少科学发现，而是看是不是院士、校长，有多少亿元的项目。"

张云波认为，要重新塑造科学家精神，激发科学家们的创造力，必须制定科学、合理、有效的评价机制。

中国科学技术大学机器人实验室主任陈小平亦有同感。他说，当前国内科技评价体系，尤其是面向高校的科研工作者评价时，主要是论文导向。没有在核心期刊发表论文，似乎就代表水平不够。这种评价体系需要调整与完善，否则就会导致科研一味追寻那些容易出成果的课题。

中国科学院武汉分院院长袁志明认为，要倡导绩效优先的激励制度，但不能把绝对绩效与收入直接挂钩，要建立更合理的人员工资体系，不将绩效过于功利化，否则将导致科学家只以绩效为驱动来做科研。

"做科研之人，需要静下心来，减少不必要的社会事务，心无旁骛搞科研。"中国科学院院士桂建芳表示。

武汉大学社会发展研究所所长罗教讲认为，重塑科学家精神，需要社会减少对科学创新的急功近利心态，在追求科研成果数量的同时，更要追求其质量。

党中央、国务院近期印发的《国家创新驱动发展战略纲要》提出，推行第三方评价，探索建立政府、社会组织、公众等多方参与的评价机制，拓展社会化、专业化、国际化评价渠道。改革国家科技奖励制度，优化结构、减少数量、提高质量，逐步由申报制改为提名制，强化对人的激励。

保障有力，让科学工作者无后顾之忧

一些受访者认为，发扬科学家精神首先要保障科学家基本生活需求，尤其是让从事基础研究的科学家没有后顾之忧。中国科学院山西煤炭化学研究所科技开发处处长姜东建议，应该提高科学工作者的待遇，让他们生活有保障，工作有荣誉感，杜绝"科研人员穷、没有权力和地位"的社会标签。

"除了生活方面的保障，一些必要的科研经费也要及时跟上。"暗物质卫星有效载荷结构分系统主任设计师胡一鸣说，在基层科研单位，想完成一个心愿并不容易。例如，紫金山天文台一名研究员多年前就提出要研制观测太阳的卫星，但是因为没有足够经费而没能实现这个愿望。现在，国外已有多颗太阳观测卫星，但作为航天大国的中国至今都还没有专门观测太阳的卫星，令人尴尬。

对于科研人员最为关心的经费问题，在 5 月 30 日的大会上，李克强总理指出，加大长期稳定支持力度，到 2020 年研发投入强度达到 2.5%。他还指出，要以体制机制改革激发科技创新活力。推进科技领域简政放权、放管结合、优化服务改革，在选人用人、成果处置、薪酬分配等方面，给科研院所和高校开展科研更大自主权。让科研人员少一些羁绊束缚和杂事干扰，多一些时间去自由探索。完善保障和激励创新的分配机制，提高间接费用和人头费用比例，推进科技成果产权制度改革，提高科研人员成果转化收益分享比例。

6 月 1 日，李克强总理主持召开国务院常务会议，确定完善中央财政科研项目资金管理的措施，包括：一是简化中央财政科研项目预算编制，将直接费用中多数科目预算调剂权下放给项目承担单位；二是大幅提高人员费比例；三是差旅会议管理不简单比照机关和公务员；四是简化科研仪器设备采购管理；五是合理扩大中央高校、科研院所基建项目自主权。可以想见，这些"含金量"十足的重大举措，将更大地激发科研人员的创新创造活力。

科学家们也要抓住时代的机遇

创新强则国运昌，创新弱则国运殆。如今，一个可以让科学家充分发挥能量的时代已经到来。过去一年的科技成就让人欣喜：国产大飞机总装下线，新一代北斗导航卫星升空，万米级无人潜水器海试归来……更有屠呦呦捧获诺奖，中国科学研究赢得世界尊重。同时，也不能忽视一些戳中"痛点"的批评：成果数量多但总体质量不高；基础研究突破少，鲜有引领性研究，更提不出原创性科学思想。

从基础科学的突破，到高端技术的研发，从科学成果的转化，到创新创业的兴起，中国科技整体能力持续提升，正处于从量的积累向质的飞跃、从点的突破向系统能力提升的重要时期。同时也要看到，同建设世界科技强国的目标相比，我国还面临重大科技瓶颈，关键领域、核心技术受制于人的格局没有从根本上改变，科技创新能力特别是原创能力还有很大差距。

正视追问，我们不得不将目光投向源头。科学作为一种创造性的人类活动，其核心在于思维方式、理念方法。在《形而上学》中，古希腊著名哲学家亚里士多德对经验、技艺和科学做了区分。他认为，经验是关于个别事物的知识，技艺是关于普遍事物的知识。技艺高于经验，但还不是最高的"知"，科学才是最高的"知"。因为它不是以消磨时间、获得利益为目的——追求科学就是求知本身，而不为其他目的。

我们如今身处物质丰富、科技昌明的时代，和以往相比，我们应当更有条件来探索世界，追求科学，获得最高的"知"。

面对科技创新的历史使命，科学界责无旁贷。期待科学家们共同践行习近平总书记在5月30日讲话中的号召：让我们扬起13亿多中国人民对美好生活憧憬的风帆，发动科技创新的强大引擎，让中国这艘航船，向着世界科技强国不断前进，向着中华民族伟大复兴不断前进，向着人类更加美好的未来不断前进。

（参与采写记者：刘菁、孙亮全、沈洋、张紫赟、喻菲、李伟、刘巍巍、谢樱、胡喆、朱文辰）

（"本期焦点"策划编辑：王永霞）

不按套路出牌的科学家

中国日报社　陈梦炜

《中国日报》第20版
2016年5月27日

　　是不是只有与科学结婚才能成为一名杰出的科学家呢？

　　乍一看去，55岁的高福（牛津大学、剑桥大学博士），似乎正面验证了这种说法。

　　高福在2013年成为中国科学院院士，这是科学家在中国可以获得的顶级殊荣之一。他目前担任中科院北京生命科学研究院副院长和中国疾病预防控制中心副主任。

　　但高福对自己走过的路却有不同的看法。

　　"我是想要和科学结婚，但科学不一定想和我结婚啊。"谈起研究中遇到的困难，高福开玩笑说。

　　"追求科学研究就像追求你心爱的姑娘。你必须尽一切努力追求她。"

同时担任中科院微生物研究所博士生导师的高福有时会这样对他的学生讲。

"但可没有任何事能保证她也会爱上你。如果她不爱你,你最好去找下一个目标,人家可能会接受你。这样的话,至少你不会在一棵树上吊死。"

尽管普通人也许会相信科学家心如磐石,高福却很喜欢给自己贴上"灵活"的标签。

从高福的简历来看,他似乎从来没有放弃过对科学的追寻。但事实上,在他漫长而卓越的学术生涯中,高福曾经数次想到放弃。

1991～1994年,高福一直在牛津大学学习分子病毒学,之后又花了五年在牛津分子医学院继续该领域的研究。而后,高福申请到英国 Wellcome Trust 国际奖学金,1999～2001年在哈佛大学继续专业深造。

完成学业后,高福在牛津大学 Nuffield Department of Clinical Medicine 任教,直到2004年被邀请回国主持中科院微生物研究所的工作。

他在2005年把家人从伦敦接回了北京。那一年,高福的儿子刚刚升入初中。

"在伦敦的时候,我对自己说,'好吧,要是实在做不出来,我就找个公司重新开始'。"高咧嘴笑道。

直到现在,对高福来讲,自己创业开个公司或者进一家公司工作依旧是个备选方案,尽管他不像从前那样时不时就这样想。

也许,正因为这种精神,高福得以带领他的团队做出了一些重大发现。

2014年,高福去塞拉利昂待了三个月,实地考察研究埃博拉病毒的预防方法。

他和他的实验室的研究报告发表在了《细胞》《自然》《科学》和《柳叶刀》等知名国际学术期刊上。

高福的策略是,集中力量,专攻还未被大多数同行探索的领域。"在这样的领域里,不管我们发现什么,都是世界第一。"

带着这样的研究哲学,高福会把常规类的研究力量转移到突发类的挑战上去——比如最近的寨卡病毒。

尽管高福认为自己很灵活,但他对于学术造假和抄袭的态度是零容忍的。

"我从小就学会这个道理。如果我,或者随便我家里的什么人,胆敢跟我母亲撒谎,我们就死定了。真的。我娘会揍死我们。"高福说道。

他把他在科学研究上的学术道德归功于老母亲的教导。

如今,尽管他的儿子已经24岁,女儿也已13岁,高福仍然喜欢讲起他在山西农村老家时的故事。

高福说他的父母"不识字但极有文化",尽管就像那个时代的许多家长一样,他的爸妈也相信棍棒底下出孝子。

高福回忆起小时候,说他在兄弟姐妹中是挨揍最少的那一个。"一感觉到我母亲生气了,我就跑。"

本周一(5月23日),欧洲分子生物学学会授予高福外籍院士(Associate Member)荣誉称号。该学会成立于1964年,是生命科学家的专业组织。该项荣誉今年颁给了包括高福在内的八名非欧洲籍的科学家。

"他们在观点和行动上贯彻着卓越和正直的标准,"该学会的主席Maria Leptin谈起高福和其他获奖科学家时说,"他们为科学和社会做出了不可估量的贡献。"

中国科学家首次证实哺乳动物早期胚胎可以在太空中完成发育

中国日报社　程盈琪

SCIENCE
Embryos growing in space a 'giant leap'
Chinese mission shows cells can multiply, but colonization of the cosmos has a 'long way to go'

By CHENG YINGQI
chengyingqi@chinadaily.com.cn

The latest results from experiments aboard China's SJ-10 recoverable satellite prove for the first time that early-stage mammal embryos can develop in space.

China launched the country's first microgravity satellite, SJ-10, on April 6. The return capsule will stay in orbit for several more days before heading back to Earth. An orbital module has been used to carry out experiments.

High-resolution photographs sent from SJ-10 show that mouse embryos continued to successfully develop throughout a 96-hour period.

"The human race may still have a long way to go before we can colonize space but, before that, we have to figure out whether it is possible for us to survive and reproduce in outer space like we do on Earth," said Duan Enkui, a professor at the Institute of Zoology affiliated with the Chinese Academy of Sciences, and the principal researcher involved with the experiment.

"Now, we have finally proven that the most crucial step in our reproduction — early embryo development — is possible in outer space."

Embryonic development starts with a single fertilized cell that divides into two cells, four cells, eight cells and so on, until the fertilized egg forms a blastocyst that can be implanted into a womb.

The first attempt to develop mammalian embryos in space was carried out by NASA's STS-80 Spacecraft in 1996. However, none of the 49 mouse embryos on board successfully developed.

"Since space experiments are expensive, no one attempted to develop embryos again in the decade following NASA's failure," Duan said.

In 2006, China launched the recoverable satellite SJ-8, which carried four-cell embryos in its orbital module. Scientists successfully received high-resolution pictures of those embryos. However, none grew.

"Our team analyzed the initial results and improved the experimental apparatus during the following 10 years but we still did not expect such a big success," Duan said of the latest mission.

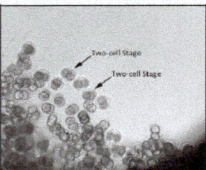 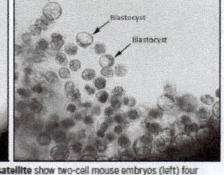

Pictures sent from China's SJ-10 recoverable satellite show two-cell mouse embryos (left) four hours before the launch on April 6, and the same embryos that developed into blastocyst (right) 80 hours after the launch. PROVIDED TO CHINA DAILY

The SJ-10 carried more than 6,000 mouse embryos in a self-sufficient, enclosed chamber that is about the size of a microwave oven. Everything involved, from the cell culture system to the nutrient solution, had been refined through hundreds of ground tests.

During the experiment, a camera took photographs of the embryos every four hours and sent those pictures back to Earth.

The images revealed that some of the embryos developed into advanced blastocysts in four days.

"This represents an important milestone in human space exploration," said Aaron Hsueh, a professor who specializes in reproductive biology at Stanford University.

"One small step for mouse embryos, one giant leap for human reproduction," he said.

David Elad, a professor of biomedical engineering at Tel Aviv University in Israel, said the achievement represents both a technological leap forward and scientific excellence in assisted reproduction.

"The successful development from two cells to blastocyst in microgravity conditions without manual intervention represents top-level integration of deep understanding of the biological factors of early reproduction with cutting-edge technological skills," Elad said.

Peter C.K. Leung, a fellow of the Royal Society of Canada and of the Canadian Academy for Health Sciences at the University of British Columbia, was also enthusiastic about the breakthrough.

"The innovation has a paramount impact in pushing back the frontier of reproductive biology and will have immense potential benefits to human health," he said.

Online
See more by scanning the code.

《中国日报》第4版
2016年4月18日

　　4月6日，我国首颗微重力科学实验卫星"实践十号"返回式科学实验卫星发射升空。近日，通过卫星回传的高清图片，我国科学家首次观察到了小鼠早期胚胎的全程发育。这是世界上首次证实哺乳动物的胚胎可以在太空中完成完整的发育过程。

　　负责这项实验的生殖生物学家、中国科学院动物研究所段恩奎研究员告诉记者，哺乳动物的胚胎发育通常从受精卵开始，胚胎经历了2-细胞胚、4-细胞胚、8-细胞胚等，直到发育成胚囊，才能在母体的子宫内着床。迄今为止，世界上还没有一项研究能够明确回答，哺乳动物的早期胚胎在太空微重力条件下，是否可以正常发育。

"虽然人类移民太空对我们来说还是一件很遥远的事，但是有必要从理论上搞清楚，人类移民太空后能否正常生存、生活，繁衍后代，这就是我们这项研究的意义所在，"段恩奎说，"通过这项实验，我们证实了哺乳动物的胚胎是可以在太空微重力条件下完整发育的，这是整个生殖过程中非常重要的一个环节。"

世界上首次尝试在太空中进行哺乳动物胚胎发育实验的是美国。1996年11月19日，NASA Columbia 航天飞机 STS-80 搭载了 49 枚小鼠 2-细胞胚胎飞向太空，但是这些胚胎全都没有发育。由于太空实验的费用高昂，NASA 实验失败后的十年间，世界上没有国家再进行过类似的实验。2006 年，中国在"实践八号"育种卫星的留轨舱搭载了 4-细胞胚的小鼠胚胎，并首次从太空中获得了胚胎状态的实时摄影图片。但是这次实验中，胚胎也均未能发育。

"'实践八号'胚胎发育失败以后，我们对实验设备进行了全方位的改造，包括研发了胚胎密闭培养体系，研制了适用于太空培养的特殊培养液，以及胚胎冷冻、解冻的新技术等。"段恩奎说。"实践十号"搭载了一个装有小鼠胚胎样品的胚胎培养箱。在这个只有家用微波炉大小的载荷内，装有一个携带了 6000 余枚小鼠胚胎的固定单元和 4 个携带着 150～200 个胚胎的成像单元。成像单元中的照相机每隔 4 个小时就对这些胚胎拍照，记录它们的发育状态。这些图像显示，在卫星升空后的 96 个小时内，载荷内的小鼠细胞已经完成了从 2-细胞到胚囊的完全发育。

"这次实验的成功标志着人类空间探索中的一个重要里程碑，是小鼠胚胎发育的一小步，却是整个人类繁殖技术的一次巨大飞跃。"美国斯坦福大学的薛人望教授告诉《中国日报》。薛人望说，除了用于未来进一步研究人类在太空中的繁殖技术以外，本次试验中研发的胚胎密闭培养体系还可用于为来自发展中国家的不孕不育夫妇提供试管婴儿的服务，因为这些国家的人们难以获得那些高精尖的胚胎培养仪器。以色列特拉维夫大学的生物医学工程教授 David Elad 告诉《中国日报》，本次实验的成功不仅是辅助生殖技术的一次飞跃，在科学上也是一项卓越的成就。

"从 2-细胞胚到胚囊这个发育阶段，对于胚胎的成功着床和之后胎儿的发育是至关重要的。在这个阶段，胚胎会完成大量的遗传转化，这些转化既受生物起源的影响，也受环境因素的影响。在以往对人的体外受精研究中，仍有许多胚胎最终无法发育成囊胚。而在太空微重力条件下，不进行人工干涉就能完成从2-细胞胚到胚囊的整个发育过程，反映出研究团队对早期生殖过程中各种生物因素的深刻理解及对尖端技术的高水平应用。"David 说。

"这项具有里程碑意义的发现是段恩奎教授及其团队在过去十年间不懈努力、辛勤耕耘的结果。"加拿大UBC大学医学院副院长Peter C.K. Leung教授告诉《中国日报》。他表示，这项成果不仅影响巨大，而且对于拓展繁殖生物学的新前沿及促进人类健康福祉均有深远意义。

"实践十号"主要的科学目标是利用太空中微重力等特殊环境，开展涉及微重力流体物理、微重力燃烧、空间材料科学、空间辐射效应、重力生物效应、空间生物技术6大领域的19项科学实验，研究在微重力条件和空间辐射条件下物质运动及生命活动的规律。该卫星总设计寿命15天，届时将利用返回式卫星技术按预定程序返回地球。卫星返回后，科学家将对发育了的小鼠胚胎进行进一步的实验分析。

中科院启动专项行动促科技成果"变现"
硬科技成就"科技富豪"

新华社　余晓洁　等

科技创新国家队如何加速科研成果"变现"——转化为现实生产力？如何在经济新常态下新旧动能转化中，发挥科技创新供给侧的强大牵引和支撑？如何将创新驱动落到实处，在科技经济两个主战场闯关夺隘？

在多年实践探索基础上，中科院31日正式启动促进科技成果转移转化专项行动（简称专项行动），加速科技成果"变现"。

拉动经济增长增加就业服务企业

"与科研本身同样重要，科技成果转移转化也是中科院多年来非常重视的一项'本职工作'。"中科院科技促进发展局局长严庆说。

严庆表示，专项行动坚持导向引领、开放融合和保障改革三原则。关注重大需求，建立问题导向的科研立项机制；关注重大产出，建立贡献导向的成果评价机制。加快形成创新链、产业链

新华社通稿
2016年3月31日

和资金链有效联动的融合发展体系。通过深化体制机制改革，为促进科技成果转移转化提供制度和政策环境保障。

这项为期五年的专项行动计划目标明确：重点推动一批基础好、见效快、带动性强的重大科技成果转化应用，为产业结构优化升级和转型发展做出"有显示度"的贡献。到 2020 年，中科院科技成果转移转化使社会企业新增销售收入超过 6000 亿元／年，利税 600 亿元／年；院所投资企业提供就业岗位超过 15 万个，营业收入超过 6000 亿元／年，利税 600 亿元／年；院属机构孵化"双创"企业 5000 家；"十三五"期间专利实施比"十二五"翻两番。

面向国家重大需求和国民经济主战场 25 项重点任务

"针对制约科技成果转移转化的关键问题和薄弱环节，面向国家重大需求、面向国民经济主战场，专项行动要求调动全院科技力量全面推动科技成果转移转化工作，实施五方面 25 项重点任务。"严庆说。

这五个方面分别是：推动一批重大科技成果产出并落地转化；建立以知识产权为核心的科技成果管理体系；培养培训科技成果转移转化专业人才队伍；建设促进科技成果转移转化的创新载体；营造有利于科技成果转移转化的环境和氛围。

严庆表示，中科院正在制定落实新修订的促进科技成果转化法的配套政策和制度。《中国科学院关于加快科技成果转移转化的指导意见》有望 4 月出台。同时，还将制定人事、考评等配套政策和制度。此外，将细化院属单位科技人员离岗创业或到企业兼职的相关规定，明确相关权利和义务，引导科技人员理性投身创新创业。

专项行动中，中科院将进一步完善重大产出导向的评价体系，将科技成果转移转化绩效作为相关院属单位创新绩效考核的重要指标，把对经济社会发展的实际贡献作为年度数据监测的一项重要内容。鼓励并指导院属单位在个人岗位晋升、绩效考核中，针对技术转移和成果转化工作情况制定差异化的评价标准。

5 亿元专项资金"背书"撬动多元资本

严庆表示，专项行动采取多渠道加大资源投入。中科院将院设立专项资金 5 亿元，用于科技成果转移转化重点专项的实施，探索通过后补助等方式促进重大成果推广应用。

"5 亿元专项资金相当于对待转化科技成果的一种认可和'背书'，以此吸引社会资本、地方资本并争取国家相关引导资金设立成果转化和知识产权运营基金，对由我院科技成果（知识产权）转化形成的科技企业或项目公司给予投资、融资和经营管理等方面的支持。"严庆说，"十三五"期间，专项行动将聚焦目标、突出亮点，试点组织实施 10 个科技成果转移转化重点专项，促进重大成果产出。

从实践到文件科技成果转化"标杆"分享模式经验

"先有基层实践，再有红头文件。"严庆说，专项行动的出台基于落实国家创新驱动发展战略的需要和中科院近年来加快科技成果"变现"的生动实践。中科院西安光学精密机械研究所（简称西安光机所）、中科院上海药物研究所和中科院大连化学物理研究所分享了各自在促进科技成果转移转化中的探索。

新修订的促进科技成果转化法自去年实施后，科研成果转化的处置权、收益权等"下放"，用于奖励主创人员的比例提高。那么，创新驱动能造就中国的"科技富豪"么？

"硬科技的转移转化让科技创富不再是神话。9 年前，双创远没有今天这么火时，西安光机所就开始拆除围墙开放办所，鼓励科技人员创业。目前，我们院有 84 个高科技企业，院里均不控股。有位 1979 年出生的创业者，他的企业去年估值超过 1 亿元，个人持股 45%，身价数千万元，"西安光机所产业处处长曹慧涛说，"有人担心国有资产保值增值问题。我们所的国有资产管理公司市值从起步阶段的 750 万元增长到 2015 年的逾 4 亿元。"

中科院上海药物研究所 2015 年有 15 个新药成果项目落地，合同金额约 8 亿元。"我们紧紧围绕出新药这个目标，分 8 个步骤走好科技成果转移转化的'第一公里'：项目组或研究所发起成果转移转化、初审、评估、论证、决议、公式、开始实施及贯穿全过程的内控。"中科院上海药物研究所叶阳说。

中科院大连化学物理研究所多年来科研及成果转化成绩斐然，每 3～5 年就有在行业内影响深远的"重磅"成果成功转化。

"现在我们有些成果刚发表论文，就被企业、风投'盯'上。事实上，比转化更重要的是出真正有分量、高质量的成果。应该呼吁各类资金更多地投向科学研究前端。"中科院大连化学物理研究所副所长冯埃生说。

引力波探测，你知道中国有多大能量吗？

新华社 喻菲 杨春雪 贺萌

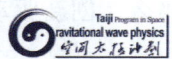

新华社通稿
2016年2月16日

2月16日，中国科学家公布了一项新的空间探测引力波计划——"太极"。

中国科学院院士、"太极"计划首席科学家胡文瑞透露，"太极"计划的设想之一是在2030年前后发射三颗卫星组成的引力波探测星组，用激光干涉方法进行中低频波段引力波的直接探测，目标是观测双黑洞并合和极大质量比天体并合时产生的引力波辐射，以及其他的宇宙引力波辐射过程。

据悉，"太极"计划是一个中欧合作的国际合作计划，目前有两个方案。方案一是参加欧洲空间局的eLISA双边合作计划。方案二是发射三颗中国的引力波探测卫星组，与2035年左右发射的eLISA卫星组同时遨游太空，独立进行引力波探测，两组卫星互相补充和检验测量结果。

这一计划缘何起名"太极"？胡文瑞解释道：按照中国的宇宙观，万物开始是"太极"，探测原初引力波就是研究宇宙的起源，而太极的图形与双黑洞形象很相似。

"如果说引力波是一场宇宙交响曲，那么美国LIGO（激光干涉引力波天文台）的成果只是一个序曲，但主乐章在空间探测领域，将解答更多重大学术问题。"胡文瑞说。

随着人类在2016年年初宣布首次直接探测到引力波，取得科学上的重大突破，中国科学家一系列与引力波探测相关的计划也浮出水面，备受关注。或登世界屋脊，或入巨型天坑，或上太空……这些不同手段的探测将讲述宇宙不同的故事。

在世界屋脊捕捉宇宙的"初啼"

中国科学家计划在海拔5000多米的西藏阿里，捕捉宇宙诞生的"初啼"。

宇宙暴胀理论认为，在大爆炸发生后的极短一瞬间，宇宙经历了一场快速膨胀，时空产生了剧烈扰动。这"暴胀"过程中产生的"原初引力波"就会在宇宙微波背景辐射（CMB）中留下可探测的印迹。寻找原初引力波，就是要在这一微波背景辐射中找到引力波的独特印记。

美国科学家2014年在南极的BICEP实验一度被认为发现了原初引力波，结果发现，他们错将银河系中星际尘埃造成的干扰当成了宇宙的"初啼"。然而这一结果更激发了原初引力波探测的新高潮。

2014年5月，中科院高能物理研究所研究员张新民带领团队提出在西藏阿里开展CMB实验研究。他介绍，原初引力波太微弱，所以要选干扰尽可能少的区域。大气越稀薄、水汽含量越少，才越有希望看清原初引力波留下的痕迹。目前，根据大气透射率，科学家在全球共选出了4个最佳观测点，南半球是南极和智利阿塔卡马沙漠，北半球在格陵兰岛和中国西藏阿里。阿里有望成为北半球天区第一个地面观测点，与南半球实现联合观测。

中科院高能所副研究员李虹说，阿里望远镜与位于南极的BICEP望远镜原理类似，但精度更高，中美将合作研制。如果现在就开始积极研发，预计3～5年内能建成并投入使用。

美国麻省理工学院物理系研究员、哈佛史密森天体物理研究中心研究者苏萌说，美国哈佛大学、斯坦福大学、芝加哥大学、明尼苏达大学等同行，都对阿里台址很感兴趣，希望开展合作。中国多家单位与美国能源部下属的国家实验室签署了合作备忘录。

"人类能否用已掌握的物理学规律去理解宇宙的诞生？到底宇宙是否发生过急剧的暴胀过程？这是研究原初引力波独特的科学目标，是其他引力波探测手段都无法解答的。"苏萌说。

快！用地球上的最大"耳朵"聆听天籁之音

中国西南贵州，在形成于4500万年前的巨型天坑中，科学家与工程师们正在建造面积相当于 30 个足球场的世界最大单口径射电望远镜。它像一只庞大而灵敏的"耳朵",将捕捉来自遥远星尘最细微的"声音",洞察隐藏在宇宙深处的秘密。

"大耳朵"正式的名字是:500 米口径球面射电望远镜。科学家将它的英文名 Five-hundred-meter Aperture Spherical radio Telescope 缩写为 FAST。这项中国有史以来最大的天文工程,总投资将超过 11 亿元,2011 年 3 月动工,预计 2016 年 9 月竣工。

建成后,这座射电望远镜在未来 20～30 年将保持世界一流地位。与号称"地面最大的机器"的德国波恩 100 米望远镜相比,FAST 灵敏度将提高约 10 倍;与被评为人类 20 世纪 10 大工程之首的美国 Arecibo300 米望远镜相比,其综合性能提高约 10 倍。

中科院国家天文台射电部首席科学家李菂说,FAST 的一个重要目标是利用脉冲星探测引力波。引力波会使脉冲到达时间发生变化。如果能观测到全天的脉冲星或者某一方向上的多个脉冲星周期发生变化,就能探测到引力波。

李菂说,实际上科学家对脉冲双星绕转轨道的观测间接证明引力波的存在,已经在 1993 年获得了诺贝尔奖。"FAST 跟这一类观测非常接近,针对的是超大质量黑洞。超大质量黑洞之间一般距离很远,周围有大量的重子物质和吸积过程,会伴随着各种明确、强烈的电磁信号,这样就可以做更多的天体物理研究,如是什么样的黑洞,是什么样的轨道,吸积多少物质等。"

"LIGO 的实验打开了一个观测宇宙的新窗口,也使我们对于 FAST 获取更丰富的天体物理信息、推动物理前沿发展,更有信心。"李菂说。

谁将拨动天空的琴弦

此前,中山大学提出过另一项空间探测引力波计划,并起了一个诗意的名字"天琴计划"。

该计划提出者、中山大学校长、中科院院士罗俊介绍,"天琴计划"分为四个阶段:一是完成月球/卫星激光测距系统、大型激光陀螺仪等地面辅助设施,完成中国自己的月地测距,同时检验牛顿万有引力常数的变化;二是发射一颗卫星,完成无拖曳控制、星载激光干涉仪等关键技术验证,以及空间等效原理实验检验;三是发射两颗卫星,完成高精度惯性传感、星间激光测距等关键技术验证，以及全球重力场测量；四是完成所有空间引力波探测所需的关键技术，发射三颗地球高轨卫星进行引力波探测。

与"天琴计划"类似的是欧洲 LISA 计划，后者拟将卫星发送至太阳的行星轨道，而"天琴"拟将卫星发送至地球的卫星轨道。"与 LISA 相比，天琴计划中卫星发射和数据通信难度都会降低很多。""天琴计划"项目直接负责人、中山大学天文与空间科学研究院院长李淼说。

"我们现在要做的事是带有竞争性质的。我们想要跟 LISA 竞争，他们是计划在 2034 年左右收集数据，我们也是在这个时间前后。如果我们做得好，15 年内能做上去的话，就会比他们快。"罗俊说。

目前，中山大学珠海校区正在建设引力波研究所需的地面基础设施。已经启动山洞超静实验室和激光测距地面台站基础设施建设，部分技术研究已有具体进展。

多种方法弹奏宇宙交响曲

引力波探测为什么需要这么多不同的手段？

美国麻省理工学院物理系研究员苏萌说："如果说 400 年前当伽利略第一次将亲手制作的望远镜指向夜空的时候，人类开始用眼睛欣赏宇宙的瑰美，那么今天，我们学会了聆听宇宙的第一个音符。在不远的将来，蓬勃发展的引力波探测装置，即将呈现给人们的是宇宙美妙的交响乐章。"

他介绍，引力波的频率很宽，就好像交响乐中分低音、中音、中高音和高音。针对不同频率，科学家采取了不同的探测手段，科学目标也不尽相同。

宇宙乐章的低音

【探测目标】原初引力波。

【引力波频率】最低。

【解码】它的波长跟整个宇宙的尺度差不多大，所以只能通过对宇宙大爆炸后遗留的光子场信号，即宇宙微波背景辐射，来寻找它。2014 年 3 月，美国哈佛史密森天体物理中心宣称在南极观测到了原初引力波，但随后又发现出错了。要从杂乱无章的各种引力波中辨认出带有宇宙大爆炸初期引力波留下的独特标记，的确太困难，需要不断发展灵敏度更高的实验来找寻。

【探测计划】南极 BICEP2、西藏阿里观测项目。

宇宙乐章的中音

【探测目标】超大质量黑洞并合时发出的引力波。

【引力波频率】在百万分之一到亿分之一赫兹。

【解码】这种事件往往发生在星系与星系相撞的后期，星系中心数百万到数亿太阳质量的巨大黑洞在最后阶段的撞击并合发出浩瀚的引力波信号，可是人类能建造的探测器太小了，哪怕把整个太阳系都当成探测器都无法测量。于是科学家想出一个绝妙的方法：利用校准后的毫秒脉冲星。这种自然界天然的时钟精度可以达到原子钟的级别，若干这样精确校准的毫秒脉冲星在宇宙中排成校准源的一个庞大阵列，天文学家利用地面上的大型地面射电望远镜作为探测器监视着宇宙中可能经过的时空涟漪。

【探测计划】FAST、SKA 等。

宇宙乐章的中高音

【探测目标】质量更小一些相互距离更近一些的大质量黑洞（几万到几百万太阳质量）并合过程的后期、中子星碰撞、超新星爆炸、银河系内的白矮双星系统等。

【引力波频率】十万分之一到一赫兹。

【解码】这类引力波信号探测的手段也是蛮拼的：发射数颗卫星，在太空形成阵列。著名的 LISA 作为欧洲空间局批准的大型空间实验卫星项目，将为实现这个目标再努力约 20 年，计划 2035 年左右开始收集数据。其首颗技术验证星 LISA pathfinder 去年年底刚刚由欧洲空间局送上太空。

【探测计划】LISA、"太极"、"天琴"等。

宇宙乐章的高音

【探测目标】中子星、恒星级黑洞等致密天体组成的双星系统。

【引力波频率】几十到几千赫兹。

【解码】这就是人类第一次直接探测到的引力波信号，探测手段是地面数公里的激光干涉装置。

【探测计划】LIGO、VIRGO、GEO 600、KaGRA、LIGO-India 等。

中国有必要开展引力波探测吗

寻找引力波经过了几代科学家数十年的苦苦努力。首次探测到引力波的"激光干涉引力波天文台"（LIGO）40 年不断更新，耗资约 7 亿美元。那么多年花了那么多钱一直没有发现，科学家们有压力吗？

参与了此次引力波探测的德国马克斯-普朗克引力物理研究所、清华大学博士后胡一鸣讲了一个小故事。

马克斯-普朗克引力物理研究所所长曾经说，他常常在夜里想："我们花了纳税人这么多钱做科研，但是我们还是一无所获，我怎么还可以安安稳稳地'老婆孩子热炕头'呢？我应该待在监狱里啊！"

"当然，现在探测到引力波了，他就不再那么煎熬了。"胡一鸣说。

他说，LIGO 的探测离不开材料、镀膜、隔震、激光、真空、超级计算机、数据分析等各方面研究人员的努力，其中中国科学家也做出了许多贡献。

"引力波是一个有着巨大潜力的学科，这一次的探测并不是终点，很有可能带来一批诺贝尔奖级别的发现。"胡一鸣说。

中国是全球第二大经济体。伴随经济高速增长，近年来，中国的科技创新水平也取得了长足进步，探月工程、高铁、大飞机等都是中国科技发展的标志。中国科研投入虽然不菲，但整体上还是偏重应用，对于发现引力波之类的基础研究投入相对不足。探测引力波项目等动辄需要投入几十亿甚至上百亿元资金的重大基础研究项目，在中国还十分少见。

中科院高能物理研究所所长王贻芳认为，这次发现引力波，中国科学家虽有少量参与，但与中国对科研的投入并不匹配。

王贻芳说，未来 30 年是中国科技发展的关键期，要从追赶成为国际领先，至少在部分领域需要发起一批标志性的科学工程，有一批重大科学成果，同时不缺席国际上的其他重大科学项目，共享其重大科学成果。

中科院院士、中国科学院大学副校长吴岳良说："引力波探测打开了一个观测宇宙的新窗口，我们必须要掌握这个技术。中国需要建立机制对基础研究长期投入和稳定支持。"

"虽然我已经 80 岁了，也许不能看到卫星的发射。但我希望通过'太极'这一计划，使中国成为国际上空间引力波研究的重要基地之一。以基础科学研究为牵引，中国在空间科学研究、高端空间技术和科学卫星的整体水平上将会有一个质的飞跃。"胡文瑞说。

"伪装者"埃博拉现形记

中国科学报社　丁佳

《中国科学报》第 1 版
2016 年 1 月 19 日

　　站在非洲塞拉利昂的大地上，一个中国男人终于明白了自己的使命所在。

　　从 2014 年 3 月开始，一场以几内亚、利比里亚和塞拉利昂为中心的扎伊尔型埃博拉病毒疫情迅速在整个西非蔓延开来，28 000 多人感染，近 11 000 人死亡。在疫情现场目睹惨状，中科院院士、中国疾病预防控制中心副主任、中科院微生物研究所病原微生物与免疫学重点实验室主任高福下定决心，一定要与这种骇人的病毒周旋到底。

　　1 月 15 日，国际权威学术期刊《细胞》杂志在线发表了高福研究团队的一项成果——他们解开了埃博拉病毒入侵人体的秘密。

"如意"病毒的真面目

在电子显微镜下,埃博拉病毒看上去很"无辜",形状甚至有些像中国古代的"如意"。实际上,它却是一种能引起人类和灵长类动物发病且致死率很高的生物安全等级第四级烈性病毒。据世界卫生组织统计,自1976年首次被发现至今,埃博拉病毒已经在非洲肆虐了近40年。

"埃博拉病毒是一类囊膜病毒,对宿主的入侵分为两步,"高福说,"首先病毒黏附到宿主细胞膜表面,然后病毒通过细胞内吞进入细胞内部,形成内吞体。在内吞体内,病毒释放自身遗传物质。"

科学家已经知道,内吞体膜上一个叫作NPC1的分子是埃博拉病毒入侵所必需的,但是这个分子究竟是如何跟病毒"勾搭"上,并最终介导病毒入侵的,却一直是个未解之谜。

摸清这关键的最后一步,就是高福团队此次研究最重要的任务。

NPC1分子是人体内负责胆固醇转运的多次跨膜蛋白,具有A、C和I三个大的腔内结构域。研究人员发现,埃博拉病毒囊膜表面糖蛋白在内吞体里会经过酶切处理,变成激活态糖蛋白,暴露出受体结合位点来与NPC1分子的腔内结构域C发生相互作用,从而启动后续的病毒膜融合过程,实现病毒的感染生活史。

这正是埃博拉病毒最"狡猾"的地方。在细胞外面时,它把自己伪装起来,装作一副无害的样子。可一旦进入内吞体,它立马就脱掉了自己的"迷彩服",与NPC1分子结合,完成入侵人体的过程。

药物设计:给病毒配把"假钥匙"

"这项研究从分子水平上阐释了一种全新的病毒膜融合激发机制,"中科院微生物研究所副所长东秀珠认为,"这种新型机制与之前病毒学家们所熟知的四种病毒膜融合激发机制都大为不同,是近年来国际病毒学领域的一大突破。"

至此,高福团队的工作还并未结束。他们进一步解析了NPC1分子的腔内结构域C的三维结构,发现其中有两个突出来的环状结构,而在"整容"后的埃博拉病毒激活态糖蛋白上,则有一个凹槽结构,刚好与前者匹配。

于是，这两者就像一把钥匙开一把锁一样，"咔嗒"一声打开了人体的大门。

这给了高福一个绝妙的思路："如果我们能设计出一把'假钥匙'，既能把病毒的'锁眼'堵上，同时又开不了锁，不就能阻止病毒感染了吗？"

所谓的"假钥匙"，就是当前药物研发中热门的竞争性抑制剂。该研究共同第一作者之一、中科院北京生命科学研究院副研究员施一说，他们的这一发现预示着人们能够针对激活态糖蛋白头部的疏水凹槽设计小分子或多肽抑制剂，来阻断埃博拉病毒的入侵过程。

"相关的多肽药物设计工作已经在开展当中，这需要一定的时间和过程，但我们还是有信心的。"施一说。

将实验室开在前线

高福团队的这项研究，被科学界盛赞为"加深了人们对埃博拉病毒入侵机制的认识，为应对埃博拉病毒疫情及防控提供重要的理论基础"。

但高福并不想止步于此。

2014年，埃博拉疫情在西非暴发，中国政府派出首批62名工作人员组成移动实验室检测队出征塞拉利昂，高福即在其列。病毒防控一线长期奋战的经历告诉这位科学家，"防患于未然，将病原控制在原发地"，永远都是传染病防控的"黄金准则"。

"传染病是没有国界的，病原微生物既没有护照，更不需要签证，它们想去哪就去哪。"高福坦言，在国际交往日益密切的今天，如果不将传染病防控的关口前移，每个国家都面临着很高的风险。

实际上，国际上许多发达国家已在进行这样的战略布局。例如，法国巴斯德研究所与中科院、上海市合办的上海巴斯德研究所，日本与中国几个科研机构共建的中日联合实验室，都是病毒防控关口前移的案例。对此，高福建议派驻科研人员到非洲埃博拉疫区建立实验室，在当地进行疾病防控，同时开展前沿基础研究。

"科技援非，不仅是中国应尽的国际义务，更是对本国人民负责任的一项举措，"高福说，"为了战胜埃博拉，我愿意再去非洲。"

中国青年报

暗物质卫星专题报道

"悟空"在酒泉成功飞天

——我国首颗暗物质粒子探测卫星进入预定转移轨道

中国青年报社　邱晨辉

《中国青年报》第1版
2015年12月18日

　　今天8时12分,我国在酒泉卫星发射中心用"长征二号丁"运载火箭成功将暗物质粒子探测卫星"悟空"发射升空,卫星顺利进入预定转移轨道。不久后,这位暗物质猎手将张开"火眼金睛",寻找暗物质粒子存在的证据。

　　暗物质和暗能量,被科学家称为"笼罩在21世纪物理学上空的两片乌云"。目前,我国和多个国家已着手筹建或实施多个暗物质探测实验项目，其研究成果将可能带来基础科学领域的重大突破。根据"悟空"的师父、暗物质卫星首席科学家常进的说法，"悟空"是目前世界上观测能段范围最宽、能量分辨率最优的暗物质粒子探测卫星。

"悟空"由中科院微小卫星创新研究院负责总研制，中科院紫金山天文台等科研单位共同参加有效载荷、科学应用等工程项目研制工作。

"悟空"看上去并不大，仅有一立方米，相当于一张办公桌的大小。体积虽小，装下的东西却堪比一个地上的大科学装置。卫星副总设计师安琪告诉记者，整个卫星的探测器有4.2万路电子学读出电路，168路高压电源，接近8万路探测器通道数，其复杂程度，超过我国地面最复杂的加速器实验装置（北京谱仪）。他说，要将所有探测器及其电子学安装在1立方米的空间内，技术难度超过了我国目前所有的上天高能探测设备。

至于"悟空"的"眼睛"，即卫星的有效载荷——高能粒子探测器"望远镜"，则重1.4吨，整星重1.9吨，载荷平台比达到2.8。根据载荷特点，卫星借鉴哈勃望远镜的设计理念，采用以载荷为中心的设计方案，探测器位于整星中心，电子学机箱及平台各单机均布于探测器周围的隔板上。

从外表看上去，"悟空"从顶部到底部主要由塑闪阵列探测器、硅阵列探测器、BGO量能器和中子探测器构成，4种探测器一层层组装，像一个倒立的四层蛋糕。卫星系统总设计师李华旺告诉记者，这4个探测器各司其职，又联合执行任务，可高精度地测量入射粒子的种类、方向、能量和电荷。

根据设想，"悟空"进入太空后，将在500公里太阳同步轨道上采取两种观测模式：前两年采用巡天观测模式，由于暗物质可能存在于全天区的任何区域，所以第一阶段对全天区进行扫描；两年后，"悟空"转入定向观测模式，根据全天区探测结果分析出暗物质最可能出现的区域，并针对这些区域开展定向观测。

这3年里，"悟空"每天都将观测500万个高能粒子，传回16G数据，地面也将有100余人的科学家团队来分析研究数据。首批科学成果可能在6个月至1年后发布。常进说，一旦勾勒出的"伽马射线能谱"反映出与以往类似的谱线极段等特征，就意味着获得了暗物质粒子存在的强有力证据。

当然，他也表示，没有人能百分之百保证找到暗物质，"但只要卫星工作正常,就为我们打开了一扇观测宇宙的新窗口,必然会发现很多新奇的现象"。

整版解读之一:我们一起去追"星"

一颗人造卫星,和每个人类个体之间究竟有着怎样的联系?关于这个问题,29岁的女孩张晨曾有过无数次的幻想和追问,但当一枚真实的携带卫星的火箭,在距离她1.5公里的地方腾空而起时,她的脑袋里再也装不下任何问题,眼角处的泪水止不住地往外流,"就像送别一位老朋友"。

12月17日,酒泉卫星发射中心,我国首颗暗物质粒子探测卫星发射升空,作为一名受邀前往观看的普通观众,张晨就在现场。

尽管时间已是清晨8时许,但西部冬天的发射场,天还未完全放亮,气温零下15℃,张晨向一旁的同行者开玩笑说,她流出来的泪都快结成冰条了。但即便如此,在整个火箭升空的过程中,她始终将双手露在外面,举着手机,视线则直盯着火箭,从大到小,直到用肉眼看不到。

她的身边,还有不少前来观看卫星发射的人,其中就有两位和她一样的普通观众:一位是25岁的林磊,一位是27岁的韩毅。他们三人均是暗物质卫星征名活动和微博转发活动的获奖者。这一活动由卫星总研制单位即中科院国家空间科学中心组织。

他们彼此开玩笑说,正是有了这颗卫星,才让原本并不会相识的年轻生命有了交集。这也让酒泉这个中国第一大卫星发射基地迎来了罕见的普通来访者,且均为"85后"的年轻人。

张晨是一家公司的产品经理,学科背景是电子商务,和科学完全搭不上界,所以她自称"科学小白"。不过,这个从小就喜欢手绘画,喜欢天马行空和"胡思乱想",甚至会把自己当作外星人的女孩,对科学实验、探索未知,以及科学家的职业,却一直怀着一种莫名的敬仰。

正因如此,当她看到一条转发留言就有可能到现场观看卫星发射的微博时,丝毫没有犹豫,便报了名,并给暗物质卫星官微留言说:"我可以画手绘画,把你的故事记录下来。"

于是,她便幸运地来到了基地。来之前,她特意发了一条微信朋友圈,显得颇为俏皮:"高调翘班,地球再见"。

相比之下,电子研发工程师出身的韩毅,就显得有些严肃和内向。在电子工程行业浸淫多年,工作中频频使用进口芯片,这让他对所谓元器件自主创新的重要性，有了更为直观的认识。

他也因此喜欢浏览"硬新闻"，关心科技前沿动态，比如针对暗物质卫星，他就十分好奇，核心元器件"假他人之手"的尴尬问题是否也同样困扰着卫星这种宇航级的项目，以及它的自主创新程度又是如何，等等。

在最初给暗物质卫星起名字时，韩毅就在给中科院国家空间科学中心的信中写道：建议暗物质卫星叫"悟空"，其中一个理由即是，所谓"悟"，是一种探索，一种境界，也是一个长长的求真和求本质的过程，这恰恰反映了科学家探索的精神。作为一名基层科技工作者，他为之努力，并希望我国航天元器件自主化程度能够越来越高。

林磊是三人中唯一一个"科班"出身的天文爱好者。他是宁波市天文爱好者协会会员，不过大学学的是行政管理，同样不是理工科。

"现在喜欢科学的人越来越少？"至少林磊身边不是。他告诉《中国青年报》记者，尽管他没有理工科专业背景知识，但这并不妨碍他热爱科学。从小学开始，他每年都让家里人帮他订一份科普杂志《小哥白尼》，高中时，他就加入了天文爱好者协会。

"科学，只要没那么高冷，年轻人也会喜欢。"林磊告诉记者，他身边不少会员朋友，是读了刘慈欣的科幻小说《三体》才开始关注科幻，进而关注科学、爱上科学的。这说明，只要科学不拒人以千里之外，而是主动拉近自己和普通公众的距离，人们至少不会讨厌它。

这当然不只是科学本身高处不胜寒的问题，也有无法回避的日趋功利、浮躁的大环境因素，但从反求诸己的角度来看，林磊的说法并非没有道理。事实上，将暗物质粒子探测卫星命名为"悟空"，在不少人看来，就是科学家们的一个努力和尝试。

有人说，这使得暗物质探测这一世界性的重大科学前沿难题成为国内外公众关注的热点，有望提升空间科学在公众中的认知度和关注度。正如中科院国家空间科学中心对外所称，如此可充分借力传统文化，提升我国公众科学素养、培养科学精神，吸引青少年从小热爱科学、探索未知。

不过，就在这次征名活动结果公布时，还发生了一件有意思的事。当获奖者们被告知，他们被抽中，可以来酒泉看卫星发射后，三人的第一反应出奇的一致："这应该是骗子"。

直到临出发前的晚上，张晨的母亲还在担心："可千万别是传销组织啊。"张晨自己则"脑洞大开"，自我安慰道——这一定是秘密任务，所以在发射之前，不能对外透露更多的细节，通知的内容和集合的时间才比较简短和仓促。

韩毅告诉记者,他挂掉通知电话后,立即给 114 打电话,查询中科院国家空间科学中心的情况,没想到还真对上了。

"为什么我们不敢相信呢?还不是这样的活动太少。"韩毅说,对普通公众和绝大多数青少年来说,能够拥有这样的机会简直是一种奢望。他说,这也是最让他感动的,一个巨大的国家工程,一颗有望改变人类认识宇宙本质的卫星,竟然和自己这个名不见经传的普通人有了千丝万缕的关系。

张晨则发现,自己从来没像现在这样,如此在意过一颗卫星,就好像是一位似曾相识的老朋友。

"悟空"升空后,张晨实现了自己向科学家大牛们面对面求教的愿望。在发射后举行的新闻发布会上,张晨站起来说,"我是'悟空'号的朋友,我想问问他的师父们(指科学家),他飞到天上,一个跟头可以翻多远,速度算不算快?"

中科院国家空间科学中心主任吴季接过话筒,笑着对她说,"它不是翻跟头,它是驾着七彩祥云(比喻乘着火箭),至于速度……"

张晨听后咯咯直笑,事后她告诉记者,"这样的科学家多有意思,既懂得科学规律,又开得起玩笑"。不过,她也希望,今后能有更多的人,有更多的机会接触到科学家。

她尽管没有太多的科学知识,但浓厚的兴趣让她开始思考那些"只沉溺于票子、房子和车子的人"所不关注的事情——

巨大的风沙,坏死的庄稼,落满灰尘的盘子,这些科幻电影《星际穿越》里所描述的场景,看得让张晨直掉眼泪,她生怕这会成为未来的某一天,那样,人类就只能驾着星际飞船、永踏无人之境了。"这并非杞人忧天,北京这个冬天频频来袭的雾霾,哪一次没让人有这种担心?"

再回过头来看刚刚升上太空的暗物质卫星,它究竟有什么用?会解决什么问题?短时间内,我们不得而知。但正如那个经典的故事所讲的,一位修女给美国宇航局(NASA)写信问道:地球上很多人吃不上饭,为什么还要花那么多钱去探月?

于是 NASA 科学家回信讲了一个伯爵资助科研而不救济穷人的故事,最终被资助的科学家发明出显微镜,而后来的历史显示,在帮助人类减轻苦难方面,花钱支持研制显微镜所能做出的贡献显然远远超过单纯地救济遭受瘟疫侵袭的不幸者。

林磊熟知这个故事。他告诉记者,这也是他持续关注科学,尤其是空间科学的一大原因。

事实上,包括林磊在内的3位年轻人,并不是只喜欢枯燥科学的"书呆子",林磊还偶尔玩魔兽世界,追美剧,张晨见到精灵王子之后也会显得很"花痴"。

不过,这一次他们穿越大半个中国,所追逐的,不是明星,而是一颗卫星。

林磊告诉记者,他还会持续关注"悟空"的未来。有人问他,准备带什么给家人朋友分享,他说,不用带什么。最值得分享的,就是"悟空"。而"悟空"就在天上,抬头,看看天,就能感受到。

整版解读之二:暗物质——"大隐"隐于宇宙

暗物质粒子探测卫星"悟空"今天成功升空,火了"悟空",也火了暗物质。中国科学家称,"悟空"将在太空中开展高能电子及高能伽马射线探测任务,探寻暗物质存在的证据,研究暗物质特性与空间分布规律。

关于暗物质,有的人并不陌生,在热门美剧《生活大爆炸》里,主角谢耳朵就"转行"研究了暗物质。

诺尔贝奖获得者杨振宁先生曾对暗物质作如此表述,所谓暗物质、暗能量就是非常稀奇的事物,这里面可能引出基本物理学中革命性的发展,假如一个年轻人,他觉得他一生的目的就是要做革命性的发展,他应该去学天文物理学。

最早提出这一概念的,是瑞士的天文学家兹威基。1933年,他发现,在大星系团中,星系运动速度非常快,用星系团中所有看得见的物质来计算出的引力,却不足以束缚住它们,除非,星系团的质量增大400倍以上。

经过计算和推测,他判断,应该存在一种"看不见的物质"的作用,否则,这个星系团的引力就不足以将其中的星系像现在这样束缚在一起。这种看不见的物质,就被称作"暗物质"。

空间科学卫星工程常务副总指挥、中科院国家空间科学中心主任吴季说,由于人类还不了解暗物质,不得已才称它们"暗",一旦发现了它们是什么,并且随着研究的深入,可能会用其他名字称呼它。

有人说,如果把21世纪现代物理学和天文学比作"晴朗的天空",那么暗物质和暗能量,就被看作"两朵乌云"——曾经,科学家们在现代物理学和天文学的基础上，一直在深入发掘原子和分子的特性，并自信地以为他们认识和了解了世界。然而，他们错了。宇宙究竟是由什么构成的，这个问题或将因为暗物质问题的解决而被改写。

最新的宇宙观察发现，宇宙更像一个三部分组成的大饼，其中95%以上是人类还没弄清楚的暗物质（26.8%）和暗能量（68.3%），其他接近5%是普通物质，包括普通的重子物质、光子和中微子等。

遗憾的是，至今人类也没有通过电磁波直接观测到暗物质，它也成了长久以来粒子物理和宇宙学的核心问题之一。

暗物质的所谓"看不见"，不单单是说用我们的肉眼在可见光波段看不见，而是说不论探测什么波段的电磁波，比如红外线、紫外线、X射线、伽马射线等，都看不到它。也就是说，暗物质不发出任何波段的光。

目前，人类用来捕捉暗物质仅有3种方法，可以形象地称之为"上天、入地、对撞机"。

其中，"上天"是间接探测方法，即捕捉暗物质互相碰撞、湮灭时产生的痕迹。卫星系统副总设计师安琪告诉《中国青年报》记者，当一对暗物质粒子偶然正碰的时候，会同时湮灭，可能会放出质子、电子及它们的反粒子、中微子和伽马射线。如果能够精确测量到这些粒子的能谱，就可能会发现暗物质粒子的踪影。

目前国际上至少有欧洲核子中心的大型强子对撞机、安装在国际空间站上的阿尔法磁谱仪，以及美国宇航局的费米太空望远镜等方面的力量，在寻找暗物质、暗能量及"两暗"背后的科学成果，但目前科学家们找到的都还只是一些"疑似证据"。如今，我国发射的暗物质粒子探测卫星，所采用的就是一种间接探测。

"入地"则是一种直接探测的方法，该方法是直接探测暗物质粒子和普通原子核碰撞所产生的信号。暗物质卫星项目首席科学家、中科院紫金山天文台研究员常进有一个形象的比喻，即将一个静止的靶子设置好，如果暗物质打进来，带电原子核就会飞出去，科学家也将能捕获其信号。

一个知名的例子，即位于我国四川的锦屏极深地下暗物质实验室，这是我国首个用于开展暗物质探测等国际前沿基础研究课题的极深地下实验室，其上方有厚达2400米的岩石层，可以将穿透力极强的宇宙射线隔绝到只有地面水平的大约亿分之一，为探测暗物质提供了一个几乎没有干扰的环境。

最后一种"对撞机"，则是在加速器上将暗物质粒子"创造"出来，并研究其物理特性。常进说,由于暗物质粒子即使被"创造"出来,也不会被探测器发现,只能通过其他可以看见的粒子来推测出是否有这样的粒子产生。

在科学家看来,虽然暗物质粒子不能被直接观察到,但它一定会带走"能量",即"创造"暗物质粒子需要能量,因此从丢失的"能量"和分布可以推测暗物质的某些性质。目前,欧洲核子中心(CERN)的大型强子对撞机(LHC)被认为很有可能"创造"出暗物质粒子。

整版解读之三:"悟空"腾飞全记录

12月17日8时12分,备受瞩目的暗物质卫星"悟空",乘着"长征二号丁"运载火箭开始腾飞。

离地后,第一个动作是垂直起飞。

17秒后,"悟空"和火箭一起程序转弯,空中滚转定向飞行。

155秒后,火箭一级发动机关机。

157秒后,火箭一、二级分离。

212秒后,整流罩分离,"悟空"的脑袋露了出来。

320秒后,火箭二级主机工作后,关机。

775秒后,火箭二级游机工作后,关机。

790秒后,星箭分离。在500公里高度的轨道上,"悟空"开始遨游太空!

留住农业文明的生存智慧

光明日报社 夏 欣

《光明日报》第 5 版
2015 年 10 月 19 日

"全球重要农业文化遗产"（GIAHS）是联合国粮农组织于 2002 年发起的一个项目。2005 年，浙江青田稻鱼共生系统成为第一个正式授牌的项目保护试点。此后十年间，先后有 14 个国家的 32 个项目入选，其中有 11 个在中国。

对于很多人来说，"全球重要农业文化遗产"这个概念是陌生的，它在世界范围内出现的时间不过十余年。记者日前随中国科学院相关专题活动，先后前往浙江青田和贵州从江，采访这两个最早和较早入选 GIAHS 的中国项目。

传统农业蕴含"天人合一"的魅力

无论是浙江青田还是贵州从江，入选 GIAHS 的核心保护区都在山区的幽谷里，扑面而来的农耕大观和浓浓乡土气，给人极深的感官印象：青田龙现村的稻菽满坡满谷，捕鱼的竹篓静静晾在家前屋后；从江的加榜梯田气势如虹，层层叠叠的翠绿衬出褐色的吊脚楼，背着孩子的侗族女人在水田里移动……

由远及近，看青田的稻鱼共生系统，稻叶下的水面不时倏忽一闪，那就是田鱼，并且多数是红色的。一个老乡俯身提起半袋子鱼，都是他边捞边存在水田里的。同行的干部介绍，这种稻鱼共生系统在青田有1300余年了。

贵州从江的稻、鱼、鸭复合系统显得更古朴些，是侗乡千年不弃的耕作模式。县农业局局长刘华钧描述："把稻、鱼、鸭放在一方水田里同养，虫和杂草正好是鱼、鸭的饵料，又能控制病虫害，而鱼、鸭的游动起到增氧和松土的作用，其排泄物则是水稻最好的有机肥。"稻、鱼、鸭在这样的立体生态中各得其所。

"这些古老的农耕系统都是土地资源紧缺的产物，当地人却巧妙利用了物种之间的共生关系，是经典的生态型低碳、循环农业，也是人与环境共荣共存的结果，充分体现人类的生存智慧。"中科院地理资源研究所研究员闵庆文的一番归纳很有"天人合一"的中国哲学意味。

经过千年积淀，这些诞生于古代的活态生产系统，其合理性甚至超过精细的工业化设计，在农业技术上无可替代，加上由此衍生的农耕民俗、文化现象，极好地诠释了中国的农业文明。

"活态系统、动态适应、生物资源、生态景观、民俗文化、传统农耕知识与技术体系"——闵庆文口中的这些关键词，标注出农业文化遗产在生态、文化、旅游和经济方面的价值。

农业文化遗产需要在保护中发展

不加保护，古老的农耕系统会在快速的农业现代化中萎缩甚至消失。但保护，不是为了作秀。"既然传统农耕模式还作为社会生产力存在着，就必须适应当下的社会发展。保护得好不好，要看当地的农民是否能从中受益。"闵庆文和他的学生张丹说。

午饭是在青田方山乡山岭上一个农户的老屋里吃的。这里是著名侨乡，50多岁的金岳品就在老屋里出生，却不是传统意义上的农民。他15岁便到欧洲的中餐馆里谋生打拼，在国外发展得顺风顺水，却有一腔无处安放的乡愁。

得知偏僻的家乡入选全球重要农业文化遗产的消息后，他于2007年毅然返乡回国，脱下西装，钻进稻田。"稻田养鱼是祖先留下的财富。"他说。稻田养鱼，鱼苗孵化是基础。他把重点放在鱼苗孵化上，虽然也遭遇了失败、赔钱，但通过系统学习和不断实践，他最终成功，也为传统的稻鱼系统增加了技术含量。

随后金岳品组建了田鱼养殖专业合作社和开发企业，一举拿下了田鱼和稻米两项国家绿色食品认证。"我给乡邻们算了这样一笔账：稻鱼共生，田鱼能收120公斤，稻米能收400公斤，价格好，人工又省，一亩地能稳定收入上万元。"明白了传统农业的价值所在，全乡80%的养鱼户都做到了不用化肥农药。古老的农耕系统显示出在健康和食品安全方面的优势，为农民增收。

难怪去年在泰国曼谷接受联合国粮农组织授予的"亚洲模范农民"奖励时，连出席颁奖仪式的诗琳通公主都对他大加赞赏。目前在方山乡5000多亩农田中，有4000多亩是稻鱼共生系统。记者听到不少人说，当地超好吃的原生态米越种越多了。

而在贵州从江，干部通过走出去调研，逐渐醒悟到身边的无价之宝，正是那些熟视无睹的东西。他们外出招商，开拓市场，增加产量，形成产业，走高品质特色农产品开发的道路。县委书记王之政说："经过几年努力，全县稻鱼鸭复合系统已在总量上翻了两番，达14万亩，成为当地的民生保障。目前我们正进一步考虑发挥资源优势，将其融入'大健康产业'发展中。"

让传统农业系统协同进化、推广，向现代高效生态农业的发展，也许这才是遗产保护的高级境界。这种"现实性"，也是农业文化遗产保护有别于其他遗产保护的最大特点。

那些有人文情怀的科技工作者几乎在第一时间就参与了全球重要农业文化遗产项目的准备和保护工作。经过十年努力，中国的工作走在了世界的前面，甚至成为样板。

发掘传统农业的价值，需要一手的调查研究。十年前，闵庆文是被自己的恩师——中国工程院院士李文华带进这个领域的，而闵庆文又带着自己的硕士、博士生频繁来这些偏远地区，做基础调研，其中就有张丹、孙业红两位博士女汉子。

张丹回忆，那时没通高速路，随闵教授从贵阳到从江，怎么也要12个小时的车程，赶上雨季，公路常会被阻断。每一次去都是不小的考验。这支高学历的团队不止一次遭遇车祸，一位专家就曾付出骨折的代价，还有摔破了视网膜的。为了工作方便，他们在农民家里一住就好几个月。有的人水土不服，小咬、臭虫经常侵袭他们……但他们没动摇过，因为这一切与传承农业文明有关。

十年过去，两位女博士已为人妻母，闵庆文也已一头白发。随着农业部于2012年启动"中国重要农业文化遗产"发掘工作，中国成为世界上第一个开展此项工作的国家。同时在李文华、闵庆文他们这支精干团队的感召下，一支包括民族学、人类学在内的多学科专家研究队伍已初步形成，一些区域性、国家性的学术团体相继建立。

2013年，联合国粮农组织授予闵庆文"特别贡献奖"。可他还是像以前那样劳顿奔波，不停向自己追问"怎样保护"的问题。

关于农业文化遗产，他认为，对内涵的保护远大于形式。"既要避免'原汁原味'的'冷冻式'保存，又要避免'大拆大建'的'破坏性'开发。"鉴于重要农业文化遗产在进化、推广及示范方面的特殊功能，"不能将保护与现代农业发展对立起来，也不能与提高农民生活水平对立起来。"

农业文化遗产的稀缺性，很容易让遗产地旅游开发成热点。一直在做有关研究的孙业红认为，"不能阻止人们到这些地方旅游，但在这些地方发展旅游又的确是双刃剑。怎样协调好保护与休闲农业、乡村旅游之间的关系？怎样把原真性和文化创意兼顾好？怎样引导旅游者为保护作贡献而不是破坏？还有太多问题需要探讨"。

并且，对于农业文化遗产这个活态的农业生产系统，不能简单地套用自然遗产或文化遗产的保护思路。

谈到农业文化遗产地的发展方向，闵庆文认为，农业文化遗产地应有这些功能：人类生态文明的研究平台，展示传统农业的窗口，高效生态农业的生物与文化"基因库"，生态文化型旅游地及农产品生产基地。

他们将为这一切继续坚守。

一口"仙气"点亮肺部

经济日报社　杜　芳

《经济日报》第12版
2015年10月8日

传统磁共振成像技术的"盲区"——肺部，如今终于被中国科学院武汉物理与数学研究所"点亮"。9月6日，一例肺病（哮喘）志愿者在接受了超级化氙-129肺部磁共振仪器检测后，首幅病人人体超极化气体肺部磁共振影像诞生。该影像不仅能清晰地显示病人的病变部位，还能提供一系列评价肺部功能的数据。这就意味着，今后，医生不仅可以利用磁共振技术对肺病发作的前期诊疗做出更科学和清晰的影像判断，还可以看清肺部功能变化，并在临床上建立庞大的参数库，为攻克肺癌、尘肺等高发顽疾提供强大的数据支撑。

6秒看透整个肺部

武汉大学23岁的医学院学生小邹患有哮喘，"一到下雨天就感觉憋得喘不上气来"。除了基本的肺功能检查，小邹还到医院拍了CT片（计算机断层扫描），但是目前的这些技术手段都不能完全清晰地看到小邹的肺部细节。自己的肺部究竟有几个病灶？病变对肺部的功能影响怎样？小邹期待一架"像素更高"的"相机"为肺部拍照后能回答这些疑问。

日前，中科院武汉物理与数学研究所的一项研究让小邹如愿以偿。9月6日，小邹成为该研究所研制的超级化氙-129肺部磁共振仪器的第一位受试肺病患者，这台仪器通过磁共振的方法对小邹的肺部进行了成像。

在中科院武汉物理与数学研究所波谱与原子分子物理国家重点实验室，为了让小邹能提早适应呼吸不同的气体，在医生的指导下，小邹用氮气进行了两次吸气练习。之后，小邹穿好布满了高灵敏肺部成像探头的马甲，被推入核磁共振谱仪。他既不需要被注射什么药剂，也不用任何器械介入，只需要像潜水之前的深呼吸一样，把一袋密封好的超级化氙气吸进去，憋气6秒左右，检测室外的电脑屏幕上就清晰地显示出小邹的肺部磁共振影像。

"真是太快了！"小邹说。一般核磁共振的检测手段至少要一刻钟，长的时候甚至需要半个小时，短短6秒就成像，还没反应过来，检查就宣告结束了。这样的速度连医生也觉得有点不可思议。

6秒成像质量如何？在小邹的肺部影像上，左肺叶下部有一块明显的通气缺陷，对比之前小邹所做的CT图像，这个结果与传统检测方法显示的结果一致；然而，影像中右肺叶上清晰地显示出一个小黑点却是利用CT检测不到的新的病变组织。"这个小黑点表示这部分肺泡已经不能实现气体交换，也就是说这是一个小的病灶。"武汉大学中南医院医学影像中心教授吴光耀说。

让肺部的小细节暴露无遗，这对肺部疾病的认识和诊疗意义重大。"病灶有小的，有大的，有时候是小病灶与大病灶共存，有时候全部都是小病灶。对于疾病多种不同的表现形式，看得越清，越有利于诊断。"吴光耀说。

在小邹的整个肺部诊疗中，通过无创的方法就能实现可视化的评估。"病在哪里不是凭着医生一张嘴说，这个病变结果就显示在电脑上，谁都可以看到。而且对于肺功能的判断以往大夫之间会有差别，可视化的方法让评判更加标准化、客观化。可以说,这项技术对评估病人病情、了解整个疾病的发病过程、预后的判断乃至于对研制新药物疗效的评价,都会有很好的帮助。"吴光耀说。

特制氙气放大"盲区"信号

以往的肺部成像更多选用常规的胸透、CT 和正电子发射计算机断层扫描(PET)等技术,这些技术一方面有放射性,可能对人身体产生一定伤害,更重要的是,它们都不能全面提供衡量肺部健康状态的重要指标——肺部气–气交换和气–血交换功能指标。

与这些常规技术不同,磁共振技术是一种对人体无放射性伤害的检测手段。不仅能对人体大部分组织器官的结构进行成像,而且能够对其功能进行成像,在医学诊断和研究中显示出诸多优越性。但遗憾的是,用磁共振检测人体,大部分组织都可以成像,唯独肺部区域呈现大面积的黑色,犹如一个神秘的黑洞,成为这项技术无法感知的"盲区"。

磁共振为什么单单不能看透肺部呢?专家介绍,由于磁共振技术是基于人体中水质子的信号,但肺部多是气体和空腔组织,其水质子的浓度只是正常组织低约四分之一,所以磁共振技术无法实现肺部的可视化。

要"点亮"肺部,就要获得信号增强大于数万倍的气体信号。这种气体需要满足四个条件:自旋二分之一、信号保持时间长、无毒、没有生物体背景噪声。科学家在元素周期表上筛来筛去,只有两种气体满足这些属性:氦–3 和氙–129。

实际上在中科院之前,美国科学家就在用氦–3 进行试验,也取得了一定成效,但中科院却没有沿着这条老路走下去,而是果断选择了后者。"有两点原因,一是相比氙气,氦–3 气体资源在地球上极其稀缺,制备的成本非常高,大面积应用于临床有一定的挑战。二是肺功能主要体现在气体与气体交换、气体与血液交换两个方面。氦–3 只能检测气体与气体交换,检测不了气血交换,而氙气两种都可以检测。"中科院武汉物理与数学研究所波谱与原子分子物理国家重点实验室研究员周欣说。

这个听起来像"仙气"的氙气对于人们而言其实并不陌生,在大众生活中被广泛应用,比如汽车的氙灯、霓虹灯、LED 的屏幕等都是利用氙气制成。专家介绍,氙气是一种惰性气体,类似于空气中的氮气,不与人体组织产生化学反应,无毒无害。

亲自参与了试验的小邹证实了这一点。"氙气没有味道，吸入后也不会感觉难受，就和呼吸空气差不多。"小邹说。周欣告诉《经济日报》记者，因为人一般的肺活量是三升，平常呼出去吸进来的量约为一升，还有两升气体留存在肺里，因此，在对小邹的检测过程中，小邹吸入700毫升氙气加上200毫升的氧气，这就和平时呼吸的感受基本上一样。

普通的氙气并不足以"点亮"肺部，关键是要"超极化"，即增强气体的信号强度，这是整个研究的难点所在。

如何攻克这项技术难关？"每个人身体里都有水，水分子中每个质子都有自旋，就像一个个微观的'陀螺'。自旋大约一半朝上，一半朝下，就基本抵消了，磁性就会变弱，信号就没那么强。人体肺部超极化气体磁共振技术，就是要让微观世界的原子核自旋的'陀螺'朝一个方向旋转，角动量积聚而非抵消，从而极大增强气体信号，进而让肺部气体'可视'成为可能。为此，科学家通过激光把光子角动量转移到电子，再由电子转移到磁共振的核自旋上，让质子自旋的方向排列基本一致，变成朝着一个方向走的'方阵队伍'，磁性大大增强。"周欣说。

利用这个原理，武汉物数所成功研制出了气体产率高、控制自动化、可移动式的氙-129气体极化装置，这种装置能够将原子核自旋的极化度增强倍数提高到4.4万倍以上，从而使肺部气体磁共振信号可以被接收继而形成肺部影像，从此，肺部不再是磁共振盲区，利用磁共振这一优越技术，将大大推动早期肺部重大疾病的深入研究。

看肺部"颜值"更看功能

用磁共振拍摄一张肺部影像，能显示完整的肺部结构，气管、支气管、肺叶清晰可见，并且凭借增强4.4万倍的气体信号，能展示肺部3D立体重建效果图。然而，点亮肺部的技术看的不仅仅是肺部"颜值"，更重要的是可以对肺部通气功能、气血交换的生理功能也进行定量的评价，以前无法用影像检测的肺部气血交换时间、肺部氧消耗能力的空间分布等，现在都可以通过这项技术全部看到。

通过点亮肺部，能获得哪些指标？"首先能获知肺泡的表面体积比和肺泡的壁厚等参数，其次能得到血液里血红蛋白和血清的数量，最后还能得知要用多长时间，气体才能进入到血液里面。"周欣说。

在医学中，这些都是重要的指标参数。"举个例子，如果是一个肺部纤维化的病人，气血穿过纤维化的屏障，交换时间变长，氧气消耗时间变长，人们可能短期感觉不到，但供氧速度长期跟不上，就可能导致癌症等疾病的发生。现在通过新的技术手段能够定量化地检测气血交换的各项参数，对于科学研究肺部疾病的发生发展过程有重要的意义。"周欣说。

"今后这项技术还要做多模态的比较，现在我们正在着手做更多的实验，建立真正的肺疾病数据库，凭借超极化气体这项技术，很多疾病的认识会重新改变，我们要为新的知识的获取寻找更客观的依据做支撑。"吴光耀说。

周欣希望凭借这项技术得出更多定量且全面的生理参数。"我们至少要做100例病人，并对他们进行长期跟踪，获得一般正常的指标的范围，然后用这个指标辅助筛选和诊断。"周欣说。

此外，技术方面，周欣及其团队还将进一步提高气体的极化度，增强信号的强度，制作电路系统和线圈等，并将此项技术和分子探针结合，检测不同的癌细胞，从分子和细胞层面对重大疾病做诊断。

专家表示，这项技术将在我国有非常大的应用空间，因为近年来，由于吸烟、空气污染、人口老龄化等多种因素，慢性阻塞性肺疾病（简称慢阻肺）、哮喘、尘肺等肺部发病率逐年上升。我国2015年发布的肿瘤发病率统计年报表明，肺癌的发病率和死亡率仍然居恶性肿瘤首位。

目前，超极化气体肺部磁共振成像设备已经在哮喘、慢阻肺、肺纤维化等多种肺部疾病研究的诊断及预后的评估中具备了有效性和优越性，但是该仪器现在还未用于临床。国内外医学界已经意识到这项技术的潜力，并正在开展相关研究。周欣及其团队希望该技术能尽早实现临床应用，以早日造福肺病患者。

健康报

人工全合成结晶牛胰岛素"诞生"五十周年（系列报道）

新时代科研更需"胰岛素精神"

——人工全合成结晶牛胰岛素"诞生"五十周年

健康报社 王 丹

人工全合成结晶牛胰岛素"诞生"五十周年

新时代科研更需"胰岛素精神"

本报讯 （记者王 丹）9月17日，人工全合成结晶牛胰岛素50周年纪念邮票首发仪式，在这一科研成果的诞生地——中国科学院上海生命科学研究院举行。多位参与过该项目的老专家表示，面对新一轮世界科技革命和产业变革大潮，迫切需要中国科学家将"胰岛素精神"发扬、传承下去。

50年前，中国科学院生物化学研究所、北京大学、中国科学院有机化学研究所协作，成功完成了人工全合成结晶牛胰岛素。该科研成果是世界上第一次人工合成与天然胰岛素分子相同化学结构并具有完整生物活性的蛋白质，是继1828年从无机物出发人工合成首个有机分子尿素后，人类在揭示生命本质征途上实现的里程碑式的飞跃。

中国科学院原党组副书记郭传杰说，人工合成结晶胰岛素展示了中国科学家曾经拥有的问鼎世界科学高峰的自信和能力。今天，优秀的科学人才不知多出了多少，科研经费和条件不知优越了多少，却少有举世瞩目的重大科学成就。这使得"胰岛素精神"弥足珍贵。中国科学院上海生命科学研究院生物化学与细胞生物学研究所所长刘小龙呼吁，凝聚科学精神，构建鼓励创新的体制机制，是弘扬"胰岛素精神"的意义所在。

中国科学院院长白春礼在写给"纪念人工全合成结晶牛胰岛素50周年"的寄语中提出，要发扬"胰岛素精神"，敢啃硬骨头，敢于攻坚克难，勇于追求卓越，善于协同创新。全国政协副主席、中国科协主席韩启德在题词中明确提出，50年前我国科学家以天下为己任和自力更生、艰苦奋斗的精神值得当今科技工作者学习，"我们要有志气，有勇气，加强自主创新，取得无愧于这个伟大时代的重大科技成果"。

《健康报》第1版
2015年9月18日

9月17日，人工全合成结晶牛胰岛素50周年纪念邮票首发仪式，在这一科研成果的诞生地——中国科学院上海生命科学研究院举行。多位参与过该项目的老专家表示，面对新一轮世界科技革命和产业变革大潮，迫切需要中国科学家将"胰岛素精神"发扬、传承下去。

50年前，中国科学院生物化学研究所、北京大学、中国科学院有机化学研究所协作，成功完成了人工全合成结晶牛胰岛素。该科研成果是世界上第一次人工合成与天然胰岛素分子相同化学结构并具有完整生物活性的蛋白质，是继 1828 年从无机物出发人工合成首个有机分子尿素后，人类在揭示生命本质征途上实现的里程碑式的飞跃。

中国科学院原党组副书记郭传杰说，人工合成结晶牛胰岛素展示了中国科学家曾经拥有的问鼎世界科学高峰的自信和能力。今天，优秀的科学人才不知多出了多少，科研经费和条件不知优越了多少，却少有举世瞩目的重大科学成就出现。这使得"胰岛素精神"弥足珍贵。中国科学院上海生命科学研究院生物化学与细胞生物学研究所所长刘小龙呼吁，凝聚科学精神，构建鼓励创新的体制机制，是弘扬"胰岛素精神"的意义所在。

中国科学院院长白春礼在写给"纪念人工全合成结晶牛胰岛素 50 周年"的寄语中提出，要发扬"胰岛素精神"，敢啃硬骨头，敢于攻坚克难，勇于追求卓越，善于协同创新。全国政协副主席、中国科协主席韩启德在题词中明确提出，50 年前我国科学家的以天下为己任和自力更生、艰苦奋斗的精神值得当今科技工作者学习，"我们要有志气，有勇气，加强自主创新，取得无愧于这个伟大时代的重大科技成果"。

"胰岛素精神"需要传承下去

健康报社 王 丹

在中国科学院上海生命科学研究院生物化学与细胞生物学研究所（简称中科院上海生科院生化所）"纪念人工全合成结晶牛胰岛素50周年"展厅里，一张保存完好的1966年12月24日的《人民日报》被挂在醒目位置。这张报纸的头版头条以超大字体向全世界宣告，"我国在世界上第一次人工合成结晶胰岛素"。

半个世纪过去了，在众多参与该项目的老专家看来，回忆那段拼搏岁月并不是为了沉浸在历史中，而是想将大胆创新、严谨求实、协同攻关的"胰岛素精神"传承下去，激励更多年轻人在科研道路上不断前行。

做别人没有做过的研究

当英国科学家桑格在1955年第一次阐明胰岛素化学结构的时候，《自然》杂志曾预言"合成胰岛素将是遥远的事情"。然而，就在3年后，中国人做出了一个惊人的决定。在那个各行各业"大放卫星"的年代里，中科院上海生科院生化所为了在科学技术上"放卫星"，将目光锁定在蛋白质合成上，由于胰岛素是当时唯一已知结构的蛋白质，因此胰岛素合成被确定为最终的攻关方向。

曾经有人评论，没有"大跃进"，就没有中国的人工全合成结晶牛胰岛素。在采访中，老专家们感慨，如今的时代，恰恰缺少敢为天下先的创新勇气。

在专家们看来，当时提出人工胰岛素合成的命题并非没有科学基础。早在1953年，维格纳奥德便完成了世界上首例有生物活性的多肽——催产素的合成，提供了一套可行的多肽合成方法。运用这套方法，1958年，具有促黑激素活力的一段13肽成功合成。当然，人工胰岛素合成面临的困难也是巨大的，毕竟胰岛素作为蛋白质比多肽要高级，即使根据正确的一级结构合成了胰岛素的正确多肽链，是否能够将它们折叠到三维结构，让它们具有生物活性，一切都不得而知。

中科院上海生科院生化所原所长王应睐说："我们首先遇到的是氨基酸的大量供应问题。"当时合成胰岛素的最基本原料氨基酸要靠外汇进口，为了解决这一问题，生化所组织科研力量，创建了我国第一个生产氨基酸的东风生化试剂厂，生产出十几种氨基酸，结束了国内不能自制整套氨基酸的历史。

此外，20世纪50年代末期，我国只有合成8肽的基础，国际上也只能合成13肽。而胰岛素是由51个氨基酸所组成的两条肽链构成的蛋白质，且A、B两条链间还有两个硫硫键，A链上另有一个硫硫链。为此，科研人员先从天然胰岛素入手，进行拆合研究。有书面记录的早期设计研究就达到98次，随后又进行了100多次胰岛素拆合条件及酸性仲丁醇抽提复性折叠的优化实验，确保可重复获得拆合后的高活性重组合胰岛素结晶。

对于肽链的合成，更是举各方之力，先后有数百人参与项目研究，最终中科院上海生科院生化所于1964年8月成功合成了30个氨基酸的牛胰岛素B肽链，中科院上海有机化学研究所（简称有机所）与北京大学于1965年5月成功合成了21个氨基酸的牛胰岛素A肽链。自1965年6月起反复进行人工合成牛胰岛素A、B肽链的组合与折叠，直至获得完整生物活性。1965年9月17日，获得人工全合成牛胰岛素结晶，由此证明与天然胰岛素具有相同化学结构。

中科院院士、有机化学家戴立信感慨地说："我们要纪念和发扬'胰岛素精神'，其中重要一点就是，我们敢不敢挑一些别人没有做过，或者做不成的工作去做。"

"对的不一定对，不对的一定不对"

胰岛素合成需要进行200多步化学反应，其中每个步骤都会影响最后的结果，因此对每一步反应都必须严格把关。曾在1959年参与A链合成工作的北京大学有机化学系叶蕴华教授表示，整个集体坚持严谨求实的科学作风让她感触良多。"当时在合成过程中，我们制备的大多数肽段都使用两种或两种以上不同的路线或方法去得到同一性质的产物，以此保证目标肽产物结构的正确性。"

中科院上海有机化学研究所陆熙炎教授至今还记得，由于当年没有质谱、核磁共振等现代光谱分析手段，所有小肽均要通过元素分析等测定。虽然当时元素分析数据的理论值事先都经过仔细的计算，但结果出来后，时任所长汪猷先生还要亲自复审。"对的不一定对，不对的一定不对。"汪猷的这句话让陆熙炎至今难忘，并在中科院上海有机化学研究所代代传承。在陆熙炎看来，当时对科研的精益求精的态度在当今浮躁的科研氛围中格外宝贵。

协同作战是成功的重要保障

在中科院上海分院原副院长张申碚看来，人工合成蛋白质，好比用10多种氨基酸作为建筑材料，建造起智能化的高楼大厦。虽然在当下看来只是最基本的生化操作，但在50年前，却是一个复杂的系统工程，单靠一个单位是不可能完成的。

1959年3月，中科院上海生科院生化所派专家到北大探讨共同合成胰岛素的可能性，得到北大方面的积极响应，并同意承担合成A链的研究任务。同时，中科院上海有机化学研究所也加入其中。

在中科院上海生科院生化所研究员陈常庆的记忆里，胰岛素人工合成团队是老中青三代并肩作战。最可贵的是，老教授能够放手把年轻人推向"战场"，一旦出现问题，责任还是归于自己，以便让年轻人有敢想敢干的勇气，也有充分发展的空间。"当时，我24岁，刚刚大学毕业，缺乏实验经验，时任B链合成的主要领导者钮经义先生手把手教我做，从溶解、加热、混合到结晶。"

让多位专家感触颇深的还有大家不分主角、配角，以实验室为家、无私奉献的精神。"当时，有机所、北大、生化所密切合作，哪儿有经验大家就去哪儿学习。为了便于及时交流和讨论，1964年3月北大抽调了5位年轻教师到中科院有机所参加胰岛素A链的合成，大大提高了工作效率。"

在采访中，中科院上海生科院生化所所长刘小龙坦言，以怎样的科学精神来凝聚，构建怎样的体制机制，是50年后传承和弘扬"胰岛素精神"的意义所在。

文匯报

一个蛋白质的合成

——50年前中国科学家完成的一项震动世界的"诺奖级"工作

上海文汇报社　邱德青

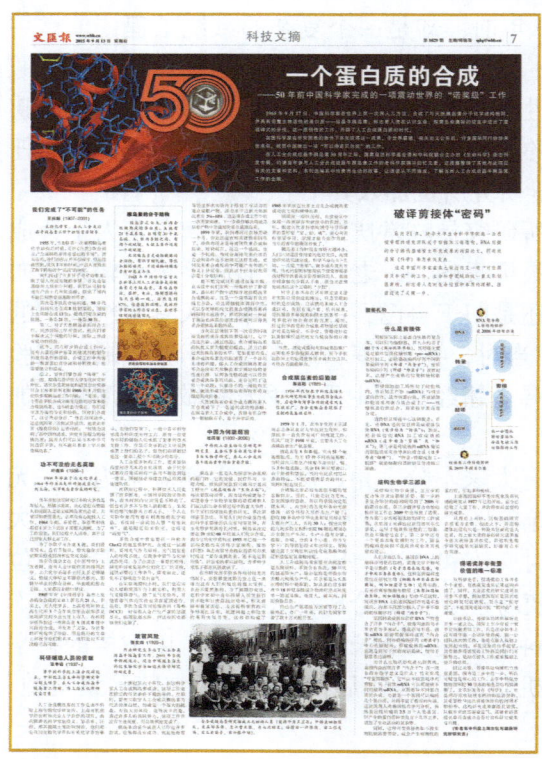

《文汇报》第7版
2015年9月13日

1965年9月17日，中国科学家在世界上第一次用人工方法，合成了与天然胰岛素分子化学结构相同，并具有完整生物活性的蛋白质——结晶牛胰岛素，标志着人类在认识生命、探索生命奥秘的征途中迈出了里程碑式的步伐。这一原创性的工作，开辟了人工合成蛋白质的时代。

我国科学家在非常困难的条件下率先获得这一成果，令世界震撼。相关论文公布后，许多国际同行纷纷来信来电，祝贺中国做出一项"可以得诺贝尔奖"的工作。

在人工全合成结晶牛胰岛素50周年之际，国家自然科学基金委员会和中科院联合主办的《生命科学》

杂志刊发专辑，约请当年参与人工全合成结晶牛胰岛素工作的老科学家撰写回忆文章，还搜集整理了其他与此项目有关的文章和史料。本刊选编其中珍贵而生动的故事，让读者从不同维度，了解当时人工合成结晶牛胰岛素工作的全貌。

我们完成了"不可能"的任务

王应睐（1907～2001），生物化学家，在人工全合成结晶牛胰岛素工作中担任首席领导。

1955年，当桑格第一次阐明胰岛素化学结构的时候，英国《自然》杂志预言："合成胰岛素将是遥远的事情"。说实在的，他们的预言并不很保守。但是谁能想到，仅仅3年的时间，中国人就做出了敢于跨越这个"遥远"的决定。

我们闯过了许多异乎寻常的难关，做了前人所没有做的事情。首先是氨基酸的大量供应问题。我们从无到有地生产出十几种氨基酸，结束了国内不能自制整套氨基酸的历史。

其次是多肽的合成问题。20世纪50年代末，我国只有合成8肽的基础，国际上也只能合成13肽；而我们要合成的肽链，一条是21肽，一条是30肽。

最后，对于天然胰岛素的拆合工作，虽然国际上早有尝试，但我们着手解决这个问题的时候，国际上并没有成功的经验。

此外，在几百步的合成工作中，还有大量的保护基，以及其他试剂的制作和使用条件的摸索，合成工作中所需的一整套蛋白质分离和分析技术，也需要建立和提高。

总之，要我们攀登的"珠峰"不止一座。瑞典乌普萨拉大学生化研究所所长、诺贝尔奖获得者和诺贝尔委员会主席蒂斯利尤斯1966年3月到中科院上海生科院生化所参观胰岛素工作时说："美国、瑞士等在多肽合成方面有经验的国家未能合成胰岛素，也不敢去合成它。你们没有这方面的专长和经验，但你们合成了，这让我很惊讶。"他在归国途中，适逢我国第三次核试验成功，他就此事答《瑞典日报》记者时说："核能力说明了新中国的进展，但更有说服力的是胰岛素；因为人们可以从书本中学习制造原子弹，但不能从书本上学习制造胰岛素。"

功不可没的无名英雄

叶蕴华（1936～），1960年毕业于北大化学系。1964年作为北大科研组成员之一到上海，从事胰岛素合成的研究。

当年参加该项研究任务的大多数是年轻人，热情非常高，决心要赶在德国人和美国人之前完成胰岛素的合成。大家深知责任重大，必须全身心地投入工作。1964年年初，季爱雪、李崇熙和我都有1岁上下的孩子需要照顾。为了工作需要，我们克服个人困难，离开自己的家人到上海工作。

为了争取早日合成A链，我们没有周末，没有节假日，整天泡在实验室做实验或到图书室查阅文献。

当全合成论文在《中国科学》上发表时，没有人去计较作者的排列次序。北大化学系副主任文重老师建议，根据大学毕业年限依次排列，即毕业最早的排在前面，毕业晚的排在后面。大家都没有异议。

1965年在《中国科学》杂志上发表的全合成的文章上署名共21人。事实上，北大化学系、中科院上海有机所和中科院上海生科院生化所3个合作单位里在前期涉及该项研究的少说也有上百人。有些同事曾参加过一些胰岛素A链或B链中片段的合成，并发表了文章，为后来的研究提供了经验。但是最后的文章上却没有他们的名字，他们是功不可没的无名英雄。

科研辅助人员的贡献

张申碚（1937～），曾任中科院上海分院副院长、中科院上海生命科学研究中心副主任等。在人工合成结晶牛胰岛素工作时，为中科院上海生科院生化所研究实习员。

人工合成胰岛素的工作是由中科院上海生科院生化所、中科院上海有机所和北京大学合作的项目，由我国著名科学家钮经义、邹承鲁、汪猷、邢其毅院士领衔担纲，他们都是我国生物化学界和有机化学界的泰斗，在他们的带领下，一批中青年科学家成为科研攻关的主力。还有一批更为年轻的辅助人员承担了繁重的技术支持工作，在最后发表的论文中虽然未署上他们的名字，但他们的贡献仍是这一复杂工程中不可缺少的部分。

人工合成多肽的工作，要求提供高度纯净无水的有机溶剂。由于化学试剂商店能买到的产品均不能达到这一要求,课题组必须建立自己的溶剂处理队伍。

在研制过程中,科研技术人员克服了许多困难。中科院的实验条件,在当时国内应该说是不错的了,但也有许多不尽如人意的地方。上海生科院生化所的毒气橱排风力都太小,一个人在实验中使用有毒有刺激性的化学药品,不仅同一房间的人要"有难同当",就是附近的实验室,也得受"隔壁气"。

多肽合成中常需要用一种名为Cbz.Cl的氨基保护剂,合成这一试剂时,要用光气作为原料。光气能使人窒息,在战争中曾作为化学武器使用。为了合成这一重要的原料,研究所请求兄弟单位和化工厂的支持,提供必要的工作条件,即使如此,还免不了要吸进少量的毒气。

在实验规模较小时,我们也在实验大楼的屋顶平台上做实验,利用大气来稀释毒气。除了光气实验外,其他有毒气体的实验也常在屋顶进行。还有,多肽合成常用的缩合剂(DCCI)会使有些人产生严重的过敏反应,出现脸部水肿。但这些困难都被我们克服了。

敢冒风险

张友尚(1925～),作为研究生参与了人工合成结晶牛胰岛素工作。2001年当选中科院院士,现为中科院上海生科院生化所研究员。

20世纪五六十年代,我国科学家人工合成结晶牛胰岛素成功。这项工作是在特定的历史条件下提出来的。在那时,要在实验室人工合成以胰岛素为代表的蛋白质,的确是一个很大的挑战,有很大的风险。值得庆幸的是,通过许多人的共同努力,这项工作并没有半途而废,而是胜利地完成了。

胰岛素的重合成,前人已作过许多尝试,结果都没有成功。但是杜雨苍等经过多次实验终于得到了有活力的重合成粗产物,活力水平达到天然胰岛素的5%～10%。这是重合成工作中的一次重要突破。下一步亟待解决的就是从粗产物中分离纯化重合成胰岛素。

1959年夏,我到漕河泾农场劳动一个月。劳动还没有结束就提前回所了,给我的任务是分离纯化重合成胰岛素。对于我而言,这是一个挑战,也是一个机遇。当时分离纯化蛋白质的方法和条件远不如现在这样先进,更何况在重合成反应中可能产生的副产物又十分复杂,因此这个任务对于我而言是十分艰巨的。

能不能完成只有通过反复实践。在实践中，我们发现一种酸性仲丁醇溶剂，能从粗产物中选择性地抽提出重合成胰岛素。这是一个简单而有效的纯化方法，而且将抽提液调到中性，可以方便地将纯化的重合成胰岛素再转移到水溶液中，再将对一种适于胰岛素结晶的溶液透析就可以得到重合成胰岛素的结晶。

当我在显微镜下第一次看到闪亮而美丽的重合成胰岛素结晶时，心中无比兴奋。通过结晶，重合成胰岛素的纯度又有大幅度的提高，活力已接近天然胰岛素的水平。更加重要的是，重合成胰岛素的结晶回答了一个悬而未决的问题，即人工合成的胰岛素会不会没有天然胰岛素空间结构的变性蛋白质。从两条变性的链可以得到重合成胰岛素的结晶，充分证明了这样一个原理：只要分子的一级结构正确，就能形成天然胰岛素所特有的高级结构或折叠。

天然胰岛素的重合成为胰岛素人工合成铺下了一条通向成功的道路。在胰岛素人工合成中，我能有机会作为一颗铺路石子，是十分幸运的。

中国为何能超前

杜雨苍（1932～2006），中科院上海生科院生化所研究员，主要从事蛋白质化学和多肽生物学研究，在人工合成结晶牛胰岛素中做出重要贡献。

胰岛素一直是人类探索生命奥秘的敲门砖。它的发现、医疗作用、生理功能、结构研究直到它被用于基因工程生产（现在被称为"生物工程"），每次都震动世界，因为这些成就每个都堪称分子生物学发展的里程碑和人们在认识生命本质过程中的重大事件。科学家们围绕胰岛素的研究，多次获得诺贝尔奖。不管人们对合成蛋白质的科学重要性的认识有何等差异，在生化科学发展的长河里，胰岛素注定要在20世纪60年代被人们化学合成，因为它的化学结构在1955年已被一个名叫桑格的英国科学家阐明。虽然《自然》杂志在报导桑格获得诺贝尔奖时说过"要合成胰岛素，还不是近期所能"，但后来的事实证明，许多科学家私下都在跃跃欲试了。

在当时我国实验条件相对较差的情况下，要想攀登或最先登上这一高峰而没有人们积极性的最大程度的发挥，也是不能想象的。为了祖国的荣誉，老科学家和中青年科研人员发扬百折不挠和日夜奋战的精神，相互理解和精诚团结，为求得科学真理可争得面红耳赤，关键问题上相信党的英明决策等，这些都是1965年我国在世界上能够首先成功合成胰岛素的主观和精神因素。

回顾这一艰巨历程，应该能从中发现一些该摒弃和该继承的东西。当年，张劲夫代表中科院领导号召科学界的青年要"安、钻、迷"，虚心向老科学家学习，掌握才能为国作贡献。当年的青年的确这样做了。

进行胰岛素工作时没有市场大潮冲击，人们只知道没有国家的绝对支持，纯理论研究就无法完成。科学不存在未卜先知，一旦能"先知"，就不成为重大发现。伟大的发明和发现似乎常常眷顾那些对科学执着甚至显得顽固的人。真理有时掌握在少数人手里。谁也无法预先挑选出这个正确的"少数"。

科学上也不存在只有理论意义没有实际应用前途的理论，只是实现的时机是否成熟。自从胰岛素被人工合成以来，先后有催产素、抗利尿素、促性腺激素释放素和降血钙素等一系列多肽药物在我国应用。现在，经过化学改造的合成肽类物质已显现出对某些癌症、不孕症、骨质疏松症及脑神经退化病变有极良好的应用前景。

当然，理论成果转化和推广应用也并非都是那么顺利。至今多肽在临床上的应用优势还未被充分认识，有待各方面的努力。

合成胰岛素的后勤部

陈远聪（1928～），20世纪50年代初在中科院上海生科院生化所从事生化试剂合成工作，后受命与同事合作组建东风生化试剂厂，为合成胰岛素提供了关键的氨基酸原料。

1959年1月，我奉生化所王芷涯同志之命从北京大学返回生化所，和谭佩幸一道负责东风厂的组建工作。东风厂建于1958年年底，主要为人工合成胰岛素生产氨基酸。

胰岛素有A链和B链，共由51个氨基酸组成，有17种不同的氨基酸。当时国内只能生产纯度不高的甘、精、谷3种氨基酸，其余14种需要进口。由于封锁和禁运，当时生化试剂需从香港地区转运，不但要花费昂贵的外汇，周转时间也很长。

合成胰岛素必须有源源不断的氨基酸供应，因此，只能走自力更生、奋发图强的道路。所以科学院决定组建东风生化试剂厂，由当时的生化所各研究组抽调一部分科技人员作为生产骨干；招收10多名中学毕业生和复员转业军人做生产工人，共约30人；拨出大楼的几间实验室和科学院16楼的两间办公室做生产车间，有分离、提取、合成、分析4个小组。作为专家下厂指导的钮经义和沈昭文，帮助建立离子交换层析法纯化氨基酸和纸层析法鉴定氨基酸纯度。

人工合成胰岛素需要有高纯度的氨基酸原料，不能含有杂质。20世纪50年代的氨基酸生产，除谷氨酸是用微生物发酵大规模生产外，其余都是从天然生物材料中提取的，如从蛋白质水解液中18种氨基酸混合物纯化出高纯度单一的氨基酸，难度大，成本高，因而价格昂贵。

自己生产氨基酸为国家节约了大量外汇，办厂一年来，我们为国家节省了数十万元的开支。

胰岛素的分子结构

胰岛素是由A、B两条肽链构成的蛋白质，A链有21个氨基酸，B链有30个氨基酸。A、B两条链之间，有两个硫硫键，A链上另外还有一个硫硫键。

天然胰岛素是动物胰腺的分泌物，有调节糖代谢、降低血糖的功用。不同动物的胰岛素有种属差异性。

1965年，中国科学家首次在世界上用人工方法合成的胰岛素是牛胰岛素，其结晶形状、层析、电泳、酶解图谱均与天然的一致，活性达到87%。这些数据证明，我国科学家的工作非常出色，在世界该领域遥遥领先。

科学号科考船：中国梦从大洋起航

科技日报社　李大庆

《科技日报》第 1 版
2015 年 7 月 13 日

　　倒霉的老渔夫圣地亚哥 84 天都没有钓到一条鱼。第 85 天，他又向 40 英尺①的海水深处放出鱼饵。这是美国作家海明威小说《老人与海》中的一个情节。

---

①　1 英尺 =0.3048 米。

鱼饵沉到 40 英尺水下，鱼线肯定不止 40 英尺，因为它在水中是斜的。科学家们在海洋科考时也会碰到此种"情形"：向 5000 米的海底放缆绳，都放出去 7000～8000 米了，依然不到底，因为船在随着海风漂。

不过，中国科学院海洋研究所（简称海洋所）有一艘科考船能做到不"随着海风漂"，它在海上能"站得住"。这就是"科学号"海洋科学综合考察船。

现在，"科学号"正在西太平洋的马努斯水域劈波斩浪，执行海底热液探测任务。在它 5 月 6 日离开青岛码头远航前，《科技日报》记者登上了这艘神秘的科考船。

从浅海到深海，从近海到大洋。

海风轻轻地吹

在青岛南姜码头，上白下红的"科学号"静静地休卧岸边。这艘船的建造，是我国"十一五"国家重大科技基础设施项目。

世界上海洋科考船数量居前几位的是美国、日本、英国、德国、法国等发达国家。进入 21 世纪以来，这些国家又相继建成并交付使用了新的海洋科考船。这些船的设计突出多学科综合探测研究的特点，装备精良、功能齐全，具备强大的深海大洋立体探测与同步作业的能力。相比之下，我国科考船则是数量少、船舶老旧、功能落后、作业效率低、配套不完善，难以满足当前日益发展的多学科综合考察，特别是深远海综合考察的需求。为了使我国在海洋科学特别是深海研究这一世界科技前沿领域占有一席之地，实现我国从浅海走向深海、从近海走向大洋的战略目标，2007 年国家发改委批准了我国新一代深海海洋科学综合考察船（"科学号"）的立项，总投资近 5.5 亿元人民币。

"科学号"2010 年开始建造，2012 年 9 月正式交付使用。依靠自主创新，"科学号"具备了全球航行能力，实现了集多学科、多功能、多技术手段为一体，满足海洋科学研究多学科交叉，特别是深海大洋研究的需求目标。

中科院海洋研究所所长、中科院"热带西太平洋海洋系统物质能量交换及其影响"战略性先导科技专项首席科学家孙松说，自 2013 年 1 月投入试运行以来，"科学号"多次赴深海大洋，圆满完成了深海海底油气资源形成机理、深海极端环境调查、大洋环流系统与气候变化、深海生物基因资源及生物多样性、大洋生态系统与碳循环、洋中脊与大陆边缘热液系统及地球深部过程的科学考察，取得了丰硕成果。比如在南海探测了海底冷泉区域，在冲绳海槽热液区发现存在着大量的热液硫化物矿床。

目前，"科学号"已出海9次，行程6万多海里，最远到达过西太平洋的雅浦海山。今年4月24日，"科学号"通过了国家重大科技基础设施"海洋科学综合考察船"项目的国家验收。

高精度定位和控位

从船舷的左侧拾阶而上，记者登上了这艘4000吨级的海洋科学综合考察船。甲板、船舱、船桅、驾驶台，船尾的作业操控支架尽收眼底。

科学号的"科学"体现在哪儿？

作为"科学号"建设项目的总工艺师，现任"科学号"船长的隋以勇耐心地给记者科普："'科学号'船尾部的吊舱式舵桨全回转电力推进系统，是目前国际最先进的推进方式之一，也是被'科学号'国家验收委员会认定的'首次在科学考察船中采用吊舱式电力推进'。"

吊舱式电力推进系统是将电机置于船舱外部。这是当前国际上一种新型的推进装置。

"科学号"是靠柴油机发电，然后输给船尾吊舱内的电机，通过电机驱动螺旋桨推进船体。电机与螺旋桨直接相连（无传统尾轴传递），可以360°水平转动，舵桨合一，这不仅节省了舱容空间，也提高了工作效率。电动机直接安在船底水下，噪声极低，有利于科考人员海上的科学实验。

在验收前，"科学号"9次出海试航，隋以勇全部参加。他说，"科学号"总吨位4711吨，续航力15 000海里，最大航速可达15节（15海里/小时），这大大优于常规轴桨推进的船舶。一般船只有在高速或有一定速度时才能转向，而"科学号"在低速时可原地回转，巡航时回转直径为194米。"船上配备了3台主发电机和一台停泊发电机，是相同吨位船舶中油耗最低的，快速性和经济性指标均达到或超过国际同类型船的先进水平。"

船舶光有前进的动力不行，还要有左推右移的动力系统。"科学号"上就设计安装了两个"艏侧推"。

艏是指船的前部。艏侧推就是装在船体前部水下的特种推进器，用来调整船舶方向，与船尾推进相配合可以控制船体左右的位置，以精确保持船位。许多船只都有艏侧推，靠岸时可以不用拖船帮忙。

"科学号"艉侧推的独特之处,是在这个左右贯通的桶体槽道口上加了一个封盖系统。隋以勇说,在航行过程中,这个桶体容易产生气泡,对声学探测设备的使用有很大影响。"我们就设计了一套封盖系统,正常航行时把桶体盖上,需要左右移位时再打开。当初设计这个封盖时很多人不理解,说多此一举。其实他们是不了解科考船有许多特殊要求。"

这个艉侧推槽道口封盖装置在国内是首创。

海洋科考船实际上就是一个海上流动实验室,可以对水体、大气、海底等做科学探寻。自然,某一海域的定位探寻就要求船体能"站"得住,精确控位。隋以勇说:"依靠 GPS 定位系统和两套动力系统,'科学号'在 1.5 节流、5～6 级风的海况下,能够实现定位精度 0～3 米、船艏方向正负 10° 的可靠控位。在深海极端环境航次中,缆控水下机器人在水下长时间作业时,'科学号'动力定位系统始终将船位控制在 0.3～0.4 米的范围之内。"高精度的定位和控制力,让这位有着 30 年出海经验的老船长无比自豪。

"科学号"再也不会出现向 5000 米海底放缆绳,但放出 7000～8000 米甚至万米依然不到底的情况了。"5000 米深,就放下 5000 米。"隋以勇的话掷地有声。

"小胖船"上"寸土"寸金

"科学号"是一艘"胖"船。它是为科考活动而专门设计的。

我国现有自主设计的海洋科考船大都是瘦长型的。由于船窄,在海洋科考活动中其耐波性就差,海上作业受海况的制约就大。设计人员特地将"科学号"设计成了"短宽型"的船体结构。它虽然只有 99.8 米长,但型宽却有 17.8 米,这对于一艘科考船来说,就是一个"小胖子"。

小胖子相对增加了海上的耐波性,并最大限度地照顾了船型尺度比和型线的优化。

走进"科学号"的驾驶室,通透明亮是第一感觉,从室内向外 360° 均可远近观望。隋以勇说,一开始,设计者并没想着搞成 360° 的可环视驾驶室,是在我们的建议下才改的。"从驾驶室就能直观地看到后甲板上的工作情况,有利于驾驶台的指挥和操控。"

驾驶室 360° 环视,"科学号"开了国内科考船造船业的先河。

"我们还有首创。"隋以勇说,"科学号"也可将驾控台转移到后甲板作业区，这也完全是为了后甲板开展科考工作的方便。

站在驾驶室，环顾全船，可以发现与一般船相比，"科学号"的前甲板面积出奇的大。"这是为了给海上作业留有更大的空间。"隋以勇说，一般船的前部看到的都是各种系泊设备，而我们将科考船前部的各种设备都遮蔽到作业甲板以下，既保护了系泊设备，也增大了前甲板面积，便于携带安装更多的科考设备，方便作业。"在国内的科考船上，我们是第一个把前系泊设备遮蔽起来的。"

记者看到在前甲板上画着一个黄色的大圆圈。隋以勇说，这是为直升机预留的悬停位置。如果在后甲板预留这个位置，那将挤占面积，减少科考设备的携带。

船上"寸土"寸金。对于一次可绕地球大半圈、不需补给可自持60天的"科学号"来说，增大有效面积，多携带科考设备仪器，就可以更多地规划科学考察项目。

"科学号"船头有个"科学桅"。一般的前桅杆用于悬挂前桅灯和锚灯、锚球，而"科学号"则赋予其科学内容：将它设计得又高又大，在上面装有探测大气的设备，因为"船头是最先接触海上气流，并且是离船上烟囱最远的地方，空气最纯净"。

三副孟庆超带着记者参观了"科学号"独特的互不影响的干性实验室和湿性实验室。前者内的仪器设备可以对一些样品做分析和数据处理，而后者则用来处理一些海水中的取样（如动植物）或对海底岩石类等做分析，刚出水时及时做测试，就能准确了解其特性。此外，船上还设计了一个中心仪器室。它是船上科学实验的指挥中枢。在这里可以通过视频看到各个实验室、甲板等场合的科考工作场景，也可以看到驾驶室里的情况，如雷达、电子海图、实时监控等。指挥者（往往是首席科学家）可根据需要向船长要求科考船是停止不动还是低速前进，并在这里向各个实验、作业发布命令：开始作业或停止作业。

时髦的"不对称"

以往国内船舶大都是上层建筑对称分布的，而"科学号"则是一艘非对称布局的"时髦船"。

几乎所有的船舶都把烟囱设计在船的中轴线上。"科学号"则把烟囱"放"到了驾驶舱的左后。这样在驾驶台上能直接观察到后甲板的作业情况，便于操控船舶配合作业。

站在驾驶室里观察，可以看到"科学号"的右舷作业空间比左舷大。隋以勇船长说，这是从作业方式和作业所需空间考虑的。有些科考作业希望在舷侧进行，并且设备很长，这样我们就设计成右舷面积大一些。

"科学号"上的这种"玄秘"有很多。它的不对称说起来挺时髦，但对科考而言是极大的方便。"科学号"的首要任务是服务于海洋科考，所有的功能到了海上方显出英雄本色。

升降鳍板的奥妙

这是藏在船体底部的又一玄秘之处。

现代科考船一般都会携带、安装用于探测的精密仪器设备。许多仪器设备往往对振动、噪声等有特殊要求。"科学号"设计者通过消化吸收国外先进技术，适应精密仪器设备的需求，在国内自主设计了首套升降鳍板装置。

中科院海洋所船舶中心政委朱萱告诉《科技日报》记者，由于船行过程中，船体表面水流湍急，难以满足科学探测的环境要求。以往的科考船都有置放探测仪器的仪器舱，固定在船体底下。但其缺陷是不仅增加了船舶的实际吃水，而且维护、更换时必须回港在船坞内进行。"科学号"专门设计了一个升降鳍板，样子像鱼鳍。它在深井中可以上下移动，不探测时可将仪器舱收回至船体内，探测作业时又可沉到船下水中2.75米处，这样就提高了探测设备的使用效率。

升降鳍板装置的设计，极大地方便了"科学号"探测仪器的保养维修，日常的维护可以在船内进行，而无须回船坞。用船长的话说："不但维护方便，而且还省钱，省时间，提高了效率。"

深海机器人有双灵巧的"手"

"科学号"是一艘可进行深海探测的科考船。"其深海高技术优势主要体现在'发现号'无人缆控潜水器（ROV）、电视抓斗等系统的深海高清影像资料采集与深海样品综合采集的能力上。"中科院海洋所研究员、"科学号"第一航次首席科学家李超伦说起"科学号"上的设备，颇感自豪。

"科学号"出海科考时，要带上"发现号"无人缆控潜水器。这是目前我国下潜深度最深（4500米）、作业能力最强的水下缆控机器人。这个机器人配置了水下定位系统，还有Titan4和Atlas两种机械手，可用于水下的精细作业，比如抓取贝壳、螃蟹等。机器人上还配备了7个深水摄像机，包括两个超高清摄像系统。它搭载有用于探测海水温度、盐度、深度等信息的温盐深仪，还有甲烷、二氧化碳、酸碱度、浊度、溶解氧、叶绿素等多种探测传感器。机器人上有多种取样装置，可以在水下长时间、近距离地对深海海底物理化学环境参数等实时探测，可对近海底海水、热液流体、浅表沉积物、岩石和生物样品可视化现场取样。

利用水下机器人等先进仪器设备，"科学号"在试航期间就已采集到了大型海洋生物样本200多种，也采集了大量生物、水体、沉积物和岩石样品。

在科学号考察期间，曾在西太平洋一处海槽采集到几块鹅卵石。看似普通的鹅卵石中其实蕴含着高深的科学信息，因为一般鹅卵石都存在于浅海环境中，由较大的水流冲刷而成。如今在深海里发现它，很有可能是板块运动把它从浅海区域带到了深海区。科学家可以根据采集上来的鹅卵石和珊瑚礁里的化石来判断地球板块运动的速度。

9次出海，6万多海里的行程，多项重要的科考成果。"科学号"建设项目的国家验收委员会认为："科学号""极大地提升了国家深远海综合考察研究的能力和水平，引领了我国海洋科学综合考察船的发展，其总体指标达到国际先进水平，部分指标达到国际领先水平"。

值得一提的是，"科学号"所取得的重要成果，已在国内外引起广泛关注。《自然》杂志两次报道和评述了"科学号"及我国海洋科考能力的提升。

未来，"科学号"将承担起我国深海远洋科学调查的主要任务。它通过验收并投入使用，标志着我国海洋科考能力迈上了新的台阶。

"80后"科研伉俪为 GPCR 解码

中华儿女报刊社 梁 伟

《中华儿女》科技栏目
2015 年 6 月

"夫妻同心,其利断金",倘若夫妻双方在同一领域进行科学研究,不仅容易相互理解沟通,而且往往在研究思路上也可以相互启发与帮助。这样的例子在科学界不胜枚举,就像 1903 年获得诺贝尔物理学奖的皮埃尔·居里、玛丽·居里夫妇,他们的女儿伊雷娜·约里奥·居里和丈夫弗雷德里奥·约里奥也成为 1935 年诺贝尔化学奖得主;1947 年诺贝尔生理学或医学奖得主是卡尔·科里和格蒂·科里夫妇……

在当今的生命科学领域，我们也常常能看到一些科学家夫妇，他们在生活中相互照顾，在事业上相互扶持，共同取得了举世瞩目的成果。中国科学院上海药物研究所年轻的科研工作者赵强和吴蓓丽也是如此。

分别在天津和无锡长大的两人都出身于非学术家庭，攻读博士学位时两人去了同一所学校，拜在同一位导师门下，又带着年轻人之间的罗曼蒂克故事到了大洋彼岸，最后学有所成一同回国，走进上海药物研究所，开始了一段神奇的G蛋白偶联受体（GPCR）解码之旅。要知道他们所解析的GPCR是与G蛋白有信号连接的一大类受体家族，这是最著名的药物靶标分子家族，一直以来都是科学家们关注的热点之一。

感恩伯乐饶子和

虽然两人颇有默契地说自己在学生时代有些偏科，可是在外界看来他们却是名副其实的学霸。

2001年，吴蓓丽从北师大毕业，以专业第一名的成绩被保送进入清华大学生物科学与技术系攻读博士学位，师从饶子和院士学习结构生物学。

第二年，赵强成为吴蓓丽的师弟，也就在那一年，赵强牵起了学姐的手。他说是吴蓓丽踏实、严谨的科研态度深深吸引了自己，而打动吴蓓丽的是赵强的踏实和在科研过程中的奇思妙想。

的确，两人在实验室中的性格有些不同，吴蓓丽能很好地执行导师的想法，对于科研步骤严谨认真，中规中矩。而赵强偶尔会有些新奇想法，并想尝试，再加上很多实验室男孩的共同气质——进实验室忘换工作服、到点就吃饭，没少挨导师的批。

但是提起恩师，两人充满感激。吴蓓丽说："在攻读博士学位阶段，因为导师——分子生物物理与结构生物学专家饶子和院士的言传身教，我对科学有了新的领悟和追求。他高尚的人品、对科学执着奉献的精神和在科学方面所做出的突出贡献，深深地影响着我、激励着我。饶老师是这个领域的领军人物，在他的指导下，我少走了很多弯路。"

而对于在本科阶段就担任自己班主任的饶子和，赵强感触更深刻，"饶老师对我们这些学生就像对待自己的孩子一样。我们遇到任何问题向他请教，饶老师总会给出建议，但他绝不包办代替，他会让你自己做出选择。上本科的时候他对我们每个人都特别好，从没红过脸，大家毕业的时候他也竭尽全力帮助大家。但当我要选择攻读他的博士学位时，他就很严肃地告诉我,他是一个非常严厉的导师,所以希望我考虑清楚做出选择。"

事实果真如此,实验室里的饶子和是极其严格的,对学生的要求也很高。有时候,赵强在实验室工作一夜,很是辛苦,可是老师了解了他的实验过程后,不仅没有表扬,反而是一顿痛批。那时候的赵强会有委屈,会有不解。直到多年之后,自己当了老师,才真真切切体会到当年老师的切身感受。

"我记得有这样一句话:'当你真正理解你父亲的时候,是你自己有了孩子的时候。'一直到我带了自己的几个学生之后,我才真正理解当初饶子和老师为什么要如此严格地要求我们,为什么要不断批评他的学生们。即使你在实验室辛苦了一夜,但是你的实验因为错误的步骤,没有任何意义!这也正印证了'严师出高徒'这句名言。换位思考太重要了!"赵强说,"在老师身上,我不仅学习了相关领域的实验技能,更被他对科研工作的满腔热情及严谨的科学态度深深地感染,饶院士一直是我学习的目标和努力的方向。"

2007 年,赵强获得博士学位,那时的吴蓓丽已在实验室工作了半年,两人咨询了饶子和的意见后,决定结婚之后加入美国 Scripps 研究所 Raymond Stevens 教授的研究组开始博士后学习。Raymond Stevens 教授是国际著名结构生物学学家,引领国际 GPCR 结构生物学研究。而 Scripps 是美国最著名的生物医学研究所之一,是世界顶尖生物科学研究的圣殿。

药物所是做 GPCR 的天堂

在美国研究组,他们开始接触膜蛋白相关的实验技术,以及膜蛋白的三维结构解析。值得一提的是,虽然结构生物学是相对较基础的学科,但是饶院士和 Raymond 的实验室都十分注重将基础研究与实际应用相结合。例如,饶院士一直努力发展晶体浸泡技术,以期能够直接通过蛋白质晶体筛选传统中药中的有效成分,推动中药现代化研究;而 Raymond Stevens 教授则着重研究人体内最大的药物靶标 GPCR 与药物的复合物三维结构,并在此基础上开展药物研发与优化。

提到自己的研究,吴蓓丽总有说不完的话,也许是科研工作给她带来了太多的感悟。"做科研不但要有明确的目标,还要有十年磨一剑的精神,忍得住寂寞,坐得住冷板凳。任何科研的突破都不是一朝一夕的事情,往往需要长期的坚持和努力。"正如曾经指导她博士后工作的 Raymond Stevens教授所说,"从一开始,吴蓓丽的目标就是解析这两种艾滋病毒共受体的结构并据此阐释其功能,这一明确目标一直激励着她的研究工作"。而在博士后工作期间,吴蓓丽的研究主要集中在CXCR4受体上,并且获得重大成果。

在美国研究所的日子,对于二人来说是相对轻松的,用赵强的话来说,只要管好自己的题目,完成实验就行。

那时候他们有自己的业余生活,他们会一起做饭,周末和朋友去海边BBQ,到了感恩节、圣诞节也会来一场说走就走的旅行。看见吴蓓丽无意中丢了父亲送的紫水晶手链,赵强也会悄悄买来紫水晶和绳子,自己笨拙地一颗一颗穿上,作为惊喜套在妻子的手腕上……

说起这些情景的时候,赵强的脸上一直微笑着,虽然这样的生活很美好,虽然他们在美国有不错的工作机会和不菲的收入,但是在2011年,他们毫不犹豫地选择了回国。

"国内生物领域、学术界结构解析的研究和应用水平,与国际水平相差不是很远。如今许多新技术层出不穷,而且,每个创新浪潮的生命周期比较短。我们没有必要待在国外,因为利用互联网,我们可以随时和世界各地的专家学者交流。这就像一百米的赛跑,即使他现在比我领先五米,但我也能很容易地追赶上他。所以,中国的机会更大,在这里有更大的竞争和挑战,我喜欢刺激,就像我喜欢看赛车比赛一样,喜欢速度与激情。"赵强说。

回不回国是选择,回国之后是北京还是上海又是一次选择。相对上海来说,北京是他们俩当年求学的地方,朋友、导师都在这里,但是赵强却做出了一个别样的选择。"我在美国当博士后的导师曾说过,上海药物研究所是做GPCR的天堂。因此,从美国回到中国,我选择了上海药物研究所,继续从事结构生物学的研究。当然,我们也征求了饶老师的意见。"

赵强说家里的大事自己做主,小事吴蓓丽说了算,而对于为数不多的大事,选择未来生活和事业的城市赵强做了决定,吴蓓丽没有任何异议,无条件支持。

他们在为梦想打拼

2011年,两人通过中科院"百人计划"走进上海药物研究所。回国之前,他们做了众多设想,但是现实却让他们颇为惊喜,因为现实比他们任何一种设想都要好。刚建立实验室,"百人计划"所提供的资金不够,所里马上追加预算,购买先进的仪器。

他们也有了自己的第一批博士生,为了让工作尽快进入轨道,为了让学生尽快找到学习氛围和状态,赵强和吴蓓丽将"两点一线"的斗争正式打响,他们努力落实发展自己的研究方向。

回国后的这几年,他们几乎没有属于自己的时间,大部分都在实验室中度过,没有一起做过饭,没有一起去旅行,即使是过年,也只有短短的四天时间,因为实验室的细胞需要传代。一周里的半天假期,吴蓓丽选择健身,赵强会去打一场羽毛球,两个人最浪漫的事就是看一场电影或者宅在家里看赛车。在采访之前,俩人看得最近的一场电影是两个月之前的《灰姑娘》,这是吴蓓丽想起来的,赵强忙得早就记不起来了。而对于35岁的他们来说,生孩子还没有提上日程,因为太忙。

这几年,在学生身上他们投入了大量的精力,看着他们一点一滴地成长,赵强和吴蓓丽比什么都高兴,而他们在科研上的成果,更是让众人吃惊。

艾滋病,是指人体的免疫系统被艾滋病病毒(HIV)破坏,对威胁生命的各种病原体丧失了抵抗能力,从而发生多种感染或肿瘤,最后导致死亡的一种严重传染病。要研制有效的抗艾滋病病毒感染的新型药物,就必须准确地理解艾滋病病毒感染细胞的机制。艾滋病病毒攻击人类免疫系统有两个"内应"——被称为共受体的CXCR4和CCR5,艾滋病毒只有在它们的帮助下,才能与细胞膜融合并最终钻入细胞。

那么,是否可以研发一种药物,来阻断艾滋病病毒与CCR5的结合呢?要实现这个构想,就必须破解CCR5的三维结构,从而弄清楚它和艾滋病病毒"勾结"的分子机制。然而,其三维结构的解析极具挑战性,长久以来一直困扰着国内外科学家。

早在博士后工作期间,吴蓓丽的研究就主要集中在CXCR4受体上,她取得的重大研究成果——CXCR4的晶体结构于2010年发表在 *Science* 杂志上,这些工作为CCR5的结构测定奠定了基础。与CXCR4相比,CCR5的结构解析需要克服更多的困难,但是,凭借解析CXCR4结构的成功经验,吴蓓丽领导她的年轻团队进行了大量的筛选和优化工作,利用一种新的融合蛋白稳定了CCR5蛋白的构象。同时,与上海药物研究所的蒋华良、柳红和谢欣等三位研究员的研究组在计算机模拟、化合物合成和药理功能筛选等方面进行合作,最终获得了高质量的蛋白质晶体,成功解析了 CCR5 的三维结构。

2013 年 9 月，吴蓓丽在 *Science* 杂志上发表了艾滋病病毒共受体——CCR5 的晶体结构，该结构有助于进一步深入理解艾滋病病毒的感染机制，并揭示了上市药物马拉维（maraviroc）抵抗艾滋病病毒感染的作用机制。*Science* 撰稿编辑海伦·皮克斯吉尔称赞这项工作是"GPCR 领域的又一个重要里程碑"，并且"为研发更好的艾滋病病毒治疗方法提供了至关重要的见解"。

吴蓓丽有了自己的成果，赵强丝毫没有落后。"回国之后，我就开始思考应该做哪方面的工作。我们对一系列比较重要的药物靶点进行调研，发现嘌呤能受体（P2Y12R）蛋白很重要。一直以来有很多人在进行这方面的研究。虽然这个受体被发现的时间不长，但靶向该蛋白的药物很早之前就有，大家都认为它是一个非常重要的药物靶点。当时在 GPCR 的这一个分支上还没有解析出它的结构，这对于科学和应用都具有比较重要的意义，因此我选择进行这个受体的研究。"赵强说。

时至今日，他们利用现有的成熟的技术平台，不断进行 GPCR 的研究。赵强和吴蓓丽的联合课题组已经解析出 P2Y12 和 CCR5 受体的结构。他们关于 P2Y12R 与拮抗剂及激动剂的三维结构作为两篇独立文章同期发表在了 *Nature* 上。这是国内研究组极为罕见地在顶级杂志上背靠背同期发表科研论文。这意味着他们努力耕耘在世界结构生物研究领域的核心地带，在国际科研领域争得了一席之地。

赵强说："GPCR 一共有 800 多个，我们需要做的工作还有很多。目前单独解析一个 GPCR 的技术已经相对成熟，但解析几个蛋白复合物晶体结构仍十分困难，因此下一步，我们希望能在这方面有所突破。同时，我们也期待与所里其他老师合作，将已有的结果利用起来，进行药物研发方面的工作。"

对于未来的生活，两人意见一致，在这里，在实验室，一直忙下去……

探寻人类生命的新知

——中国美国科学院"双料"院士王晓东和他引领的北京生命科学研究所

新华社 杨维汉

北京西北郊,僻静的生命科学研究园区里,坐落着北京生命科学研究所(简称北生所,NIBS)的四层红色小楼——这里,被誉为中国最高效的研究所。

所长王晓东——个子不高、黝黑健硕,中国科学院、美国国家科学院的"双料"院士,他用自己丰富的学识,独到的管理方式和眼光,引领着一批最杰出的科研人员,筚路蓝缕,呕心沥血,探寻人类生命的新知。

"只领导,不跟随",是北京生命科学研究所设立科研选题的原则。王晓东说:"科研选题必须是世界最前沿的,必须是别人没有做过的。我们追求的不只是填补国内空白,而是获取人类知识的创新。"

新华社通稿
2015 年 5 月 26 日

归国创业——种好一片科技体制改革"试验田"

细胞凋亡规律研究,系王晓东在美国从事的生命科学前沿领域,可以揭示生物生长与死亡的规律,为人类癌症及传染病等疑难病症的治疗提供重要科学理论依据。

自1995年独立工作后,短短几年,王晓东就获得了多项国际一流研究成果。他的学术论文发表在《科学》《自然》《细胞》等国际知名学术期刊上,成为该领域知名学者。

2004年4月,41岁的王晓东当选为美国国家科学院院士,成为当时中国20多万名赴美留学生中进入美国科学界最高殿堂的第一人。美国国家科学院院士评审相当严格,需要经过多轮秘密投票程序。他的入选证明了自身实力。

而北京生命科学研究所于2003年开始筹建,2005年正式揭牌成立,王晓东被聘为所长。他毅然选择回国,投身中国的科研事业。王晓东说:"北生所是国家科技体制、科研管理改革的试验田。这对于报效国家和个人事业的发展都是好机会。"

"我们秉承国际上科学研究的传统,目标是'真正为人类了解自然和自身有比较重大的发现'。我们对科学研究的评价标准完全与国际接轨,只有这样才能真正做科研。"

北生所自2005年正式挂牌成立,目前共有实验室25个,科研辅助中心12个,累计吸引50多位优秀高水平留学人员全职回国工作。

对乙肝病毒的新发现,为未来相关药物研发打开崭新的大门;发现植物第六类激素——脱落酸的受体,被同行认为是能够写进教科书的经典发现;动物病原浸染的新型裂解酶方面、植物与病原微生物间相互作用机理研究成果,均填补国际空白……

目前,该所科研人员独立发表文章257篇,在《科学》《自然》等核心期刊上发表论文已有31篇,在国内外相同领域研究机构处于领先地位。

北生所是国内较早的无行政级别、无事业编制、全所实行合同制的试点事业单位。王晓东的学术助理黄嵩博士介绍,"我们所招聘顶尖人才作为实验室主任,组成包括诺贝尔奖得主在内的人才招聘专家委员会,按照国际化程序,面向全球招聘人才。"

人才也是有进有出,保持流动性,所内部不搞职称评定。实验室主任聘任期为5年,他的工作将根据其学术水平和科研成果通过相关领域国际专家函评，同时结合其对研究所和社会的综合贡献等决定其是否进入下一期聘任，未通过评估者，将离开研究所。

国际小同行匿名评议——是北生所与国际接轨的实验室主任评估方法。"对科研来讲没有绝对的标准，必须要看在同行之间是否有影响力。如果对同行没有影响，就很难对大众有影响。"王晓东说。

王晓东按照自己的理念，形成北生所的制度与风格，10多年精心耕耘着这块试验田。

宽松和谐——营造环境回归科研本质

北生所做的是探索性基础研究，科学家需要在一个宽松和谐的环境下进行。

"在这里，包括晓东在内，大家都是平等讨论交流，都是直来直去，不用拐弯抹角，只对事、不对人。这是个纯粹简单的地方，大家一起做研究。"实验室主任邵峰说出了他在这里工作10年的原因。

"我们这里的一个突出特点是所长不干涉学术自由。如果所长整天问我干了什么，告诉我该干什么，那就没法干了，"邵峰说，"晓东给我们创造了一个宽松的科研环境。"

"所里会有轻松的恳谈活动，大家坐在一起随便聊聊最近的新想法。这对建立良好的科研氛围帮助很大。"黄嵩说。在北生所，科学家拥有很大的科研自主权，而非行政官员决定科研选题。

"真正原始创新的科研无章可循。研究者要有心灵上的自由。"王晓东从科研角度，阐述了自己的管理理念。

长期的宽松环境会不会使科研人员产生惰性？面对疑问，王晓东说："我们实行的国际小同行匿名书面评估，要求十年内做到国际领先。这个杠杆还是很有力度的。"

尊重学术自由，提供一流服务，行政围绕科研转。北生所尽最大努力，为科研人员提供精神和物质支持。

提供高效率、全方位的服务，让科学家们心无旁骛地做科研，是北生所的一大特点。大型仪器统一购买、集中使用，有效提高了科技资源的使用效率，也明显改善了仪器使用效果和实验质量。

所里已建成11个专门技术辅助中心，可以为所有实验室提供专业服务。北生所只有20多名行政人员，却能够承担起全所几百人的所有杂事，大到采购设备，小到进口实验用小白鼠，甚至连租房子等事情都会为科学家办好。

所长在科研选题和用人上不干涉实验室主任。北生所的行政人员积极主动为科研人员服务，为科研工作的顺利开展提供全力支持和帮助。"在北生所没有'管理'，只有服务。"

"北生所给人的感觉是没有杂念，"中科院院士饶子和说，"多年来一直在一个偏僻的地方一心一意做科研，我很欣赏。"

追求原创——过程比结果更重要

王晓东领导的北生所追求的是原始创新，而不是跟着别人跑。

"我们在所里获益良多，最核心的就是追求学术上的原创性、创新性。所里非常看重学术内核，看重科研工作本身对学术界的影响力。我们不看评了多少奖，而是看科学成果到底解决了什么问题。"邵峰认为，这是王晓东一直坚持的创新理念。

所里的李文辉研究团队对乙肝病毒的新发现，不仅回答了关于乙肝病毒感染至关重要的科学问题，而且从根本上突破了乙肝相关研究最重要的技术瓶颈。

"文辉的研究在突破之前，较长一段时间里也没发什么论文。但是我和他聊过，发现他对每一个技术环节都有很清晰的分析和判断，很有自己的想法。因此我支持他的研究。"王晓东说。

对人的判断和坚持，源于王晓东对基础科研的理解：前面有没有路不知道，翻过山找到的可能是一条通路，但也可能只是一处断崖，那这条路就不通了，还要继续找下去，所以科学家探索新知要耐得住寂寞。

"晓东能从'废墟'里挖出'金子'，学识眼光非常独到。这是我跟随他的原因。"博士后樊炜亮回忆起王晓东独具慧眼的指点。

樊炜亮曾经花费大半年的时间做一个实验，但结果让人气馁。"研究失败了，很痛苦，我都不想再看那些数据了。"樊炜亮说。但是晓东仔细分析了数据，发现其中一些现象具有很高的研究价值，指导我对此专门进行挖掘。这3年多，我一直在这个方向上探索，已见研究曙光。

"晓东有独到眼光和能力积累，能看到一个现象背后所蕴含的5步，甚至10步，从一个失败的实验中找到可能是未来研究领域的重要突破口，让我们少走了很多弯路。"樊炜亮说。

乙肝受体研究、细胞修复基因研究、人体肥胖基因研究、治疗儿童自闭症应用软件开发……"我现在对大家的科研探索很满意。这里聚集了一批对科研充满热情的年轻人。我希望实验室有良好的状态。现在是所里最好的时期之一。"王晓东说。

"希望我们北生所的青年科学家在中国的土地上能做出影响世界的发现和发明。把创新作为国家和民族的真正追求，就要立足长远，把创新的体制机制建立起来。在有足够量的积累之后，必然有质的飞跃，中国科学家获得诺贝尔奖将是水到渠成的事情。"王晓东说出了自己的心愿。

液态金属机器：变形只是开始

经济日报社　佘惠敏

科幻电影《终结者》中的液态金属机器人让许多观众印象深刻：这种用特殊液体金属制造的机器人，可以随心所欲地变成所触及的任何人或事物，被击垮后能像液体一样重新恢复原貌，还可以"无孔不入"，穿过任何狭小孔隙到墙壁的另一边再重新组合。如今，这个科幻电影中的酷炫幻想正在变成现实。

近日，清华大学医学院和中国科学院理化技术研究所联合研究小组，在《先进材料》上刊发了一项新成果"自驱动液态金属机器"，为液态金属机器人的研制迈出极为关键的一步。《经济日报》记者为此专访了项目负责人、清华大学医学院教授、中国科学院理化技术研究所双聘研究员刘静。

《经济日报》第12版
2015 年 4 月 15 日

会变形的机器人

人们最熟悉的液态金属是汞，它易蒸发形成有剧毒的汞蒸气，因而限制了实际应用。其实,液态金属是个大家族,比如金属镓及镓系不同配比制成的镓铟合金或镓铟锡合金,它们没有水银的易蒸发和有毒性这些坏毛病,因而成为实验室中的宠儿,正在展现出种种奇妙的应用。

刘静的实验室中就出现了这样一幕:电解液中,一滴液态镓金属可在吞噬一点铝后,以每秒5厘米的速度移动,且形态可随槽道宽窄自动变化,蜿蜒前进。如果有多个液滴,还能像小火车一样在狭道中鱼贯而入,也能在宽处合而为一。如果有外加电场,在电解液中加正负极,液滴就会向正极定向运动。

能"吃"食物(铝燃料)、进行"代谢"(化学反应)为自身提供能量驱动自身运动、根据环境变化进行变形,液态金属机器这一系列非同寻常的习性已相当接近一些自然界简单的软体生物。这种"仿生型液态金属软体动物",就是刘静研究组在世界上首次发现的一种独特的现象和机制——10℃以上即为液态的金属镓铟锡合金,可在"吞食"少量铝后,以可变形机器形态长时间高速运动,不需要外部电力。这为研制液态金属机器人奠定了理论和技术基础。

"液态金属自驱动效应,跟材料有关。"刘静说,刚开始"液态金属机器"并没有外部动力,等"吞食"铝片后,在电解液里形成原电池反应,会产生电力和气泡推动液态金属前进,就能自行运动了。如果液滴个体很小,在微米级别,就可以靠气泡的反作用力推动。如果液滴个体比较大,在毫米、厘米级别时,气泡的作用微乎其微。这时,铝与液态金属组成短路原电池,形成内生电场,这会改变液态金属表面电双层的分布,诱发液态金属表面张力出现不均衡,进而产生较大的推动力。"液态金属表面张力是液体里最高的,是水的近9倍。由于它既是液体,又能导电,就可以在电双层表面张力作用下运动。表面张力会让液态金属向球形发展,在内部形成漩涡。从流体力学来说,是非常独特的,像风火轮一样内部出现大回环,又像坦克一样用轮子带动履带。"

吞噬自身体重1%～10%不等的铝,就能支撑这个液态金属软体动物以每秒5厘米的速度运动1个多小时,这样的发现,未来可用于研制实用化智能马达、血管机器人、流体泵送系统、柔性执行器乃至更为复杂的液态金属机器人。

有趣的是,用铝做"食料",是一个学生犯懒的意外发现。

早在一年半前,课题组就发现利用电可以控制液态金属的变形和运动,也就是"电驱动"。液态金属可在电场作用下实现各种大尺度变形,比如从一张面积很大的薄膜收缩成小球，或反之。在电场作用下，液态金属还会出现高速自旋并在周围流体中诱发出漩涡，以及实现定向运动等。这是一个很重要的发现，但课题组并未满足，"自驱动"成为他们的下一个目标。

进一步实验中，液态金属表面生成的氧化膜，妨碍了实验的继续进行。去除氧化膜有三种办法，用酸或碱溶液溶解氧化物，或者加电将氧化物还原处理。当时，按照实验室的推进计划，清华大学医学院生物医学工程系博士生张洁和姚又友需要在中性溶液环境中进行实验，所以就只考虑加电还原去除氧化层。要加电，实验者需要中止实验去取直流电源——而此时张洁犯懒了。"看到桌子上有铝箔纸，我心想铝比较活泼，跟液态金属接触的话，理论上可以直接让液态金属表面发生还原反应去除氧化层。我试着撕下一片铝箔纸，让它与液态金属接触，没想到过了一会儿，铝与液态金属接触处开始冒出大量气泡，液态金属竟然欢快地跑了起来！"

原来镓铟锡不是不会自己动，只是过去没"吃"东西跑不动。他们把这个意外发现报告给导师刘静，随后实验室开展了一系列全面探索。

无穷尽的想象力

这个发现看似偶然，其实是必然。对液态金属的研究，是刘静团队十几年的长期工作。这种"兵无常势，水无常形"的材料，在刘静的手下，已经变幻出许多不同的功用。

刘静笑称，镓基液态金属是被埋藏在深海里的矿藏，在10多年前还是一个比较冷门的研究方向。这种室温下的无毒液态金属，兼具金属的导电性和液体的柔性，可以激发他无穷的想象力。

关于镓的想象力早在10多年前就开始迸发。2002年的一天，刘静冒出一个念头，如果将镓引入计算机CPU散热中会怎样？他带领团队开始进行大量实验，现在想象早已变成现实，并从实验室走向市场。

市面上的主流CPU散热技术经历了三代变革。第一代"翅片风冷"主要依靠铜、铝等金属的导热来实现散热；第二代"热管"则采用相变吸热、毛细回流的热展开方式；第三代以"水冷"为代表，采用水对流传热来实现热展开过程。这三代散热技术在面临极端高热流密度散热问题时，都存在不易解决的瓶颈问题。例如，水冷管道内易发生沸腾相变，会导致严重的系统稳定性问题，且其驱动需借助机械泵，使得硬件设备体积较庞大。镓合金则不同,它的导热系数是水的 60～70 倍,捕获热量的能力比水强悍得多;沸点高达 2000℃,抗击极端温度的能力异常强,且性质稳定、无毒。"液态金属芯片冷却是第四代技术,现在已经变成产品了,而且是批量化进入市场。"

想象力的魔盒打开后,刘静团队用液态金属创造了一个又一个世界首次。

"镓合金室温下像墨水,能不能让它像钢笔画画一样画出电路板呢?这激发了我关于液态金属印刷电子学的一系列想法。"刘静团队在这个想法的基础上,做出了一系列的开拓性技术:纸上印刷电路及液态金属 3D 打印技术、"梦之墨"技术、皮肤电路直接绘制技术、可植入式医疗电子在体内 3D 打印、液态金属电子手写笔、可在任意表面制造电路的雾化打印方法……一直到去年问世的世界首台全自动液态金属个人电子电路打印机,实现了全球科学界与工业界的一个梦想:随时随地实现电子电路所见即所得的直接打印。有了这台机器,你可以从网上下载电路设计方案,打印出你想 DIY 的目标机器的核心电路。

刘静的想象力并没有局限在机器领域,他还想拿镓铟锡合金这种好用的材料来修补人体。去年,课题组在世界上首次应用液态金属"缝合"了牛蛙断裂的坐骨神经,这刷新了对人体神经连接与修复难题的认知。

"信号传导效果与未受伤的神经几乎一样。"刘静说。实验表明,液态金属充当了几乎完美的"桥",使牛蛙一侧坐骨神经在遭受刺激时所产生的电信号,准确无误地传递到另一侧。也就是说,液态金属起到了导电传输的作用,可以传送生物电信号。

镓铟锡合金的三个优点让刘静决定尝试将其用于神经修复:第一,这种合金在常温下呈液态,无毒性,借助注射器就能钻进神经管道中"搭桥",操作起来十分方便;第二,它具有杰出的导电性能,是水的 100 亿倍,能保证断裂的神经末梢在液态金属的连接下快速连通,其电导率也显著优于纳米材料溶液等热门的神经修复材料;第三,它很稳定,很难与体液、周围器官组织发生反应,因此在 X 光、CT 的照射下,呈现出极高的影像对比度,如果神经生长恢复良好,便可把液态金属从体内抽离,不留一丝痕迹。

神经连接修复,液态金属外骨骼、可注射金属内骨骼、血管造影……都是他们开发出的液态金属的生物医学"新功能"。

站得高才看得远

"这种材料的多能性确实罕见,是大自然的馈赠,如何发挥它的功用,是研究者要做的事情。"在刘静的心目中,镓合金应该还有更多神奇的功用未被发现,想象力无穷尽,科学发现也就不会有尽头。

比如,他们正在试图给液体金属机器人支骨敷皮,让这个柔软的"生物"站起来,实现从"水生"向"陆生"的进化。

"把液态金属用皮肤套装起来,或者用毛细现象将它附着在其他金属骨架表面,它就可以不局限于溶液中,能走出去执行高难度的特殊任务。"刘静设想,在救灾中,柔性机器人可以穿过狭小空隙再恢复原形并继续执行任务;在医疗中,柔性机器人可沿血管等人体自然腔道运动,将药物送入靶点,或者直接清扫血管里的垃圾;在外太空探索中,柔性机器人也可以在微重力或无重力环境下执行任务。"如果把电子编程看作是神经调控,把液态金属看作是'细胞'功能执行单元,通过电子芯片进行编程并结合一定的材料技术,就可以让液态金属实现可控的变形和组装集成,并实现传统型刚性和硬质机器人无法做到的无缝连接。"

目前,这些想象正在一个个踏踏实实的实验中探索其可行性。

"我们在不断尝试,各种声、光、热、电、力等因素对镓合金液态金属自驱动的影响,也在尝试铝之外的其他'食物'是否可行。镓合金对人体无毒,但铝对人体有毒,所以目前这种自驱动液态金属机器人还不能用于生物实验。"中国科学院理化技术研究所博士生袁彬说。

液态金属机器人需要融合材料学、生物学、机器人、流体力学、电子、传感器及计算机等多学科的知识,这才是把想象力变成现实的基础。

刘静的学科背景就是一个典型的例子。他本科就读于清华大学热能工程系,同时还兼修了物理系学位,研究生在热能系,但研究的课题却不是空调,而是"生物传热"——他又不得不学习了很多生物学和医学的知识。

"液态金属的核心问题就两块,物质和能量,都可以归结到工程学和物理学的基础范畴内,"刘静说,做这种前沿性的研究要避免盲人摸象,教育背景和学科背景就应该是综合的,"要冲到最顶上,才不会不识庐山真面目。"

刘静带领的两个科研团队就有着鲜明的交叉融合特色:"中国科学院理化技术研究所实验室在工程热物理、材料和流体方面比较有优势,清华大学医学院小组在电子、生物医学工程方面实力很强。两边的学生经常

'串门'做实验，能有效形成互补。"

团队工作的实用特色也很鲜明。实验室科研经费主要来源于企业，通过技术转让和课题资助以维持团队运转，目前，已经有6家公司与刘静团队开展合作，实验室迄今已有80项发明专利获得授权。"在我脑海里，从来不觉得基础探索与应用研究是矛盾的。"刘静欣然谈到。

在刘静的设想中，液态金属可以成为新的智能体，也可以仅仅作为人体的一部分取代坏死的骨骼、神经和肌肉。这个新发明引申出"如何定义生命"这样宏大的哲学问题，《新科学家》（*New Scientist*）杂志在评价刘静团队的最新成果时就说："液态金属将成为今后科幻电影中人工生命的种子。"

生命与非生命如何界定？生物和非生物能否融为一体？
这是科学家们正在探索的课题，你对此有没有兴趣呢？

人民日报

短短几年孵化高科技企业50家、创造产值10亿元，中科院西安光机所

让成果走下书架上货架

人民日报社　吴月辉

中科院所属的100多个科研院所中，地处西北腹地的西安光学精密机械研究所（简称西安光机所）鲜为人知。然而，近年来该所在科技成果转化方面取得的成绩却令人刮目相看：引进海外高端创业团队25个，孵化出炬光科技、飞秒光电、中科微光等高科技企业50家，初步形成了高端激光装备制造、光电子集成电路和民生健康等三大产业集群，累计吸引社会投资7亿元；实现产值10亿元，纳税3500万元，带动社会就业2100多人。

西安光机所在科技成果转化方面有啥高招？请看记者的实地采访。

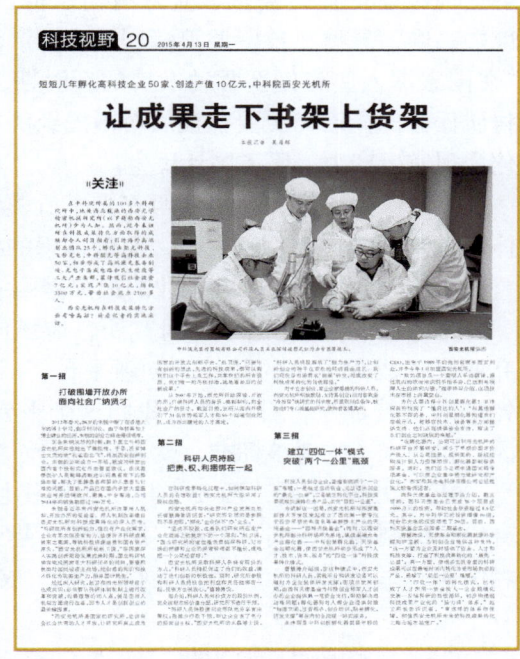

《人民日报》第20版
2015年4月13日

第一招：打破围墙开放办所，面向社会广纳贤才

2012年春天，28岁的朱锐中断了在香港大学的博士学习，到深圳创业。由于年轻再加上博士肄业的经历，朱锐的创业之路走得很艰难。

正在朱锐发愁的时候，数千里之外的西安光机所向他抛出了橄榄枝。于是，没有博士文凭的他"孔雀西北飞"，转战西安创新创业。朱锐的公司成立一年后，就成功研发出国内首个投影式红外血管显像仪。该仪器使医护人员能够清晰地识别患者皮下的静脉血管，解决了肥胖患者和婴幼儿患者扎针难的问题。目前，产品已在国内多家大型医院应用并远销欧洲、南美洲等地，公司2014年的销售额超过700万元。

朱锐是近年来西安光机所改革用人机制、开放办所的受益者。用人机制改革缘自西安光机所对科技成果转化的深入思考。"科研院所有创新能力，但没有产业化需求，企业有需求但没有能力，致使许多科研成果被束之高阁，导致科技资源浪费和国有资产流失，"西安光机所所长赵卫说，"在国家深入实施创新驱动发展的新时期，国立科研机构在完成国家重大科研任务的同时，更要积极面对国民经济主战场，把创造的知识和技术转化为现实生产力，服务国计民生。"

经过深入研究，赵卫和西安光机所领导班子达成共识：必须要从科研体制机制上进行改革和突破，而最理想的切入点，便是在用人机制方面进行改革，因为人才是创新创业的最关键因素。

"西安光机所是国家的研究所，应该向全社会优秀的人才开放，让研究所真正成为国家的开放式创新平台，"赵卫说，"只要你有创新的想法、先进的科技成果，都可以到我们这个平台上来工作，共享我们的所有资源。我们唯一的考核标准，就是最后的创新成果。"

从2007年开始，西安光机所拆除围墙、开放办所，打破科研人员的身份、编制制约，向全社会广纳贤才。截至目前，该所从海内外吸引了31名优秀领军人才和50个高端创业团队，成为西北腹地的人才高地。

第二招：科研人员持股，把责、权、利捆绑在一起

在科研成果转化过程中，如何保障科研人员的合理收益？西安光机所大胆采用了股权激励。

西安光机所知识运营与产业发展处处长曹慧涛告诉记者："研究所采

用的是参股而不是控股，'孵化'企业但不'办'企业。"

"坚决不控股，这是我们研究所在走产业化道路之初就定下的一个原则，"赵卫说，"因为研究所的定位是负责搞好科研，对市场的把握和企业的经营管理都不擅长，很难把一个公司经营好。"

西安光机所采取科研人员持有股份的方式。"科研人员持股保证了他们的收益，调动了他们创新的积极性。同时，研究所参股和科研人员持股也把利益和责任捆绑在一起，投资方也很放心。"曹慧涛说。

据介绍，科研人员与投资方的股份比例，完全按照市场价值分配，研究所不进行干预。

"科研人员持股使创业团队充分享有决策权；而减少行政干预，则让企业有了充分的经营自主权，"西安光机所的米磊博士说，"科研人员持股解放了'脑力生产力'，让创新创业的种子在宽松的环境自由成长。我们现在是市场需求'倒逼'研发，彻底改变了科技成果转化的传统路径。"

对于立志创业、有企业家潜质的科研人员，西安光机所积极鼓励、支持其创业；而对喜欢坐"冷板凳"搞研究的科学家，所里则创造条件，鼓励他们专心做基础研究，使两者各得其所。

第三招：建立"四位一体"模式，突破"两个一公里"瓶颈

科技人员创办企业，普遍面临两个"一公里"难题：一是缺乏启动资金、无法迈出创业的"最先一公里"；二是缺乏转化平台，科技成果很难快速转化为产品、走完"最后一公里"。

为破解这一困局，西安光机所与西安高新技术开发区发起成立了西北第一家专注于投资早期光电信息等领域高新技术产业的天使基金——"西科天使基金"；同时，以西安光机所部分科研场所为基地，建成高端光电产业孵化器——中科创星孵化器。天使基金加孵化器，使西安光机所初步形成了"人才、技术、资本、服务"的"四位一体"科技成果转化模式。

曹慧涛介绍说，在这种模式中，西安光机所的科研人员、实验平台和研发设备可以随时为企业提供研发支撑；在项目发展初期，由西科天使基金为科技创业领军人才创办的企业提供第一笔资金支持，帮助解决启动难问题；孵化器则对入孵企业提供包括"物理空间、投资服务、创业培训、贴身孵化、研发支撑"等在内的全流程一站式服务。

李玮琛是中科创新孵化器里最年轻的CEO，出生于1989年的他回到

家乡西安创业，并于今年1月加盟西安光机所。

"我的项目是一个聋哑人手语翻译，通过肌肉的收缩来识别手势，已达到与残疾人士的顺利沟通。"据李玮琛介绍，这项技术在市场上尚属空白。

为什么要选择中科创星孵化器？李玮琛自称找到了"懂自己的人"："与其他孵化器不同的是，中科创星孵化器知道我们在做什么，能够在技术、设备等多方面提供支持。他们还能提供资金支持，解决了我们创业之初缺钱的难题。"

"在孵化器内，公司可以利用西安光机所的科研平台开展研发，减少了早期的固定资产投入。从公司注册、组织架构、股权结构设计到人力资源培训，孵化器都能提供服务。同时，他们还为公司申请国家级专项基金，可以使企业集中精力做研发和产业化。"西安和其光电科技有限公司总经理张文松告诉记者。

西科天使基金总经理李浩介绍，截至目前，西科天使基金已完成28个项目近7000万元的投资，带动社会投资超过1.5亿元。其中，对中科华芯的投资增值10倍，对奇芯光电的投资增值了20倍。目前，西科天使基金正在筹备二期基金。

曹慧涛说，天使基金和孵化器就像补给舰和护卫舰，为初创企业提供各种支持。"这一方面为企业及时提供了资金、人才和科技支撑，打通了科技成果转化的'最先一公里'；另一方面，使很多实验室里的科研成果可以在最短时间内转化为受市场欢迎的产品，破解了'最后一公里'难题。"

"'四位一体'的转化模式，已形成了人才聚集—资金投入—企业规模化发展—反哺科研的良性循环，初步构建起科技成果产业化的'接力棒'体系，"赵卫所长告诉记者，"有这样的体系做保障，相信西安光机所未来的科技成果转化之路会越走越宽广。"

新药创制"国家队"谋变

——中科院上海药物所鼓励科研人员创业，让产业"反哺"科研

上海文汇报社　许琦敏

《文汇报》第 1 版
2015 年 4 月 1 日

　　最近，一股热情在中科院上海药物研究所（简称药物所）的科学家们心里涌动——要不要去创业？

　　作为我国新药创制的"国家队"，药物所一直是我国医药产业的创新源头。以课题组承接项目的方式做科研，已成为这里科研人员的习惯。不过，这个习惯正在被当下的创新大势改变：随着生物医药产业链不断细分，对技术要求越来越高，需要更多"技术高手"直接参与到市场中，通过创业为产业升级输送新鲜血液。

　　一场变革在悄然展开。去年年底，中科院决定让药物所筹建"中科院药物创新研究院"，构建"围绕产业链部署创新链，通过创新链升级产业链"的大团队协作创新体系；鼓励科研人员创业，将技术及时向市场转

化，尽快让产业"反哺"科研。

12年来，药物所带动了张江"药谷"的崛起。如今，它将再次"创业"，让科研与产业深度融合。

创新元素依据重大疾病重组

自2003年搬迁到张江，以药物所为龙头，张江形成了"一所（药物所）+一校（上海中医药大学）+几十个研发中心"的新药研发格局，"药谷"迅速崛起。此后，张江的生物医药产业产值急剧增长。

伴随外部产业链的完善与发展，一场与创新赛跑的"科研变革"，在药物所悄然酝酿。药物所所长蒋华良说，从基础研究、临床前研究，到临床试验直至新药投产，创新药物的产业链很长，课题组长负责制的科研组织形态更适用于较纯粹的基础研究，而药物研发则更需要大团队协作、打通上下游各技术瓶颈的创新方式。更明了地说，新药研发需要围绕一个目标，由很多科研人员一棒接一棒地传递下去，"我们希望将药物创新研究院建设成为具有全球影响力的药物创新中心"。

早在十年前，药物所就开始尝试以肿瘤、代谢性疾病、神经退行性疾病、心血管疾病等重大疾病牵头，尝试整合所内课题组资源，不断完善药物研发创新链。"只要到所里转转，就可以找到药物筛选、药物代谢、药物制剂等几乎所有新药研发所需的技术支持。"副所长叶阳说，去年，中科院决定由药物所牵头筹建药物创新研究院，就是要在此基础上建立从源头创新、技术研发，到新药创制、成果转移转化的新药研发创新链，由此带动、优化和提升我国医药工业产业链。

创业激活每个"可产业化细胞"

让产业"反哺"科研，鼓励科研人员创业，是新的科研体系的一大突破。

蒋华良认为，让科学家带着成果，在市场中探索，激活每一个"可产业化细胞"，将更有利于带动中国医药产业升级。美国的中小企业创新能力最强，就是因为有很多掌握核心技术的教授出来办企业，再由擅长组织临床试验、销售渠道的大公司收购，实现了大量创新科研成果的快速转化。

在政策引导下，药物制剂研究中心甘勇研究员及所内的多名科学家，已开始尝试注册公司。

"乳剂的产业化制备核心技术过去只有国外少数几家跨国公司掌握。国内一家著名制药公司曾以为只要进口了全套设备，就能解决技术问题，可投资2亿多元，花了五六年也没成功。"甘勇说，如今制剂中心已掌握了该项核心技术，可以打通中试和生产环节，他有信心实现科研成果的转化和产业化——以产业化中心为代表的新公司中，药物创新研究院占股10%，这为今后"反哺"做好了铺垫。

蒋华良说，目前创新研究院来自企业和市场的经费约占总经费的1/3，到2030年，这一来源的经费将超过60%。同时，他们有信心发展出若干家产值超亿元的医药企业。

制度突破为创新活力"松绑"

几个月前，因为在知识产权上的出色工作，张容霞被从原先课题组调到了所里的合作与成果转化处。处长关树宏说，这是药物所增强知识产权力量的第一步。为了适应新的科研创新形式，在未来的药物创新研究院里，科研处、开发处等传统行政部门将被撤销，取而代之的是运营管理部、法务商务部、知识产权事务处、合作与成果转化处等新的管理部门。

"从前，研究所申请专利，质量好坏全看代理公司的水平高低。今后，我们要自己把关，"张容霞刚来不久，就帮某课题组做出了一个高质量的专利申请，"今后我们还要将专利梳理一下，哪些该放弃、哪些有转化价值，尽量从中挖掘价值"。

根据新的人才配置方案，原先一直以研究人员为主的格局被打破，为了让新药成果更快转化，技术支撑人员比例在创新研究院高达50%，而法务商务人才也将占5%。

去年年底，药物所成为"中央级事业单位科技成果使用、处置和收益管理改革试点"单位，获得了更多突破现有制度的机会。成果转化后收益不用上缴国库，个人最高可获得50%，研究所也可从中获得更多经费，用来运营专业科技、支撑、服务队伍，而研发团队也可将更多收益作为后续科研经费留存——这一系列新尝试，让科学家看到了"产业反哺科研"更为光明的前途。

中科院建院 65 周年 白春礼称 "百年目标"是世界科技强国

中国新闻社 张 素

中国科学院建院 65 周年之际,院长白春礼称,中国的科技比历史上任何时期都更有可能实现跨越发展,"将在新中国成立 100 年、我院成立 100 年时,把我国建成世界科技强国"。

当日,庆祝中科院建院 65 周年暨"我心中的中国科学院"院史知识竞赛决赛在北京举行。白春礼发表题为"传承历史 创新未来——纪念中国科学院建院 65 周年"演讲。

白春礼指出,中科院在过去 65 年间不断推出创新成果及人才,既面向国家重大需求,解决了一批国家发展的关键问题,又面向世界科技前沿,追求学术卓越。

数据表明,中科院累计有 20 项成果获国家自然科学奖一等奖,占总数的 61%。先后有 22 位出自中科院的科学家获得"两弹一星功勋奖章"(全国共 23 位)、18 位科学家获得国家最高科技奖（全国共 24 位）。

白春礼认为，65 年建院史形成的文化传统有三：民主办院是中科院发展的根本所在，人才强院是持续发展的百年大计，开放兴院是兴盛不衰的动力源泉。

"新时期中国科学院的基本方针和中心任务是，坚持'三个面向'，即面向世界科技前沿、面向国家重大需求、面向国民经济主战场，实现'四个率先'目标。"白春礼援引国家主席习近平最近一次考察中科院时提出的"四个率先"要求，即率先实现科学技术跨越发展、率先建成国家创新人才高地、率先建成国家高水平科技智库、率先建设国际一流科研机构。

白春礼强调，中国正在实施创新驱动发展战略、建设创新型国家。根据"率先行动"计划，中科院将于 2030 年左右全面实现"四个率先"目标，"为实现中华民族伟大复兴的中国梦提供有力支撑"。他呼吁全院站在新的历史起点，锐意改革、开拓创新。

同日还有 30 名参赛者进行了院史知识竞赛决赛，产生一等奖 5 名。

国家创新体系中,中科院位置在哪里?

——"率先行动"计划给出答案

光明日报社 齐 芳

《光明日报》第5版
2014年9月18日

2013年7月17日,习近平总书记在视察中国科学院时提出了"四个率先"的要求:率先实现科学技术跨越发展,率先建成国家创新人才高地,率先建成国家高水平科技智库,率先建设国际一流科研机构。日前,中科院宣布正式启动"率先行动"计划。这一计划提出5个方面25项重大改革发展举措,力争到2030年全面实现"四个率先"的目标。

今天,面对科技发展和国家需求的新形势,作为国家科技队的中科院何去何从?在国家创新体系中,中科院的位置又在哪里?

"率先行动"计划给出了答案。这一计划提出5个方面25项重大改革发展举措,以研究所分类改革为突破口,打破体制机制壁垒,发挥优势、形成合力,将优势资源聚焦在世界科技前沿、国家重大需求和国民经济主战场,力求做出重大成果、形成人才高地、成为高水平科技智库。

"不改革,就会被改革。"在新闻发布会上,中科院院长白春礼的发言铿锵有力。

发挥建制性优势，做出重大成果

在中科院成都山地灾害与环境研究所所长邓伟看来，"中科院新一轮改革的关键就是要突破体制机制的束缚，建立科研事业整体性、系统性发展的新秩序，奠定全面提高科技投入效率、效益的根基"。

近些年，我国科技飞速发展，成果不可谓不多，但仍缺乏像"两弹一星"、结晶牛胰岛素那样具有世界影响、原创性的重大成果。不少专家认为，无论是从我们国家目前科技发展水平，还是从国际科技发展的大趋势来看，集中优势资源协同攻关都是最好的选择。

科学研究尊重自由探索，但作为国家科技力量，必须以国家重大战略需求为前提，必须瞄准世界先进水平。那么，如何把一个个科研实力较强的研究人员或小组组织在一起、形成合力？在"率先行动"计划中，无论是研究所分类改革，还是调整科研布局，都贯穿着"集中优势资源形成合力"的潜台词。

中科院地球化学研究所（简称地化所）副所长王世杰说："中科院必须'有所为有所不为'，科研力量不能过于分散，不能眉毛胡子一把抓，而应该集中起来，在自己的优势领域及国家战略需求等方面，集中力量寻求大突破，这样才能发挥中科院自己的优势，更好地服务于创新驱动的国家战略，更好地为经济社会的发展做出贡献。"

实行新人才计划，形成人才高地

白春礼说："人是科技创新最关键、最活跃的因素，人才是科技创新的根本。"从中科院科学基金肇始，到国家自然科学基金委员会的建立，再到中科院"百人计划""千人计划"、"万人计划"的实行……在培养和引进人才上，中科院一直走在中国科技界的前列。

"今天，我们也面临着一些问题。"白春礼坦言。中科院目前吸引和凝聚高端人才的竞争力不足，人才竞争流动机制不健全，专心致研的内外部环境有待优化，青年科技人才发展机会和空间受限，骨干队伍创新能力有待提高，具有国际影响力的领军人才和战略科技专家还不够多。

为了解决这些问题，在"率先行动"计划中，中科院提出了"新百人计划""特聘研究员计划""国际人才计划"等培养和吸引人才的方案。白春礼说，希望通过"率先行动"计划的实施，到 2030 年建设一支素质优良、规模适度、结构合理、适应需求、具有国际竞争力的科技创新队伍，努力实现"十百千万"队伍建设目标，形成一支由数十位有世界影响的科技大家、百余位战略科学家和领军人才、千余名拔尖科技人才、万余名骨干人才组成的创新队伍。

组建专业队伍，建成高水平科技智库

咨询，一直是中科院的主要工作之一。在"率先行动"计划中，这一方向愈加明晰：建成高水平科技智库的研究系统和管理平台，不断创新思想，形成系列产出和学术品牌，对我国经济社会发展重大问题提出科学前瞻的建设性建议，在国家科技规划、科学政策、科技决策等方面发挥权威性影响，成为国家倚重、社会信任、特色鲜明、国际知名的科技智库。

中科院科技战略咨询研究院是实现这一目标的重要机构之一。中科院科技政策与管理科学研究所研究员穆荣平说，科技智库有两种主要功能：一是为制定科技政策提供支撑；二是为经济社会发展政策制定提供科技咨询意见。

在穆荣平看来，一个优秀的智库首先要有一支专业的队伍，"无论是前者还是后者，都需要一支专业的队伍，不是随便找几个专家调研调研、写写稿子就可以的"。其次，必须形成自己的研究网络并实行矩阵化、网络化的管理，能够有效调动中科院各个研究机构和国内外相关研究力量参与。最后，必须注重品牌塑造，特别是能够产出有重要影响力的咨询报告。

在这些方面，"率先行动"计划都有所考虑。白春礼介绍，战略研究院将发挥学部的主导作用，集中思想库相关研究力量，有效吸纳国内外高端智力资源；建立研究系统和管理平台，统筹相关研究队伍、项目、数据等资源。在机制上，将进一步完善重大课题选题机制；在评价上，将以重大产出为导向，持续推出有高影响力的报告、刊物、数据库等产品。

现在，关于"率先行动"计划，中科院上下正在凝聚共识。白春礼说："我们必须正视现实，增强改革的主动性和紧迫感。中科院的率先行动，旨在立足当前，着眼未来。以深化改革促进创新发展，以重点突破带动整体跨越，逐步实现'四个率先'目标。"

中科院推进新一轮科技体制改革

——本刊专访中国科学院院长白春礼

瞭望周刊社 孙英兰

"如果我们不积极思变、主动求变,就无法适应社会变革和科技发展的需求。从这个意义上说,改革既是大势所趋,更是形势所迫,不改革就会被改革。"

2014年7月7日,国家深化科技体制改革和创新体系建设领导小组第七次会议审议通过了《中国科学院"率先行动"计划暨全面深化改革纲要》(简称"率先行动"计划)。近日,习近平、李克强、张高丽、刘延东等党和国家领导人对"率先行动"计划做出重要批示,给予充分肯定,进一步强调了实现"四个率先"目标的重大意义和重要任务,并对中科院

《瞭望》新闻周刊《特稿》栏目
2014年第35期

下一步全面深化改革、抓好组织实施和工作落实提出要求。

中国科学院院长白春礼日前在接受《瞭望》新闻周刊专访时表示,习总书记等党和国家领导人的重要批示,充分体现了党中央对中国科学院的

亲切关怀、高度信任和殷切期望，是对全院广大干部职工和科研人员的巨大鼓舞和有力鞭策。目前，"率先行动"计划已正式启动实施。我们将全力抓好落实工作，早日使构想变为现实。

中科院此次启动实施"率先行动"计划，是其继 1998 年实施知识创新工程之后进行的又一次大刀阔斧的改革。在党的十八届三中全会提出全面深化科技体制改革后，中科院率先拉开了新一轮科技体制改革的大幕。

"不改革就会被改革"

"'四个率先'是习近平总书记在 2013 年 7 月 17 日视察我院时，对我院未来发展提出的要求，即'率先实现科学技术跨越发展，率先建成国家创新人才高地，率先建成国家高水平科技智库，率先建设国际一流科研机构'。"在接受《瞭望》新闻周刊专访时，白春礼强调："'率先行动'计划就是贯彻落实总书记重要讲话精神、贯彻落实党的十八届三中全会关于深化科技改革要求而提出的一个新的行动计划。要想实现'率先'目标，只有进行全面改革。改革是保障，不改革就难以实现。"

白春礼认为，自 1978 年改革开放至今，无论是从全国来看，还是就中科院而言，改革都已进入深水区和攻坚期，我们现在要面对、要突破的多是深层次问题，是硬骨头。

他分析说，党的十八大以来，党中央、国务院对实施创新驱动发展战略和深化科技体制改革做出了总体部署，确定了重点任务。当前，我国科技体制改革宏观层面的顶层设计正在积极推进，微观层面的科研项目、经费管理和科技评估等改革也在不断深入，但在中观层面上，科研院所体制机制和科研活动的组织管理方式，总体上仍沿袭着长期以来的固有模式，成为影响和制约科技创新能力提升和支撑创新驱动发展的根本性因素。"从这个意义上说，科研院所体制机制改革和科研活动组织模式创新，是当前深化科技体制改革的关键。"

作为中科院建院以来第六位"掌门人"，白春礼亲身经历了中科院几次大的调整改革，他深知此次改革自己肩负的重任。"作为科技国家队，从总体上看，目前我院正处于历史上最好的发展时期，在学科体系、创新潜力、创新队伍、组织架构、科研条件等方面，初步具备了实现'四个率先'、引领我国科技实现跨越发展的基础和优势。但也要看到，与国家重大战略需求和世界先进水平相比，我院的创新能力还存在较大差距，实现

'四个率先'目标还面临诸多挑战。"

白春礼坦承，目前中科院的科研工作中，还不同程度地存在低水平重复、同质化竞争、碎片化发展等现象，管理水平与国际一流科研机构还存在差距；现代科研院所治理结构和运行机制不够健全，科技评价和资源配置还不适应重大成果产出导向的要求；在更好地面向国家重大战略需求、面向世界科技前沿、面向国家经济建设主战场（即"三个面向"），组织重大任务的科研活动、产出重大创新成果，为创新驱动发展战略服务方面，做得还不够；在原始创新方面，还不能够满足"引领"的要求。"这些差距和问题反映了我国、我院科技领域布局、创新能力与经济社会发展要求不相适应的阶段性特征，凸显出现行科技体制机制和创新生态系统与科技快速发展要求不相适应的根本性矛盾，既具特殊性，又有普遍性，必须通过深化改革着力加以解决。"

"如果我们不积极思变、主动求变，就无法适应社会变革和科技发展的需求。从这个意义上说，改革既是大势所趋，更是形势所迫，不改革就会被改革，"白春礼强调说，"我们必须正视现实，增强改革的主动性和紧迫感，真正把深化改革作为创新发展的内生动力和自觉行动。中科院的率先行动，旨在立足当前，着眼未来。以深化改革促进创新发展，以重点突破带动整体跨越，逐步实现'四个率先'目标。"

分类改革是突破口

"与以往改革不同，本轮改革主要是聚焦在体制机制上。"白春礼在接受《瞭望》新闻周刊专访时表示，按照"四个率先"的总体目标和要求，围绕全局性、根本性、关键性重大问题，"率先行动"计划提出了五大方面的改革举措。

一是以推进研究所分类改革为突破口，明确定位，创新体制，整合机构，强身健体，构建适应国家发展要求、有利于重大成果产出的现代科研院所治理体系。二是以调整优化科研布局为着力点，进一步把重点科研力量集中到国家战略需求和世界科技前沿，聚焦重点，协同创新，引领跨越，支撑发展。三是深化人才人事制度改革，建设国家创新人才高地。四是探索智库建设新体制，建设国家高水平科技智库。五是深入实施开放兴院战略，全面扩大开放合作，提升科技服务和支撑能力。

之所以把研究所作为改革的突破口，白春礼解释说，自实施知识创新工程以来，中科院在促进跨所跨学科联合合作、发挥多学科综合优势组织开展重大创新活动方面，进行了一系列改革探索，也积累了很多经验。但由于这些举措没有触及体制机制的核心和关键，难以从根本上解决问题，一些研究所仍然存在"大而全""小而全"的现象，科研效率不高、同质化竞争等问题难以有效纠正。在合作时，有时甚至存在争取任务时同舟共济、拿到经费后同床异梦、项目完成申请奖励时同室操戈的现象。"不从根本上突破这些体制机制上的瓶颈，改革就难以深化，发展就迈不开步伐，'四个率先'的目标就无法实现。"

"我们以研究所分类改革为突破口和着力点，提出对研究所进行分类定位、分类评价、分类管理的改革思路，就是要从根本上突破体制机制壁障，清除各种有形无形的栅栏，打破各种院内院外的围墙，让机构、人才、装置、资金、项目都充分活跃起来，形成创新发展的强大合力。同时，带动和促进其他方面的改革创新，逐步构建起具有我国和我院特色的现代科研院所治理体系。"在白春礼看来，最主要的还是要通过改革，建立起定位清晰、明确分类、有效管理的新的科研组织模式。

任何一项改革都需要勇气，任何一项改革都不可能一蹴而就，白春礼对此有着清醒的认识。他说："研究所分类改革是一项复杂的系统工程，是我院全面深化改革的突破口，也是牵动其他各项改革的'牛鼻子'，关系到'四个率先'总体目标能否顺利实现。从长远看，涉及我院组织体系和宏观管理体制的深刻变革，涉及院所两级战略重点和科研布局的动态调整，也涉及人财物等资源配置和运行机制的整合与优化，还要与国家事业单位分类改革的有关政策相互衔接和协调，情况更为复杂，实施难度会更大。我们必须积极稳妥、坚定不移地加以推进。"

四种类型优化科研布局

按照"率先行动"计划的设计，中科院将按照创新研究院、卓越创新中心、大科学研究中心、特色研究所等四种类型，对现有科研机构进行分类改革。

白春礼介绍说，这四类科研机构从事的是不同类型的科技创新活动，其性质、特点和规律各不相同，基本功能和成果也有很大的差别。

其中，创新研究院侧重服务经济发展和国家安全的重要基础和技术方向，突破重大关键核心技术，做出针对国家重大战略需求的重要原始创新，造就一流战略科技专家和工程技术专才。

卓越创新中心致力于科学和技术原创，研究方向侧重基础与前沿；要解决重大科学问题、开辟新的研究方向、发明重大科学仪器、创新重大实验方法、造就国际一流科学家、提出产生重要影响的前瞻科学思想。

大科学研究中心是公共大型科技创新平台，主要任务是设计、建设和运行国内外先进的大科学装置，依托开展综合交叉前沿研究，形成重大科技突破，为国家重大科技基础设施建设提供科学建议和规划方案。

特色研究所则侧重于服务社会可持续发展和保障改善民生，主要围绕不可或缺的特殊需求领域和自然科学与社会科学交叉研究，以及长期观测、持续积累的基础性工作；在本领域里形成新理论、新方法、新标准和新工具，形成系统性基础数据积累，提供开放共享的分析技术平台。

"中科院将根据自身的实际情况，借鉴国际一流科研机构的管理模式，从组织模式、资源配置方式、人才人事制度、评价制度等方面，对不同类型科研机构实行分类指导、分类支持。"白春礼说。

据了解，中科院研究所的分类改革，将按照先易后难、循序渐进的原则，试点先行。

创新研究院将选择微小卫星、信息工程、空间科学、海洋信息技术、药物等五个具备一定条件、具有代表性的领域开展改革试点。

卓越创新中心将按照新的目标定位和体制机制，对已启动的量子信息与量子科技前沿、粒子物理前沿、脑科学等首批中心，进行制度上的调整和完善；同时组织遴选若干新的前期培育单元，逐步启动建设。

大科学研究中心将按照综合、专业两种类型，分别完善体制机制和管理模式；同时研究推动合肥、北京、上海三个综合研究中心的试点工作，并整合资源组建中科院科学考察船队。

特色研究所将侧重服务社会可持续发展的基本功能定位，突出特色优势学科，研究提出建设规划思路和近期试点方案。

白春礼表示，研究所分类改革的目的在于强化核心竞争力，希望通过改革，以点带面，扎实推进。争取到2030年左右，全面实现"四个率先"目标，为把我国建成世界科技强国奠定坚实基础，为实现伟大中国梦提供有力支撑。

蛋白质组：解码生命"天书"

经济日报社 沈 慧

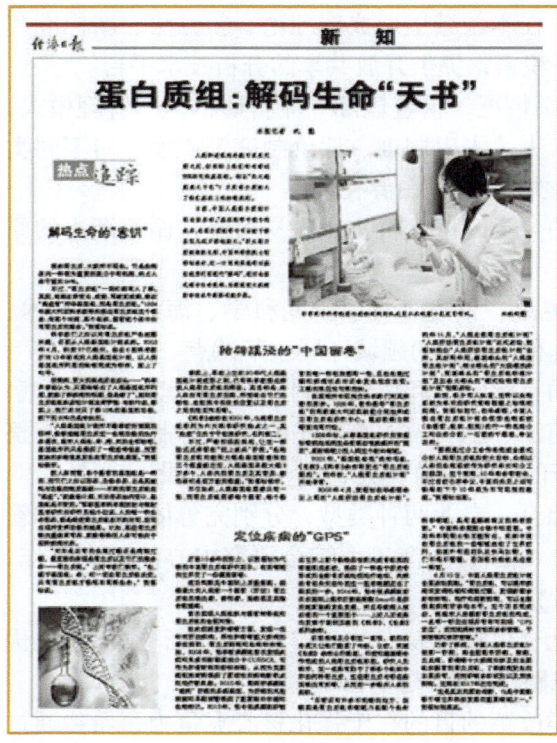

《经济日报》第15版
2014年7月2日

人类和老鼠从外貌上看可以说有天壤之别，但实际上他们却有着近99%相同的基因组。何以"失之毫厘，差之千里"？正是蛋白质放大了他们基因上的细微差别。

日前，中国人类蛋白质组计划全面启动。"基因组学中微小的差异，在蛋白质组学中可以被千倍甚至几近万倍地放大。"亚太蛋白质组组织主席、中国科学院院士贺福初表示，这一计划的实施将对基因组序列图进行"解码"，进而全景式揭示生命奥秘，为提高重大疾病防诊治水平提供有效手段。

解码生命的"密钥"

提起蛋白质，大家并不陌生。它是生物体内一种极为重要的高分子有机物，约占人体干重的54%。

不过,"蛋白质组"一词却鲜有人了解。其实,蝴蝶由卵变虫,成蛹,再破茧成蝶,幕后"操盘者"并非基因组,而是蛋白质组。"1994年澳大利亚科学家率先提出蛋白质组这个概念,指某个时刻,某个组织、器官或个体中所有蛋白质的集合。"贺福初说。

科学家们对蛋白质组产生浓厚兴趣,还要从人类基因组计划说起。2003年4月,耗资27亿美元、经由6国科学家历时13年奋战的人类基因组计划,以人类基因组序列图的绘制完成为标志,画上了句号。

没想到,更大的挑战还在后头——"科学界曾经认为,只要绘制出了人类基因组序列图,就能了解疾病的根源,但是错了"。国际人类蛋白质组组织启动计划主席萨姆·哈纳什说,事实上,我们此时只了解10%的基因的功能,对于剩下的90%仍是未知的。

"人类基因组计划并不像事前所预期的那样,能够逾越蛋白质这一生物功能的执行体层次,揭示人类生、老、病、死的全部秘密。基因组序列只是提供了一维遗传信息,而更复杂的多维信息发生在蛋白质组层面。"贺福初表示。

就人体而言,各个器官的基因组是一样的,而它们之所以形态、功能各异,正是其结构与功能的物质基础——不同的蛋白质组在"操盘"。"就像蛹化蝶,无论形态如何变化,基因组是不变的。"军事医学科学院放射与辐射医学研究所研究员钱小红说,人的每一种生命形态,都是特定蛋白质组在不同时间、空间出现并发挥功能的结果。比如,某些蛋白质表达量偏离常态,就能够表征人体可能处于某种疾病状态。

"无论是正常的生理过程还是病理过程,最直接的体现是蛋白质及它们的集合体——蛋白质组。"上述专家们表示。"生,源于基因组;命,却一定由蛋白质组决定。只有蛋白质组才能根本阐释生命。"贺福初说。

独辟蹊径的"中国画卷"

事实上,早在20世纪90年代人类基因组计划成形之际,已有科学家提出解读人类蛋白质组的想法。其目标是,将人体所有蛋白质归类,并描绘出它们的特性、在细胞中所处的位置及蛋白质之间的相互作用等。

《科学》杂志在2001年也将蛋白质组学列为六大科学研究热点之一,其"热度"仅次于干细胞研究,名列第二。

不过，严峻的现实挑战，让这一想法仅仅停留在"纸上谈兵"阶段。"生物蛋白质数的差别大概是基因数差别的三个数量级左右，人类基因总数大概有2万多个，人体内的蛋白质及其变异、修饰体却是百万级的数量。"贺福初表示。

不仅如此，人类基因组图谱只有一张，而蛋白质组图谱每个器官、每个器官的每一种细胞都有一张，且在生理过程和疾病状态时还会发生相应改变。工程的艰巨性可想而知。

但困难并未阻挡住科学家们对其探索的脚步。1995年，首先倡导"蛋白质组"的两家澳大利亚实验室分别挂牌成立蛋白质组研究中心，随后欧美地区，以及日本、韩国等国均有行动。

1998年年初，从事基因组研究的贺福初敏锐地嗅到这朵夜幕后悄然盛开的"莲花"的馨香，逐渐将精力投入到这个新兴领域。

2001年，"基因组会战"尚未鸣金，《自然》《科学》杂志即发出"蛋白质组盟约"。同年秋，"人类蛋白质组计划"开始孕育。

2002年4月，贺福初在华盛顿会议上阐述"人类肝脏蛋白质组计划"。同年11月，"人类血浆蛋白质组计划""人类肝脏蛋白质组计划"正式启动，贺福初担任"人类肝脏蛋白质组计划"主席。其后两年间，德国牵头的"人类脑蛋白组计划"、瑞士牵头的"大规模抗体计划"、英国牵头的"蛋白质组标准计划"及加拿大牵头的"模式动物蛋白质组计划"相继启动。

然而，很少有人知道，这种以生物系统为单元的研究策略酝酿之初饱受诟病。贺福初回忆，在华盛顿，中国人提出蛋白质组计划必须按生物系统（如器官、组织、细胞）进行一种战略分工和任务分割，一石激起千层浪，争议四起。

"要想通过分工合作来实现全景式分析人类蛋白质组的宏大目标，必须以人体的生物系统作为研究单元和分工的规则。这个策略，10年来合者渐众，不过目前仍存争议，中国的先见之明可能得在下个10年成为不可阻挡的潮流。"贺福初坦陈。

定位疾病的"GPS"

历经十余年的努力，以贺福初为代表的中国蛋白质组研究团队，在该领域向世界交了一份漂亮答卷。

成功构建迄今国际上质量最高、规模最大的人类第一个器官（肝脏）蛋白质组的表达谱、修饰谱、连锁图及其综合数据库。

首次实现人类组织与器官转录组和蛋白质组的全面对接。

在炎症诱发肿瘤等方面，发现一批针对肝脏疾病、恶性肿瘤等重大疾病的潜在药靶、蛋白质药物和生物标志物。例如，2008年，张学敏课题组首次发现炎症和免疫的新型调控分子CUEDC2，可作为肿瘤耐药的新标志物，从而为克服癌细胞耐药提供了原创性的药物新靶点和治疗新思路。2010年，周钢桥课题组"逮到"肝癌的易感基因，为肝癌的风险预测和早期预警提供了重要理论依据和生物标记。2012年，张令强课题组研制出世界上首个能特异性靶向成骨细胞的核酸递送系统，提供了一种基于促进骨形成的全新骨质疏松症治疗途径，向解决骨丢失无法补回这一医学难题迈出了坚实的一步。2014年，张令强课题组首次在国际上揭示泛素连接酶Smurf1是促进结直肠癌发生发展，并且导致病人预后差的一个重要因子……上述几项成果均发表于国际顶级的《科学》《自然》等杂志上。

还没来得及分享这一喜悦，激烈的角逐又让他们绷紧了神经。日前，英国《自然》杂志公布美国、印度和德国等合作完成的人类蛋白质组草图。研究人员表示，这一成果有助于了解各个组织中存在何种蛋白质，这些蛋白质与哪些基因表达有关等，从而进一步揭开人体的奥秘。

"尽管还有许多不完善的地方，但确实是蛋白质组学领域乃至整个生命科学领域，具有里程碑意义的科学贡献。"中国科学院院士饶子和直陈。中国科学院院士张玉奎指出，虽然中国在蛋白质组的一些领域走在了世界前列，但国外有些团队正快马加鞭，我们不得不警醒，否则很快将被甩出第一阵营。"

"6月10日，中国人类蛋白质组计划全面启动实施。"蛋白质组，可以揭示疾病的发病机制和病理过程，发现新型诊断标志物、治疗和创新药物，可以全面提高疾病防诊治水平。这个项目完成后，将揭示人体器官蛋白质组的构成，一旦哪一部位出现异常即可实现'GPS定位'，进而找到针对性的诊断措施、干预措施和预防措施。"

记者了解到，中国人类蛋白质组计划第一阶段，将全面揭示肝癌、肺癌、白血病、肾病等十大疾病所涉及的主要组织器官的蛋白质组，了解疾病发生的主要异常,进而研制诊断试剂及筛选药物。这将在 2017 年左右完成。

"这是真正的原始创新,也是中国能够引领世界科技发展的重要领域之一。"贺福初强调说。

文字作品三等奖

文字作品三等奖获奖作品

作品名称	单位	作者
《自然》选10大中国科学之星 ——脑神经权威叶玉如系唯一入选港人	香港大公文汇传媒集团	刘凝哲
中国脑计划争弯道超车 ——为机器人开发类人大脑	香港大公文汇传媒集团	周琳
又一个"科学的春天"	瞭望周刊社	孙英兰
专家解读"实践十号"：搭载19名"乘客"的"流动实验室"	中国新闻社	张素
"鹦鹉螺"旁崛起新一代光源 ——X射线自由电子激光装置即将开始安装，关键设备基本实现国产化	上海文汇报社	许琦敏
不忘初心，披肝沥胆60年 ——感受中科院院士、第二军医大学东方肝胆外科医院院长吴孟超的赤子情怀	解放军报社	黄超 等
挽起求索科学的"小手"	中国科学报社	李晨阳
科学院深处飘来浓醇酒香 ——中科院植物所苦心研究培育出葡萄好品种	上海文汇报社	郭超豪
中国问天甲子风云录	人民日报海外版	彭训文
寻找最简单的完美理论 ——记中科院院士吴岳良与他的"引力量子场论"	光明日报社	齐芳
圆珠笔之问：小小"球珠"拷问中国制造	新华社	李萌 等
中国新发射卫星有望揭开暗物质之谜	新华社	王聪 等
这里的冬天不太冷	中国科学报社	甘晓
雪域高原变绿了 ——尽管气温持续上升，西藏高原生态系统总体趋好	中国日报社	程盈琪
跑好从实验室到市场的创新"接力赛" ——中科院西安光机所科技成果产业化的启示	新华社	吴晶晶
太阳活动周期性影响全球气候变化	中国气象报社	宛霞
传统磁共振成像技术盲区"亮"了 ——我国拍出首个肺病患者气体磁共振影像	健康报社	王潇雨
科技之笔绘出沙海绿舟	经济日报社	佘惠敏
别让历史淡忘了他们 ——走进中国科学家的抗战岁月	科技日报社	刘莉
第八届"科洽会"成为西北地区首个零碳展会	新疆科技报社	李蓓
桂东伟：把文章写在防治荒漠大地上	中华儿女报刊社	梁伟
让中国科技点亮"一带一路"	经济日报社	董碧娟
走进中国科学院科技支疆前沿（系列报道）	中国科学报社	倪思洁
技术人员不是"二等公民"	人民日报社	吴月辉
科研创新 深圳可以做全国的"鲶鱼"	南方日报社	马芳
暗物质卫星：照亮中国空间科学	中国科学报社	丁佳
力争率先建成国家创新人才高地	中国人事报刊社	刘云
他们为何能获国家科技奖？	人民日报海外版	潘旭涛 等
北极海冰减少加重我国东部雾霾	中国气象报社	申敏夏
量子时代的美好生活	安徽日报社	桂运安
中科院打响科技体制改革头炮 ——以院所分类改革带动科研评价、资源配置调整	中国青年报社	邱晨辉
叶叔华院士（系列报道）	解放日报社	徐瑞哲
从天空到地壳，永远追赶最前沿 ——中科院上海天文台研究员叶叔华的坚守和超越	新民晚报社	董纯蕾
"我像你们这么大正在开卡车" ——中科院院长白春礼为国科大本科新生上第一课	科技日报社	李大庆

（以上获奖作品按照作品发表时间倒序排列）

《自然》选10大中国科学之星

——脑神经权威叶玉如系唯一入选港人

香港大公文汇传媒集团　刘凝哲

《自然》期刊在21日发表题为"中国科学之星"（Science stars of China）文章，介绍了10位中国科学家及其科研成就。这10名科学家由《自然》杂志的记者和编辑选出，他们在神经科学、中微子、空间科学及结构生物学等领域有着重要影响，并对提升中国在全球科学领域的地位起到了重要作用。值得关注的是，脑神经权威叶玉如成为唯一入选的香港地区科学家，她也是入选的四名女科学家之一。

首版于1869年的《自然》是世界上历史悠久的、最有名望的科学杂志之一。该刊特写编辑理查德德·莫纳斯捷尔斯基说，这10位科学家凸显了中国创新的广度和对于创新的承诺，中国

《香港大公报》第A22版
2016年6月22日

也会继续朝着成为科学领域领导者的目标不断推进。

凸显中国创新广度

香港科技大学神经生物学家叶玉如（在基础神经生物学上的研究和对大脑健康的转化研究提升了中国生物技术）成为唯一入选的香港地区科学家，其余三名入选的女科学家为：中科院遗传与发育生物学研究所女科学家高彩霞（最先将 CRISPR-Cas9 基因编辑科技用于小麦和大米等农作物上）、中科院古脊椎动物与古人类研究所女科学家付巧妹（改写了亚洲第一个解剖学意义上的现代人历史），以及清华大学的结构生物学家颜宁（观察到蛋白质在原子层面是如何工作的）。

其余 6 名入选科学家是中科院国家空间科学中心主任吴季（其基础空间科学任务将科学发现放在了中国空间计划的核心位置上）、中科院高能物理研究所所长王贻芳（希望建造 50～100 公里环形粒子对撞机接替欧洲核子研究中心 27 公里长的大型强子对撞机）、中国科学技术大学教授陆朝阳（被评为推进中国掌握量子信息技术的一颗新星）、环保部部长陈吉宁（提升了政府确保地方政府和企业遵循污染和工业发展规范的力度）、国家海洋局极地考察办公室副主任秦为稼（帮助揭开南极冰盖的历史）和领导科研团队向地球最深处进军的上海海洋大学深渊科学技术研究中心主任崔维成。

10 位中国科学之星简介

1. 叶玉如

现任香港科技大学教授、深圳北京大学香港科技大学医学中心副主任、分子神经科学国家重点实验室主任等。叶玉如致力于培训同时具有临床医学和研究技能的人才，并在中国正在开展的一项大型脑计划中承担重要角色。

2. 付巧妹

中科院古脊椎动物与古人类研究所研究员。她带队绘出冰河时代欧亚人群遗传谱图，古 DNA 解密现代人起源，或将改写亚洲第一个解剖学意义上的现代人历史。

3. 颜宁

清华大学生命科学学院教授，博士生导师。她观察到了蛋白质在原子层面是如何工作的，这项工作难度极大。

4. 陈吉宁

环保部部长，被外界认为"提升了政府确保地方政府和企业遵循污染和工业发展规范的力度，加强环境评估与监测透明度"。

5. 高彩霞

中科院遗传与发育生物学研究所研究员。她的实验室最先在农作物上使用 CRISPR-Cas9 基因编辑科技，解决了小麦基因工程编辑难题。

6. 崔维成

中国载人潜水器"蛟龙号"5000 米海试现场海试副总指挥，三位试航员之一。现任上海海洋大学深渊科学技术研究中心主任，主要负责研制 11 000 米全海深载人潜水器和深渊科学技术流动实验室。

7. 秦为稼

国家海洋局极地考察办公室执行副主任，曾六次进行南极科考。他带领的科考队发现了地球上最长的峡谷，以及南极冰盖下最大的融水流域之一。

8. 吴季

中科院国家空间科学中心主任。在他的带领下，中国发射了一系列用于科学探索的航天器。外界认为，在此之前，中国很多航天任务多是为提升国家形象。

9. 王贻芳

现任中科院高能物理研究所所长，专业研究高能粒子。2012 年，王贻芳团队实验测得新的中微子振荡模式，该实验曾入选美国《科学》评选的"2012 年十大科学进展"。

10. 陆朝阳

中国科学技术大学教授，对多光子纠缠、光学量子计算和基于量子点的光子和电子自旋操纵领域的多个关键性问题开展深入研究，在国际上有重要影响。

中国脑计划争弯道超车

——为机器人开发类人大脑

香港大公文汇传媒集团　周　琳

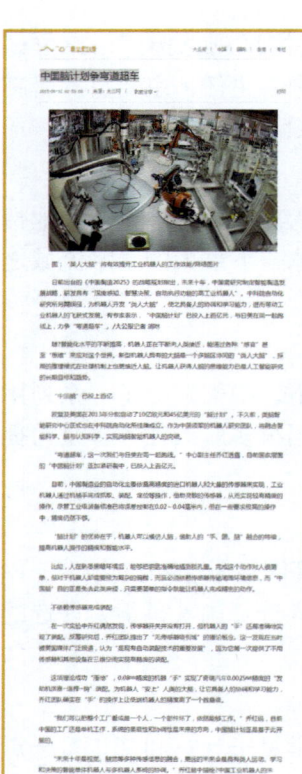

《香港大公报》第 19 版
2016 年 6 月 12 日

　　日前出台的《中国制造 2025》的战略规划指出，未来十年中国需研究制定智能制造发展战略，研发具有"深度感知、智慧决策、自动执行功能的高工业机器人"。中科院自动化研究所另辟蹊径，为机器人开发"类人大脑"，使之具备人的协调和学习能力，进而带动工业机器人的飞跃式发展。有专家表示，"中国脑计划"已投入上百亿元，与日本、美国在同一起跑线上，力争"弯道超车"。

　　随着智能化水平的不断提高，机器人正在不断向人类接近，能通过各种"感官"甚至"思维"来应对这个世界。新型机器人拥有的大脑是一个多脑区协同的"类人大脑"，采用的推理模式在处理机制上也更接近人脑。让机器人获得人脑的思维能力已是人工智能研究的长期目标和趋势。

"中国脑"已投上百亿

　　欧盟及美国在 2013 年分别启动了 10 亿欧元和 45 亿美元的"脑计划"。不久前，类脑智能研究中心正式在中科院自动化研究所挂牌成立。作为中国领军的机器人研究团队，将融合智能科学、脑与认知科学，实现类脑智能机器人的突破。

"弯道超车，这一次我们与日美在同一起跑线。"中心副主任乔红透露，目前国家层面的"中国脑计划"正加紧研制中，已投入上百亿元。

目前，中国制造业的自动化主要依靠高精度的进口机器人和大量的传感器来实现，工业机器人通过机械手完成抓取、装配、定位等操作，借助灵敏的传感器，从而实现较高精度的操作。尽管工业级装备标准已将误差控制在0.02~0.04毫米内，但在一些要求极高的操作中，精度仍然不够。

"脑计划"的优势在于，机器人可以模仿人脑，借助人的"手、眼、脑"融合的特征，提高机器人操作的精度和智能水平。

比如，人在熟悉黑暗环境后，能够把钥匙准确地插到锁孔里。完成这个动作对人很简单，但对于机器人却需要极为复杂的编程，而且必须依赖传感器传输周围环境信息，而"中国脑"的目的正是免去此类麻烦，只需要简单的指令就能让机器人完成精密的动作。

不依赖传感器完成装配

在一次实验中乔红偶然发现，传感器开关并没有打开，但机器人的"手"还是准确地实现了装配。反复研究后，乔红团队提出了"无传感器吸引域"的理论概念。这一发现在当时被美国媒体广泛报道，认为"是现有自动装配技术的重要发展"，因为它第一次提供了不用传感器和其他设备在三维空间实现高精度的装配。

这项理论成功"落地"，0.08毫米精度的机器"手"实现了奇瑞汽车0.0025毫米精度的"发动机活塞—连杆—销"装配。为机器人"安上"人类的大脑，让它具备人的协调和学习能力，乔红团队确实在"手"的操作上让低端机器人的精度提高了一个数量级。

"我们可以把整个工厂看成是一个人，一个部件坏了，依然能够工作。"乔红说，目前中国的工厂还是单机工作，系统的柔顺性和协调性是未来的方向，中国脑计划正是基于此开展的。

"未来十年是视觉、触觉等多种传感信息的融合，更远的未来会是具有类人运动、学习和决策的智能单体机器人与多机器人系统的协调，"乔红在脑中描绘了中国工业机器人的未来，"人工智能的发展取决于我们在多大尺度上认识、模拟人类大脑。"

机器视觉助无人机自主加油

机器视觉是"脑计划"的重要组成部分,它通过模仿人眼为机器人大脑提供信息感觉通道。目前,机器视觉作为一门独立学科发展成熟。中科院自动化研究所王欣刚团队多年利用机器视觉完成了焊接机器人、精密装配机器人等研究应用。目前,团队正在攻关视觉导航测量仪,这项科技将让无人机率先在国际上实现视觉导航下的自主加油。

在无人机空中加油时,需要克服大气湍流、太阳光、云层干扰及全天候等苛刻要求,失误率高达三成,国外曾为此损失100余架飞机。"一次空中加油对接相当于两架飞机以1000公里/小时左右的速度在几千米高空完成一次穿针引线!"王欣刚说。

机器视觉是人工智能的部分之一,它不仅是人眼的简单延伸,更具有人脑提取信息、处理的功能。在一些不适合于人工作业的危险工作环境,或人工视觉难以满足要求的场合,常需要用机器视觉来替代人工视觉。同时,在大批量工业生产过程中,用人工视觉检查产品质量效率低且精度不高,若用机器视觉检测方法可以大大提高生产效率和生产的自动化程度。

王欣刚表示,使用机器视觉科技制造出的视觉导航测量仪,通过快速目标捕获、跟踪与测量方法,能实时给出对接目标的位置信息进行引导,实现自动对接加油。此外,不但可以增大作战飞机的航程和飞机的载弹量,还能够救援空中缺油的飞机,增强空袭的突然性。

目前,机器视觉已经成功应用于表面缺陷、产品喷码、张数检测等领域,进一步可广泛应用于汽车制造、烟草包装、智能交通等诸多领域。

海归女博士领军研机器智能

计算机先驱奖的获得者 Toshio Fukuda 教授曾这样评价乔红:"她提出并应用了'环境吸引域'的概念,是三维机器人装配中的一个突破性工作。乔博士是这个领域国际领先的专家。"2014 年,乔红成为中国大陆首位 IEEE RAS AdCom 成员,她同时是 SCI(科学引文索引)期刊 *Assembly Automation* 主编。

操着上海口音、语调快速、办事干练是乔红给人的第一印象。她的博士生认为,乔老师做事雷厉风行,讲起机器人领域的话题总是停不下来。

2004 年,已经在英国曼彻斯特大学取得永久教员资格的乔红,通过

"百人计划"回国受聘中科院。

十年来，乔红带领她的研究团队进一步发展了"环境吸引域"的概念和应用模式，将"环境吸引域"和动态视觉融合，应用到智能机器人制造平台中。同时，深入研究了机器人各种三维零件抓取中的"环境吸引域"及其应用，实现无信息源情况下把三维物体从任一稳定状态抓到唯一状态的策略算法。

这项理论也被乔红团队推向制造。他们与奇瑞公司达成合作协议，针对发动机生产中的高精度装配需求，研制智能装配系统。在南京汽车部件制造企业中，开发的机器人装配系统实现了生产线的上线应用。

2015年，乔红担任中科院自动化研究所类脑研究中心副主任，她正在将之前的研究工作通过类脑科学这张"网"结合起来，为机器人加入更多的"智能"。

欧美斥巨资研脑计划

进入模拟人工的智能机器时代，各国都在为争夺机器人的"大脑"而努力。如何让更多机器人拥有"中国大脑"，成为把握机器人时代脉搏的关键。

2013年，美国总统奥巴马向全球公布了"推进创新神经科技脑研究计划"。奥巴马的"脑计划"被外界看作是可以和人类基因组测序相媲美的大科学项目，美国政府将为项目拨款1.1亿美元。美国"脑计划"瞄准"第一"的目标是绘制出第一幅囊括大脑所有活动的详图，其最终的临床应用包括通过直接改变神经回路来诊断和治疗疾病。"脑计划"的进展不仅会带动美国的医疗卫生、信息技术等产业，还会带来人类认知的大进步。

2013年年初，欧盟委员会就宣布"人脑工程"为欧盟未来10年的"新兴旗舰科技项目"。欧盟项目与美国"脑计划"有很大不同，前者提出在巨型计算机上对人脑建模，而建模所需的数据可以来自"脑计划"，两者可以互为补充。

中国机器人产业联盟日前公布的数据显示，2014年中国市场共销售工业机器人约5.7万台，较上年增长55%，约占全球销量四分之一，连续两年成为全球第一大工业机器人市场。不过，在机器人大脑的争夺战中，任何环节的短板都有可能导致中国在机器人时代错失良机。

中国在人脑科学方面的研究也在提速。目前，脑科学与认知科学被列入《国家中长期科学和技术发展规划纲要（2006—2020年）》八大前沿科学问题之一，强调要加强"脑发育、可塑性与人类智力的关系"研究。目前，中国政府也在积极酝酿启动具有中国特色的"中国脑计划"。中科院类脑中心副主任乔红透露，目前中国脑计划已经投入上百亿。

又一个"科学的春天"

瞭望周刊社 孙英兰

"习近平总书记的讲话，深刻阐述了科技创新和科技革命对国家民族的战略意义，也让大家充分认识到党中央、国务院确实把科技创新放在前所未有的战略高度；我国各方面发展对科技支撑提出了前所未有的紧迫需求；年轻一代在为国家科技做贡献方面面临着前所未有的历史机遇。"

5月30日，全国科技创新大会、两院院士大会、中国科协第九次全国代表大会在北京隆重召开。习近平总书记在大会上发出了向建设世界科技强国进军的号角，开启了我国历史上又一个"科学的春天"。

《瞭望》新闻周刊《特稿》栏目
2016年第23期

迈向繁花盛开的科技创新时代

"1978年全国科技工作会议召开的时候,我大学刚毕业,没有亲身经历其中,但经常听父辈们讲起,说这次会议对中华民族的意义。如果说1978年的科技工作会议对中华民族来说是一次科学的春天,那么,今年的科技创新大会在中华民族发展和振兴的历史上也是具有里程碑意义的会议,我非常激动参加了这次会议。"中国工程院院士、华南理工大学校长王迎军评价说,中国正处在转型的关键节点,科技创新对中国进一步的发展,对中华民族两个"一百年目标"的实现具有重要意义,从这一点上讲,"科技创新无论怎么强调都不过分"。

这次大会场面空前,决策者、管理者、科技工作者包括科技企业家集聚一堂,共商国家科技创新发展大计。"尤其是党和国家领导人的讲话,就像为我们科研工作者注入了一剂兴奋剂",与会的"两院"院士、中国科协第九次全国代表大会代表们难掩激动振奋的心情。

中国科学院院士谭铁牛用了三个"前所未有"形容领导人的讲话"鼓劲提气"。他说:"习近平总书记的讲话,深刻阐述了科技创新和科技革命对国家民族的战略意义,也让大家充分认识到党中央、国务院确实把科技创新放在前所未有的战略高度;我国各方面发展对科技支撑提出了前所未有的紧迫需求;年轻一代在为国家科技做贡献方面面临着前所未有的历史机遇。"

曾开创我国珍稀濒危动物白鳍豚研究的著名动物学家、中国科学院院士陈宜瑜,在被称为"科学的春天"到来的1978年,主持成立了白鳍豚研究组,此后他参与了每一次科技大会。"这次大会,是1978年以来规模最大的全国性科技会议,可以说,国家对创新越来越重视。总书记的讲话,也传达出对创新的深切期待。"

从事遥感科学与应用研究的中国科学院院士郭华东对这次"三会"聚首的盛况评价说,"如果说,1978年全国科学大会的召开使中国迎来科学的春天,那么今天我们可以期待,中国科技创新将稳步迈向繁花盛开的时代"。

直面挑战勇于担当

科技创新大会、两院院士大会、中国科协第九次全国代表大会"三会"同开，党和国家领导人发表重要讲话，在全国掀起了一股强劲的科技创新的"春风"，但在消化病学专家、中国工程院副院长樊代明院士看来，创新要自觉更要实干。只有脚踏实地，才能行稳致远。

中国科协第九次全国代表大会代表、中国科学院院士、清华大学副校长施一公宣读《关于在科技工作者中开展"创新争先行动"的倡议》，倡议全国的科技工作者做到"短板攻坚争先突破、前沿探索争相领跑、转化创业争当先锋、普及服务争做贡献"，得到"两院"院士的积极响应。樊代明说："如果我们这个群体的人都不愿意搞创新了，还能指望谁去搞创新呢？"

多位受访院士表示，搞创新，需要人才、需要培养人才的沃土，"如果我们的教育、科普工作跟不上，不能从小培养孩子们对科学知识的兴趣，我们的人才队伍就会后劲乏力"。

习近平总书记在讲话中强调科普的作用，强调"要把科学普及放在与科技创新同等重要的位置"。但现实中，对院士做科普这件事的争议从来没有停止过。有人说这是"大材小用"，有人认为这是院士们的"业余爱好"，更有甚者说院士做科普是"不务正业"。

中国科学院院士、被誉为"嫦娥之父"的欧阳自远常年坚持做科普宣传。他说科学研究成果更重要的是让公众了解，最终为社会公众服务。他希望更多的专家学者投身到科学知识的传播普及中来，"这也是科学家的责任"。

中国科学院院士高福表示，"习总书记在讲话中给科学定义的'三性'（灵感的瞬间性、方式的随意性、路径的不确定性），道出了科学的本真；给科学家的'三权'（要让领衔科技专家"有更大的技术路线决策权、更大的经费支配权、更大的资源调动权"），让我们心里更加踏实"。他认为，科学家"对社会中热点、敏感问题进行回应，特别是当没人敢出来说话时，我们要站出来发声，这是科学家的担当"。

"在我国发展新的历史起点上，把科技创新摆在更加重要位置，吹响建设世界科技强国的号角"，"到2020年时使我国进入创新型国家行列，到2030年时使我国进入创新型国家前列，到新中国成立100年时使我国成为世界科技强国"，习近平总书记的重要讲话，明确了我国科技事业发展的历史方位、奋斗目标，对深入实施创新驱动发展战略做出系统部署，是指引我国未来科技事业发展的纲领性文献。

经过新中国成立以来特别是改革开放以来的不懈努力，我国科技发展取得了举世瞩目的伟大成就，科技整体能力持续提升，一些重要的领域方向跻身世界先进行列，某些前沿方向开始进入并行、领跑阶段，正处于从量的积累向质的飞跃、点的突破向系统能力提升的重要时期。科技进步贡献率已稳步升至55.1%，一系列新技术、新产品、新产业正深刻影响着经济发展和社会生活的方方面面。

我国已经成为具有重要影响力的科技大国，但同建设世界科技强国的目标相比，我国发展还面临重大科技瓶颈，关键领域核心技术受制于人的格局并没有从根本上改变，科技基础依然薄弱，科技创新能力特别是原创能力还有很大差距。现行的科技管理体制机制、科研评价体系、人才管理机制等在很多方面束缚羁绊了科技创新。直面这些问题并通过深化改革破除束缚创新的桎梏，为科技创新"松绑"是两院院士和科技工作者的共同呼声。

从事科研工作近40年的王迎军院士坦承，"现在确实有些工作做起来不是那么容易，可能会受到一些限制；有一些导向对创新驱动不是特别适宜。习总书记在讲话中谈到制度创新，强调科技创新、制度创新要双轮驱动。我相信那些制约科技发展的问题会在尽可能短的时间内得到解决，这也是科技工作者最大的愿望，"她说，"希望通过这次历史性的会议，能使我们的科技体制机制更科学、更实事求是，让我们的制度更好地推动科技的发展，对我们的民族复兴起到更大的作用。"

中国工程院院士、长春理工大学教授姜会林直言，科研经费管理是个"老大难"问题，其中涉及争取科研经费、使用科研经费、审查科研经费等内容。确保科研经费花得出、用得好，是科研经费管理的最终目标。但在实际工作中，科研管理前置使科研经费并没有起到应有的作用。"只有尊重学术规律，让科研人员有更大的经费支配权，才会进一步激发科研活力。"

中科院院士何祚庥、郝柏林等认为，评价体系问题一直困扰着科技人员，非常不利于科技人员静心致研。应该切实改革评价体系，根据高校、科研院所、企业等科技人员的不同定位，采用分类评价方式，这既符合现在社会发展多元的趋势，也能让科技人员有信心、有环境去做创新工作。

中国科学院院士、中国科学院高能物理研究所所长王贻芳认为，科技管理工作一定要尊重科研发展的规律，要转变思想观念，改变科技管理前置的现状，要相信科学家，真正做到习总书记讲话中说的要"允许科学家自由畅想、大胆假设、认真求证。不要以出成果的名义干涉科学家的研究,不要用死板的制度约束科学家的研究活动"。

一向直言的郝柏林院士表示,政府科技管理部门要抓战略、抓规划、抓政策、抓服务,不能用经济杠杆管理科研项目、管理科技人员,要相信广大科研人员的自我约束能力。

多位受访的院士表示,深化科技改革仍然在路上,而且任重道远。只有彻底清除创新路上的各种羁绊,营造良好的创新氛围,才能激发出科技人员的创新热情。

增强自信创新再发力

新时期、新形势、新任务,要求我们在科技创新方面有新理念、新设计、新战略,面向世界科技前沿、面向经济主战场、面向国家重大需求,夯实科技基础、强化战略导向、加强科技供给、深化改革创新、弘扬创新精神,加快各领域科技创新,掌握全球科技竞争先机。这三个"面向""五大任务"是党中央、国务院为中国科技发展做出的重大战略部署,是我们实现第二个百年目标的坚实基础。

科技是国家强盛之基,创新是民族进步之魂。担负起中华民族复兴的重任,根本在创新。不创新不行,创新慢了也不行。创新关键要靠科技。科技是国之利器,国家赖之以强,企业赖之以赢,人民生活赖之以好。

"创新要靠科技力量,要靠科技人才。但现在有些科技人员,对我们的创新缺乏自信,有的人更认为我们经济发展了,没必要搞自主创新,可以购买国外的先进产品。这种想法非常要不得。"一位院士告诉记者,我们一定要坚定创新自信,提高原始创新能力的建设,否则,我们国家就会被人牵着鼻子走,国家发展就会处处受人掣肘。

让中国工程院院士陈左宁感到不安的也是这个问题。她说,总书记和总理在讲话中都谈到引进、消化、吸收、再创新的问题,这里面,再创新是非常关键的一环。但是,现在很多人并没有意识到自主创新的重要性,觉得花钱买技术是一件省事又省力的事情。一旦技术落后了,再买一个过来就是了。

陈左宁认为,这是一种非常可怕的想法。"有些科研人员对自己没有自信,觉得我们和人家差了那么多年,赶是赶不上的,只能跟着人家。这样的心态对我们的科研工作非常不利。习总书记强调要坚定地走中国特色的自主创新道路,要坚定自主创新的自信。中国目前非常需要这种精神。"

创新年轮　攀登足迹
中国科学院第十四届科星奖获奖作品选

近些年，随着我国经济发展和科技水平的持续提升，全社会创新意识和能力日益提高，但对创新不自信的现象仍然存在，在很多领域，我们仍然处在跟踪、模仿阶段，亦步亦趋，不敢超越，甚至"养成"了路径依赖。但现实证明，中国要发展，必须要把科技创新的主动权始终牢牢抓在我们自己手里。

很多技术产品不是花钱就能买来的，这一点，中国电子科技集团首席科学家、空警 2000 总设计师陆军感触最深。他率领团队克服多重困难，最终设计出中国第一架自主研制的预警机，打破了国外对我国的封锁，并使我国成为继美国、以色列、瑞典之后世界上第四个预警机出口国。

刚刚获得第 11 届光华工程科技奖青年奖的孙泽洲也深有感触。作为"嫦娥三号"探测器总设计师，他认为"嫦娥"探测器的每一次研制和发射，都是对我国自主创新能力的检验。"发展中国的空天事业只能靠我们自己，靠我们自己的科技人员。"

一切科技创新活动都是人做出来的。科技创新的关键是人才创新。我们要建设世界科技强国，关键是要建设一支规模宏大、结构合理、素质优良的创新人才队伍。目前我国科技人力资源总量已突破 8100 万人，把这支支撑发展的"第一资源"队伍培养好、建设好、维护好，给予科技人才应有的精神和物质回报，把人的积极性充分调动起来，创新动力才会持久，创新成果才会不断涌现。

创新驱动发展，体制机制是保证，归根结底要靠改革。现有的科技成果产权制度、收益分配制度和转化机制相对滞后，科研项目管理机制、评价机制等仍显僵化，亟待通过进一步深化改革，破除束缚创新的桎梏，在全社会推动形成讲科学、爱科学、学科学、用科学的良好氛围，最大限度地解放和激发科技作为第一生产力所蕴藏的巨大潜能。

2015 年，《深化科技体制改革实施方案》发布，科技改革再度提速；作为中国科技创新的"火车头"，中国科学院提出"率先行动"计划，为国家科研机构的未来发展谋划出宏伟的蓝图；从修订《中华人民共和国促进科技成果转化法》，到印发《实施若干规定》，再到发布《促进科技成果转移转化行动方案》，束缚科技人员创新创业积极性的枷锁正被一步步破除。在中华大地上掀起的大众创业、万众创新的浪潮，正在铸造新时期的"中国引擎"。而多重的政策保障和持续的深化改革，将为创新发展保驾护航。

党的十八届五中全会提出，要在重大创新领域组建一批国家实验室。

这是对科技创新具有战略意义的重大举措。以国家实验室建设为抓手,以重大科技任务攻关和国家大型基础设施为主线,围绕国家目标和紧迫战略需求,建设突破型、引领型、平台型一体的国家实验室,就能有力强化攻坚克难引领发展的战略科技力量,并同其他各类科研机构形成功能互补、良性互动的协同创新新格局,打造抢占国际科技制高点的战略创新力量,推动我国在未来发展中后来居上,弯道超车。

近日,《国家创新驱动发展战略纲要》颁布,明确了我国科技事业发展"三步走"的战略目标,即到2020年进入创新型国家行列、2030年跻身创新型国家前列、到2050年建成世界科技创新强国。这次科技界的盛会,吹响了建设世界科技强国的号角,科技创新托起了民族复兴的希望。

不辜负创新的时代,是广大科技工作者的心声,营造创新氛围、厚植创新文化、培育创新人才更是科技界的共同期盼。"我相信,在'两个一百年'奋斗目标指引下,我国一定能逐步解决创新中遇到的问题,跨入世界科技强国行列。"中国科协第九次全国代表大会代表、中国工程院院士陈赛娟的话,说出了广大科技工作者的心声。

专家解读"实践十号":搭载19名"乘客"的"流动实验室"

中国新闻社 张 素

未来15天,在距离地球几百千米的高空将有一个"流动实验室"边飞行、边实验。6日,中国首颗微重力科学实验卫星"实践十号"在酒泉卫星发射中心成功发射,记者采访专家进行解读。

"流动实验室"搭载"19名乘客"

"流动实验室"为柱椎组合体形状,分为留轨舱和回收舱两部分。按照计划,回收舱将在轨飞行若干天后返回地球,留轨舱则在其后继续在轨工作3～5日。

"实践十号"卫星首席科学家、中科院院士胡文瑞介绍,卫星搭载了19个科学实验载荷,涉及28项科学实验。"乘客"分别装在密闭箱子里,确保独立控温、互不干扰。

中新社电讯通稿
2015年4月6日

19名"乘客"分为微重力科学实验任务10项、空间生命科学实验任务9项。若按"单程票/往返票"来分，在回收舱进行实验的11台科学实验载荷及实验样品能够重返地球。

胡文瑞说，最初接收了200多个报名项目，通过层层筛选，按照"创新性""可行性""必要性"等指标打分，最终决定出这些"幸运儿"。

记者翻看"乘客名单"，有果蝇、家蚕、水稻、小鼠辐射敏感型细胞系、人骨髓间充质干细胞等，用以研究在微重力环境及空间辐射环境中的物质运动规律及生命活动规律。

"实践十号"科学应用系统总指挥康琦表示，这些研究既能带来可观的经济效益，也将促进社会发展。比如一项"微重力下煤粉/煤粒燃烧及其污染物生成特性研究"，能完善煤燃烧理论和模型，有望解决燃煤污染难题。

"流动实验室"与"空间实验室"

中国计划在2016年发射"天宫二号"空间实验室，在2022年前后建成载人空间站。但在专家看来，"流动实验室"独具优势。

首先是达到理想的微重力环境。胡文瑞说，载人空间站首先要保证航天员的健康和安全，但有人员活动或机械运转产生的干扰，微重力环境达不到要求：太空环境的重力仅为地球重力的$10^{-6}g$到$10^{-4}g$。

中国航天科技集团公司第五研究院"实践十号"卫星系统总设计师赵会光介绍，卫星微重力整体水平已优于$10^{-4}g$，部分载荷达到$10^{-6}g$。

其次是机动性更强。此次发射前8小时，最后一位"乘客"姗姗来迟。康琦解释，这是一项生命科学实验，"要最大限度地排除地球重力的影响"。另外，也可以及时把生命科学实验结果送回地球。

最后是有双舱实验环境。19名"乘客"中有"危险人物"，比如"非典型金属材料燃烧实验""电流过载下导线绝缘层着火"等燃烧实验，不适宜在载人空间站进行。但这又是研究卫星、飞船等航天器内部起火的关键项目。"实践十号"留轨舱就将完成这些实验。

赵会光说，利用返回式卫星开展空间科学实验，实验环境好、微重力水平高、风险小、成本低，一次飞行可提供较多的实验机会，有利于开展国际合作。

出发！瞄准航天科技新战场

  各国在开发利用太空微重力环境方面亦已进行了不懈的探索。有资料称，苏联在1980～1990年进行了500项太空材料加工实验，涉及光学材料、超导体、电子晶体、陶瓷和蛋白质晶体等。美国也在微重力环境中发明了新药。据不完全统计，美国国家航空航天局在微重力科学实验研究投资上，平均以每年50%的速度递增。

  1987年至今，中国也利用返回式卫星和"神舟"飞船为载体进行一系列太空微重力环境下的科学研究。据不完全统计，已成功进行了10余次航天育种试验，前后共有70多种植物1000多个品种的植物种子经过太空育种。

  中国科学院国家空间科学中心主任吴季表示，若要从航天大国走向航天强国，必须转变重技术、轻科学的做法。此次"实践十号"卫星将极大提高中国微重力科学及空间生命科学研究的整体水平，为未来空间环境的开发利用提供创新知识。

文匯報

"鹦鹉螺"旁崛起新一代光源

——X射线自由电子激光装置即将开始安装，关键设备基本实现国产化

上海文汇报社　许琦敏

《文汇报》第6版
2016年6月2日

历时一年半，我国首台第四代光源——X射线自由电子激光装置已结束土建和公用设施工程，即将进行设备安装，并计划于今年年底调束出光，2018年正式投入使用。记者昨天从中科院上海应用物理研究所获悉，

这个自由电子激光设施与同步辐射光源形成的组合,将极大地提升我国科学家洞悉物质内部结构的能力。

中科院上海应用物理研究所所长赵振堂介绍,作为新一代光源,X射线自由电子激光的峰值亮度比第三代同步辐射光源高10亿～100亿倍;脉冲长度可达到飞秒量级(1秒的1000万亿分之一),比第三代同步辐射光快1000倍;而且,它的相干性更好,"由于其光脉冲极短,它可以为分子拍电影,而第三代光源只能为分子拍照片"。

X射线自由电子激光的出现,为物理、化学、生物、材料等学科前沿研究开辟了全新的领域,成为实现科学突破与技术创新的研究利器。

迄今为止,利用这种新一代光源,人类已解决了多项重大科学难题,如实现了对原子样本上单个电子的操控,并从内到外将电子逐个剥离,开辟了非线性X射线科学的新时代;实现了化学反应中对化学键断裂和成键过程的实时观测;实现了决定布氏锥虫(导致非洲昏睡病)存亡的关键酶的蛋白晶体结构解析;成功解析了视紫红质与阻遏蛋白复合物的晶体结构等。

上海X射线自由电子激光装置与"鹦鹉螺"上海光源,最近处只相隔几十米。其实,"同步辐射光源+X射线自由电子激光",正是光子科学平台发展的最新方向,目前全球已有6个这样的组合,分别位于德国、美国、日本、韩国、瑞士和意大利。而在张江,这一光源组合正在崛起。赵振堂说,第三、第四代光源共同组建的大科学平台,能够为科学家提供更先进、更丰富的综合实验手段。

正在建设中的新一代光源是实验装置、用户装置与活细胞研究平台的集成。中科院上海应用物理研究所自由电子激光部主任王东介绍,新光源的建筑总长550米左右,实验装置长300米。刚竣工的加速器隧道,宽约6米,未来可并行安放两台直线加速器。

"这是一个软X射线自由电子激光装置,将在生物、化学、材料等领域发挥重大作用。"他说,在此基础上,还可以建设硬X射线自由电子激光。

赵振堂表示,等到硬X射线波段自由电子激光装置建成,我国的光源组合将与美国、德国和日本等并驾齐驱

得益于上海光源积累下的人才、技术优势,以及与企业的紧密合作,新一代光源的关键设备绝大部分在国内制造。王东介绍,即将安装的加速器、波荡器,其中除速调管还需进口外,其他主要部件都实现了国产化。

据悉，在装置后端，250米长的波荡器大厅和实验大厅也将投入建设。在实验大厅，自由电子激光将被分成不同的光束，满足不同科学实验的需求。

在建的软X射线自由电子激光会覆盖两个重要波段："水窗"（波长2.3～4.4纳米）和"磁窗"（波长1～2纳米）。在"水窗"波段，可以在很好的对比度下观测活体细胞和生物样品，进而对生物活体细胞进行三维全息成像和显微成像——这是生命科学研究中前所未有的装备。而在"磁窗"波段，存在大量磁性材料原子共振吸收边，对研究超快物理、化学过程、大容量磁光存储器件具有重要作用。

不忘初心，披肝沥胆 60 年

——感受中科院院士、第二军医大学东方肝胆外科医院院长吴孟超的赤子情怀

解放军报社 黄 超 梁蓬飞 **通讯员** 林 峰

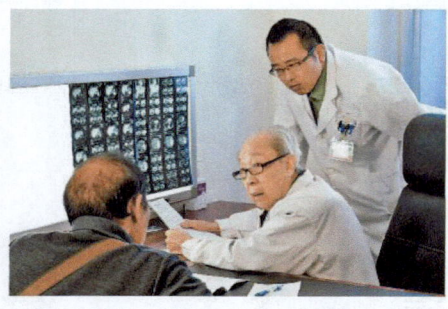

《解放军报》第 1 版
2016 年 6 月 2 日

慈眉善目、笑意盈盈；说话时，右手拇指不停地叩着食指第一关节……记者与吴孟超面对面交谈时，这位耄耋老人的言谈举止，让人很自

然想到那首歌：《革命人永远是年轻》。

今年94岁的吴孟超，入党已经60年。趁着出席全国科技创新大会、两院院士大会和中国科协第九次全国代表大会的空当，他接受了媒体采访，深情回忆自己当初为什么要加入中国共产党。

不忘初心，方得始终。近距离感受这位白发院士的沧桑人生、一代医学大师的精神底色，使人不禁为他一生爱党、爱国、爱军、爱民的赤子情怀深深打动。

追寻二十载，一诺定终生

吴孟超第一次知道"中国共产党"，是1937年在马来西亚。

彼时，15岁的他已在异国他乡生活了10年。这10年，吴孟超跟随父母卖米粉、割橡胶、做苦力，受尽英国殖民者及其帮凶的压榨盘剥，好不容易才进入一所华侨学校半工半读。

那一年，卢沟桥的炮声也传到了马来西亚。著名侨界领袖陈嘉庚领导华侨开展抗日救亡运动，校园里掀起一波又一波革命浪潮。共产党、八路军、延安、毛泽东、朱德……一些以前从未听过的词，开始频繁闯入吴孟超的脑海。

1939年夏，初中毕业。按惯例，由校方和家长出资安排学生聚餐。当把钱收齐后，时任班长的吴孟超和副班长林文立商议：取消聚餐，把省下来的钱捐给抗战将士。这个建议，得到了全班同学的拥护。于是，一笔以"北婆罗洲萨拉瓦国第二省诗巫光华中学39届全体毕业生"名义捐出的抗日捐款，通过陈嘉庚送往抗日根据地——延安。

令人惊喜的是，他们竟然收到了以毛泽东、朱德名义发来的感谢电报。

电报如同一簇星火，点燃了吴孟超的激情——到延安去！到抗日前线去！1940年春，他约好6个同学，历时一个月经新加坡、越南，从云南入境，回到了祖国怀抱。

刚回国，吴孟超就得知，通往延安的道路已被国民党军队严密封锁。无奈之下，吴孟超只能留在昆明求学打工，其间随校迁转于云南、四川和上海，一直到新中国成立。

这期间，吴孟超经历了抗日战争胜利、国共内战爆发、上海解放……吴孟超也由懵懂少年成长为一名见习医生。更为重要的是，他深深懂得了谁能救中国、谁能领导中国。1949年5月的一个清晨，当他看到露宿上海街头的解放军时，更加坚定了自己的信念决心："我要加入中国共产党！""我要成为解放军的一员！"

入党申请书写了一次又一次，但都因他的华侨身份被退了回来。为了向党组织表决心，吴孟超忍痛中断了与家人的联系。

终于，在1956年3月28日，吴孟超被批准加入中国共产党。同年6月12日，他正式参军，被授予大尉军衔。此时，距吴孟超第一次知道"共产党"，已经过去了将近20年。

追寻二十载，一诺定终生。"选择回国，理想有了深厚的土壤；选择从医，追求有了奋斗的平台；选择入党，人生有了崇高的信仰；选择参军，成长有了一所伟大的学校，"吴孟超说，这4个正确选择决定了他一辈子的幸福，"如果说有什么成功秘诀的话，就是这几条路走对了！"

身遭劫波苦，不移报国志

信仰的火炬一旦点燃，就算遇到风雨也依然坚定不移。

"文化大革命"爆发时，吴孟超任第二军医大学副教授，已是一名声名显赫的肝脏外科专家。造反派却给他扣上了"反动学术权威"的帽子。领导职务被罢免、课题组被解散、家被查抄，多年积累的科研记录和工作日记被夺走……吴孟超的人生跌入低谷。

不久，更大的打击来了。因为有"海外关系"，且无法通过"外调"核查，吴孟超被停止了组织生活。

委屈、伤心，吴孟超哭到天亮。第二天早上，他做出两个决定：每月如期交党费，每周给党组织写一份思想汇报。

4个多月后，吴孟超终于恢复了组织生活，并当选为支部委员。

说起往事，吴孟超感慨万分："一个人找到和建立正确的信仰不容易，用实际行动捍卫信仰，更是一辈子的事。"

吴孟超用实际行动捍卫对党的信仰，更多是努力为党工作。

1958年，某外国医学代表团来医院参观时傲慢地预言："中国的肝脏外科要达到世界先进水平，起码要30年！"

当晚，吴孟超彻夜难眠，"国不强、遭人欺"的滋味袭上心头。他连夜向院党委赶写一份向肝胆外科进军、成立攻关小组的报告。报告完成之际，窗户正透进第一缕晨光。意犹未尽的他又提笔写下16个字：自力更生,艰苦奋斗,奋发图强,勇攀高峰。

此后,不管遇到怎样的艰难曲折,吴孟超始终充满战斗的激情、保持冲锋的姿态:创造性地提出"五叶四段"解剖学新见解,奠定了中国肝脏外科的理论基础;首创常温下间歇肝门阻断切肝法,改变了西方沿用已久的传统技术;成功完成世界上第一台人体中肝叶切除术,勇闯肝脏手术"禁区里的禁区"……

仅用时 7 年,吴孟超和他的团队就将中国的肝脏外科水平提升至世界前列,创造了世界外科医学界的奇迹。

此后的故事,我们更加耳熟能详。尤其是在 1979 年召开的第 28 届国际外科学术会议上,吴孟超以切除治疗原发性肝癌 181 例、总手术成功率 91.2% 的经历,震惊国际医学界,让中国肝脏外科一举成为世界领跑者。

"我常常问自己,如果不是选择跟党走,如果不是战斗生活在军队这个大家庭,我又会是一种怎样的人生呢?"吴孟超坦言,"我可能会有技术、有金钱、有地位,但无法体会到为人民服务的含义有多深,共产党员的分量有多重,解放军的形象有多崇高。"

党员使命在,冲锋永不止

这是一道绚烂的人生风景线。

作为医学专家,他 1991 年当选为中国科学院学部委员;

作为革命军人,他 1996 年被中央军委授予"模范医学专家"荣誉称号;

作为科技工作者,他 2006 年荣获国家最高科学技术奖;

作为医院院长,他被评为 2011 年度"感动中国"人物;

……

无论从哪方面看,吴孟超都已到达了事业顶峰,可他并没有因此停步。

2006 年,从北京领取国家最高科学技术奖返回上海,吴孟超立即联合 6 位院士提交了"集成式研究乙型肝炎、肝癌发病机理与防治"的建议,受到党和国家领导人高度重视,被列入"十一五"国家科技重大专项。

当时,他的设想是:再用 5~10 年时间,将我国肝癌发病率再降低 15%,治愈率再提高 15%;通过 30~50 年的努力,找到治疗肝癌的根本途径。

很难相信,这是一位当时已84岁高龄老人的创业蓝图。

"急啊,要把国家肝癌科学中心和东方肝胆外科医院安亭新院尽快建起来,到时候中国就有了世界上最大的肝癌研究和防治基地,能为多少病人带来福祉啊!"吴孟超说。

今年年初,安亭新院手术室启用,吴孟超主刀实施了第一台手术。

吴孟超的秘书介绍,现在,平均每周都有4~5台手术等着吴老。此次来京参会的一些院士听说吴老至今仍在做手术,感到难以置信。

吴孟超伸开双手,记者见他的右手食指明显畸形:指尖关节处硬生生向拇指方向折起,形成明显的"V"形夹角。就是这两根手指握住的手术刀,把上万名肝癌患者从死亡线上夺了回来。

党员使命在,冲锋永不止。记者手头有一份吴孟超在"两学一做"学习教育中的发言稿。在自查自纠时,吴老指出了自己的不足:一是没有以往的拼劲了;二是没有以往的韧劲了。

见此,记者的崇敬之情油然而生。

"60年前,他搭建了第一张手术台,到今天也没有离开。手中一把刀,游刃肝胆,依然精准;心中一团火,守着誓言,从未熄灭。他是不知疲倦的老马,要把病人一个一个驮过河。"这是"感动中国"组委会给吴孟超的颁奖词。

我为什么入党?

这就是吴孟超———一名94岁的老人、一名从军60年的老兵、一位入党60年的老党员———做出的回答。

九旬院士的17载科教实验：

挽起求索科学的"小手"

中国科学报社　李晨阳

《中国科学报》第1版
2016年5月17日

　　从去年1月开始，高一学生江雨涵加入了一场科学教育"实验"。周末，她会跨越大半个京城，到清华大学物理系高级工程师顾晨的实验室，研究"高温超导体"。

　　这场走过了17载岁月的"实验"，叫作北京青少年科技俱乐部。每年，俱乐部都会组织一批像江雨涵这样学有余力、爱好科学的学生，利用课余和假期到一线科研团队进行平均为期一年的课题研究，并参与一年一度的论文评审答辩。

　　在"实验"的发起人——已93岁高龄的中科院院士王绶琯看来，10余年间他们所做的事情，就是在科学家和青少年之间搭建一座桥梁，引导有志于科学的中学生走出校门,到科学社会中"以科会友"。

王绶琯坦承,自己年轻时,正是在几双"大手"的牵引下"走进科学"。如今,他矢志于用自己的"大手"牵住更多的"小手"。

为志趣而生

这场"实验"的开始,要追溯到1998年。时年75岁的天文学家王绶琯,给当时的北京市科协青少年部部长李宝泉和副部长周琳写了一封信。信里,他谈到了自己发现的一个有规律性的现象。

王绶琯统计了20世纪100余位诺贝尔物理学奖得主做出代表性工作的年龄,发现这些杰出科学家的首次创造高峰一般出现在30岁前。

"设想一位科学家在30岁就做出重要贡献,那么他必须24岁左右就投身这一领域,十六七岁就应该是他探索人生、发现自我的'志学'之年。"王绶琯认为,这一阶段的青少年若能得到良师益友的熏陶,接触各种科学,将终身受益。

当时,社会上正流行竞赛、考试、培优班等人才早期培养方式,虽有成效,但也难免滋生急功近利的风气,并不利于学生的全面发展。

为了区别于正式的学习任务,脱离严酷的应试校园生活,王绶琯想到了"俱乐部"3个字。

"所谓'俱乐部',关键在一个'乐'字。"现任俱乐部秘书长周琳说。这种"乐",并非孩童嬉戏的快乐,而是青少年走到科学社会中,自由地发现自己、实现自己的志趣。

按王绶琯的设想,俱乐部以院所高校、高新技术企业为活动单位,聘请老中青科学家为科研导师,通过举办讲座、参观、联谊会、建立师生指导关系等多种形式,跟踪培养有才能的优秀学生,帮助他们成长为科技栋梁。

科技俱乐部的想法,迅速得到相关单位的倾力支持。1999年,科技俱乐部已收到61位科学家的联名倡议。在这张被保存至今的泛黄的纸张上,钱学森、马大猷、卢嘉锡、王大珩等院士、专家的签名非常醒目。郑哲敏、匡廷云、王乃彦、黎乐民、严纯华等一线科学家则成为俱乐部的第一批科研导师。

此外,俱乐部还争取到北京四中、人大附中、北大附中、景山学校等4所学校的支持。

1999年6月,被科学家寄予厚望的北京青少年科技俱乐部扬帆起航。

俊彦初长成

这场 17 年前发起的活动，在王绶琯看来就是一个探索性"实验"。

"如果我们培养的 1000 人里有 100 人在从事科学研究；如果这 100 人里有十几个取得一定的科学成就，那么这个俱乐部就没有白办。"这是他多年来反复强调的一个理念。

令他欣慰的是，近两年来，早期参加俱乐部活动的学生开始纷纷走上工作岗位，其中一部分已经在科研领域崭露头角。

钱文峰，科技俱乐部第一届学员，于 2012 年任职中科院遗传发育所研究员，并入选"青年千人计划"，时年 28 岁；31 岁的丛欢，于 2015 年入选"千人计划"青年人才，成为中科院理化技术研究所最年轻的研究员；2008 级学员李淼，不仅自己就读于美国卡内基·梅隆大学，还成了科技俱乐部的导师。

在俱乐部老人的口中，"洪暐哲"是一个常常被念叨的名字。这位科技俱乐部 2000 级的学员年仅 31 岁，最近刚刚在美国加利福尼亚大学洛杉矶分校成为助理教授。

2012 年，已在加州理工学院做博士后的洪暐哲与科技俱乐部导师——北京大学教授昌增益合作发表了一篇论文。这是洪暐哲与他的"导师"共同发表的第 6 篇学术论文了。

从高中阶段开始，洪暐哲就追随昌增益，先后在清华大学和北京大学生科院的实验室里进行生物化学研究。他曾坦言，自己现在的发展，都直接或间接地受益于高中时的科研训练。

对钱文峰来说，科技俱乐部承载了他人生的一段美好记忆。15 岁那年，正读高一的他加入了科技俱乐部。与现在从事的基因组研究不同，当时他选择的专业是天文学，导师是现任北京天文馆馆长朱进研究员。

在钱文峰的早期科研实践中，最令他难忘的是在中科院国家天文台兴隆观测站度过的两周。

兴隆观测站位于河北省兴隆县燕山主峰，是个"想出都出不去"的地方。钱文峰在朱进的指导下晚上学习天文观测，白天则阅读学术文献、啃英文文献，并乐此不疲。

钱文峰觉得，在兴隆的那十几天让他明白了一件事情：科学家所置身的那种环境、氛围和生活，正是他想要的。

传承之问

帮助学生发现自己的爱好和志趣,也帮助学生被其他科学家发现,这是俱乐部活动的初衷之一。

面对《中国科学报》记者的采访,这位"耳背眼花"的老人,依然保持着强烈的倾诉欲望。"我说给你听。"王绶琯说。在这种近乎单向的交流中,充满了他对这项科学实验活动的思考。

围绕近年来的工作,俱乐部进一步强调了"精细化"理念,即在不影响高中生综合素质教育的条件下,根据个人志趣和条件"量体裁衣",力求针对每个学生做好细致安排。

"科学人才的早期发现和培养,本质上属'因材施教',原则上是'法无定法'。"王绶琯说,为此,应当发动志愿者们拓宽视野、自由选题、开展探索。

而俱乐部的科研实践活动,目标就在于实践这样一种自由选题的探索过程。"这种不能立竿见影,却需要锲而不舍探索的事,由'志愿者小分队'来做非常合适。"他说。

在俱乐部担任导师十余年之久的中科院微生物所研究员黄力曾评价:王老是在把俱乐部当一项事业来做。

"我也不好说它是什么,一定要说的话,是一种理想吧。"王绶琯说。

俱乐部的发展也遭遇过一些挥之不去的困惑。

在王绶琯反复强调的"去功利化"思想下,俱乐部虽然不干涉学员参加各类竞赛,但也不直接帮助学员参赛或升学,这让俱乐部活动在一些家长和学生眼里"褪色不少"。

昌增益对此有直接的感受,"现在的孩子,大多在家长的安排下报了很多特长班、培优机构。要在俱乐部扎下根来做科研,好像越来越不容易了"。

年已古稀却仍坚持在俱乐部一线的周琳则对其中的艰难感触尤深:"现在孩子的选择多了,需要科学家导师发挥作用的地方也越来越多,生源和导师队伍都面临着被分流的困境。"

在周琳的办公室里,也有聘来帮忙的年轻人,但是数量不多,流动性也比较大。

"王老和周老如果干不动了,这件事情由谁来接力?"年轻导师们不禁担心。

科学院深处飘来浓醇酒香

——中科院植物所苦心研究培育出葡萄好品种

上海文汇报社　郭超豪

5月，北京香山脚下，可称为"中科院北京最美研究所"的植物所早已一派春意盎然的景象。置身万花丛中，呷一口植物所自酿的"北玫"葡萄酒，轻微的玫瑰香气、淡雅清爽的口感，令人心旷神怡。端起酒杯，中科院植物所研究员梁振昌开始讲述"葡萄美酒夜光杯"背后的故事。

《文汇报》第1版
2016年5月13日

"北""京"系列改善先天不足

中国的葡萄最早由汉代的张骞从西域一带引入，2000多年来，甜美多汁的葡萄、甘甜醇美的葡萄酒一直备受人们喜爱。然而，中国的气候类型却无法给传统葡萄品种提供最佳的生长环境。据梁振昌研究员介绍，世界上最著名的葡萄酒产区——地中海沿岸的法国、西班牙、意大利，美国加利福尼亚州，澳大利亚，南美洲智利、阿根廷等，无一例外均是"夏季炎热干燥，冬季温和多雨"的地中海气候。

"我国酿酒葡萄主产区夏季雨热同季，葡萄容易生病，农药用药量大；冬季寒冷干燥，必须把葡萄藤拉到地上，将整棵葡萄树埋进 30 ～ 50 厘米厚的土里，人力成本巨大，"梁振昌说，"高成本、低品质，造成了我国葡萄酒在市场上长期缺乏竞争力。"

为了改变"先天不足"，中科院植物所的科学家们从 1954 年便开始研究葡萄抗寒育种。2011 年，北京市批准建立了挂靠在中科院植物所的葡萄科学与酿酒技术北京市重点实验室。经过几代科学家 60 余年的努力，共研发出用于酿酒的"北玫""北红"等"北"字号系列和用于鲜食的"京亚""京秀""京蜜"等"京"字号系列两个类别，共 24 个拥有自主知识产权、地地道道中国制造的葡萄品种。

"我们将起源于中国、适应中国气候的山葡萄与优秀的欧亚种葡萄进行杂交，培育出了抗寒、抗病能力强，品质优良的'北'系列酿酒葡萄。"梁振昌说，"北"字系列目前在华北、西北、东北等地区种植，冬季不需要埋土防寒，省下大量人力成本。而夏季打农药的次数，只有法国波尔多地区葡萄的约五分之一，保证了葡萄酿酒后的安全和质量。

"鲜食葡萄讲究个大、皮薄、肉硬。而酿酒葡萄果粒不能太大，因为酒的颜色、香气等次生代谢产物大部分来自果皮。同时，酿酒葡萄需要比鲜食葡萄更高的糖分和酸度，"梁振昌说，"葡萄酒的酒精度数源自葡萄果实本身糖分的发酵，糖分不够酒精度数就难以达标。而酸被称为葡萄酒的灵魂，酒的口感、颜色稳定度、储存的时间长短都和酸有着密不可分的关系。"所以，相比市面上常见的鲜食葡萄，酿酒葡萄对于科学家们是个更大的挑战。

每一颗葡萄都凝聚着科学家的汗水

根据国际葡萄与葡萄酒组织的统计，我国目前已跃居世界葡萄种植面积第二大国，葡萄酒产量也位居世界前五。然而相比法国、意大利等传统葡萄酒强国，中国的葡萄和葡萄酒产业仍然面临着品种趋同、区域化不明显、品质较低等问题。

"为什么全世界都认可法国葡萄酒的质量？ 因为全世界大部分酿酒葡萄都是法国的品种，有着'天时地利'的优势。加上法国对栽培技术和葡萄品质的把关都异常严格，才有了如今的声誉。"梁振昌介绍道，在法国，酿酒葡萄品种达 200 多种，栽培超过 1000 公顷的就有 60 种。而在中国的广阔国土上，几乎只有"赤霞珠""梅鹿辄""霞多丽"等少数几个品种。由于气候因素，国内许多地方的"赤霞珠"8 月底就会成熟，酿造的葡萄酒口感和风味很难达到优质葡萄酒的要求。中科院植物所团队一直在新品种选育上下功夫，研发适合不同地区、不同人群喜好的新品种、新产品，实现产品特色、优质和多样化，提升中国葡萄和葡萄酒产业的竞争力。然而，这是一个漫长又艰辛的过程。

"一个葡萄品种从杂交研发，到最终大规模推广，最顺利也需要 25～30 年，像'北红''北玫'这些刚通过审定的品种，因为时代的特殊性用了 50 多年，"梁振昌给我们算了笔账，"第一年杂交后栽种，结果需要 4～5 年；拿到果实后观察、实验，看适不适合酿酒，需要 2～3 年；认为可能适合酿酒后，需要繁殖一定的规模用于进一步大规模的实验，又过了四五年；随后，想要得到审定通过，需要在至少三个区县种植一定规模，且必须有稳定的性状和好的品质，又花去了 4～5 年。拿到审定证书后，向全国大范围推广种植到成熟结果，还需要一个五年。"由于有后续的加工酿造过程，所以酿酒葡萄的研发是个周期长、投资高的过程。"树上的每一颗葡萄，都凝聚着科学家的汗水，可能还有泪水。"梁振昌感慨道。

中国问天甲子风云录

人民日报海外版 彭训文

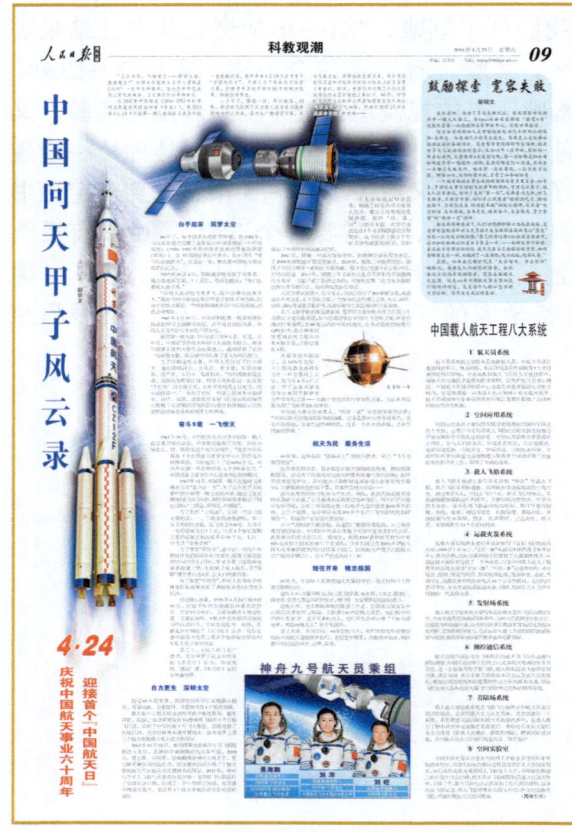

《人民日报海外版》第9版
2016年4月23日

"上下未形,何由考之……圜则九重,孰营度之?"中国古代浪漫主义诗人屈原在《天问》一诗中这样追问,表达出中华民族先人对天地离分、日月星辰的好奇和向往。

从1956年中国制定《1956—1957年科学技术发展远景规划纲要(草案)》,到1970年4月24日我国第一颗人造地球卫星"东方红一号"发射成功,再到2016年4月24日成为首个"中国航天日",中国人几千年的问天追梦之旅,伴随着中国航天事业60年的快速发展,持续加速推进。

一个甲子,弹指一挥,风云激荡。60年,中国航天实现了从首颗人造卫星到逐渐形成返回式卫星、"东方红"广播通信卫星、"风云"气象卫星、地球资源卫星、北斗导航定位卫星和实践科学探测与技术试验卫星等卫星系列。60年，中国航天实现了从航天员成功往返太空到"嫦娥"卫星探月；60年，中国航天实现了从科研人员最初需要用自行车打气筒为火箭打气加压，到如今拥有10多种类型的"长征火箭"家族……

白手起家　筑梦太空

60年了，如今很多人或许不知道，在1956年，当时尚未建立完整工业体系的中国曾制订了一个科技规划：《1956—1957年科学技术发展远景规划纲要（草案）》。在57项国家重点任务中，第37项为"喷气与火箭技术"。正是这一项，标志着中国航天事业的正式起步。

1957年10月4日，苏联成功地发射了世界第一颗人造地球卫星。7个月后，毛泽东提出："我们也要搞人造卫星。"

"运载火箭的能力有多大，航天的舞台就有多大。"虽然当时中国连近程导弹也才刚刚开始仿制，但由于运载火箭是一个国家探测和利用空间的基础，因此必须要搞。

1960年2月19日，中国研制的第一枚液体燃料推进的探空火箭腾空而起。由于没有加压设备，科研人员是用自行车的打气筒加压的。

虽然第一枚火箭飞行高度只有8公里，但是，几年后，中国在导弹技术和探空火箭技术结合、液体与固体推进剂火箭组合的基础上，成功研制出了"长征一号"运载火箭，标志着中国具备了进入空间的能力。

为了研制这枚火箭，科研人员付出了巨大的艰辛。他们要钻深山、走荒原、进戈壁，还要迎酷暑、战严寒、斗风沙、喝黄泥水。"当年满眼都是荒漠，夜间还有野狼出没。科研人员和农民一起住在'干打垒'的土房子里，主食不够就用土豆充饥，埋头画图设计。"参加了"长征一号"第三级固体火箭研究、设计、试制、试验直至发射飞行全过程的原第七机械工业部第四研究院驻内蒙古指挥部副主任陈克明这样描述当年的艰苦工作环境。

奋斗九载　一飞惊天

1965年10月，中科院在北京召开中国第一颗人造卫星方案论证会。中央很快批准了方案，同时全国的人、财、物均为这个项目开绿灯。"就拿为东风基地（今为酒泉卫星发射中心）修的这条铁路来说，当时就投入了近 6000 万元，而当年全国一年的财政收入才 370 多亿元。"中国酒泉卫星发射中心党委书记夏晓鹏说。

1967 年 12 月，我国第一颗人造地球卫星被命名为"东方红一号"。为了让全世界人民都听到中国第一颗卫星的声音，确定卫星要播送《东方红》乐曲。国防科工委简单概括了预定目标："上得去，看得见，听得到"。

为了做到"上得去"，"长征一号"由三级火箭组成，一级、二级选用液体燃料，第三级采用固体燃料，起飞推力为 104 吨。"东方红一号"的质量为 173 千克，比前 4 个国家首颗卫星的质量总和还要多近 30 千克，"长征一号"可谓"举重若轻"。

为了做到"看得见"，"东方红一号"的外形被设计为近似球体的 72 面体，能使卫星在旋转时闪闪发光；同时，专家为第三级燃料火箭表面镀上铝，火箭随卫星入轨后，其"围裙"撑开直径达 4 米，让人们肉眼可察。

为了做到"听得到"，科研人员用电子线路模拟铝板琴演奏了清晰悦耳的《东方红》。

经过精心准备，1970 年 4 月 24 日晚 9 时 35 分，沉寂千年的戈壁滩首次被烈焰照亮。发射 13 分钟后，卫星准确进入预定轨道。卫星自旋时，4 根 3 米长的套管式短波天线自动打开，开始发送信号。很快，浩瀚太空中响起了《东方红》乐曲。这标志着中国成为世界上第五个能够独立研制和发射人造卫星的国家。

第二天，全国人民守在广播旁，首次听到了从太空传来的《东方红》乐曲，举国欢腾。通过广播，《东方红》乐曲也传遍世界。

自力更生　深耕太空

经过 60 年的发展，我国空间科学已实现载人航天、月球探测、卫星组网、火箭技术等四方面的突破。

载人航天工程无疑是这些突破中最抢眼的。截至目前，我国已成功研制发射 10 艘"神舟"飞船和 1 个目标飞行器，实现了中华民族千年飞天梦想，连续突破了出舱活动、交会对接等多项关键技术，成为世界上第三个独立掌握载人航天技术的国家。

2003 年 10 月 15 日，杨利伟乘坐的"神舟五号"飞船顺利进入太空，浩渺的宇宙间飘扬起五星红旗。2008 年，翟志刚、刘伯明、景海鹏乘坐

"神舟七号"升空,翟志刚开展空间出舱活动,标志着我国成为第三个独立掌握航天员出舱活动关键技术的国家。2011年,"神舟八号"无人飞船与此前发射的"天宫一号"目标飞行器进行了空间交会对接,组成了一个小型的空间站,标志着中国成为继俄罗斯、美国后第三个自主掌握自动交会对接的国家。

无人月球探测稳步推进。"嫦娥"工程是我国实施载人登月、建立月球基地的重要步骤。按照"绕、落、回"三部曲实施,我国已成功完成3个月球探测器的研制发射,成为世界上第五个发射月球探测器的国家,同时创造了中国深空探测最远纪录。

2007年,"嫦娥一号"成功发射升空,在圆满完成各项使命后,于2009年按预定计划受控撞月。2010年,"嫦娥二号"顺利发射,取得了空间分辨率7米的全月球图像。如今它已突破1亿公里深空,并仍在前进。2013年,"嫦娥三号"卫星和"玉兔号"月球车的月面勘测任务展开。卫星目前工作状态良好;月球车在第二次月夜休眠前出现异常不能行走,尚未恢复但依旧存活。

人造卫星家族庞大。迄今为止,中国已发射了200多颗卫星,涵盖"高分"系列卫星,北斗导航卫星,三代"东方红"系列通信卫星,风云、海洋、资源、测绘等遥感卫星系列,以及环境与灾害监测预报卫星。

北斗卫星导航系统是继美国、俄罗斯卫星导航系统之后第三个成熟的卫星导航系统,如今已成功发射17颗北斗导航卫星。此前的测试结果表明,在45°以内的中低纬地区,北斗动态定位精度与GPS相当。高分辨率对地观测系统工程共涉及8颗卫星,目前已发射4颗。

火箭家族不断添丁。从1970年"长征一号"三级运载火箭将"东方红一号"卫星送上太空,到2016年4月6日"长征二号丁"运载火箭成功发射我国首颗微重力科学实验卫星——"实践十号"返回式科学实验卫星,长征系列运载火箭已完成第226次发射。

中国航天事业的奠基人、"两弹一星"元勋钱学森曾评价:"中国固体火箭发动机取得的成绩,完全是靠自力更生得来的,没有外国援助,没有经过仿制阶段,这是一个伟大的成绩,是中华民族的骄傲。"

航天为民　服务生活

60年来,这些看似"高高在上"的航天技术,早已"飞入寻常百姓家"。如今常见的设备,很多都是从航天领域转化而来的。例如,烟雾报警器，原是为了检测太空站里的烟雾和有毒气体而研制；医院里的重症监护室，源自航天员训练时监测各项生命体征的实验室；方便面调料包里的干菜，其雏形是航天食品……

航天发展同样助力社会生产生活。例如，我国南海的很多渔民在渔船上装载了北斗海洋渔业船载信息终端后，可在茫茫大海中定位导航；"长征二号"运载火箭上仅电子元器件就有2000多个品种、上万个规格，由分布在全国300多个生产厂家和研究机构研制生产，形成的产业效益可想而知。

从天气预报到车载导航，从通信广播到环境监测，从土地管理到智慧城市，中国航天技术从未像今天这样走近我们的生活，改变着我们的生活方式。据统计，我国1100多种新型材料中有80%是在航天技术的牵引下完成的；目前我国已有2000多项航天技术成果被移植到国民经济各个部门，民用航天产值已占据航天总产值的半壁江山，投入产出比高达1∶10。

继往开来　精忠报国

60年来，中国航天实现跨越式发展的背后，是无数科研工作者的默默付出。

这些人中，有像邓稼先、钱三强、钱学森、朱光亚、王永志、陈德仁、陈祖贵、梁思礼等这样的科学家，他们用一生兑现报效祖国的诺言。

这些人中，也有默默奉献的普通工作者。在酒泉卫星发射中心的东风革命烈士陵园，长眠着730多位航天英烈，他们的平均年龄只有27岁。还有更多航天人，他们用生命展示着"干惊天动地事、做隐姓埋名人"的无私情怀。

爱之大者，为国为民。60年后的今天，我们沿着这些英雄创造的中国航天道路继续前行，在纪念中继承，在继承中创新，坚持着中华民族的问天、追梦、探索。

寻找最简单的完美理论

——记中科院院士吴岳良与他的"引力量子场论"

光明日报社　齐芳

1月25日下午3时，中国科学院理论物理研究所报告厅，一场学术报告会正式开始——中国科学院大学副校长、理论物理所研究员吴岳良院士向大家报告了自己的最新成果——"超越爱因斯坦广义相对论的引力量子场论与量子暴涨宇宙"。

听众大多是从事理论物理研究的专家，吴岳良的报告时不时被提问打断，最后的问答环节差一点儿就"刹不住车"，用主持人的话说："我们最好能把演讲者问倒！"两个小时下来，吴岳良的头发汗湿了，贴在前额上。可很多专家还意犹未尽，约好了下次讨论的时间。

吴岳良介绍："自然界有四种基本相互作用力：万有引力、电磁相互作用力、弱相互作用力、强相互作用力。1905年，爱因斯坦提出

《光明日报》第6版
2016年1月27日

了狭义相对论，时间与空间不再是独立的。基于狭义相对论与量子力学，理论物理学家用四维时空协变的数学形式描述了强、弱和电磁三种基本相互作用力。1915年爱因斯坦推广狭义相对论创立了广义相对论，用以描述引力与时空几何的联系。"

量子力学发展起来后，科学家们将狭义相对论与量子力学成功统一，建立了量子场论。基于量子场论建立的粒子物理标准模型，成功地描述了强、弱和电磁三种基本相互作用力。但广义相对论却无法与量子力学统一起来，几十年来，这个问题一直困扰着物理学家。而能否将广义相对论与量子力学统一起来，对解决宇宙起源与演化等问题非常重要。

能够统一描述自然界四种最基本的相互作用力，这将是一个多么简单而完美的理论！全世界的理论物理学家为此付出了巨大努力。"我们坚信会有这样一种理论。"吴岳良给记者讲了一个物理学家费米的故事——费米在做对撞机实验时，他的学生向他抱怨发现的粒子太多，实在记不住。费米对他的学生说，那就不要记，自然界总有一种更简单的方法记录它们。"后来果然发现了夸克，所有粒子都是由夸克组成的，"吴岳良说，大千世界有各种各样的现象，"我们做理论物理的，就是要找到能概括所有实验现象的自然界的最基本规律，用数学语言定量地描述出来，并用以预言、指导以后可能出现的现象。"

现在，吴岳良迈出了重要一步。"我认为如果再沿着爱因斯坦的路走下去，肯定还得不到答案。因此，我们需要创新，需要另辟蹊径。"他从量子场论出发，提出了"引力量子场论"。根据目前的研究进展，这一理论可在量子场论的框架下统一描述四种基本相互作用力，并能够兼容广义相对论——导出含有引力场效应的所有量子场运动方程和所有基本对称性对应的守恒定律。

寻找"简单"的过程却是复杂的。35页的论文，吴岳良写了一年多，《物理评论》杂志审稿就花了半年时间。而吴岳良对这个问题的思考，从20多年前就开始了，甚至可以回溯到他在南京大学读书时。那时，吴岳良选修了"广义相对论"课，期末老师以撰写学习报告的形式进行考试，他写了一篇关于普朗克质量的小黑洞问题，得了"优"。他笑言："现在回想起来，或许从那时开始，这个问题就在我心里生根了。"当被问到会不会觉得太枯燥、乏味时，吴岳良笑了："能够揭示大自然的奥秘，你不觉得兴奋吗？而我，非常享受这个过程。"

理论需要验证，十年、二十年，甚至更长。吴岳良说，他接下来将继续研究，也期待着同行和实验物理学家对理论的检验，"如果真有人能指出我的问题，我会非常高兴。这世界上没有'完美'的理论，但通过不断修正，我们能无限接近最简单的'完美'"。

圆珠笔之问：小小"球珠"拷问中国制造

新华社 李 萌 商意盈 孔祥鑫 马 剑

三千多家制笔企业、二十余万从业人口、年产圆珠笔四百多亿支……中国已经成为当之无愧的制笔大国，但一连串值得骄傲的数字背后，却是核心技术和材料高度依赖进口、劣质假冒产品泛滥的尴尬局面。

作为世界制造业大国，为何我们却无法实现一个小小零件的完全自主研发和生产？"圆珠笔之问"更是"中国制造业之问"。近日，记者就这些问题采访了有关专家。

一个小小"球珠"的"尴尬"

圆珠笔由于易于携带、方便耐用，被广泛地应用到生产、生活中。据中国制笔协会介绍，包括笔芯在内，中国圆

新华社通稿
2016年1月23日

珠笔产量已达到 400 多亿支。

"从数量上来看，我们是当之无愧的制笔大国，但还不是制笔强国。"中国制笔协会名誉副理事长陈三元说，虽然我国制笔产业很早就形成了，但在 2011 年我国启动核心材料和设备自主研发项目以前，从易切削钢线材、墨水到加工设备都只能依靠进口。

据介绍，笔头和墨水是圆珠笔的关键，其中笔头分为笔尖上的球珠和球座体。目前，碳化钨球珠在国内外应用最为广泛，我国已经具有很好的基础，不仅可以满足国内生产需要，还大量供出口。但球座体的生产，无论是设备还是原材料，长期以来都掌握在瑞士、日本等国家手中。

"生产一个小小的圆珠笔头需要 20 多道工序，传统工艺需要分开进行处理加工。"陈三元说，为了满足出口的需求，国内制笔企业开始大量采用瑞士米克朗公司的一体化生产设备，以提高质量和生产效率。

据介绍，国外生产设备对原材料的要求相对更高，国产不锈钢线材无法适用，必须依靠日本进口易切削不锈钢线材。同时，与之相匹配的墨水也要从德国、日本等国家进口。从而形成了我国当前圆珠笔产量第一，但核心材料和设备却大量依靠进口的"尴尬"局面。

浙江文钰制笔厂负责人汪洪富说，用国外的设备和材料生产不锈钢笔头，企业成本更高，早在 20 世纪 90 年代，进口一台设备就要 400 多万元人民币。这些年制笔行业中，产业链低端的利润空间在不断压缩，压力也越来越大。

"内力"不足终致"制笔困局"

据介绍，圆珠笔头的生产对加工的精度、材料的选择都有很高的要求。笔头上不仅有小"球珠"，里面还有五条引导墨水的沟槽，加工精度都要达到千分之一毫米的数量级。

有关专家表示，每一个小小的偏差都会影响笔头书写的流畅度和使用寿命，笔尖的开口厚度不到 0.1 毫米，还要考虑到书写角度和压力，球珠与笔头、墨水沟槽位必须搭配得"天衣无缝"，加工误差不能超过 0.003 毫米。

据介绍，1948 年，中国第一支国产圆珠笔在上海丰华圆珠笔厂诞生。改革开放以后，在巨大的出口需求带动下，制笔厂如雨后春笋般出现。但企业散弱小、缺乏科研平台、知识产权保护不足等，导致行业成长"内力"不足，一直制约着制笔产业技术创新、产业升级的步伐。

浙江光华文化用品有限公司董事长丁樟荣表示，公司曾经研发出一款新笔，"当时刚出来的时候净利润6毛8分一支，非常受市场欢迎。但一夜之间，40多家企业都开始生产一模一样的笔，利润一下子降到了每支4毛，这款新笔不久就被跟死了"。

据统计，目前全国3000余家制笔企业中，规模较大的企业仅有250余家。制笔行业专家和企业负责人普遍质疑，我们国家能自己造出宇宙飞船、原子弹，为什么生产一个小小的圆珠笔头的"球珠"，钢材却要长期依赖进口？不是因为这个技术有多难，而是没有足够的动力去研究。

陈三元表示，圆珠笔看似简单，其实涉及一个国家制造工业的方方面面，墨水研制需要化工业支持，生产设备涉及机械设计制造能力，特殊钢材则取决于国家钢铁产业的科技水平。

"相对于钢铁产业，制笔是个体量很小的行业。比如，一家钢铁厂一天的产量，可能就够制笔行业消化一年。"陈三元说，对钢厂而言，这点利润微不足道，它没有动力去搞研发生产，制笔企业也没有足够力量，因而依赖进口。

科技创新打破"进口依赖"困局

据中国制笔协会介绍，2010年年底国家有关部门专门组织了调研，并于2011年启动了"制笔行业关键材料及制备技术研发与产业化"项目，国家拨款近6000万元支持相关科研机构、企业针对中心墨水制造、笔头不锈钢线材、加工设备等开展科技攻关。

经过不懈努力，项目于2015年通过"十二五"国家科技支撑计划验收，实现了一系列技术突破。长期以来，困扰中国制笔行业的"进口依赖"困局，开始被逐渐扭转。

陈三元说，我们研制成功易切削不锈钢线材以后，日本的钢材供应商立刻将价格从每吨12.5万元下调到9万元左右。同时，我们还研制成功了两台国产笔头制造设备，建成了多条墨水、新型结构笔头的示范生产线。进口墨水的价格和数量也都在下降。

有关专家表示，实际上，万宝龙、派克等国际知名制笔企业在中国都有代工厂，这证明就工艺水平来说，目前国内一些知名企业的产品不比国外的差。但由于核心技术缺失，我们从生产加工到国际标准制定都缺乏主动权。

在"中国制笔之乡"浙江省桐庐县分水镇,虽然已经经过40多年的发展,全镇共有制笔及配套企业739家,圆珠笔年产能已达180多亿支,但大部分企业仍然从事产业链最低端的加工组装。

有关专家表示,一个小小圆珠笔的问题,也是我国制造业很多领域都面临的问题。科技创新的步伐不能停顿,应加大投入完善产学研平台,我们的制笔技术在提升,国外也在不停进行技术更新,要坚持不懈地追赶超越。

陈三元说,现在虽然已经在易切削钢线材、墨水等技术实现了突破,但企业接纳新技术和设备还需要一个过程,我们正在努力加大新技术的推广。但拥有了先进技术和设备,要真正制造出国际一流的产品,还需要培养精益求精的"工匠精神",这都是中国从一个制笔大国走向制笔强国不可缺少的。

中国新发射卫星有望揭开暗物质之谜

新华社　王聪　喻菲

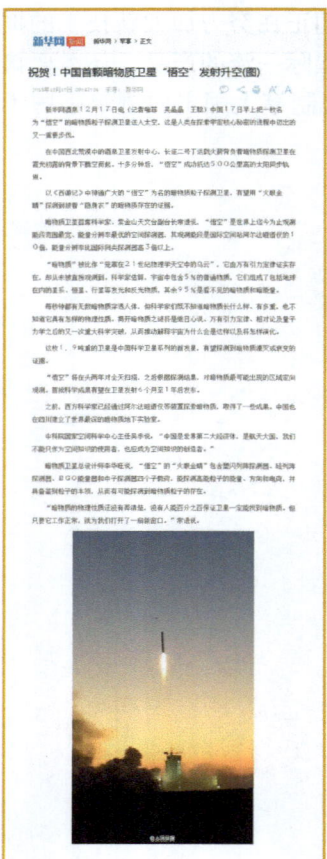

新华社通稿
2015 年 12 月 17 日

【新华社酒泉 12 月 17 日电】中国周四将首枚用于探测暗物质的空间望远镜送入太空，这是人类在寻找暗物质进程中迈出的最新一步。这种神秘物质占了宇宙总质量的绝大部分，人类却看不见。

清晨 8 点 12 分，"长征二号丁"运载火箭背负着暗物质粒子探测卫星（DAMPE）从酒泉卫星发射中心腾空而起。卫星以中国古典名著《西游记》中有着火眼金睛的美猴王"悟空"命名。

它将进入地球上空 500 公里高的太阳同步轨道，从那里观测太空中高能粒子的能量、方向和电荷。

"悟空"的设计寿命长达三年，不过科学家期望它能在轨工作五年。

在此期间，科学家希望这枚 1.9 吨重、如书桌般大小的人造卫星能帮助人类揭开暗物质的神秘面纱。

暗物质是现代科学的一大谜团，它既不释放也不反射电磁辐射，因而人类无法直接观测。

科学家引入了暗物质的概念，用以解释宇宙间的质量缺失及光在遥远星系中的异常弯折现象。如今，暗物质已被物理学界普遍接受，但科学家仍未能探测到它们存在的直接证据。

科学家相信，我们已知的宇宙中，由质子、中子、电子等构成的普通物质仅占约5%，其余都是看不见的暗物质和暗能量。

暗物质粒子探测卫星首席科学家常进说，揭开暗物质之谜对物理科学和空间科学具有革命性意义，让人类可以更清晰地理解星系和宇宙的历史与未来演变。

此前，科学家已通过国际空间站搭载的阿尔法磁谱仪，以及位于瑞士日内瓦城郊的欧洲核子研究中心（CERN）的大型强子对撞机（LHC）等装置探索暗物质的真实属性，并取得了一些成果。

中国还在西南部的四川建立了地球上最深的暗物质地下实验室，它位于地下约2400米的深处。

而最新发射的暗物质粒子探测卫星将帮助科学家搜寻暗物质湮灭或衰变的证据。

"这就像是去寻找暗物质的'儿子'，如果找不到'爸爸'，那么我们总可以去找他的'儿子'，并且从'儿子'那里得到'爸爸'的一些信息。"常进说。

"悟空"将在发射后的前两年对全天扫描，之后根据探测结果，对暗物质最可能出现的区域定向观测。

100多名中国科学家将对卫星数据展开分析研究。首批科学成果有望在2016年下半年发布。

常进说，"悟空"是世界上迄今为止观测能段范围最宽、能量分辨率最优的暗物质探测器。

据介绍，这枚新型探测卫星的观测能段大约是国际空间站阿尔法磁谱仪的10倍，能量分辨率则比国际同类探测器至少高3倍以上。

不过，常进也谨慎地表示，科学家对在这次任务中成功找到暗物质的踪迹还没有十足把握。

"暗物质的物理性质还没有弄清楚，没有人能百分之百保证卫星一定能找到暗物质。"常进说。

"但只要它工作正常，就为我们打开了一扇新窗口，"常进说，"悟空"除了寻找暗物质外，还是一个宇宙射线望远镜，可以研究宇宙射线的起源、传播和加速。

"悟空"是中国科学院四颗科学卫星系列的首发星。

另外三颗科学卫星，包括一颗量子科学实验卫星、"实践十号"返回式科学实验卫星,以及一颗用于观测黑洞、中子星等重要天体的硬X射线调制望远镜卫星,将在明年陆续发射。

中国科学院国家空间科学中心主任吴季透露,这三颗科学卫星目前研制进展顺利。

"中国不应只是空间知识的使用者,也应成为空间知识的创造者。"他说。

这里的冬天不太冷

中国科学报社 甘 晓

《中国科学报》第 1 版
2015 年 12 月 2 日

随着国内大气污染问题的日益严重，中科院"解耦燃煤炉"开始逐渐获得重视并得以示范应用。

11月下旬，华北平原大雪纷飞，气温骤降。但河北省固安县南赵各庄村村民刘中明家中的室温却超过了20度，暖洋洋的屋内与白雪皑皑的窗外形成鲜明的对比。和刘中明家一样，这个寒冬，村里一共70多户人家都依靠中科院过程工程研究所研发的"解耦燃煤炉"集中供暖。

解耦燃烧技术是目前国内外唯一可以有效降低氮氧化物排放的高效中小型燃煤实用技术，而采用该技术的解耦燃煤锅炉不仅带来了高质量的供暖，而且降低了取暖成本，受到了当地村民的欢迎。如能进一步推广，可望为节能减排、减少雾霾发挥重要作用。

村里来了高科技锅炉

11月24日,《中国科学报》记者来到南赵各庄村刘中明家里。"我们村新装了高科技锅炉,再也不用自己烧炉子了。"说到冬天取暖,刘中明颇为自豪地说。

从前,刘中明家都是自己生小炉子取暖。"要不停往里边加煤,屋子里弄得脏兮兮的,有时晚上还要起来加煤。"刘中明的经历也是国内大部分北方农村家庭的真实写照。长长的烟筒往往必须穿过屋子再伸出窗外,不完全燃烧可能引发一氧化碳中毒。

刘中明还给记者算了一笔经济账:"一冬天差不多要用上4吨煤,算下来大约3000元。"

村民们口中说的"高科技锅炉",正是中科院过程工程研究所发明的"解耦燃煤炉"。去年7月,河北省将中科院过程工程研究所研发的"解耦燃烧小型集中供热方案"列入"河北省农村面貌改造提升行动"中,在廊坊市固安县温泉园区南赵各庄村建立了示范工程。该项目设计供热面积约2万平方米。

集中供暖后,村民们发现,家里不仅不再被煤灰弄脏,也不用再担心安全隐患,更重要的是,新的采暖方式,比之前更便宜了。例如,刘中明家里140平方米的屋子,一冬天采暖算下来只需要1500块钱,费用几乎降低了一半。当然,这其中的户外管道敷设和锅炉改造等前期费用还需要政府补助投资。

"高科技锅炉"给南赵各庄的村民们带来了一个干净而安全的暖冬。

减灰霾"利器"

中科院过程工程研究所副研究员刘新华向《中国科学报》记者介绍,煤燃烧过程是由多个化学反应组成的复杂反应网络。高温富氧环境使烟黑和一氧化碳更容易充分燃尽,却增大了氮氧化物和二氧化硫的排放。相反,低温贫氧有利于固硫,却使可燃物燃尽困难,增大不完全燃烧损失。

"解除烟黑、一氧化碳与氮氧化物、二氧化硫的耦合排放是燃烧技术中长期存在的技术难点。"刘新华指出。这使得我国采用燃煤供热的分散热用户污染物排放无法控制，致使其对环境造成的影响数倍于其燃料消耗所占的比例，正是导致严重灰霾污染的重要原因之一。

20多年来，研究人员通过优化锅炉结构和燃烧过程，实现了对燃料热解气化、半焦燃烧过程的解耦和优化控制。随着国内环境污染问题的日益严重，解耦燃烧技术开始逐渐获得重视并得以示范应用。

在南赵各庄村的锅炉房里，《中国科学报》记者看到了这套减灰霾的"利器"。一台正在工作的锅炉中，煤先在热解气化区进行热解气化，在低温贫氧环境下利用热解气和半焦的还原作用实现低氮燃烧。随后，可燃物进入高温富氧环境下的燃烧区燃尽，达到无烟排放。

"2014～2015年度采暖季123天的连续运行数据显示，与传统燃煤炉相比，这套技术节煤量达20%～30%，氮氧化物排放降低30%～45%，排烟林格曼黑度小于1，完全达到'无烟排放'标准。"刘新华说。

在分散热用户中推广

新锅炉装好后，村民刘振军经过简单培训，当起了司炉工。他对这份新工作非常满意："操作简单，也不算太累。"但他家却因为距离远没能用上自己烧的暖气。"希望这个锅炉能够推广，我们家也能尽快用上！"刘振军向《中国科学报》记者谈起了他的期待。

目前，在我国农村和城郊地区，至少有2亿人采用相对分散的低效高污染的燃煤供热方式。科研人员们建议，要实现分散热用户节能减排的重大突破，减少灰霾污染，应该重点在我国广大农村和城郊地区推广应用解耦燃烧中小型集中供热系统。

"随着新农村建设和城镇化发展，落后的分散供热方式将逐渐被淘汰，"刘新华表示，"中小型解耦燃煤锅炉集中供热系统改造，应根据不同地区的经济和地理差异，先易后难地推进。如率先对郊区学校、医院、企业、政府办公建筑和新建居民区等实施。"

科研人员相信，中小型解耦燃煤锅炉集中供热系统的推广，最终将使社会、热用户和供热企业实现互利的良性循环。

雪域高原变绿了

——尽管气温持续上升,西藏高原生态系统总体趋好

中国日报社　程盈琪

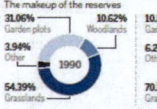

《中国日报》第1版
2015年11月19日

　　中国科学院于本周三发布的《西藏高原环境变化科学评估》报告显示,在全球变暖的大趋势下,尽管西藏高原温度的变化幅度比周围地区更大,但该地区的生态系统却在朝着好的方向发展。

该报告指出，在过去 50 年间，西藏高原地区平均气温上升了 1.5～2℃，超过全球同期平均升温率的 2 倍。尽管上升的气温加快了冰川消融的速度，增加了灾害风险，但却改善了高原生态系统，使西藏高原寒带、亚寒带东界西移，南界北移，温带区扩大，高寒草原面积增加，返青期提前，枯黄期推后，生长期延长，冬小麦适种海拔上限升高了 133 米，春青稞适种上限升高了 550 米，生态系统总体趋好。

参与该项调查的兰州大学副校长陈发虎教授表示，西藏高原的极冷气候、稀薄空气和古冰川等一直是全世界研究生态环境和可持续发展的专家们关注的焦点。

在过去三年时间里，来自中科院青藏高原研究所，以及国内多所大学和研究机构的专家，利用近 50 年的研究数据，对西藏高原地区的环境变化进行了评估，并对未来 100 年间的变化趋势做出预测。

"通过对气温、降水、冰川、积雪、湖泊等 26 项指标的评估，我们得出结论，西藏高原地区生态系统整体趋好。"陈发虎说。

生态系统得到改善，一方面与西藏高原不断变暖变湿趋势的气候有关，另一方面也离不开人为因素的影响。20 世纪 60 年代以来，西藏、青海两省区及国家相关部委不断实施的各类环境和生态建设工程对生态系统的保护效果显著。

中科院青藏高原研究所的徐柏青研究员告诉记者，政府主导建立的各类生态保护区及林地保护项目为西藏高原筑起了一道生态安全屏障，为改善高原生态环境起到了积极作用。

但是，此前的研究表明，西藏高原生态环境仍受到来自周边国家和地区的污染。例如，曾有研究发现该地区存在来自境外的污染物，也有研究称喜马拉雅山已经无法阻隔来自南亚地区的炉灶和山火对西藏高原的污染。

跑好从实验室到市场的创新"接力赛"

——中科院西安光机所科技成果产业化的启示

新华社　吴晶晶

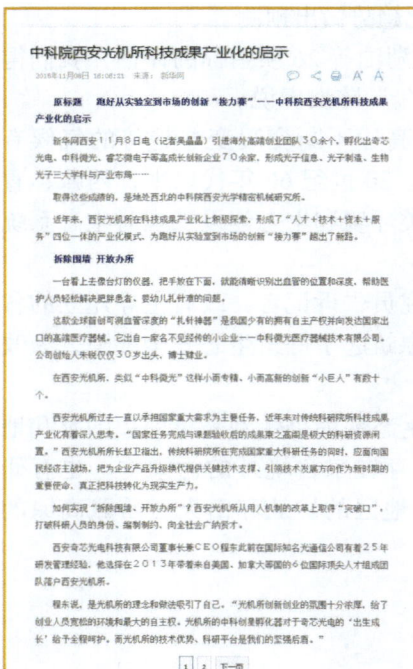

新华社通稿
2015 年 11 月 8 日

引进海外高端创业团队 30 余个，孵化出奇芯光电（西安奇芯光电科技有限公司）、中科微光（中科微光医疗器械技术有限公司）、睿芯微电子等高成长创新企业 70 余家，形成光子信息、光子制造、生物光子三大学科与产业布局。

取得这些成绩的，是地处西北的中国科学院西安光学精密机械研究所（简称西安光机所）。

近年来，西安光机所在科技成果产业化上积极探索，形成了"人才＋技术＋资本＋服务"四位一体的产业化模式，为跑好从实验室到市场的创新"接力赛"趟出了新路。

拆除围墙　开放办所

一台看上去像台灯的仪器，把手放在下面，就能清晰识别出血管的位置和深度，帮助医护人员轻松解决肥胖患者、婴幼儿扎针难的问题。

这款全球首创可测血管深度的"扎针神器"是我国少有的拥有自主知

识产权并向发达国家出口的高端医疗器械。它出自一家名不见经传的小企业——中科微光。公司创始人朱锐仅仅30岁出头，博士肄业。

在西安光机所，类似"中科微光"这样小而专精、小而高新的创新"小巨人"有数十个。

西安光机所过去一直以承担国家重大需求为主要任务，近年来对传统科研院所科技成果产业化有着深入思考。"国家任务完成与课题验收后的成果束之高阁是极大的科研资源闲置。"西安光机所所长赵卫指出，传统科研院所在完成国家重大科研任务的同时，应面向国民经济主战场，把为企业产品升级换代提供关键技术支撑、引领技术发展方向作为新时期的重要使命，真正把科技转化为现实生产力。

如何实现"拆除围墙、开放办所"？西安光机所从用人机制的改革上打开"突破口"：打破科研人员的身份、编制制约，面向社会广纳贤才。

奇芯光电董事长兼CEO程东此前在国际知名光通信公司有着25年研发管理经验，他选择在2013年带着来自美国、加拿大等国的6位国际顶尖人才组成的团队落户西安光机所。程东说，是西安光机所的理念和做法吸引了自己。"光机所创新创业的氛围十分浓厚，给了创业人员宽松的环境和最大的自主权。光机所的中科创星孵化器对于奇芯光电的'出生成长'给予全程呵护。而光机所的技术优势、科研平台是我们的坚强后盾。"

市场需求"倒逼"科研

西安光机所鼓励有志于创业的科研人员创业。对科研人员创办的企业，西安光机所参股而不控股。同时对科研人员大胆采用股权激励机制，通过科研人员持股，把责、权、利捆绑在一起。

"研究所和企业的定位、管理模式等都不一样，如果让研究所去控股，企业就很容易又变成一个研究所，而不是市场需要的企业。"赵卫说。

"研究所不控股减少了行政干预，让创新创业的种子在宽松的环境中成长，最终实现市场需求'倒逼'研发，彻底改变了科技成果转化的传统路径。"西安光机所博士、中科创星孵化器首席科技官米磊说。

科研人员出去创业会不会造成研究所技术和人才的流失？赵卫说："我们鼓励科研人员去做转移转化，同时也可以在研究所承担课题，和研究所一起推动学科发展，让研究所始终保持创新活力。"

实践证明，产学研并举的科研新模式对科研产生了反哺作用。"科研人员和市场打交道，就能知道市场需要什么样的技术，可以丰富研究所的学科。我们过去看文献找方向，研究的课题企业并不感兴趣，现在面向市场，对双方都有利。"赵卫说。

打通创新"接力棒"体系

科技人员创办企业，普遍面临两个"一公里"难题：一是缺乏启动资金、无法迈出创业的"第一公里"；二是缺乏转化平台，科技成果很难快速转化为产品，走完"最后一公里"。

为破解这一困局，2013 年，西安光机所与陕西关天资本联合发起成立了西北地区第一家专注于"硬科技"创业投资的天使基金——西科天使基金。同时以西安光机所部分科研场所为基地，建成了中科创星孵化器。今年又先后成立科技创业种子基金和中科创星众创空间。

在这种模式中，西安光机所的科研人员、实验平台和研发设备可以随时为企业提供研发支撑；在项目发展初期，种子基金、天使基金可为创业企业提供第一笔资金支持；孵化器则对入孵企业提供包括物理空间、投资服务、创业培训、研发支撑等在内的全流程一站式服务。

"这样，西安光机所构建了'研究机构＋天使基金＋孵化器＋创业培训'的科技创业生态网络体系，形成了'人才聚集'—'资金投入'—'企业规模化发展'—'反哺科研'的'闭环'，打通了科技成果产业化的'接力棒'体系。"中科创星总经理曹慧涛说。

中国科学院院士魏奉思：

太阳活动周期性影响全球气候变化

中国气象报社　宛　霞

《中国气象报》第1版
2015年10月21日

　　有人说，太阳打个"喷嚏"，地球就会"感冒"。对此，中国科学院院士魏奉思说，太阳风暴一旦发生，就像太阳打了个"喷嚏"，喷射而出的大量带电粒子所形成的高速粒子流，将严重影响地球的空间环境，使地球磁场产生激烈扰动，从而干扰无线通信等。

太阳风暴来自距离地球 1.5 亿公里之外的太阳表面，包括黑子、耀斑、日珥爆发、日冕物质抛射等多种表现形式。犹如四季轮回，太阳活动强弱也呈现出周期性变化，平均 11 年为一个周期，目前太阳进入了第 24 活动周。有科学组织预测，2014～2015 年可能进入新一轮太阳风暴活动丰年。对此，魏奉思认为，这仅仅是一种预测，缺乏令人信服的科学依据，有待进一步观测。

魏奉思解释称，超强太阳风暴爆发是有条件的。一是太阳风暴强度要足够大；二是要全波段，不仅仅是从太阳上吹出的这种高速、超音速的等离子体风暴，还有它的高能带电离子的流量也要特别大；三是电磁辐射要足够强；四是要对准地球。这几个条件都非常苛刻，所以说太阳风暴很难真正对地球造成灾害性影响。

"但是，如果真的爆发了超强太阳风暴，将会给人类社会带来重大灾难，像美国、加拿大、挪威等高纬度地区国家的电力系统会遭到巨大破坏。此外，航天系统也将受到严重影响。而我国尽管位于中低纬度，电力系统也会受到影响。因为，我国的超高压电网达上千公里，它的感应电流累计起来可达上百安培，甚至上千安培。如果爆发超强太阳风暴，超高压电网就会受到不同程度的影响。"魏奉思说，爆发超强太阳风暴后，电离层将会遭到严重破坏，通信卫星的微波通过电离层后，GPS 导航等会混乱，这将给人类出行、生活等造成严重影响。

从 20 世纪 90 年代开始，地球气温上升的问题成为一个全球性话题。科学界主流意见认为，全球气候变化是由进入工业化之后人类活动所导致的。尽管"人为因素导致气候变化"已成为结论性判断，但在空间科学领域，气候变化是否也与太阳因素有关，太阳因素如何影响气候变化？针对这些问题，科学家有着不同的观点。

研究资料显示，空间天气与日常的天气及气候变化等有着密切关系。魏奉思说，这种关系是目前研究的一个热点。从地球的天气长期变化看，太阳活动对其是有影响的。经过大量的研究发现，地表温度有 11 年周期的变化，而这个变化就是受太阳活动 11 年周期性的调节影响。

"也就是说，太阳活动增多时，全球温度要升高；太阳活动减弱时，全球温度也随之下降，"魏奉思说，"不可否认的是，人类活动也对气候变化造成了影响。我认为，太阳活动周期的影响是控制地球天气的一个大趋势，小的趋势则是由人类活动来控制的。"

目前，很多问题亟待研究。魏奉思和他的研究团队在沿东经 120° 子午线附近和北纬30°附近的15个监测台站之间，建成了一个集地磁电、无线电、光学和探空火箭等多种手段于一体的监测网络，这项工作被称为"子午工程"。他们选择一些有基础的地面观测台站，对空间环境的变化进行监测，主要是通过地面的一些雷达设备、光速设备和地磁设备等，了解空间变化规律，进而了解我国上空的空间天气环境变化与全球变化之间的关系。魏奉思说，在"子午工程"的基础上，中国还推动了国际空间天气子午圈计划，将中国的子午链向北延伸至俄罗斯，向南延伸至澳大利亚，形成了唯一一个能绕地球一周的地基空间环境子午圈。

传统磁共振成像技术盲区"亮"了

——我国拍出首个肺病患者气体磁共振影像

健康报社　王潇雨

《健康报》第 2 版
2015 年 9 月 15 日

记者王潇雨从中国科学院武汉物理与数学研究所获悉，近日，该所波谱与原子分子物理国家重点实验室周欣研究员团队和武汉大学中南医院吴光耀教授团队合作，使用超极化氙-129 肺部磁共振成像技术，获得我国首个肺病患者（哮喘）气体磁共振影像。该影像可显示肺部结构精确信息，并可提供衡量肺部健康状态的气气交换、气血交换两方面功能数据。这意味着，借助该技术可进行肺部气体交换功能的可视化研究，尽早发现肺部通气缺陷，为肺部疾病早期诊断提供新仪器和新技术。

记者在中国科学院武汉物理与数学研究所实验室看到，患者佩戴上特制的射频线圈马甲，躺在磁共振检查床上，吸入 300～720 毫升经过极化处理的惰性气体氙-129，憋气 6 秒钟，经磁共振信号的采集反馈，即可得到 8 张清晰的肺部精确影像，包括衡量肺部健康状态的数据。吴光耀指着磁共振影像介绍："患者主气管上的小阴影表示其在呼吸过程中有痉挛现象,而左下肺叶的小阴影意味着其肺部通气功能的功能性改变或缺陷,这些都是 CT 成像无法显示的。该技术将有助于微小病灶诊断。"

周欣告诉记者,传统磁共振成像技术无放射、无侵入,可对人体大部分组织和器官的结构及功能成像。但传统技术使用水中的质子反馈射频信号,肺部空腔的气体在图像上只能表现为黑色不可视区域,因此肺部空腔成为传统磁共振成像技术在人体中的唯一盲区。"超极化氙-129 肺部磁共振成像技术使用的是惰性气体氙-129,安全无毒,其良好的脂溶性和化学位移敏感性,在探测肺部气血交换功能上具有独特优势,可得到肺部的形态学及生理功能信息。一次检测即可得到扩散、弥散、灌注等多方面信息,并可根据需要衡量患者肺部整体或局部的指标。"

"该技术已在多种肺部疾病,如哮喘、慢阻肺、肺纤维化等的诊断及预后评估中证明了有效性及优越性。"吴光耀说。

科技之笔绘出沙海绿舟

经济日报社 佘惠敏

《经济日报》第11版
2015年9月14日

新疆的地理特征是"三山夹两盆",其中天山以南、昆仑山系以北,塔里木盆地这块幅员辽阔、干旱少雨的地区,被人们称为南疆。极端干旱的自然环境限制了这里的发展,新疆27个国家级贫困县中,有21个分布于南疆。在这片生态脆弱的区域里,中国科学院的专家学者们用智慧和汗水描出了阻遏黄沙的绿色屏障,也绘出了可持续发展的宏伟蓝图。7月底8月初,记者用9天时间,两度穿越塔克拉玛干沙漠,重点探访了南疆五地州中的3个,行程3000多公里,调研科技扶贫、科技援疆的现状与未来。

两座大山下寻找平衡点

南疆有广袤的沙漠戈壁,也有美丽的绿洲农田。

南疆调研的第一站——阿克苏,维吾尔语意为"白水城",就是典型的南疆绿洲。作为古丝绸之路上的重要驿站,这里素有"塞外江南"的美誉。

在这片传统的绿洲上,大水漫灌这种传统农业种植方式,正向膜下滴灌的高效节水模式转变。

在阿克苏地区温宿县依希来木其村的红枣立体种植节水灌溉示范点,记者采访到一位55岁的维吾尔族农民吐尔洪·买买提。他家有14亩红枣、9亩核桃,采用高效节水技术后收入一下增加不少。"以前是漫灌,收入一年只有4万多元,2009年开始改为滴灌,水费省了,劳力省了,产值还高了。现在我家一年能有12万元收入,在村里算中等人家。"

温宿县副县长郭伟给记者算了一笔细账:大水灌一亩地,一年要6次,耗水约900立方米;而改用滴灌后,一年灌8~12次,耗水约300立方米。"滴灌比漫灌更有益于红枣生长,不仅每亩地每年可以节约五六百立方米水,有机生物肥料、农药也可以随水施用,田间出草少,易管理,水费和劳动力投入大大降低。"

给农民们提供滴灌、嫁接、施肥、施药等田间技术培训的,是当地县、乡的技术人员;而给这些技术人员提供理论指导和详尽解决方案的,则是中科院阿克苏水平衡试验站的专家们。

"阿克苏所在地是南疆地区的最大绿洲,是以棉花、林果业为基础的灌溉绿洲。我们始终在想一个问题,上游不断开荒,下游水逐渐减少,流域盐碱化会不会导致绿洲消失?"在中科院阿克苏水平衡试验站站长赵成义看来,仅仅简单地将漫灌改为滴灌,并不能真正保护生态,科学家必须有更长远眼光,在自然资源限制和社会发展要求的矛盾中寻求平衡。

事实上,滴灌立体技术在兵团农场棉田中的使用,要比在农民林果园中使用早很多。人们发现,由于当地干旱气候导致降水量极少而蒸发量极大,实施滴灌后,兵团的土地滴灌时间越长,棉田中盐分的积累就越多,富饶的农田有可能变成荒芜的盐碱地。

"两座大山压着我们,一个是水,一个是盐,要掌握平衡谈何容易,"赵成义说,"原来漫灌可以把盐分压下去,滴灌省水了,盐分却慢慢上来了。"

如何面对水量和盐分的双重制约

阿克苏水平衡试验站开展了一系列试验示范,种什么作物、多长时间漫灌一次洗盐,可以达到产量和耗水量的最佳平衡?已有农田如何通过间种其他作物的多熟立体种植结构,充分利用当地丰沛的光热资源?

在长年累月的监测和密密麻麻的数据中,科学家们摸透了这片水土的秉性,研究出膜下滴灌的立体种植水肥盐一体化技术。

"何时滴灌积盐,何时淋洗脱盐,如何复播,如何间种,我们都有因地制宜的详细试验数据和技术方案。给个表格,农技员就可以操作了。"赵成义说。

生态屏障里稳定求发展

南疆调研的第二站是和田,和田地区位于新疆最南端,古称"于阗",藏语意为"产玉石的地方"。这个历史悠久的古丝绸之路重镇,现在正担负着社会稳定和经济发展的双重重任。

"和田所辖7县均为国家级贫困县,中科院在和田地区帮扶农牧民增收示范项目意义重大,"和田地区行署副专员古丽尼沙汗·买提尼牙孜说,"科技扶贫,有助于我们实现社会稳定和长治久安"。

中科院的科学家们扎根于此,给当地百姓带去了科技和希望。

在和田地区,绿洲仅占3.7%,山地占了三分之一,其余均为沙漠戈壁。弱小的绿洲极易被流沙吞噬,这条塔里木盆地南缘的古丝绸之路,历史上曾有20余座古城被流沙湮没。因此,构建生态屏障,就成为科学家们在这一地区的首要任务。

在和田地区策勒县,1983年建站的策勒荒漠生态试验站,其目的就是要"解除风沙对县城的威胁"。

"当时县城已两度搬迁,却第三度沙临城下,已退无可退。"曾任该站站长、现为中科院新疆生态与地理研究所副所长的雷加强,谈起30多年前的情形依旧记忆犹新。他介绍说,当时老一辈科研人员通过试验研究,曾建立拦沙河、草灌带、灌木林、乔木林四位一体的荒漠化防治方法,获得两项联合国大奖。该技术经过20余年应用,不仅在全国各地荒漠化治理中发挥作用,还出口非洲,成为对付撒哈拉大沙漠的利器。

用生态屏障解决生存危机后,又面临满足发展需求。

"要让老百姓愿意建立生态屏障,必须有收益,所以我们提出建立经济型生态屏障。"策勒站副站长桂东伟说,在构建了荒漠化防治模式后,策勒站又先后建立了棉花高产模式和肉苁蓉高产稳产模式等重大科技成果。尤其是肉苁蓉高产稳产模式,通过在梭梭等生态屏障植物上嫁接肉苁蓉这种素有"沙漠人参"美誉的名贵中药材,让当地农民在防沙治沙的同时提高收入，大大提升人们构建生态屏障的积极性。

研究人员不仅提供技术，更深入乡村，潜移默化地改变着当地生产和生活模式。中科院新疆分院自2014年3月以来，先后派出3批27人进驻和田地区墨玉县加罕巴格乡的巴西恰瓦格村和阿依玛克村。

科研人员与农民同吃同住，带来了林下养黑鸡、种维药，盐沼地养鹅，稻田养鱼蟹等多种帮助农民增收致富的技术示范，带来了太阳能路灯、电脑远程教育、维汉双语教学软件、科普活动，甚至帮村里的孩子们组建培训了篮球队。

毕业于和田师范专科学校的20岁阿依玛克村姑娘如孜妮娅孜罕·麦提图尔苏，如今就在村里的双语夜校进修。"用软件学汉语很方便，可以比较读音是否准确，还有很多图片。村里5～18岁的孩子都来学，他们很喜欢学汉语，有的孩子还想将来当主持人。"她使用的双语教学软件，正是中科院新疆理化技术研究所研发的。

村民图孙买卖提拿家里的两亩地参与了中科院新疆理化技术研究所的林下种植维药试验示范项目："工作组出主意，技术指导，我们出人力。只要工作组在，我们心里都很踏实，千万个放心。"

"最初举办文体活动时几乎没人响应，现在跳舞活动、篮球比赛都有了，村民们对我们非常热情。"中科院新疆理化所综合办主任冯涛是派驻阿依玛克村工作组的组长，他对驻村工作的前景充满信心。

死亡之海上点亮生命线

南疆调研的第三站，是一条长长的公路。

地处塔里木盆地中央的塔克拉玛干沙漠，面积达33.76万公里^2，是全球三大极端干旱区之一，也是世界第二大流动沙漠，被称作"死亡之海"。"死亡之海"里却有着丰富的地下油气资源，是我国重要的战略资源基地，因此，这里修建了一条南北贯穿塔克拉玛干沙漠、全长522公里的世界最长的贯穿流动沙漠的等级公路。

这条中国石油投资8亿元建成的经济通道，1995年贯通后却因连续积沙面临严峻挑战，公路养护费用逐年增加，严重制约正常油气勘探开发。

"我们的总体思路是，用机械防护确保公路修建和早期运营，用生物防护保障公路长期运营。"中科院塔克拉玛干沙漠研究站站长徐新文说，早期试验在1991年就已开始。"我们首先要查明沙漠公路沿线地下水环境

创新年轮　　攀登足迹
中国科学院第十四届科星奖获奖作品选

特征,一开始以为'死亡之海'没水,后来推土机一推沙里有水,以为水源很丰富,却发现水质很差,都是矿化咸水。"

经过10多年日复一日的研究,科研人员确定了沙漠公路的风沙危害形式,确定了主要植物种的适应灌溉水矿化度范围,最终确立了防护林体系三大结构模式,并开发了咸水灌溉技术体系,在30.5公里的小范围防护林试验中取得成功。

随后就是大规模推广,2003~2006年建设的沙漠公路防护林生态工程,总投资2.18亿元,林带总体宽度72~78米,总面积为3128公顷,种植各类苗木近2000万株。在气候干旱、风沙强烈、高温酷热、降水稀少的沙漠腹地,建设者们点亮了这条全长436公里的绿色生命线。

现在,这条绿色生命线上,每隔4公里就有一间小房,那里住着维护防护林的工人。在其中一座"水井房"里,黄自友和周慧丰这对来自四川的中年夫妻,已在此服务7年。他们在柴油发电机的轰鸣声中,看守着抽水井和一条条黑色细管。这些设施抽取的地下咸水,滴灌在沙漠公路两旁的防护林。"我们每年3~10月在这里,每个月两人收入4200元,需要每天步行检查两次,看看管道是否正常。"黄自友说。

"我们这里原来气候干燥,心情烦躁,生活枯燥,"位于沙漠腹地的塔里木油田塔中作业区党支部书记万红心说,"如今公路绿化带建起来了,塔中沙漠植物园也建起来了,现在有绿色,有鸟有野兔,在这里工作心情好多了"。

流域管控中协调水资源

南疆调研的第四站,是巴音郭楞蒙古自治州首府库尔勒,塔里木河流域管理局就设在这里。

作为世界第五大、中国最大的内陆河,全长2700公里、流域面积102万公里^{2}的塔里木河是整个南疆的生命之水。这条生命之水曾经面临严重生态危机。

"塔里木河干流下游曾经近400公里河道断流,地下水位下降、矿化度持续上升,尾闾台特玛湖干涸,大片胡杨林死亡。"塔里木河流域管理局副局长托乎提·艾合买提说,自2001年我国启动投资高达107亿元的塔里木河流域生态保护重大工程项目后,经过十几年的努力,规划中的节水、输水目标基本实现,结束了塔里木河下游河道连续断流30年的历史。

"但目前南疆人口增长很快,资源性缺水依然存在,将来发展一要提高水的利用效率,二要进行整个流域水资源的优化配置。"

在这个 107 亿元的重大工程里,投资 2 亿元、由中科院新疆生态与地理研究所担当的塔里木河流域水量调度管理系统尤为引人注目。在塔里木河流域管理局可视化会商平台中的硕大地图上,塔里木河流域各个监测断面的水质水量等数据实时更新,一目了然。

塔里木河流域水量调度管理系统是生态保护工程的重要组成部分,其核心就是利用遥感、遥测、地理信息系统、模型模拟技术,实现全流域水资源和生态系统的统一管理,实现全流域生产用水、生活用水、生态用水的统一调度。

系统的总设计师、新疆生态与地理研究所所长陈曦介绍,该系统自 2002 年开始建设,历时 9 年,于 2010 年 7 月 28 日竣工验收,是一个拥有自主知识产权的交钥匙工程,其实际运行实现了塔里木河水资源调配,有效实现了节水、输水目标。

"通过这个项目,我们建成了世界干旱区最大流域水资源利用和生态保护物联网平台,生态用水监测和预测精度比国际同类系统提高了 30%," 陈曦自豪地说,"联合国推荐的水文监测系统,需要非常密集的监测点,不适应塔里木河经常变化的环境,设备也不适应塔里木河流域的极端环境,仪器经常被高温、低温、风沙搞崩溃,于是我们建立了自己的监测系统"。

塔里木河流域管理局信息中心副主任王永琴说,和塔里木河治理同步的信息化建设,让如今的塔里木河流域水资源管理更加精确便捷。"整个流域非常大,纵横都是 1000 多公里,靠人工不可能管得过来。现在,我们的水库监测点,视频监测等数据,都是实时传回,实时掌握。"

"中科院新疆生态与地理研究所共做了三套塔里木河治理方案,目前正在使用的是前两套方案,"陈曦说,"在第三套方案里,我们建议建立水交易市场和水生态市场,现在正在建,建成后可以实现整个流域的水资源优化配置"。

别让历史淡忘了他们

——走进中国科学家的抗战岁月

科技日报社　刘莉

《科技日报》第 1 版
2015 年 9 月 6 日

"一些对抗战年代的总结和回忆,说到中国科学界总是一带而过,科学界到底是怎样抗战的,人们了解很少。"中国科学院大学张藜研究员告诉《科技日报》记者。其实面对侵略,中国科学界与全民族同仇敌忾,用知识、智慧甚至生命投入抗战。近些年,随着现代科学史研究的增多,很多人物和故事才系统地浮现出来。

"9·3"小长假,除了看阅兵直播,张藜一直在位于北京中关村中国科学院自然科学史研究所的办公室忙碌。她和她的团队正在为自己的著作《中国科学家的抗战》做最后的定稿工作。该书将以图说史,以丰富、生动的故事,全景呈现中国科学家投身救亡图存的民族大潮的历史。

用知识和理性支持抗战

战争来临无人能够幸免，大批中国科学家用他们的知识和理性迅速转向为抗战服务。通过张藜的介绍，我们看到了以下的故事。

1931年"九一八事变"爆发，一部分科学家便投入备战中，组织国防教育、勘察战略资源。中央研究院总干事、地质学家丁文江积极投身战略资源调查，不幸的是，1936年1月5日，49岁的丁文江在湖南，为建设抗战后方基地勘察时，因煤气中毒去世。

大批知识精英因国防需要进入政府部门。我国地质学先驱翁文灏受邀出任国防设计委员会秘书长。从主持厂矿内迁到玉门油田的开发，从对美国、苏联特种矿品的出口到后方工业中心的建立，翁文灏为中国战时经济建设殚精竭虑。许多当时已卓有建树的科学家聚集于国防设计委员会，如国防化学专门委员会的曾昭抡（北京大学教授、美国麻省理工学院化工博士）、矿冶专门委员会的李四光（北京大学地质系教授、英国伯明翰大学硕士）、边疆问题专门委员会的竺可桢（浙江大学地理系教授、美国哈佛大学气象学博士）、电气专门委员会的吴有训（清华大学教授、美国芝加哥大学物理学博士）等。

日军在绥东战场上使用毒气，当时中国军队缺乏相关训练，民众对防毒几无常识。很多科学家以各种方式普及防毒知识。1936年11月，物理学家、清华大学理学院院长叶企孙率领师生前往固安慰问部队。师生们携带自制防毒面具、烟幕弹和无线电通信设备，为将士们讲解使用方法。清华大学化学系教授张大煜等开放实验室，为学生提供药剂，指导学生们想办法自制防毒器材和配制毒剂。中研院化学研究所专任研究员吴学周在上海连续作"化学与战争"的科学演讲，现场进行毒气制备实验，使听众了解毒气等化学武器并非不可战胜。

"七七事变"爆发时，物理学家严济慈在代表中国出席法国巴黎召开的国际文化合作会议后回国，组织国立北平研究院物理研究所西迁至昆明，全力研制军用通信工具、光学设备和医疗器械提供给中国和盟国军队。

张藜说，人们都知道战场上"飞虎队"的英勇，但很少有人知道保证航线安全一定需要科技人员的参与。现年99岁的老气象学家陈学溶曾为保障驼峰航线的安全而远赴加尔各答进行气候测量，而他仅仅是无数战时工作在不同岗位上的中国科技工作者之一。

付出生命和牺牲家庭

"希文坚欲赴中央军校。余以其眼近视，于前线带领兵士不相宜，且年过幼，而该班乙级只六个月毕业，于学识方面所得无几，故不赞同其前往。……余亦不能不任希文去，但不禁泪满眶矣。"这是1938年1月15日竺可桢在儿子参军前写下的日记。爱子之情跃然纸上，但国难当头，许多优秀的科学家在自己努力抗战的同时，与普通的中国人一样含着眼泪送儿子上战场。

翁文灏的次子翁心翰是中国空军的战斗机飞行员。1944年9月16日，翁心翰在湘桂路战场驾驶战斗机出击时阵亡，年仅28岁。

从日本留学回国的病理学家殷希彭两度严词拒绝日方邀其出任伪职的邀请，自己雇上马车前往晋察冀边区培训战地医务人员。而他十几岁便参加八路军的长子于1943年春在战斗中牺牲，年仅21岁。同年秋天，年仅16岁却已参加八路军三年的次子也在战争中牺牲。一年中连失二子，殷希彭心中的悲伤无法言喻，但他却反而安慰前来慰问他的同志："国难之中，两个儿子为抗日救国牺牲，他们光荣，我也光荣。我只有加倍努力工作，才是对他们的最好纪念。"

科学研究让历史重现

但是，这期间很多科学家的抗战故事却鲜为人知，原因正如10年前中科院自然科学史研究所刘钝研究员接受媒体采访所说，"似乎没有人做过系统研究"。近年来情况有了一些改变，张藜介绍说，逐步出现了若干有深度的研究，比如中科院政策所樊洪业研究员对竺可桢的研究，上海社科院历史研究所张剑研究员对抗日战争中留守上海的秉志等科学家的研究等。

2015年1月，中国科协王春法书记在安排"老科学家学术成长资料采集工程"年度工作时，提出要系统地研究和展示中国科学家在抗日战争中的贡献。这进一步推进了相关的学术研究，并使此前的研究成果得以系统化、普及化。张藜说，《中国科学家的抗战》中展示的所有故事都来自浩如烟海的史料，尽管目前所能呈现的仍然不是全部，但在抗日战争胜利70周年这个时间推出，希望让更多人看到、了解这段远去的历史，不要遗忘中国科学家为国家、为民族做出的奉献。

第八届"科洽会"成为西北地区首个零碳展会

新疆科技报社　李 蓓

《新疆科技报》第 4 版
2015 年 9 月 2 日

用电、洗衣、购物、驾车、乘坐公共交通工具……人们这些生产生活活动，都会直接或间接地制造二氧化碳。经过专业机构的测算，在第八届"科洽会"召开的三天时间里，共制造出了 300 吨二氧化碳当量，组委会为此支付了 6000 元人民币进行"碳中和"。

"碳中和"是现代人为减缓全球变暖所作的努力之一，就是人们根据自己日常活动直接或间接制造的二氧化碳排放量，计算抵消这些二氧化碳所需的经济成本，然后个人或组织向专门的企业或机构付款购买"碳减排量"，购买的费用将用于植树或其他环保项目，以抵消大气中相应的二氧化碳量。

在本届"科洽会"上，组委会邀请国家权威认证第三方碳排放核查机构——中国质量认证中心对会议期间场馆所用电、用车、参会人员所产生的碳排放量进行了预先的评估：三天时间，因照明、空调、用车等能源消耗所产生的温室气体排放量保守估计为 300 吨二氧化碳当量。

组委会则根据评估结果，在上海环境能源交易所交易平台，通过与绿信碳资产管理（上海）有限公司（简称绿信公司），以每吨 20 元的价格，购买对应的中国核证自愿碳减排量，将本次展会期间场馆所用电产生的温室气体排放量予以抵消。

为了宣传"碳中和"理念，"科洽会"组委会特别邀请绿信公司在会场设立展台，邀请参会个人参与碳排放调查，自愿进行"碳中和"。

中国质量认证中心低碳与能效部部长田晓飞说，"碳中和"在我国起步时间不长，在内地的一些展会主办方会主动做"碳中和"，但是在西北地区，"科洽会"还是第一家做"碳中和"的展会。

中华儿女

桂东伟：把文章写在防治荒漠大地上

中华儿女报刊社　梁　伟

《中华儿女》科技栏目
2015年9月

"在极端干旱区荒漠化是正常的，我们先从对立面绿洲化考虑，绿洲化解决不好，荒漠化必然存在。"

1995年6月17日，在首个世界防治荒漠化和干旱日，联合国环境规划署（UNEP）首次颁发了"全球土地退化和荒漠化防治成功业绩奖"，全世界选送了80个项目，最终只有8个项目获此殊荣，其中，中国获奖的两个项目均来自中科院新疆生态与地理研究所（简称新疆生地所）策勒站，分别是"策勒县流沙治理试验研究"和"流沙地、盐碱地引洪灌溉大面积恢复柽柳造林技术"。

20年之后，联合国环境规划署代表团再探中国新疆策勒荒漠草地生态系统国家野外研究站时，联合国助理秘书长、环境规划署副执行主任易卜拉欣·逖奥赞叹道："联合国环境规划署20年前颁发给策勒站的'全球土地退化和荒漠化防治成功业绩奖'是值得的。"

"联合国官员之所以说值得，是因为20年前防治荒漠化成功了，20年后实现了可持续发展，不仅保住了绿洲，还使其扩大且更健康。"作为新一代策勒人，桂东伟是中科院新疆生地所培养的博士，也是现任策勒站副站长。在美国农业部农业研究所做完访问学者后，他放弃众多选择，没有丝毫犹豫回到策勒，接过"父辈的旗帜"。他说："我将继续致力于使绿洲与荒漠'和平共处'，用我们的研究改变或影响着这块区域！"

沙漠之中的绿色奇迹

策勒，位于塔克拉玛干沙漠南侧，昔日"丝绸之路"南道重镇，离乌鲁木齐1400公里，距北京4000余公里。20世纪80年代初，风沙逼近离县城边缘1.5公里处。

沙临城下，绿洲告急。受命于危难之时，中科院新疆生地所在1983年成立策勒沙漠研究站。以张鹤年、刘铭庭、张希明、雷加强为代表的科学家，奔赴风沙前沿，开始了科技防沙治沙、"沙退人进"的艰辛历程，让这里成为我国主要沙尘暴策源地的监测控制点、边疆生态建设和少数民族脱贫致富的试验研究基地、距离塔里木盆地南缘1400公里风沙线仅存的沙漠研究站。

30多年来，在几代科研人员的努力下，中科院新疆生地所在治沙实践中积累技术，结合实际情况，探索采用生物防沙和工程防沙相结合的技术途径，建立起策勒绿洲外围的综合防沙体系。他们的工作，让策勒流沙前沿后退2～5公里，有效地保护了风沙前沿的38个自然村，解除了沙埋策勒县城的现实威胁，也使两万多亩耕地重见天日。

显然，桂东伟不是那一代拓荒者，策勒站建站的时候，他还只有6岁，对于站里的艰苦奋斗史只能听老一辈人说那过去的故事。

坦白来说，对绿洲生态与荒漠环境的研究，他也只有10多年的时间。然而，对于桂东伟来说，他是有"沙漠情结"的。

他出生在新疆博乐，大学毕业之后当了几年计算机老师。在旁人看来这是一份相当稳定的工作，可是向来喜欢挑战的他无意中知道自己所在的学校有一个传奇式人物——生态学家潘晓玲。当年潘晓玲也做过几年中学老师，后来继续深造，终于成为新疆首位"973"项目首席女科学家，从那一刻起，桂东伟就以潘晓玲为榜样，并立志考上她的硕士研究生。

功夫不负有心人，2004年，桂东伟如愿以偿，成为潘晓玲的关门弟子，学习绿洲生态学，遗憾的是，潘教授在桂东伟读研究生第三年因病离世，但是桂东伟却至此再也没有和这门专业分开过。研究生毕业之后，他考取新疆生地所的博士，攻读自然地理学专业，师从防沙治沙专家雷加强，那时雷加强还是策勒站的前任站长，他把桂东伟送进了最适合他的策勒站。

"2007年我来到站上，感觉这是全中国最落后的县城，特别小。我刚来那一天县城正在装红绿灯，每个路口都有三个警察在给农民讲'红灯停，绿灯行'，农民有骑毛驴的，有骑自行车的，还有骑摩托的。"桂东伟说："到了站上，感觉条件更差，生了锈的铁门加上一排小平房，围墙也是破破矮矮的。但是我知道很多前辈在这里书写了历史，创造了奇迹，我相信通过我们不懈的努力，能够在这里大有作为。那时候包括曾凡江站长在内的一个团队都会帮助你，只要你有新的想法，整个团队都会力挺你。"

最初在站上做实验的日子，虽然很辛苦，但桂东伟却感觉很舒服，每天很早就要出去取样，回来后对样品进行初步分析。

因为想研究绿洲扩张对土壤环境的影响，而土壤变化需要一个很长的过程，要对各个年代的土壤进行取样，年份不同，荒漠植被也不相同。策勒绿洲相对面积比较小，需要土钻，桂东伟带着司机和一个师弟开着一辆皮卡车出去。每公里取6～7个点打井，每个点都要取到一米深，一米是20厘米一个样，这就意味着每公里30个样，跑一公里就要取30个样，取好的土壤样品全部装在自封袋里。

有时候一个月还要观测一次地下水状态，他们借助县的生产用水井观测地下水状态，那些井的门都是锁着的，所以要爬到房顶上把探头伸下去，测一次都要三四天时间，20多口井。地下水主要是测它的埋深，探头一接触就会叫，他们就会知道这个井是多深及它的地下水波动。

"青年人才国外培养计划"

就是秉持这样的科研态度，桂东伟一直在策勒站从事绿洲生态与荒漠环境研究工作,基于南疆绿洲生态与荒漠研究相对落后、急需跟进的现状,从土壤、水资源、可持续发展角度,以水为媒,探讨绿洲与荒漠博弈过程中的生态环境变化及绿洲最终可持续发展的科研理论。

随着不断深入研究,桂东伟有了强烈的求学愿望,他想去国外学习其他国家这方面的研究。恰好那时中科院新疆生地所"青年人才国外培养计划"正式启动,该计划是研究所为培养和储备优秀人才,以公派访问学者的形式,支持优秀青年科研人员到国外发达国家的大学和科研机构从事研究工作的一项措施。

很快,经过遴选,桂东伟成为该项计划的首位资助获得者。他将赴美国科罗拉多州立大学水科学学院从事为期一年的土壤、水分变化及其与植物之间关系的研究工作。当时,他的妻子已经怀孕三个月,如果自己去国外,那么就意味着在妻子最需要爱的时候,他都不在身边。但是妻子笑着对他说,"去吧!我能照顾好自己和宝宝,你就等着回来抱宝宝吧!"桂东伟知道,这是妻子对他最大的支持和爱,他不是一个好丈夫,也不是一个好爸爸。

临行之前,老师雷加强和他彻夜长谈,甚至表示:"将来你不回来也行,我相信你不管在哪都忘不了研究所"。"老师越这样说,我就必须回来,老师的学问很扎实,人也谦逊,对学生宽松,各方面全是鼓励,他从来不批评学生,总是宽慰我们'学生年轻,允许犯错',这种胸怀我特别佩服。他跟我说自己的经历、人生观,怎么一步步走到今天,他一生中想要做成的几件事,哪些还未完成,我们未来该怎么做,我们的事业怎么发展……"

带着妻子的期盼、导师的嘱托,桂东伟只身一人到了美国。

桂东伟说:"当时在国内以优秀成绩毕业,科研资金和荣誉都拿到了,自信心有些膨胀,以为出国学好英语就足够了。但是出去后才发现语言只是工具,自己的专业知识和国外的学术前沿差得太远了,有种仰望星空的感觉,就像刘姥姥进了大观园,外界的一切都刺激你去更加努力地学习,越学越发现自己不会的越多。我是一个自我要求极高的人,所以那段时间很难过。"

对于桂东伟来说,美国的第一年是自己人生的低谷,每天睡的是地铺,吃的是自己做的大盘鸡,没有旅游、没有朋友、没有欣喜,感触最多的就是无尽的挫败感。所以,在临近回国的日子,他提出了一个"过分"的要求,希望再给自己一次机会,在美国继续学习一年。让人意外的是,中科院新疆生地所对于他的决定表示支持。

"在美国的第二年,我改变了思路,接触了很多单位,去了美国农业部,后来还去了佛罗里达,结交了很多优秀的青年科学家,我在那边主要做水资源相关的课题。收获很大,我不再纠结学不完的知识,我要的只是一个思想和方法,只要看到国际前沿,然后和区域结合起来,再力所能及地去做。在这个过程中,我认识到团队和人才的重要性。"桂东伟说。

正是因为有这样的心态,桂东伟在美国的研究也开始有了起色,到他学业临近结束的时候,有继续选择留在美国的机会,但是在机会面前,桂东伟义无反顾地回来了,他说:"策勒站需要我,我必须回去。"

搞好绿洲和荒漠的平衡

"这块土地依然需要有知识、有志向的人来挥洒汗水,如果我们自己长期在此工作的人都去回避,那么又能指望谁,所以回国后在此继续未竟的事业是我的不二选择。"桂东伟说。

2014年,桂东伟回来了!这一次归来,就他个人而言,无论知识体系,还是个人修为,客观来说都是有长足进步的,对于新疆、和田这片土地的发展现状和问题,也有了更清晰的认识。他把国外的思想与新疆本地现状结合起来,将不确定性理论和绿洲结合起来,首次提出"绿洲适宜规模的不确定性"。

他的团队用数理模型来模拟绿洲实际规模。首先要建模,模型有误差,存在很多不确定性,最终导致数据集成和输出的不确定性,而不确定性是自然世界的本质特征。在国外这是研究热点,但是在国内和新疆才刚刚起步。新疆主要还是集中在水的流域上,绿洲实际规模还无人涉及。

"政府为了经济的发展和人口增长的压力,选择扩张,或许没有考虑到自然资源的承载力和可持续发展。以水定地,绿洲的实际规模是有范围的,我想强调的是它不是一条线,随着节水方式的进步和用水效率的提高,绿洲可以适当扩大一些。绿洲有一个范围,但是这个范围具有不确定性,它有多重因素,甚至和政府的决策有关,政府决定全部推广滴灌,面积就大一点,继续沿用漫灌,面积就小一点。以前老科学家在绿洲研究中从来没有考虑以水定地,没有系统地统计各片农田用水的情况。总之我们在研究中将所有不确定、可变的因素考虑进来,我们输出的绿洲规模一定是一个范围,"桂东伟说,"我们生活在极端干旱区,要搞好绿洲和荒漠的平衡，荒漠反噬绿洲是正常的，这就是认识论。"

的确，在20世纪70年代，众多专家就一直在谈荒漠化，荒漠化一直是热点，但是绿洲化从来没有人谈及，甚至在极端干旱区也在谈荒漠化，桂东伟说他现在在思考这里可能不是荒漠化而是绿洲化的问题。换个角度来说，没有昆仑山，没有山地的河水，哪来的绿洲？年均降水量在30毫米，是一种可以忽略的情况，哪来的植被？哪来的人？

桂东伟表示："这本来就是我荒漠的土地，因为你河流来的水侵入了我荒漠形成了绿洲，作为极端干旱区我肯定要反噬啊！在极端干旱区荒漠化是正常的，不正常是因为你绿洲扩张得太厉害了。本来河水只能支持1平方公里的绿洲，非要搞成10平方公里、100平方公里，违反了自然规律。当然，荒漠化在半干旱区谈是合理的，但是在极端干旱区实际上从逻辑关系和哲学辩证上来说我们不要控制荒漠化。我们先从对立面绿洲化考虑，绿洲化解决不好，荒漠化必然存在。"

除了将国外的思想融入新疆本地的科研，他还在人才引进方面做出了贡献，因为策勒站地处偏远、人才缺乏，他在国外访学期间与多名优秀科学家建立联系，并达成人才引进意向。已经成功联系并引进两位"青年千人计划"人才(均来自加拿大)，同时聘请3位美国著名学者为站客座教授。

"策勒这块土地需要人才，需要世界级的人才，更需要能坚守的人才，所以我尽我所能，去联系国内外优秀学者，通过人才引进、客座引进、项目合作等多种方式，邀请更多科学家来此工作，"桂东伟说，"让我划分策勒站、和田区发展阶段，那就是：第一代老科学家以洪水为主来控制沙漠化，保护当地人民的家园；第二代科学家的使命是既能保护生态环境，又能可持续发展；我们是第三代，水已经不是问题，核心是要解决水的可持续发展和利用问题。我们不仅需要把文章写在期刊上，更需要把文章写在大地上，所以我开始注重研究落地，建立现代化、可推广示范区，推广我们的研究成果成为我下一步的目标，以研究为本，示范为媒，让当地农民、政府接纳我们的成果，最终切实改善生态环境的同时增加当地收入。思路很多，想法很多，但是我坚信方向是对的，一件件落实，最终肯定是能见到成果的。"

让中国科技点亮"一带一路"

经济日报社　董碧娟

《经济日报》第15版
2015年8月27日

我国已有30多个农作物新品种通过"一带一路"沿线国家的审定或注册；我国科研人员发起"吴哥遗产地环境遥感研究项目"，研究成果得到柬埔寨政府的高度评价；我国正全面推动中国铁路技术标准走向"一带一路"沿线国家……在 8 月 25 日举办的科技人才服务"一带一路"建设峰会上，多位专家分析了中国科技服务于"一带一路"建设的现状和趋势。中国科技究竟能否像 2000 多年前的丝绸瓷器一样闪光在"一带一路"上？

农业科技：走出去步伐明显提速

中国工程院院士、中国农科院副院长吴孔明说："我国在水稻杂交育种、作物高产栽培、动保、植保、农机、太阳能利用与沼气等技术与产品研发上具有明显优势，在转基因技术、农业信息技术和品种资源等研究利用上几乎与世界先进水平同步。我们的这些优势恰恰是'一带一路'中大部分国家的弱势，我国农业科技与他们的需求高度契合。"

近年来，我国农业科技成果及项目更快地走入"一带一路"沿线国家：开展了中国—巴基斯坦抗旱高产双低杂交甘蓝型油菜产业化项目，初步构建了中巴杂交油菜国际化商业育种及产业化体系；中亚棉花研究多点开花，在吉尔吉斯斯坦开展了棉花比对试验，就共建中吉科技园区、中哈农业科学联合实验室、中巴农业中心达成共识，为我国棉花品种和技术在中亚地区示范推广奠定了基础；为菲律宾等提供沼气技术及设备，并培训技术人员；在老挝、缅甸分别建成赤眼蜂试点工厂等。

一系列科技示范项目也卓有成效，如东盟地区的中菲农技示范中心、中柬种猪示范；中亚地区的中哈联合治蝗、塔吉克斯坦农业科技示范园项目；中东欧的中保农业合作项目、中匈柠檬酸合作项目、中保玫瑰合作项目、中罗农业科技示范园等。

尽管成效突出，我国农业科技助推"一带一路"建设的能动作用仍未充分释放。吴孔明指出："国家层面的农业科技战略部署和协调机制有待进一步加强；一系列国家层面的政策相对滞后；建设和管理经验不足、风险控制能力有限、国际化科技管理人员缺乏；海外合作科研机构平台缺乏稳定的支持渠道和运营经费；缺乏'以我为主'的大型合作计划。"

"我们应该切实改变过去单一技术、单一产品单打独斗，甚至恶性竞争的不利局面。"吴孔明建议，应该以国际视野进行手段配套、信息共享、优势互补和工作联动，为农业科技合作做好引导和服务。

"下一步，我国应开展'一带一路'周边国家的农业科技需求调研和国别研究，制订'一带一路'农业科技合作发展规划。我们应强化在动植物疫病防控、作物基因挖掘、水稻种植、蔬菜园艺、水产养殖、农业大数据、旱地农业等领域的科技创新合作。"吴孔明说。

空间技术：又快又准观测"一带一路"

中科院院士、中科院遥感与数字地球研究所所长郭华东说，"一带一路"作为一个突破性、全局性的国家战略，具有范围广、周期长、领域宽等特点。因此需对沿线国家的生态环境格局和发展潜力进行宏观、动态分析，为"一带一路"建设提供基础性、宏观性环境数据。空间对地观测技术具有宏观、快速、准确、客观获取数据的特点和能力，是实现"一带一路"环境观测的有效手段。空间信息技术研发也能为沿线国家提供空间信息技术支持。

郭华东指出了能够应用于"一带一路"建设的空间技术，比如空间信息技术中的虚拟地面站、北斗导航定位系统、数据处理技术；空间大数据工程中的可视化系统、数据共享系统、数据密集型科学。

目前，我国基于卫星、平流层飞艇和飞机的高分辨率对地观测系统，通过完善地面资源，与其他观测手段相结合，形成了全天候、全天时、全球覆盖的对地观测能力，预计在2020年前后建成。同时，我国陆地观测卫星全国数据接收站网已覆盖亚洲70%的陆地，填补了我国西部、南海与周边国家数据接收的空白，实现了国际领先水平的接收技术指标。

为进一步加快空间技术在"一带一路"建设上的应用，郭华东建议应打造中国—中亚空间信息通信技术合作高地。我国应发起地球观测组织（GEO）中亚计划，在GEO框架下，充分发挥我国对地观测领域的优势，在中亚建设虚拟地面站，开展人员交流、空间信息应用等工作；还应在中亚建立地面站跟踪网和增强系统，提高北斗系统的定位精度，为中亚各国提供导航定位和授时。"我国还应通过'数字丝路'建设，实现'丝绸之路'经济带国家、地区在数据信息服务、互联网业务和国际通信业务领域的互联互通。此外还应铺设高速跨国通信光缆，建设统一的数字化信息共享平台，在新疆建立面向中亚的信息枢纽。"郭华东说。

郭华东还建议，我国应与中亚国家以共同关注的科学问题为牵引，开展实质性合作研究，尤其在气候变化、水资源和矿产资源、生物资源和现代农业、生态修复和环境治理、丝绸之路文化遗产保护与开发等领域开展互惠互利的合作研究,提升中亚国家的整体科技能力,也提高我国在中亚的话语权。

油气及铁路:综合技术优势不断凸显

"我国与'一带一路'沿线国家油气战略合作存在长期互补性优势。'一带一路'国家油气合作是我国油气能源保障的重要补充。去年我国进口原油3.11亿吨,进口天然气595亿米^3,'一带一路'国家是主要资源地。"中国工程院院士、中国石油化工股份有限公司副总工程师李阳说。

李阳指出,在"一带一路"油气合作中,不仅要利用好资源优势,更要发挥好技术优势。因为油气勘探开发具有高投资、高技术、高风险的特点,参与国际竞争更需要先进技术做后盾。同时,各国油气藏地质特征及勘探开发状况不同,需要创新高效的适应技术。

目前,我国已经形成了油气藏勘探开发全生命周期的开发技术体系,包含复杂油气藏精细描述技术、注水开发技术、高含水油田提高采收率技术、低渗透油藏开发技术、缝洞型油藏开发技术等。李阳建议,我国应依托重大项目及重大技术带动装备和技术走出去,建立和完善境外油气投资带动工程建设、工程技术、物资装备走出去的鼓励政策。

中铁国际集团有限公司总工程师朱鹏飞介绍了中国铁路在"一带一路"战略中的技术优势:"经过多年发展,中国铁路技术先进、安全可靠、节能环保、性价比高等主要技术经济特点日益凸显。现在,中国铁路不管是规模和技术,还是管理和人才,都具备与世界铁路强国竞争的优势,能够担负起'一带一路'战略的重任。"

中国铁路的技术优势可通过四大重要成就体现,如穿越世界屋脊的青藏铁路建成通车;大秦、朔黄重载铁路实现扩能改造;成功实施第六次大面积提速;高速铁路运营里程跃居世界第一。中国高铁在工程建造、列车控制、客站建设、系统集成、运营管理等领域都掌握核心技术,形成了具有自主知识产权的核心技术体系。

这些技术优势需要纳入高效的管理系统中。经过多年运营实践,中国铁路形成了基础设施、移动装备、综合检测、防灾减灾、应急救援为一体的安全风险管理体系。高速铁路实行全线封闭管理,具有先进的防灾安全监控系统和完善的灾害预防措施、应急救援措施，能够及时发现和处理大风、降雨、冰雹、地震等自然灾害和各类突发事件，确保高速列车安全运行。

"中国铁路还具有人才上的优势。截至目前，先后参与我国高铁研发生产的有国内一流重点高校25所，一流科研院所11家，国家级实验室和工程研究中心51家，以及63名院士、500余名教授、200余名研究员和上万名工程技术人员。"朱鹏飞说。他建议，下一步我们应该加强利用铁路既有人力资源，为"走出去"提供技术支撑；引进国际化人才，为"走出去"增添动力；支持项目所在国人才培养，为"走出去"实现长期合作打好基础。

走进中国科学院科技支疆前沿（系列报道）

科技服务让繁荣扎根

中国科学报社　倪思洁

《中国科学报》第1版
2015年8月11日

　　昆仑山北麓，塔里木盆地南部，有一个以玉闻名于世的地方——和田。然而，这里的人们过着并不富裕的生活——受自然、历史、文化等多种因素的综合影响，这里的水土资源承载力低，农村人口增长快，农牧民人均年收入仅有4542元，所辖7个县均为国家级贫困县。

　　不过，正是在这片贫瘠的土地上，中科院的科学家借着科技服务网络计划（STS计划）扎下根来，用热情、梦想与智慧开创科技支疆的新时代。

"花园"里辟出致富路

和田地区墨玉县南部的加罕巴格乡，在维语中是"皇家花园"的意思。在距离"皇家花园"4公里的地方，有一个老村落——巴西恰瓦格村。由于当地土壤含盐量多，去年全村人均收入只有4100元。

1个月前，村民库尔班·肉孜买买提承包了一片盐沼地，养了1200只鹅。他承包的，正是中科院新疆分院援建的盐沼地养殖示范基地工程。工程总建筑面积150米^2，养殖规模可达1500羽，建设投资共20万元。

不过，库尔班承包下来只花了3.7万元。"其余的费用由中科院和自治区的计划项目承担。"库尔班告诉《中国科学报》记者。

2015年3月，中科院新疆分院"访民情、惠民生、聚民心"工作组成员林健博住进了巴西恰瓦格村。

"我们通过调研分析与现场勘察，结合当地村民养鹅养鸭的传统，确定了这个盐沼地养鹅项目，目标是帮助农户和企业形成良性的运转机制。"林健博说。

此外，STS计划还结合这里核桃种植规模大的特点，构建了林果加工型乡村农牧民增收的技术途径。

"我们希望通过这样的方式，让一批村民先富起来，再通过先富带动后富，以点带面逐步推动农村经济发展。"巴西恰瓦格村驻村工作组组长、研究员雷加强说。

新村村民有了"定心丸"。

与巴西恰瓦格村不同，在和田县国家农业科技园区里，和谐新村刚刚建起。在这里的大部分农地里，都能看到带着小孔的细长水管，小孔上水珠缓缓凝聚，滴向作物根部的沙地。

"和谐新村以节水滴灌等设施农业为主。我们规划了7000亩沙漠土地，计划投资3.94亿元。"科技园区主任万世清在接受《中国科学报》记者采访时说，目前这里的1183座温室大棚全部完工，水电路通达，并开始了大棚生产。

伴随着和谐新村建设的步伐，新疆生地所副研究员王平也没能闲着。

"和田地区计划发展3万座大棚，设施农业的发展潜力巨大，技术需求极为迫切。"王平说。

为此，STS计划成立了"和田县和谐村设施农业增收技术体系构建与示范"项目。

2014年11月，47岁的祖甫吐木·吾布力喀斯木作为第一批新人，住进了村子。祖甫吐木告诉《中国科学报》记者，有了科技人员的帮助，她就像吃了颗"定心丸"。如今，她的5亩地里栽上了核桃和葡萄，大棚里也种上了西红柿。

像祖甫吐木一样，32岁的汉族人王彩琴也是第一批住进村子的人，她的大棚里种着豇豆。"科技人员对我们的帮助蛮大的，通过培训使我们掌握了大棚种植技术。"王彩琴说。

为了将这些技术传递给农户，王平经常与当地农技人员交流。在科研人员、农技人员和农户的共同努力下，棚内高产高效管理技术已在新村里得到推广。

王平等还针对纯沙基质的土壤生产力提升技术，推广了有机废弃物和畜禽粪便混合发酵技术、造畦整地技术，为提升种植项目市场竞争力，引入了经济高效种植模式。

"我现在的梦想就是让沙漠一直'绿'过去，让农民不再过'多吃干粮少吃菜'的日子。"王平说。

增收与稳定两手抓

STS项目在和田地区的启动和推广，要追溯到去年的8月24日。当时，中科院院长白春礼调研了和田地区。此后，中科院部署了关于促进和田地区生态经济可持续发展和农牧民持续增收的项目。

如今，在和田地区，包括巴西恰瓦格村、和谐新村在内，STS项目已在6个村开展。结合驻村工作，科研及管理人员解决了项目所在6个村农牧民增收的技术难题，预计累积增加农民收入1000多万元。

"从来没有过一个课题像STS一样，让我深刻地感觉到科研人员要走出象牙塔。""林下养殖型村农牧民增收技术体系构建与示范"项目负责人李利说。

实际上，科技支疆产生的收益，远不止农牧民增收和科研成果转化。今年3月，中科院新疆分院驻阿依玛克村工作组组长冯涛刚来时，这里的村委会还是"晴天一身土，雨天一身泥"的土洼路。5个月后的今天，这里不仅有了水泥路、6盏太阳能灯，还有供村民娱乐健身的图书馆、篮球场和舞台。

在驻村过程中，村民们的真诚也让冯涛感动。"驻村前，我感觉到了责任和期待，同时充满担忧和焦虑。但在驻村工作中，维语水平、驾驶技术、烹饪能力、集体意识、团队精神显著提高，意志品质得到锤炼，是一次难得的人生经历。"冯涛说。

不过，或许对于每一位扎根于此的科研人员来说，这些经历都不仅仅是为了个人。因为他们明白，稳定是发展的基础，只有科技，才能让南疆持续发展；只有坚守，才能促进民族友爱团结。

沙漠绿洲让希望永驻

中国科学报社 倪思洁

对于热爱旅游的人来说，游览中国最大的沙漠，穿越塔克拉玛干沙漠公路，是一项极具诱惑力的旅行项目。然而，对于长期生活在这里的南疆人民来说，与这个世界第二大流动沙漠为邻，同时保护沙漠公路不被风沙侵蚀，却并没有那么惬意。

而如今，在中科院的技术支撑下，塔克拉玛干沙漠公路已成为荒漠里的一条"绿色长廊"。与此同时，在塔克拉玛干沙漠周边的南疆绿洲，科研工作者和当地人民并肩抵抗风沙，用青春的汗水将"死亡之海"滋润成"希望之洲"。

沙漠公路的守护者

8月4日中午12点半，沙漠在日光的炙烤下变得燥热。塔克拉玛干沙漠公路北段，沙漠公路护林工黄自友正在绿化带中的房子里做午饭。房子后面，是一望无际的新月形沙丘链。

在这条沙漠公路上，黄自友夫妇只是护林工中的一分子。对于南疆来说，这条全长436公里的"绿色长廊"来之不易。为保护沙漠公路防护林，中石油塔里木油田公司不遗余力，每隔4公里，就设置一个水泵，每个水泵都安排一处护林工浇水守护。

1995年，为解决油气运输问题，中石油投资8亿元，在世界第二大流动沙漠上建起了世界最长的沙漠等级公路。然而，很快问题就出现了。

"尽管同时建立了宽70～300米的机械防沙体系，但沙漠公路的安全还是面临严峻挑战。"中科院新疆生态与地理研究所（简称生地所）研究员、塔克拉玛干沙漠研究站（简称塔中站）站长徐新文告诉记者，沙漠公路建成后，公路连续积沙，养护费用逐年增加，机械防沙体系受损，严重制约了油气的正常勘探开发。

这是徐新文等科研人员早就料到的问题。为此，他们连续12年开展试验研究，攻克了一个又一个技术难题，创立了流沙地高矿化度水灌溉造林技术模式，为防护林生态建设工程提供了科学依据和技术支撑。

2003年6月17日，国家批准了沙漠公路防护林生态工程建设，总投资2.18亿元。与此同时，在塔克拉玛干沙漠腹地，作为技术支撑的塔克拉玛干沙漠研究站和塔中沙漠植物园建成。

如今，这条"绿色长廊"的林带总体宽度为72~78米，总面积3128公顷，种植各类苗木近2000万株。

希望之洲的缔造者

100多年前，瑞典探险家斯文·赫定将塔克拉玛干沙漠称为"死亡之海"。然而，倔强的中科院新疆生地所高工常青却在"死亡之海"的中心建起了植物园。

2002年，塔中沙漠植物园建成，并由此成为世界上第一个位于茫茫沙海腹地的植物园。如今，这个世界上自然环境最恶劣的植物园，不仅为沙漠公路防护林生态工程建设筛选优良植物，提供种质资源，还成了沙漠油田工人的休闲场所。

"还记得进入塔中的第一站，我们参观了塔中沙漠植物园，没想到这里竟然生长了数百种五颜六色的花草。有了绿色，就有了生机；有了绿色，就有了希望。"这是一名塔中油田工人写下的感悟。

塔中沙漠植物园里每处园林的设计都凝聚了常青的心血。"做设计图时，我还想把这里打造成沙漠里的欧式园林。"常青望着身旁的沙冬青笑着说。

但是，塔中地区的恶劣气候增加了实现这个愿望的难度。"沙子里缺少养分，浇灌的水含盐量高，干热风、沙尘暴频繁，沙面流动性大等，在这里植物种生长要比其他地方难得多。"

10多年来，在常青和园林工人的悉心打理下，植物园还是日渐兴盛起来。他们先后从中国吐鲁番植物园、南疆、北疆、宁夏、甘肃、青海和非洲等地引进400多种植物，目前有200余种荒漠植物保存了下来。他们还成功引种沙生植物99种，其中乔木14种、灌木62种、草本23种，并通过实验研究对这些物种进行了适宜性评价。

为了这些植物，家在乌鲁木齐的常青每年有250多天都会待在沙漠里。

"接下来,我还想引种更多乔木。"常青说。

荒漠家园的保卫者

受风沙影响的地区不止沙漠内部。从塔中站向西南走 500 公里,就到了和田地区策勒县。由于紧挨着世界第二大流动沙漠,30 多年来,这个县城一直在与风沙抗争。

20 世纪 80 年代,包括策勒县在内的塔克拉玛干沙漠南缘多个城镇相继告急。当时,流沙前沿距策勒县城仅 1.5 公里,而尼雅镇流动沙丘距民丰县城仅 3 公里,无退路的民丰县几乎要退到昆仑山上。

如今,在离策勒县城 3 公里的地方,一圈绿化带围住了一片 100 亩以上、寸草不生的沙丘。而这片沙丘正是 30 年前威胁策勒县城的"沙殇"。

如果 1983 年中科院策勒沙漠研究站,也是新疆策勒荒漠草地生态系统国家野外研究站(简称策勒站)不把试验研究点布置在这里,策勒县城或许早已不在现在的位置。

策勒站成立后,科研人员立刻打响了"保卫战"。"第一步,站上老一辈科研人员在绿洲外围建立起的综合防护体系,控制沙丘不再前移危及绿洲;第二步,根据水资源情况,结合抗逆性经济植物种选育,建立绿洲外围经济型生态屏障,并逐步实现防护体系的可经营性和可持续性。"新疆生地所副研究员桂东伟告诉记者。

他介绍说,在这一过程中,他们提出了绿洲风沙灾害防治的综合防护体系模式,并结合拦沙河后的草带、人工固沙灌木林、窄带多带式防沙林网三道生物防护措施,遏制了沙漠向绿洲扩大和蔓延。

与此同时,科研人员探索形成了引洪灌溉、恢复植被的技术模式,完善了防风固沙薪炭林营造的技术体系。

这些技术,解除了策勒县城面临被流沙吞没的威胁,使蔓延扩大的流沙后退了 5 公里。同时,栽种的植物除具有防治沙害的主要功能外,本身也产生了巨大的经济效益。

20 年前,由于这些成绩,联合国环境规划署将"全球土地退化和荒漠化防治成功业绩奖"授给了策勒站的策勒县流沙治理试验研究项目。

如今,桂东伟考虑的是如何更合理地"绿洲化"。"我们正在考虑水资源是否可以承载这些生态屏障,并在可持续水资源利用和有效生态屏障之间找到平衡点。"桂东伟说。

记者手记

不到新疆，不知新疆之大；不到南疆，不知生活之苦。跟随着"走进中国科学院·记者行"团队，驱车3000公里，历时9天，从塔克拉玛干沙漠北边到南边，再回到北边。

南疆，给外来人留下的最直观印象就是漫无边际的黄色沙丘。一路上，房屋的破旧、民生的艰难让人心酸。"和田人民苦，一天要吃半斤土，白天吃不够，晚上还要补。"这是和田地区流行的一句顺口溜，也是南疆环境的真实写照。

不过，越是在艰苦的地方，科技力量越是有可为。无论是阿克苏站、塔中站还是策勒站的科研人员，都义无反顾地远离家乡，扎根荒漠，与这里的人们一起，共同增加地区收入，并肩抵抗自然的摧残。

过去，南疆土壤贫瘠，人均年收入低；风沙肆虐，可能一觉醒来，就被沙堆困在了屋里。现在，这里推广设施生态农业，改良盐碱土，利用盐沼地；固定沙丘，让绿色在荒漠铺开。

20年前，联合国环境规划署的两个大奖都颁给了南疆：一个是"策勒县流沙治理试验研究"，一个是"盐碱地沙地引洪灌溉大面积恢复红柳造林技术"。

国际地理联合会干旱区资源管理分会主席豪斯特·门森这样评价中科院的成果："在人类征服沙漠、沙漠造福人类的斗争中，你们做出了让人类完全信服的成绩。这是人类对沙漠斗争的伟大胜利！"

"只有荒凉的沙漠，没有荒凉的人生。"在南疆，旱地里的植物看上去不甚茂密翠绿，庞大的根系却极其顽强地抓住流动的沙土；科学院的科学家也像这些植物一样，没有华丽的光环，却深深地扎根于此，成为南疆人民最诚挚的战友。

人民日报

技术人员不是"二等公民"

人民日报社　吴月辉

不久前,中科院宣布启动率先行动"百人计划"。这个被称作新"百人计划"的最大亮点,是首次将"技术英才"与"学术帅才""青年俊才"一起重点引进,而且其待遇与后两类人才不相上下——每位入选的"技术英才"最多可获得260万元的经费支持。

时下,科研队伍主要由两类人员构成:一类是提出设想、操作试验、撰写论文的科研人员;另一类是从事分析测试、仪器设备操作与维护、试样试品加工等的技术人员,属于"科研辅助人员"——新"百人计划"中的"技术英才",就属于后者。中科院院长白春礼表示,技术人员短缺一直是中科院的老大难问题,期望通过新"百人计划"补上技术人才不足这个短板。

其实,技术人员短缺这个老大难问题不光困扰着中科院,也困扰着其他科研院所和研究型大学,主要表现是人员数量偏少、水平偏低、年龄偏大。随着我国对科技事业支持力度的加大,近些年科研院所和高校纷纷引进高精尖的仪器设备,技术人员青黄不接的问题就更加突出。有的单位购置了世界上最先进的仪器设备,却无人能熟练操作、高效使用,出了问题自己很难解

《人民日报》第20版
2015年7月3日

决；有的科学家做出了好的结果，却因为测试不精确而被迫返工；许多课题组实验技术、方法陈旧，严重影响着科研成果产生的速度和质量……许多科学家反映，技术人员缺乏已成为制约我国科学研究的一大瓶颈。

老大难问题如何破解

首先，要正确认识技术人员在科研活动中所发挥的重要作用。独木难成林，技术人员的作用虽然属于辅助性的，但却是不可或缺、无可替代的，特别是在科技发展越来越依赖大型仪器设备和先进科研手段的今天，一个科研团队如果没有优秀的工程师和技术人员，即便想法再新颖、理论再先进，也很难变成现实。

其次，切实提高技术人员的地位和待遇。长期以来，高校、科研院所中的技术人员不仅得不到应有的重视，而且在工资待遇、职称评定、项目申请中也往往低人一等，无形中成为"二等公民"。这不可避免地让他们产生很大的心理落差，工作积极性严重受挫，自我满足和组织认同需求难以实现，最终导致优秀的技术人员留不住也招不来。因此，要在转变观念的同时采取有效措施，提高技术人员的工资水平，畅通其职务提升、职称晋升的通道，让他们像"学术帅才"和"青年俊才"那样既有作为也有地位，既有面子也有里子。

"尺有所短、寸有所长"，科研团队中的科研人员和技术人员各司其职、谁也替代不了谁，只有比例适当、各展所长，整个团队才能正常运转、高效工作。如果技术人员长期短缺，不但会造成很大的物质浪费与人力浪费，而且会严重阻碍我国科学研究的健康发展。

在提升技术人员地位、优化科研队伍结构方面，中科院的新"百人计划"无疑带了个好头。期待更多单位转变观念，善待、善用技术人员，充分发挥他们的积极性和创造性，为科技创新提供更有力的支撑保障。

对话中科院深圳先进院院长樊建平：

科研创新 深圳可以做全国的"鲶鱼"

南方日报社 马 芳

《南方日报》第 AII02 版
2015 年 6 月 10 日

2006 年，樊建平来到深圳筹建中科院深圳先进技术研究院，至今已有 10 年。

10 年间，深圳的创新能力、实力发生了怎样的变化？深圳被作为创新驱动的代表城市，其实现创新驱动发展的原因是什么？其中，市场和政府起了怎样的作用？

与硅谷相比，深圳的优势和短板在哪里？面对大众创业、万众创新，深圳应该如何继续发力？

就上述问题，《南方日报》记者与樊建平展开了深度对话。

解码创新——抓住产业浪潮机遇实现弯道超车

记者：现在各方面赞誉深圳创新的文章特别多，您在深圳工作 10 年，觉得深圳的创新能力、实力发生了怎样的变化？

樊建平：首先说深圳对人才的吸引力。这些年深圳在人才方面的投入增加明显。记得 2006 ~ 2007 年，深圳在海外招聘人才给的工资还比较高，到了 2008 ~ 2009 年深圳就比江苏、浙江等地的条件要差了，这不仅包括收入，以至于那几年我们抢夺人才已经不能同台竞争了。这几年，深圳对于人才的投入增加，包括项目课题的增加，让我们又感觉到在海外大学的全球招聘有了底气。尤其是 2010 年以后，深圳人才招聘力度增加，包括"孔雀计划"的实施，纳入"孔雀计划"的 A、B、C 各类人才的住房补贴分别达到 150 万元、100 万元、80 万元，这和其他城市比较起来力度就大了。

其次，从科研来说，深圳近几年从事科研的组织增多，这包括一些科研机构、大学。深圳先是引入了清华、北大、哈工大，后来又有南科大，以及这两年的特色学院。最近 10 年深圳科研的变化很快，水平也逐步提高，源头创新的力量得以增加，科研的力量比 2006 年增加了不少。

再次，就是企业的创新实力明显增强，明星企业增多。深圳的创新能力、企业的创新能力，或者深圳产品的档次都越来越能和国际水平相媲美。深圳在 2006 年的时候还和国际水平有差距，深圳先进技术研究院做机器人，从 2006 年起在高交会办了 9 年的机器人专展，这 9 年间，参加的国内企业在和国外同行比时觉得越来越自信。

深圳明星企业多的原因之一是企业的基数比较大。比如大疆创新、腾讯、华强、比亚迪等，从不被看好到被看好，这都代表着深圳力量的崛起。

最后，就是深圳创业者比较多、创客也比较多。与上海、北京、天津、广州等城市比，我明显能感觉到深圳的创业群体比较多。

从阶段看，深圳的创新转型经历了几个阶段。我 1995 年来深圳的时候，感觉深圳和东莞差不多，都是"三来一补"，东莞当年也做过很多创新。后来，全国各地在原有体制内感觉到有所束缚的人来到了深圳，这里比较自由和开放，让一些在做企业方面很有野心的人也来到深圳发展，慢慢培育出王石、徐航这批企业家。我认为这是深圳的第二阶段：做企业的人比较有想法、比较重视自主知识产权，就把自主创新做起来了，而当时东莞在做的是"腾笼换鸟"，现在看，深圳当时做得比较有前瞻性。

然后就是以创客为代表的创新创业，这一阶段东莞等制造业城市如果再没跟上就很难跟上。实际上很多城市，包括北京、广州，都有优于深圳的科技创新资源，但创新观念却不如深圳。

市场驱动——官员懂市场规律　政府对市场干预少

记者：在您看来，现在深圳被作为创新驱动的代表城市，其实现创新驱动发展的原因是什么？

樊建平：第一，深圳市场化配置资源的能力比较强，市场化配置有一个好处就是公平和效益高，好的企业就容易出彩。在一些城市，市领导喜欢一家企业就可能把钱、土地给它，实际是政府的力量直接参与了市场竞争、干预了市场，这种企业绝对不如通过市场竞争出来的企业强。

当年"巨大中华"（巨龙通信、大唐电信、中兴通讯、华为技术）四家通信设备商，巨龙通信已经倒下，而市场拼出来的中兴、华为这样的企业，还在继续往上冲。所以政府应该提供一个公平公正的环境，让企业从市场竞争里面脱颖而出。

深圳与很多城市不一样，很多官员本身有在企业工作的经验，比如科工贸信委原主任等局级官员都有在企业工作的背景，对企业发展的市场规律比一般公务员认识得更深，于是深圳在市场化方面做得比较好。政府有时对市场干预多了反倒会形成破坏力，比如对公平和效率的破坏，而深圳则一直在这方面做得比较好。

第二，深圳的企业和企业家抓住了智能手机、移动互联网这样的产业浪潮和机会，进入发展快车道，实现了全球范围内的"超车"。

智能手机刚出来的时候，深圳还是在山寨。随着智能手机的发展，它和平板电脑的销量超过了传统的笔记本电脑，并且利润还高过传统桌面电脑，这就让世界IT硬件中心从台湾地区转移到深圳。台湾地区并没有意识到这种市场重心的变化，它没有意识到智能手机和平板电脑会把笔记本电脑和台式电脑干掉，富士康来深圳代工手机也说明这点。

实际上这种趋势，台湾地区没有意识到，广州没有意识到，深圳也没有意识到，而是市场做出了选择，而深圳一大批企业抓住了这个过程，就完成了致富，进入发展快车道。另外，在移动互联网产业上，虽然浙江、上海、北京、广州都看到这一市场空间，抓得很紧。但深圳有在硬件制造上的优势，或在和移动互联网的结合上产生一些奇迹性的企业。

深圳的硬件产业链很完整，从代工时代就积累了从PC到智能手机的产业链。深圳的企业可能赢不了苹果和英特尔，但是可以做到设计和发展速度快，原来 PC 机芯片 18 个月发展翻一番，有着固定的节奏，而现在深圳在手机芯片更新上打破这个节奏，再加上移动互联网、云计算和大数据，深圳在 IT 产业界的地位大大提高了。

比如硅谷是从芯片开始的，后面发展互联网就很快，深圳有智能手机的优势，中兴、华为、酷派等厂家，为移动互联网发展提供了非常好的基础，再加上移动互联网领域还有很强的封闭性，将会带动后面的手机应用软件企业一起发展。最后，让深圳在 IT 界的版图进一步扩大。

第三，深圳市政府制定了符合城市发展的产业环境，提供了保护创新的法律环境。深圳市政府对市场的干预一直不多，相比于外地，深圳的官员和企业家纠缠在企业股权方面的案例很少。股权是企业市场经营的核心，在这个基础上才有知识产权，如果官员或股东可以抢夺股权，那就没有人用心发展企业。深圳的法治环境在维护市场经济最核心的股权方面做得优于其他城市。

第四，深圳人很年轻，创业创新的人才很多，数量上明显高于其他城市。世界上重大的科技发现、发明基本都是三四十岁的人创造的，互联网行业的创新和发明更是来自于年轻人，基本都是年轻学生，很少是已经工作的，更谈不上院士。

第五，深圳的文化对于鼓励创新的作用非常大。在很多城市，人们乐于谈论政治、玩乐，而深圳人，吃饭不谈政治，都是股票、投资、创业。因此，这种文化下的信息流、物质的转化都在围绕经济或者高科技，感觉上这个城市就是为经济而生，为高科技而生。深圳的短板，如高校少、不强，都很明显，但是依然还是聚集了这么多创新资源，有全国最好的创新环境就说明这点。

总结起来，深圳市场化的配置资源，企业抓住了智能手机和移动互联网的机会，政府在战略、法律、环境的营造，青年创新人才比较多，以及文化等方面都构成深圳和其他城市不一样的特点。

对标硅谷——深圳与硅谷"长相"相似起码要 10 年

记者：现在外界给深圳冠以"硬件硅谷"的称号，对于深圳和硅谷的比较，您怎么看？

樊建平：这两个城市我觉得有点像，硅谷是 IC（集成电路）起家，深圳也是，只不过人家起家早。我第一次到硅谷和深圳都是其建设十几年的时候，我感觉两个城市非常像。现在硅谷渐渐从 IC 到 BT（生物技术），其生物科技发展得非常好，深圳这边现在也在开始搞 BT。两个城市的发展，历史大概相差 20 多年，但是我的感觉深圳搞好了，发展潜力比硅谷要大。

深圳的潜力一是在于人多。硅谷的人创业时在全球找人，找的主要是技术人员，而商业人才则都是美国人。深圳是从 13 亿中国人里面找商业人才，我相信中国的商业人才要优于美国。现在深圳的企业家可以和硅谷媲美，但是科技人才却差很多。技术人员则是深圳欠缺的，于是才有"孔雀计划"。

在资金方面，深圳未来可能会超过硅谷。再有 20 年中国的资金会超过美国，深圳则会超出更多。深圳和硅谷的差距，我感觉 20 年左右深圳将有可能超越硅谷。10 年后，深圳大概可以在外延上达到硅谷水平，城市与硅谷"长相"相似。再需要 10 年，深圳才能在内涵上和硅谷一样，那时候深圳有可能是中国最强城市。

记者：深圳的短板又在哪里？

樊建平：深圳强的是产业链，弱的是源头创新。和硅谷相比，深圳没有斯坦福大学，没有加利福尼亚大学洛杉矶分校和旧金山分校，也没有劳伦斯伯克利国家实验室这样的国家级大型研究所。比如说劳伦斯国家实验室，它有超级计算中心，有粒子加速器，这使得劳伦斯的高能、生命科学等都非常强。在人才上，劳伦斯国家实验室仅仅是设在伯克利大学的一个实验室，大概就有 13 位科学家获得诺贝尔奖，这还不算斯坦福大学的人才。光看这一点，深圳的源头创新已经比硅谷差得非常多了。

在硅谷，劳伦斯还不止一个，类似的国家实验室在硅谷有很多，一个大学大概有十几个国家实验室，再加上其他大学。总计算下来，美国有上千家国家实验室，而且在不断地调整变化。

近代科学的重大发明基本没有中华民族创造的。深圳今天生产了全球七成的智能手机，可是智能手机是美国苹果公司创造的，他们将手机和电脑的概念结合在一起，发明了智能手机。很多产品，都是别人先研发出来，我们在后面追赶。

当然，硅谷也有它的短板，就是产业链空心化。硅谷的很多产业链都基本转到台湾地区，能在硅谷留下的就是英特尔等高端的 CPU 等产品。一个电子产品打开，只有处理器这一片是美国的，其他便宜的零部件都是海外生产的，而现在，手机拆开，里面零部件基本都是深圳生产的。

深圳有这样的优势，能把三星吸引过来，在深圳设立了通信技术研究院，也能把麻省理工等研究机构吸引过来，那么深圳这种优势再强一些就会把更多的研发力量吸引过来，深圳如何扩大这种产业优势是值得探索的。

源头创新——引入"鲶鱼"带动科研机制变革

记者：像您刚才说的产业链强可以吸引科研力量。另外，深圳也在不断引入国内外的先进大学和科研机构来深办学，这两种方式能否弥补深圳源头创新缺失的这一点？

樊建平：我觉得引入是非常重要的一条道路。中国30多年前改革开放时，国内全是国有企业，没有任何私营企业。想要改革国有企业，就是引入外资，外资培养的人员做得好，中国人也看得到。我们虽然创新上不大有优势，但是学得很快，国有企业慢慢就学会了外资企业的做法。

现在我们在科研方面也是一样。国外的大学和科研机构没有像中国一样用行政事业这套管理办法。国内的体制机制离现代化的科研院所、现代大学差距非常大。改革开放30多年，中国的经济发生了大变化，而科研教育领域则变化很小，科研机构也一样。

如果这种体制得以改变，大学和科研机构可以有更多自主权，那就会形成特色。比如美国的每个大学都完全不一样，因为它有自主权，这是市场选择的权利。但今天国内的现实是，科研院所都死不了，干得好的也行，干得坏的也行。在现有的框架里面去改造是很难的。

现在香港中文大学（简称港中大）来深圳后，如果过几年好学生宁可花10万元左右的学费去港中大（深圳）也不去内地的大学，那就倒逼我们的学校要变。这种变化引发思考：为什么你大学办得比我好？是老师不如人家？就赶快招好老师！招完以后还是不行？那就是管老师的办法不行、事业单位体制不行、校长选得不行，这样改变，可能2015年中国内地的科教就改好了。深圳这样搞，这些合作的大学和科研机构未必最后一定会怎样，但这种"搅局"可能会把本地大学搞好，这种做法实际就是"鲶鱼效应"。

在科研方面，政府改造就不如直接在深圳建设新型科研机构，如中科院深圳先进技术研究院、光启研究院、华大基因等。这些新型科研机构应该给他们鼓励，它们其实也是"鲶鱼"。从全国看，深圳就是"鲶鱼"。

记者：在5月召开的深圳市第六次党代会上，深圳提出，在创新驱动方面，深圳要全球配置创新资源。您认为，深圳应该如何吸引和利用全球的创新资源？

樊建平：刚开始是吸引和利用，但是最终还是要靠自己。改革开放后，深圳吸引和合作了那么多企业，但最后还是要看华为和中兴，因为吸引来的资源未必是全心全意的。但是不合作，你就不会知道世界的水平在哪，我们这是骑在巨人的肩膀上攀登。

科学技术的发展，不投资金，大概是很难，但投了资金还要靠勤奋，靠资源投入，靠好的机制。深圳现在依然投入得太少。新加坡有500多万人，香港有700多万人，跟这些人口远低于深圳的城市比，深圳的科研资源都差很多。

香港1992年就有10所像样的大学，而深圳可以在经济上超过香港，但在科学教育上还是落后太多。香港社会很早就进入到知识经济时代，但依然舍得在知识上投入，在这点深圳相比大概差距就要20年。

政府角色——政府和企业做科研创新三七开

记者：在这样的创新发展中，政府应该扮演一个什么角色，它应该做的包括哪些？

樊建平：政府要做的就是补充力量，在科研和教育上加大投入。

美国的财政科研教育投入约20%的钱，这还不包括社会资金对这块的投入。美国的大学多如牛毛，约3亿人口拥有3000～5000所大学和科研机构，而我们13亿人口就这么点大学和科研机构。现在世界正在进入知识经济时代，从事知识相关的人增多，人们不再种地、不再当工人，服务业也容纳不了那么多人，最好的就是从事知识领域。

按照国际通行的标准，每二三十万人就应有一所大学或科研机构，每所大学或科研机构旁边就是一个孵化器。以色列就是平均二三十万人拥有一所高水平大学。中国达不到这个标准但也可以50万人拥有一所，那按照深圳的实际居住人口大约1500万人计算，就应该有30所大学和科研机构。

知识经济时代，智力一定要密集，在源头创新机构非常密集的情况下发展，而深圳和这些地方比较起来，还处在工业化中期水平，我们在科研和教育上的投入还是很不够的，中国在逐步完成道路、机场等基本设施的建设后，应该逐步加大教育的投入。以中科院深圳先进院为例，我们一年获得的科研经费连美国一个实验室的1/10都不到。

政府对科研和教育的投入再多都是对的，钱花出去至少会把人才吸引过来，这也能帮助深圳迅速招揽和聘用人才，而现在深圳的科研人才质量和数量估计还不如美国一所优秀的大学。

深圳要提高源头创新和科研能力，就只能是多一些科研机构和大学。深圳为什么明星企业多？原因之一就是企业基数大。科研也一样，"蚂蚁雄兵"，搞好科研环境和创新环境，1000个搞科研的总能出来一个英雄。

记者： 政府在这其中要注意哪些呢？

樊建平： 政府要注意自己的角色，不要参与到市场竞争中，要让市场去完成它的事情。政府在科技领域实际上有其局限性，官员的精力、专业知识有限，对世界前沿科学的了解难免短视，很多东西是发展了很长时间才能看到其价值。这样的短视现在比比皆是，对源头创新项目价值判断的缺失，就会影响某些新兴产业发展。

因此，政府在配置科研投入的时候，要尽量减少其行政色彩。坦白地说，从全国来看，深圳在市场化配置资源上已经做得非常先进，但还是不够。

深圳经过这么多年发展，有资金、有实力，如果再有好的眼光，对一些科研项目进行持续的支持，这其中就会诞生源头创新的项目。政府应是裁判员的角色，做到公平公正最重要，不要自己搞科研机构。

目前深圳正在以合作办学的方式引入更多的国内外大学和科研机构，对待这些合作的学校，政府要给予资金投入，同时也要做到尽量不干涉其科研教育的自主权，这样每个大学和科研机构PK，就会形成一个知识的市场，就会形成自己的特色和定位。

这就像在经济领域，中国的企业家在市场竞争中用了35年就把亚洲首富的位置"抢"过来了。如果科研和教育更加市场化，我们的知识分子可能用15年就会把世界科技的顶峰拿下。政府在管理大学和科研机构方面，应该学习国外经验，以第三方的非政府组织来管理，而不是按照政府规矩。

同时，政府也不是完全不涉及科研。深圳90%的创新在企业，但是企业不会搞非常源头的科研，这就需要政府投入，美国政府也是投了大量资金在基础的源头科研。我认为，政府和企业做的科研创新应该是三七开。

暗物质卫星：照亮中国空间科学

中国科学报社 丁佳

《中国科学报》第1版
2015年6月1日

5月29日，上海，一群"白大褂"围在一起，为一个刚刚诞生的"宝宝"称重。

这温馨的一刻发生在中科院上海微小卫星工程中心的卫星总装测试厂房里。这一天，中国科学卫星系列的首发星——暗物质粒子探测卫星研制取得重要进展，由四层粒子探测器组成的科学探测有效载荷联试成功，顺利交付卫星总体，预计今年年底在酒泉卫星发射中心升空。

这也是第一颗由中科院承担全部研制、生产工作的卫星，对于为之拼搏了数年的科学家来说，它就像自己的孩子一样。

"谢耳朵"都转行研究暗物质了

暗物质究竟有多火？中科院空间科学先导专项暗物质粒子探测卫星项目科学应用系统总设计师、中科院紫金山天文台研究员伍健开玩笑说，现在就连热门美剧《生活大爆炸》里的主角"谢耳朵"都转行研究暗物质了。

在科学家眼中，暗物质和暗能量是笼罩在21世纪物理学上空的两朵"乌云"。暗物质已被证实存在，但至今没有通过电磁波直接观测到，长久以来，它都是粒子物理和宇宙学的核心问题之一。诺贝尔物理学奖得主杨振宁认为，暗物质、暗能量是非常稀奇的事物，它们可能推动基本物理学的革命性发展。

不管是借助欧洲核子中心的大型强子对撞机，还是安装在国际空间站上的阿尔法磁谱仪，抑或是美国国家航空航天局的费米太空望远镜，全世界的科学家都在不遗余力地寻找暗物质和暗能量，以及"两暗"背后所隐藏的巨大科学宝藏。

"可到目前为止，人们找到的还都只是一些疑似证据，"暗物质粒子探测卫星项目首席科学家、中科院紫金山天文台研究员常进告诉《中国科学报》记者，"人类还不知道其质量、性质，也不能用物理学标准模型去解释"。

在常进看来，宇宙空间是人类最好的实验室，他决计要跟与自己有着同样梦想的中国科学同人一道，走上探索暗物质的道路。

给宇宙送一个四层"大蛋糕"

暗物质粒子探测卫星是中科院空间科学先导专项中首批确定的五颗科学实验卫星之一，是迄今为止观测能段范围最宽、能量分辨率最优的暗物质粒子探测卫星，超过国际上所有同类探测器。工程于2011年立项论证，由中科院国家空间科学中心负责工程总体工作，联合中科院上海微小卫星中心、紫金山天文台、高能物理研究所、近代物理研究所、中国科学技术大学等科研单位共同研制，旨在通过高空间分辨、宽能谱段观测高能电子和伽马射线寻找和研究暗物质粒子，同时在宇宙射线起源和伽马射线天文学方面取得重大进展。

"卫星有效载荷质量1.4吨、整星质量1.9吨、载荷平台比达到2.8，远远高于一般的卫星。"常进坦言,这是国内第一次做这么重的载荷,难度还是很大的。

卫星上的暗物质粒子探测器属于大型空间高能设备,由塑闪阵列探测器、硅阵列探测器、BGO量能器、中子探测器等四个子载荷组成,四个探测器由上到下摞在一起,就像一个四层"大蛋糕",联合执行探测任务。

"大蛋糕"上"裱花"和"内馅"的复杂程度令人咋舌。整个探测器有42 000路电子学读出电路,168路高压电源,接近8万路探测器通道数。如此复杂的探测器,超过我国地面最复杂的加速器实验北京谱仪,探测器能量分辨比国际同类探测器高3倍以上。

而所有的这一切,都要安装在1米^{3}的狭小空间里,并且各个探测器除了要完成各自的任务,还要相互补充,互为备份。

"打上天的东西,坏了不能换,必须要做到万无一失。"为了这颗卫星,伍健的小组从2012年起,基本就没有休过周末了。

一棵藤上五朵花

此次交付的科学载荷,曾分别于2014年11月和2015年3月,两次在欧洲核子中心完成了光子/电子和重离子束流定标实验,载荷技术指标均达到国际先进水平。

这是中国科学卫星系列获得国际认可的开始。中科院空间科学先导专项科学卫星工程常务副总指挥、中科院国家空间科学中心主任吴季告诉《中国科学报》记者:"科学卫星不像系列型号卫星,它的重复性低,每一颗都不同,因此对空间技术具有很大的带动作用。"

这也是欧美发达国家重视科学卫星发展的重要原因。即使是在美苏"冷战"时期,两国所发射的卫星中也有10%为科学卫星。

"从宇宙起源到粒子物理,空间科学同时占据着宏观和微观两个前沿,中国要从航天大国发展成为航天强国,没有空间科学卫星将无从谈起,"吴季说,"中科院承担着率先实现科学技术跨越发展的重任,应带头实现这一目标。"

于2013年启动的中科院空间科学先导专项,目前已启动了五颗科学实验卫星的研制工作,除暗物质粒子探测卫星外,量子科学实验卫星、"实践十号"返回式科学实验卫星、硬 X 射线调制望远镜卫星都已进入正样阶段,也将于近期陆续发射。

假以时日,人们或许可以期待,未来太空中闪耀的"五朵金花",将第一次在真正意义上照亮中国的空间科学。

中国组织人事报

中科院优化"人才培养引进系统工程"

力争率先建成国家创新人才高地

中国人事报刊社 刘 云

为贯彻落实习近平总书记提出的"四个率先"要求,中科院对2009年启动实施的"人才培养引进系统工程"(简称"人才系统工程")进行了调整优化,进一步提高吸引和凝聚优秀人才的国际竞争力,力争率先建成国家创新人才高地。这是记者在5月25日中科院举办的新闻发布会上了解到的。会上,中科院院长、党组书记白春礼等中科院领导就"人才系统工程"的调整优化情况进行了全面解读。

调整优化的"人才系统工程"旨在用好现有人才、引进急需人才、稳定关键人才、培养青年人才。"人才系统工程"的主要内容是:通过率先行动"百人计划"引进急需人才,提高未来科技竞争力;通过"特聘研究员"计划稳定并激励领军人才,让他们出成果、带队伍;通过"青年创新促进会"着力培养青年拔尖人才,支持他们独立开展科学研究;实施"王宽诚率先人才激励计划",探索设立针对不同类型高层次人才的激励项目;通过"国际人才"计划,拓展中科院国际科研伙伴关系网络,增强国际人才吸引力和竞争力；通过"西部之光"计划，为西部地区培养引进一批青年人才。

此次调整最受关注的是率先行动"百人计划"，将原"百人计划"针对海外青年人才的单一层次引进，升级为分类分层引进，具体设立学术帅才、技术英才、青年俊才三个项目。对学术帅才，引入国际评估机制，支持每位学术帅才及其团队 700 万元人才专项经费和 100 万元基建经费；对技术英才，强化其与现有科研团队的融合，支持每位技术英才 100 万～200 万元人才专项经费和 60 万元基建经费；对青年俊才，采用先期培养、择优支持的模式，即由中科院先期支持两年，支持科研费 80 万元，两年后再进行综合评估，择优 60% 予以重点支持，支持每人 200 万元人才专项经费和 60 万元基建经费。

据悉，自 2009 年启动实施"人才系统工程"以来，中科院共引进培养高层次人才 2600 余人，培养支持青年人才 3500 余人，引进培养技术支撑人才 200 余人，吸引、培养团队近 300 个，海外智力引进 2300 余人，奖励各类人才近 600 人。

他们为何能获国家科技奖？

人民日报海外版　潘旭涛　黄 兴

《人民日报海外版》第1版
2015年1月12日

　　1月9日上午，在人民大会堂的颁奖台上，习近平微笑着为已88岁高龄的中国"氢弹之父"于敏颁发了国家最高科学技术奖。于敏背后的故事也随之浮出水面。此次获得国家科学技术奖的科学家们背后还有哪些故事，他们缘何能获此大奖？为此，本报采访了部分获奖科学家。

每个科学家都有一段故事

　　他们为什么能获得国家科学技术奖？科学家背后的故事足以回答这个问题。

　　随着国家最高科学技术奖的揭晓，于敏的故事也一点一滴被发掘出来。他隐姓埋名30年，被解密之时，连他的妻子都惊讶："没想到老于是搞这么高级的秘密工作的。"由于精神压力大和过度劳累，于敏患有严重的胃病，曾三次与死神擦肩而过。

　　同样经历30年磨炼的是"醇制取低碳烯烃（DMTO）技术"。刘中民和他的团队研制出了制取石油替代品的技术，获得了国家技术发明奖一等奖。很少有人知道，从 20 世纪 80 年代到现在，此项目历经了科学家近 30 年的研究，熬夜通宵成为他们工作的常态。

科学家有时不只要面对技术，季学武还是一位"理财师"。生活中他"精打细算"，将省下的钱投入到科研当中。2000 年，他和另一位课题组成员凑齐 2 万元，作为项目经费，开始了"汽车电动助力转向技术"的研制，这一做就是十年。"科研用的一些器具，都是老师自己花钱买的。"学生这样评价季学武。功夫不负有心人。季学武和他的团队解决了行业共性技术难题，打破了国外垄断。

"如果不加班、不出差，家里人都会感觉不正常。"机械科学研究总院的单忠德说，团队中有刚毕业的学生，也有刚刚结婚或生子的青年骨干，由于后来需要解决生产线现场的诸多问题，只能老给家人开"空头支票"，团聚成为一种奢望。

既"大气"又接"地气"

在中国，每天有 144 亿个电话和短信、240 万笔证券交易、137 亿千瓦时的电力输送……这些行为所产生的海量数据，最终都要汇集到主机系统，主机系统可谓一国信息系统的核心命脉。但在"天梭 K1 高端容错计算机"研制成功之前，中国却不得不使用外国设备。正因如此，打破技术垄断的"高端容错计算机"获得了国家科学技术进步奖一等奖。其项目第一完成人浪潮集团首席科学家王恩东说，该项目动用 460 人，历时 45 个月，投入 7.5 亿元，进行了 100 多项技术创新和改造，使中国成为继美国、日本之后第 3 个有能力研制 32 路高端容错计算机的国家。

纵观 2014 年度国家科学技术奖获奖项目，既有涉及信息战略、石油战略、新能源战略等"大气"的项目，也有许多接"地气"的项目。

也许在未来某天，困扰拳王阿里的帕金森病、偷掉铁娘子撒切尔夫人记忆的阿尔茨海默病、夺走天才科学家霍金运动能力的肌萎缩侧索硬化症，都会被"一网打尽"。向这些绝症宣战的是中国科学院的周琪团队。他们研究的"哺乳动物多能性干细胞的建立与调控机制研究"获得国家自然科学奖二等奖。周琪团队通过"非胚胎"的第三种方式，首次获得了完全由诱导性多能干细胞发育而成的健康小鼠及后代，被评价为干细胞研究的里程碑。"这个技术可以实现未来人类身体组织的修复和再生。"周琪说。

接"地气"的获奖项目还有很多：重型柴油车污染排放控制高效 SCR

技术，为扫除大气灰霾提供希望；"先天性室间隔缺损性心脏病"有了微创治疗，使儿童健康的"第一杀手"不再猖獗……

三大方向成科技奖趋势

对这几年国家科技奖统计分析发现，潜心研究、学术诚信及激励青年科技人才，这三大方向成为科技奖评奖趋势。

一个很明显的信号是，今年评奖强化对潜心研究的引导。2013 年，首次限定同一年度每人只能作为一个项目的前三完成人；2014 年，限定同一年度每人只允许作为一个项目的完成人。国家科学技术奖励工作办公室副主任陈志敏表示，这样能有效避免频繁报奖和搭车报奖，进一步提高研究质量，引导科技人员潜心研究、厚积薄发。

据统计，2014 年获奖项目中，从立项到结题的平均时间为 10.7 年，其中国家自然科学奖为 12.2 年、发明奖为 10.2 年、进步奖为 10.4 年。研究时间最长的，是国家自然科学奖二等奖项目"中国两栖动物系统学研究"，从 1961 年 7 月开始到 2010 年 3 月结束，历时 49 年。

陈志敏说，评奖标准如今更加强化对学术诚信的引导。据了解，国家科学技术奖励评审对学术造假采取"零容忍"态度，针对占用他人成果报奖和拼凑报奖的问题，要求报奖人提交知识产权共有人的知情同意证明和不同单位间的人员合作关系证明。

在此次奖励改革中不难发现，国家继续强化对青年科技人才的激励导向。国务院总理李克强在 2014 年国家科学技术奖励大会上指出，"要破除论资排辈、头衔崇拜，敢于让青年人挑大梁、出头彩"。

据了解，从 2013 年起，国家自然科学奖首次为 40 岁以下的青年科学家设立专门推荐渠道，不受推荐指标限制。2014 年度获奖项目主要完成人的平均年龄为 47.3 岁，获奖项目中最年轻的第一完成人是 35 岁的国网山东省电力公司检修公司员工王进。

中国科学院院士王会军：

北极海冰减少加重我国东部雾霾

中国气象报社　申敏夏

《中国气象报》第1版
2014 年 11 月 26 日

　　北极是全球气候变化的关键区域，被科学家们称为"全球气候变化响应和反馈最敏感的地区之一"。而北极海冰的气候效应一直是全球气候变化研究的重要内容。近些年，各个国家竞相开展北极海冰及其与气候的关系研究。中国科学院院士王会军在研究中发现，北极海冰面积的减少与我国东部冬季的雾霾天气总日数增多有一定关系。

"比如，前一年秋季海冰减少，接下来这个冬季雾霾污染天数则很可能会增多。这并非巧合。"王会军解释道，1979～2012年，两者年际变化的相关系数可以达到-0.82，除去线性趋势后的相关系数也有-0.67。海冰变率可以影响雾霾日数年际变率的45%～67%，也就是说海冰变化是雾霾日数年际变化最主要的因素之一。如果把每年北极秋季（9～11月）平均海冰的年际变化画一条曲线，我们会发现，它与中国东部冬季（12～次年2月）平均雾霾天气总日数的年际变化曲线具有显著负相关关系。

两者具有的负相关关系除了在时间序列上呈现出一定规律之外，从气候动力学的理论也可以科学解释海冰对雾霾天气的影响机理。"海冰减少、极地增暖，可以导致北半球中高纬度温度经向梯度减弱，从而使得高空西风急流偏北，北半球中高纬度大气环流经向梯度增大，北方冷空气容易向南暴发。"王会军说，"冷空气容易向南暴发的结果会导致欧亚和北美中高纬地区偏冷且降雪较多，同样影响我国东部中纬度地区，冷空气将沉于大气低层且空气偏干，容易形成逆温，不利于污染物扩散，以至于更易于发生雾霾天气；另外，我国冬季气旋活动路径偏北也使得东部地区少气旋活动而多出现静稳天气，也不利于污染物的扩散。"

然而，受西风急流偏北影响较大的地区——北美等地却并没有呈现出污染物浓度大幅增加的情况。对此，王会军解释道，向大气中排放污染物是基本的物质条件，而北极海冰减少导致气候条件不利于污染物排放，这是基本的气候条件，两者加起来才使得污染加重。"再有利于污染物聚集的气候条件当它没有污染物大量排放的物质基础时，也难以形成严重污染，而我国当前却恰恰是两个条件都有。"王会军说。

随着我国东部大气污染的加剧，冬春季节$PM_{2.5}$浓度超标次数显著增多，由雾霾天气导致的医院就诊人数不断增多，影响着数亿人口的生活和健康。

"这和快速的经济发展和城镇化建设有关。污染物排放增多是雾霾天气增多的内因和基本物质条件，而燃煤、交通和浮尘等是大气污染物的主要来源，"王会军说，"气候变异和气候变化对大气污染的可能影响没有受到研究者足够的重视。对此我们将做进一步的研究。"

近年来，越来越多的证据表明：北极海冰面积的减少可以显著影响北半球中高纬度气候。王会军认为，前几年欧亚大陆中高纬度地区和北美中高纬度地区冬季降雪和积雪增多，很大原因就是北极海冰减少。随着未来海冰进一步减少，我国东部冬季雾霾天气频现的气候条件可能会持续较长时间。这是非常需要关注的。另外，预计到未来几十年，当年代际自然波动处于偏暖位相时，这将与人类活动增加二氧化碳等温室气体的排放导致的气候变暖效应叠加，可能会使得全球变暖更显著。

"全球气候是耦合在一起的，由于制造业的原因，我们国家排放的污染物、温室气体相当一部分是发达国家的'转移排放'，所以从污染和气候变化本身，都是全球性的问题。我们不能回避，控制住京津冀污染是一项十分艰巨的系统工程。"王会军认为，下一步，我国一方面应该科学规划和改进社会管理，积极采用清洁生产技术和绿色能源，提高公众和全社会的环保意识，尽量减少污染物和温室气体的排放；另一方面要尽量不影响社会经济发展，从而在两者中寻求一种平衡才是我国当前的必然选择。

量子时代的美好生活

安徽日报社　桂运安

11月2～6日,"2014量子通信、测量和计算国际学术大会"在中国科学技术大学先进技术研究院举行。中国、美国、德国等28个国家400余位国际顶尖量子科技专家共聚合肥,交流研讨量子信息技术最新进展和未来发展趋势,探讨产业化方向,一幅量子时代的美好蓝图正徐徐展开。

幽灵般的超距离作用

中国古代神话小说《封神演义》中,土行孙以"遁地术"称雄诸神,他只要身体接触到大地,就像鱼儿游进大海,消失得无影无踪。"宇宙瞬移,目标搜索。"动画片《神奇阿呦》中,宇宙人阿呦同样神通广大,只需轻念咒语便可穿梭星际间,帮助小学生小米实现各种愿望。实际上,神秘的量子世界就有这样的"时空隧道"——量子态隐形传输,能让物体瞬间转移。

量子态隐形传输的实现,靠的就是神奇的"量子纠缠"现象。在微观世界中,有两个共同来源的微观粒子,即使隔着太阳系,只要其中一个粒

《安徽日报》第9版
2014年11月7日

子状态发生变化，另一个状态立即发生相应变化，这就是被爱因斯坦、波多尔斯基、罗森等著名科学家称作"幽灵般的超距离作用"的"量子纠缠"。美国科学家、诺贝尔物理学奖获得者弗兰克·维尔切克曾用《格林童话》中《两兄弟》故事打比方："量子纠缠"就像一对有"心灵感应"的双胞胎，长得分不清彼此；他们也心灵相通，即便天各一方，弟弟有难，哥哥即刻得知。

量子纠缠是一种非常奇特、无处不在的物理现象，它颠覆了常理，却广泛应用于量子保密通信、量子计算模拟和量子精密测量等各个领域。两个处于纠缠态的量子，发生"心灵感应"有多快？去年，中科大教授、中科院院士潘建伟率领的团队在国际上首次用实验证明：在所有相对地球以千分之一光速或更低速度运行惯性参照系中，量子"心灵感应"速度至少为光速的1万倍。

"量子通信是迄今唯一被证明的无条件安全的通信方式，可以从根本上解决国防、金融、政务等领域的信息安全问题。"在国际量子大会上，专家指出，量子信息技术因其传输高效和绝对安全等特点，被认为是下一代IT技术的支撑性研究，并成为世界各国竞争的焦点。"古人在信封上用火漆封口，一旦信件被中途拆开，就会留下泄密的痕迹。"潘建伟院士说，基于量子纠缠特性的量子密钥在量子通信中的作用比火漆更彻底，可以做到绝对安全——一旦有人试图打开信件，量子密钥会让信件自毁，并让使用者知晓。

抢占量子通信制高点

斯诺登"棱镜门"、苹果公司"泄密门"，近年来一连串的泄密事件，让信息安全受到前所未有的关注。公元前405年，伯罗奔尼撒战争末期，雅典间谍从波斯帝国带回一条布满杂乱无章希腊字母的普通腰带，当腰带呈螺旋形缠绕在剑鞘上时，毫无规律可循的字母就变成一段文字。这被认为是世界上最早的密码情报。几千年过去了，加密方式似乎越来越先进、越来越可靠，但依然有被破解的可能。随着量子科技的发展，如今不可破译的"量子保密通信"已诞生，其出现将彻底对窃听说"不"。

近年来，为抢占量子通信制高点，潘建伟团队先后在国际上首次成功实现对五光子、六光子、八光子纠缠的操纵；在国际上首次成功实现百公里量级自由空间量子隐形传态和纠缠分发；在合肥率先建成世界上规模最大的量子通信试验网，标志着大容量量子通信网络技术取得关键突破。目前，潘建伟团队成果一次入选《自然》杂志评选的"全球十大新闻亮点"、两次入选欧洲物理学会评选的年度国际物理学重大进展、三次入选美国物理学会评选的年度国际物理学重大事件、七次入选由两院院士评选的"年度中国十大科技进展"。

提前行动，才能抢占先机。在新的历史时期，为保持和扩大我国在量子信息领域已取得的领先优势，中科院 2011 年启动科技专项"量子科学实验卫星"。2013 年，千公里光纤量子通信骨干网工程"京沪干线"项目上马；2014 年年初，中科院"量子信息与量子科技前沿卓越研究中心"在中科大挂牌成立。"20 多年前，中国量子物理相关领域的研究事业还没有起步，但今天中国已成为这方面最顶尖的国家之一，中科大也成为最顶尖的研究机构之一。"国际量子大会主席、意大利帕维亚大学教授阿里亚诺说。

"按照计划，2016 年中国将发射全球首颗'量子科学实验卫星'，2020 年实现亚洲与欧洲的洲际量子密钥分发，2030 年建成全球化量子通信网络。"中科大学者在国际量子大会上表示，由潘建伟院士团队承担的中科院"量子科学实验卫星"项目主要技术攻关已完成，其成功发射和运行，将进一步确立中国在量子通信研发和产业化领域的国际主导地位。

步入量子生活新时代

苹果 iCloud 云端泄密后，还敢用苹果手机吗？实际上，无论是苹果系统，还是安卓系统，都有泄密的风险。不过，随着量子通信技术走向产业化，在不久的将来，你或许就能拥有一部永不泄密的量子手机。步入量子生活新时代，运算超快、百毒不侵、不怕"死机"的量子计算机也将会诞生，甚至可以将微型量子计算机用于医学——插入血液中可轻松杀死癌细胞……

目前，中国量子保密通信城域网技术日臻成熟，并达到商用水平；由中科大发起组建的安徽量子通信技术有限公司，已成为中国最大的量子通信设备制造商和系统服务供应商。2012 年年初，潘建伟团队在合肥建成世界上首个规模化城域量子通信网络，节点数达 46 个，远远超过此前国际上已有的同类网络；2014 年 3 月，济南量子通信试验网正式投入使用，这是我国第一个以承载实际应用为目标的大型量子通信网。"合肥城域量子通信网络通信正确率达 99.6%，超过移动通信水平；济南量子通信试验网已拥有 95 个实际用户，运行状况良好。"安徽量子通信技术有限公司总经理赵勇博士介绍，中科大还与新华社共建了金融信息量子通信验证网，并将量子通信技术应用到合肥市公安系统视频监控"天网工程"中。

"中国任何一个城市，只要有需求，都可以建设城域量子通信网络。"潘建伟院士说。中科院量子保密通信"京沪干线"项目，是我国首个量子通信国家级重大工程，主要建设连接北京、上海的高可信、可扩展、军民融合的广域光纤量子通信网络。"京沪干线"项目总工程师、中科大教授陈宇翱透露，京、沪城域量子通信网将分别于今年年底和明年夏天建成。加上已建成的合肥、济南项目，只要再完成城市间线路上的接通，预计到 2016 年，就可实现京沪广域量子保密通信。

除了最先走向实用化的量子通信技术，量子计算机也成为热门话题。当前，世界上运算速度最快的超级计算机是中国"天河二号"，运算峰值和持续运算速度达每秒 5.49 亿亿次和每秒 3.39 亿亿次。但在量子计算机面前，这一速度只算"小儿科"。科学家指出，分解一个有 400 个数字的合数，超级计算机要几百万年，而量子计算机只需一年或更短时间。"量子计算机虽好，但想说爱你不容易。"中科大教授陆朝阳坦言，假如将一对纠缠的量子比作一个跳蚤的话，量子通信可能只需操纵一个跳蚤即可，量子计算机却需同时操纵成千上万个跳蚤，因此量子计算机问世可能还需要相当长时间。

中科院打响科技体制改革头炮

——以院所分类改革带动科研评价、资源配置调整

中国青年报社　邱晨辉

《中国青年报》第1版
2014年9月19日

　　45岁的董晓龙是中国科学院（简称中科院）微波遥感技术重点实验室副主任。单从数字上看，他所在实验室的研究队伍可谓兵强马壮：80多名研究人员，其中课题负责人就有20多人，还有40来个课题，每一个课题背后都有相应的课题经费。

　　但至今，在说起自己是科研国家队一员的时候，这位做了18年研究的科学家仍有些"底气不足"。一个简单的"选择题"可以说明这一点：有个科研项目，是为某个高校做一台演示仪器。做，可获得二三十万元的研究经费，但难以有所创新和学术上的积累；不做，可以去寻找更有学术价值的大题目，但在此过程中，团队里的研究人员可能就要"饿肚子"。

　　最终，不少人还是选择了"做"。

"这是一个国家级研究队伍该干的事吗?"董晓龙理解一些研究人员的处境,拿到了项目才能活下来,但按照目前这种"用高射炮打蚊子"的态势,那些真正有价值的"飞机"——大题目,谁来打?真正服务于国家重大需求、关乎经济社会发展的硬骨头,谁来啃?而且,蚊子打久了,高射炮是否还具备打下飞机的能力,更不得而知。

党的十八届三中全会以来,随着全面深化改革的推进,科技界不少研究院所原来存在的问题逐步暴露:研究课题重复,分工不明确,资源配置不合理,等等。用中科院院长白春礼的话说:"有一些研究所仍然存在大而全、小而全的现象,科研工作低水平重复、同质化竞争、碎片化扩张等问题难以有效纠正。必须从根本上突破这些体制机制上的瓶颈。"

让董晓龙感到"振奋"的是,一个试图突破瓶颈的改革来了。

8月19日,中科院《"率先行动"计划暨全面深化改革纲要》对外公布。很快,这一方案被不少业内人士称作全面深化改革以来科技领域最大胆的"改革纲领",而中科院也被看作打响科技体制改革头炮的"率先者"。

尽管不是全国宏观层面上的科技变革,也不是针对科研人员自身薪酬福利的微观调整,但这一中观层面上的改革仍引起媒体和科技界自身的高度关注。因为,从某种意义上来说,这触动了制约科技体制改革的根基。

用白春礼的话说,当前,我国科技体制改革宏观层面的顶层设计正在积极推进,微观层面的科研项目、经费管理和科技评估等改革也在不断深入,但在中观层面上,科研院所体制机制和科研活动的组织管理方式,总体上仍然沿袭着长期以来的固有模式,成为影响和制约科技创新能力提升的根本因素。

从"率先计划"的内容来看,其改革以推进研究所分类为突破口,"整合机构,瘦身健体",力求在2020年前,将按照创新研究院、卓越创新中心、大科学研究中心、特色研究所4种类型,推进分类改革;到2030年,形成相对成熟定型、动态调整优化的中国特色现代科研院所治理体系。

这是至关重要的一步,它决定着中科院内部100多个研究所能否清除各种有形无形的栅栏,打破各种院内院外的围墙,让机构、人才、装置、资金、项目都充分活跃起来,形成推进科技创新发展的强大合力。

中科院一位院领导曾在公开场合这么形容当前研究院所之间的"藩篱"和"围墙":争取科研项目时,科研院所及其科研人员之间"同舟共济";而等到项目申请下来,轮到分科研经费了,便开始"同床异梦";

待到做出成果，将要报奖之时，又变得"同室操戈"。

究其原因，当前以资源、项目为导向的科技资源分配体制难辞其咎。中科院一家研究所的所长对《中国青年报》记者说，课题负责人往往只对"经费"及给"经费"的资助方负责，而对于所里和院里，他们则不需要"报告课题项目的进程及经费的使用情况"。其结果是，一旦院所遇到某个大的国家任务和项目时，就很难组织人来承担。这些课题负责人也因此被戏称为"独立的小法人"或是"个体户联合体"。

后来，这位所长想了一个办法，他们之前有50多个课题组，现在则全部归于12个创新团队下面，并进一步实体化，团队的首席科学家或负责人由所领导任命，这就牢牢地控制了整个队伍的创新方向，打破课题组的界限，以大项目为牵引，集中力量办大事、做大科学。

这种在研究所内部"清除藩篱""打破围墙"，联合起来干大事的改革思路，和当前中科院针对研究所层面的分类改革十分相像。

比如，在目前已经公布的创新研究院名单中，中科院决定以空间科学先导专项、载人航天工程和探月工程等重大国家任务为依托，由中科院国家空间科学中心、空间应用中心、国家天文台三个单位联合，启动组建空间科学创新研究院。未来，这些单位将联合在一起，高举空间科学大旗。

不过，院所分类改革并非一蹴而就。白春礼深知这个道理，在中科院内部2014年夏季党组扩大会议精神传达会上，他说，研究所分类改革不搞一刀切，不刮一阵风。方向和思路想清楚了的，要创造条件先行启动；暂时还没想清楚的，要积极研究、适时推动；目前没有积极性的，也不强求推进，不搞"拉郎配"。

以空间科学创新研究院为例，该院联合单位之一国家空间科学中心主任吴季告诉记者，目前，他们采取的方法是各自保持着独立法人的身份，但三方努力搭建一个跨所交流的平台，建立每月院务会制度。在会上，他们将就具体题目进行讨论和规划。他说，这是第一步，今后还将探索更为深层次的问题，比如是否采取独立法人模式等。

当然，在研究所分类改革的过程中，科研评价、资源配置也会随之调整。以创新研究院和卓越创新中心为例，前者以满足国家战略和产业发展重大需求为主要价值导向，实行政产学研共同参与的理事会治理结构，以国家任务和市场为主配置资源，以应用部门和市场评价为主要评价方式；后者则以学术水平为主要价值导向，实行行政系统与学术委员会相结合的治理结构，以择优稳定支持为主配置资源，以国际同行评价为主要评价方式。

董晓龙被分到创新研究院，这意味着，今后，他将获得更多的稳定经费资助。他告诉记者，很早以前，他就有一个想法，就全球变暖问题做一个微波遥感卫星。但这个大题目需要太多人，即便是他实验室副主任的身份也难以召集那么多人来。现在，他打算着手做这个题目了。

"率先行动"计划公布至今，过去了近一个月，这场波及100多个研究院所、近6万名科研人员的科技体制机制改革还在继续发酵。

叶叔华院士（系列报道）

着眼于天外　用心于海内

——记中科院上海天文台叶叔华院士

解放日报社　徐瑞哲

《解放日报》第1版
2014年9月15日

今年，天上那颗小行星被命名为"叶叔华星"20年了，今年，叶叔华88岁了。

每天上午9时，她仍必到中科院上海天文台的天文大厦"上班"。最近有一日，在3楼不大的会议厅里，叶叔华又来到天文爱好者身边，加入"我和院士有个约"活动，主讲射电天文望远镜。

现场只有10多名受邀听众，坐了不到半个厅。而叶叔华一口气讲了一个半小时，并且回答了老少天文迷的提问。似乎，她就在国际学术会议大厅里作大会报告，不疾不徐，儒雅庄重。事实上，前一天晚上12时，她还在家中制作PPT，将数据整理在打印纸上。她说："万一遇上行家，被问倒了，可不负责。"

如果有一天没能在天文台里找到她，如果那一天她也没在食堂吃饭，通常就是出差了。尽管这位老院士曾任中国科协、市科协、市政协、市人大领导，但她一辈子不坐头等舱，即使别人给她安排了公务舱，她也非要换成经济舱，才肯如约赴会。

女性与男性

认识叶叔华的人都尊称她为"叶先生"，不熟悉她的人往往误以为她是男士。而这位身材娇小的女士，的确是内心强大、目光深远，不算是铁娘子，至少是女强人。

还有些人误将"叶叔华"写作"叶淑华"，仿佛那更像一个女人的名字。其实，叶叔华家中排行老三，取名"伯仲叔季"的"叔"，而她的"华"无疑是"中华的华"。

她的天文，看似着眼于天外，实则用心于海内，把"中华牌"打成"环球牌"。只说一件事，当你抬腕看表、举头望钟之时，这"北京时间"就与叶叔华相关。因为时间源于运动，日月星辰之律动产生了时间。早在20世纪五六十年代，叶叔华在上海天文台的第一项大事业就是主持建立和发展了中国自己的综合世界时系统，其精度从1963年起就一直保持国际先进水平。而这项天文授时工作，直接影响到当今北斗卫星自主导航系统的精准。

然而，当那颗中华心搁浅，她生命的时钟仿佛也会停摆。因为时间很快走到了1966年，她与自己的同窗、丈夫程极泰教授都失去了学术自由。从"牛棚"出来后的第一天，叶叔华就在想：我们能做什么？她做的第一件事就是赶到上海图书馆，在积满灰尘的书堆里翻寻天文杂志。连她自己也想不到，弱小的身躯竟能爆发出积蓄已久的强力——当时，她在台里冲动地拿一个大锤，敲打起安放天文设备的墩子，只想着把墩子敲平、敲大，可以再装上更新更好的设备。

在如今面向公众的讲座中，叶叔华每每谈及中国最好的天文观测设施，总不忘纵向、横向对比，告诉人们世界上最高水平在哪里，中国可以排第几。

中国台湾"中研院"地球科学研究所所长赵丰，曾在美国宇航局工作。他记得叶叔华赴美参观正在建设中的世界最大射电天文望远镜，"100米的口径，可以想象它有多高大"。讲解完成后，美方让叶叔华、赵丰他们自己爬上碟形天线的架子。"那个爬起来也很可怕的，"赵丰说，"当我在底下准备开爬，并且考虑自己能爬多高时，已经看到叶先生爬了一半，她毫不迟疑地就上去了——最后她爬到最高的地方，我只爬到一半。"

叶叔华担任上海天文台台长时，曾前往法国天文台访问。法方台长下山相迎，没想到竟与叶叔华迎面错过。费尽周折相见后，法国人坦陈，没想到叶叔华是位女台长。参访结束，临行祝酒，叶叔华举杯提议"为女台长干杯"，希望50年后天文界的男台长与女台长一样多。

在国际上，她本人连任过两届国际天文学联合会（IAU）执委会副主席，是中国天文学家第一次进入这个国际天文组织的领导核心。"IAU曾有两位女主席，但还是太少。"叶叔华颇有女性意识。

老旧与新潮

在不同场合见到叶叔华，不论是主持会议、出席仪式还是上电视，你都可以发觉她的穿着风格基本不变，总有一件花色衬衣。有一次，叶叔华穿着这种衬衣去医院看病，结果被一位清洁工阿姨看出来，阿姨说："你这衣服可能有30年了吧。"

叶叔华想起来，当年美国同行来沪访问，由她陪同去城隍庙。老外们走进一家服装小店，买了好多花格衬衫，她本人也买了好多，因为实在很便宜。"那次以后，我想大概一辈子不需要再买衬衫了。"于是，叶叔华就总穿二三十年前的旧衣服。

她家里请的保姆阿姨直言不讳："你的这些衣服啊，连乡下老人都不穿，我觉得这家里的衣服都可以丢掉了。"可叶叔华怎么舍得扔呢？——别人夸赞她头上的一根发带和衬衣颜色很搭，她坦然一笑："这根带子是面包店扎盒子的，我拿来扎头上了。"

去过叶叔华家,就知道她家别的不多,就是书多。现任上海天文台台长洪晓瑜说:"她家的沙发还是20世纪80年代的,我们都说你应该换一个。她却说,很好啊,我们还能坐,能用就用。"叶叔华有点自嘲地说,对物质的追求少了,对社会生产的贡献也少了,这也不太好。

不过,这位大科学家在学术研究上则是"高大上",非但不落伍,甚至比年轻人还超前。在她的办公室,有一张巨大的办公桌,可桌上供她伏案读写的面积比小学生课桌还小。因为其他面积都被书占据了,一堆一堆的,大约有12堆。只有叶叔华知道这些文献资料的分类堆放法则,哪些是最新的,哪些是待解的,从不需要别人帮忙整理。

早已退休的她,每天"上班"都是戴着老花镜,手持放大镜,在这堆书山的"缺口"中探索。作为老台长,她仍时不时地约见青年科学家。被她招进办公室的青年科学家,多少会有点小紧张,因为叶叔华总会提起国际上最前沿的发现,然后问"你怎么看"。

从政与亲民

叶叔华至今保持着与天文学界的密切联系,重要会议总是尽量参加。按中科院有关规定,70岁以上的老科学家,出差通常都安排人员陪同,但叶叔华却坚决不要。她说,省点钱吧,国家花这个钱没意思,"只要去的时候有人送一下,到了那里有人接一下就行了"。可台里总放心不下,毕竟叶叔华年纪大了,万一有什么意外……现在,他们往往采取折中办法,比如去北京,尽量将其他赴京同事的航班与叶叔华的航班安排在一起,"顺道"照应一下。

在叶叔华的老同事罗时芳记忆中,叶老担任全国人大常委、上海市人大常委会副主任期间,赴美出差完全可以住得好一点。但她坚决不肯住每晚超过80美元的酒店,"就相差十几美元或20美元,她都要省"。由于找不到便宜住所下榻,她有时借宿在美同事家中,甚至搬到汽车旅店,夜里凉了就把枕头盖在身上。

她以中国科协副主席、市科协主席的身份出访,同样将食宿标准压到最低程度。时任市科协秘书长张文琴,行前请示过外办,为她安排了公务舱。可到机场后,叶叔华见了机票就一定要降舱。"叶主席平时是一个很好商量的人,但坚持起来你也就没办法。"航班落地,为她预订的宾馆也是经外办同意的,只是稍微超过了一点标准。叶叔华又要换,张文琴再一次拗不过她,因为她说"外汇还是需要用在科研工作上的"。除了外方公务宴请外,叶叔华就不要额外安排餐饮,自己到超市买面包吃。

如今每天中午,叶叔华都缓缓走去食堂,从最后一个位置上排起队候餐。洪晓瑜说,我们希望她不必排队,到前面去打饭,但她总是严格要求自己,说"不行,我不能插队"。因此,整个天文台,近300人,在她的带领下,都在那里排队。

记者手记

凡人大家

天文学,可能是最能影响人的世界观与人生观的自然科学。叶叔华,正是深究深悟这门学问的中国人。在这位女性的身上,可以同时发现凡人的伟大与大家的平凡。中国与上海拥有这样的凡人大家,是幸运的。

或许,叶叔华是因为夜观天象的浪漫而选择了天文专业,但她很快明白,人类天文梦之高远,是如此茫茫无境、遥遥无期,需要每个天文人一点一点接近。这个梦,更需要的是实践和创造,而不是憧憬和想象。

耄耋之年的叶叔华,在业内有句名言:办一件事,若只有40%的把握,如果停止在那里不动,也就慢慢变到20%,最后是0;而如果你积极争取,可以将其变成60%、70%,最后就搞成了。过程影响结果,至少与结果同等重要。

每个人都有梦,中国也有梦。凡人可以实现伟大的梦,伟人也有着平凡的梦。脚踏实地,身形稳健,像叶叔华那样造一台现实的望远镜,执着地把梦想拉近眼前。40%、60%、80%……直到真正触摸到它。

巨型天马望远镜背后的"老太太"

——具有前瞻眼光的叶叔华又将空间天文望远镜提上日程

解放日报社　徐瑞哲

上海天马山脚下,有一座"超级雷达"——65米口径射电天文望远镜。"天马望远镜"高达70米,重达2700吨,是亚洲最大、世界前四的全可动射电天文望远镜。

去年年底,项目通过中科院和市科委验收,至今它每周工作6~7天,每天观测和测试约20个小时。计划下半年正式向国内外科学家开放,真正成为一座国际化的天文基础设施。

当天马望远镜为"嫦娥三号"落月任务实时测轨定轨,当它与大洋彼岸的外国望远镜联网遥望星空时,那超大镜面的背后,少不了这样一位小身材的女性。没有她,就没有"天马行空"的中国式创新。她,就是中科院上海天文台叶叔华院士。

藏了20年的话,那时说

中国航天器第一次飞到地球以外的天体,是2007年10月24日,中国首颗探月卫星"嫦娥一号"飞天奔月。那一年,正值叶叔华八十华诞。那一天,她去了发射现场,亲眼目睹了"嫦娥"升空的情景。她说,并不在意自己的寿辰,人的生命在宇宙长河中不过是一粒尘沙而已;她所激动的是,自己终于等到了这一天,中国"冲出"地球,而且是一次成功。

2007年12月,探月工程"嫦娥一号"任务圆满成功。2008年1月,时任中共上海市委书记俞正声、时任市长韩正,接见了上海市参与"嫦娥一号"任务的有关单位代表。上海天文台台长洪晓喻与叶叔华院士汇报了上海天文台负责的"嫦娥工程"VLBI测轨分系统。

VLBI就是甚长基线干涉测量,将各地多台射电天文望远镜组成VLBI网,同时观测同一个目标,就相当于形成了一台无比巨大的望远镜,其口径就是台网之间的地理跨度,比如3000公里。当时,上海天文台与北京、昆明、乌鲁木齐的射电望远镜组网,为40万公里之外的"嫦娥一号"提供了精密测轨定轨。

汇报会上,叶叔华告诉俞书记和韩市长:"在所有的合作单位里,我们上海的望远镜是最小的。"当时,北京密云新建了50米口径望远镜,云南昆明新建了40米口径望远镜,而上海还是佘山那台25米口径望远镜。叶叔华继续说,"而且上海的望远镜也是最老的,都应该退休了"。"我们又是这个VLBI项目的头,该怎么办呢?"她认为,完成今后的"嫦娥探月工程"及更远的深空探测VLBI任务,更大口径望远镜将起到关键作用,也将使我国射电天文的发展水平提高到一个新台阶。

老人的话语非常策略,也非常合理。市领导当即拍板,同意上海天文台建设65米口径射电望远镜的建议,指示有关部门落实研制经费和站址用地。经中科院与上海市协商,当年天马望远镜就正式成为一项"院市合作"的重大工程。

作为65米项目的首席科学家,上海天文台副台长沈志强根本没想到,叶叔华会在这个场合、这个机会提出65米巨镜的建议。其实,早在20世纪90年代,上海天文台就曾向国家申报大口径射电天文望远镜项目,当时进入了天文口"四选一"范围,但最终没能中标立项。不少人以为此事大概就"到此为止"了,而叶叔华却一直放在心里,把藏了20年的话放到台面上说。而且,说得顺理成章、水到渠成。拿叶叔华的话讲:"脑袋都是空的不行,否则机会就飞过去了。"

有"老太太"在,才踏实

事实果然不负叶叔华的举荐与厚望。在"嫦娥三号"任务中,新建成的天马望远镜完全代替了佘山25米望远镜,使我国VLBI观测网的灵敏度提高了2.6倍以上,也使"嫦娥三号"着陆器的相关时延测量误差只有"嫦娥二号"时的不到40%。尽管天马望远镜与"嫦娥三号"落月区相去数十万公里,却把月球车"看了个一清二楚"。它以数厘米的精度,检测出月球车移动、转弯等动作，以优于1米的精度对月球车进行了相对定位。

在当今国际天文界，天马望远镜的综合性能已居世界前列，加上地理位置优越，位于全球几个主要 VLBI 网的交汇处。因此，它也大幅提高了国际 VLBI 网的探测灵敏度，成为中国 VLBI 网乃至东亚 VLBI 网的核心，抬升了我国在天体物理前沿课题中的国际地位。

这一切不仅因为有了叶叔华的那番话，更因为有了她的身体力行。在巨镜4年建设过程中，叶叔华不知多少次亲临位于松江的工程现场。从这些年的会议纪要看，叶叔华每周必到项目例会，会议一开就是半天，她从头到尾都在场。

不仅在专业问题上，在非专业问题上，叶叔华也表现出她社会活动家的能量。望远镜基础建设是一项系统性大工程，牵涉方方面面，外协外包单位众多。只要工程上遇到一些问题，天文台方面希望叶叔华出面，协调进度和质量等，她总是二话不说现身协调会。沈志强说："有时叶先生就坐在那儿，也不说什么；有时就说几句话，哪怕支持鼓励，也非常管用，"他笑笑，"给我们的感觉就是：有'老太太'在，心里就踏实。"

叶叔华也绝非单单着眼上海，她时时关心着中国各地的天文基建。在贵州山区，她参与超大口径射电天文望远镜的选址，利用喀斯特盆地的天然地形，托起500米口径的"超级大碗"；在乌鲁木齐，她也同时促进当地天文台新建百米口径的全可动射电望远镜，向世界最高规格看齐；甚至在极地，她还是中国南极研究科学研究委员会委员，指导南极天文台光学望远镜建设。

先天下忧而忧，接着干

如果说，在地月之间的测控距离上，"25米"还能派上用场，那么在将来的火星任务、其他行星任务中，"65米"就拥有无可替代性，比如它已帮助"嫦娥二号"完成了对700万公里外太阳系小行星的飞掠探测。若失去天马望远镜眼中那根的无形"风筝线"，深空探测器就会失之毫厘、差之千里。

叶叔华的眼里，总有一种大局观和前瞻性，这也是她深受同行敬重的原因。沈志强告诉记者，其实，上海25米口径射电望远镜也是在叶叔华主持下于20世纪80年代建成的。沈志强攻读博士期间，正是从事 VLBI 方向，上海基于这台射电望远镜在这一领域处于国际同步水平。"美国人

1967 年开始实现 VLBI 构想，叶叔华 20 世纪 70 年代末就开始在中国推动此事，二三十年来完成了人才储备。"

然而，搞天文也是很"烧钱"的。改革开放之初，叶叔华思考的总是用最少的钱、能办什么最大的事。过程可以艰难，但方向不能搞错。很多人未必知道，25 米望远镜之前他们先试制过 6 米口径的小镜。为了验证它的测量精度，叶叔华出马"合纵连横"，与当时已建成 100 米口径望远镜的德国天文台组网，实现了欧亚大陆上的 VLBI 联动，仿佛一个巨人牵着一个小孩在看星星。

眼下，当叶叔华收看热播电视剧《历史转折中的邓小平》，她依然会看着流泪。"如果没有改革开放，现在真不知道是怎么样，也不知道我们会在干什么。"1978 年，50 岁的叶叔华才第一次走出国门，而她唯一的儿子还干过 10 年清砂工。叶叔华说，如今回想起这段来，才觉得没有白活。

先天下之忧而忧，叶叔华仍在考虑下一步棋怎么走。她能让全台上下感觉到有一股正能量正在向前推展，在这条路上她比年轻人还急。"65 米有了，并非一味求大，而是要用好。"她说，中国总的观测能力还很弱，必须加入国际合作中，从跟踪、平行到引领，我们才刚刚开始并肩赶路。在她的办公桌上，空间天文望远镜已提上议事日程，"日本有 8 米口径，俄罗斯有 10 米口径，我们也应该把自己的望远镜送上天"。

新民晚报

从天空到地壳，永远追赶最前沿
——中科院上海天文台研究员叶叔华的坚守和超越

新民晚报社　董纯蕾

人物小传

叶叔华 1927 年 6 月出生，中国科学院上海天文台研究员，1980 年当选为中国科学院院士（时称学部委员），1985 年当选为英国皇家天文学会外籍会员。曾任上海天文台台长、国际天文学联合会副主席、中国科协副主席、上海市科协主席、上海市政协副主席、上海市人大常委会副主任、全国人大常委。曾获全国科学大会和中科院重大成果奖、国家自然科学奖二等奖、国家科技进步奖二等奖、上海市科技进步奖一等奖及部委科技进步奖一

《新民晚报》第 A2 版
2014 年 9 月 14 日

等奖等奖项，首届"中国十大女杰"、中国天文学会成立 90 周年最高荣誉奖等荣誉称号。

在中国，大家习惯叫她"叶先生"；在国际科学界，人们尊称她为"Madame Ye"；在浩渺的宇宙，小行星 3241 号被命名为"叶叔华星"。

87 岁的叶叔华面对媒体坦率地说："在科学研究这座高山险峰上，爬坡我是已然爬不动了，但是还能眺望哪座山峰会有好的风景。不要指望我们还能做什么伟大的事情，该是你们年轻人来支撑大局的时候了！"事实上，"叶叔华"这三个字，便意味着对世界科学研究最高峰的不懈攀登。

不再浪漫也要坚守

受生计和战乱所迫，叶叔华从小随家人辗转于广州、香港、韶关、连县等多地才念完了小学和中学。初到香港，她每晚给三个弟弟开"书场"，讲自己编的故事。她的口才或许就是那时候打下的底子：日后在各个工作岗位上，叶叔华讲话都不用讲稿，富有逻辑、说服力和感染力。

在战火纷飞的日子里，热爱文学的她，并未憧憬过有朝一日会成为一名科学家。1945 年抗日战争胜利，中山大学来招生，她的初衷是报考文学专业。可父亲不同意，怕念文学将来连饭都吃不上，想让她读医。晕血的叶叔华坚决不肯，三改志愿方达成折中方案：数学系。当时的中山大学没有单独的数学系，只有数学天文系。就这样，叶叔华以理学院全区第一名的高分，被中山大学数学天文系录取。

天文常常给人以美好、浪漫的印象，大一时邹仪新教授讲的天文课又特别有意思，被深深吸引的叶叔华，在大二分成数学系和天文系时便选了天文。

另一个爱上天文的理由，则是她的终身伴侣——程极泰。酷爱天文的程极泰，本在武汉大学学矿冶，课余常发表关于天文的论文，李国平教授建议他转去中山大学读书，因为当时全中国唯有中山大学有天文系。就这样，程极泰转到了叶叔华所在的班级。两人在校园里相识相知相爱，一起钻研天文与数学，一起完成了关于宇宙膨胀的毕业论文。叶叔华也因此更觉天文的浪漫，"宇宙让我总能保持好奇和浪漫的心境"。

然而，现实从来不是以浪漫为基调的。1949 年 6 月，学成毕业的两人，回到香港德贞女中教数学并成了家。但是，对报效祖国的渴望，却无法停止。1950年暑假，他们去南京想在紫金山天文台谋职，但当时只能接纳程极泰1人，倔强的叶叔华给紫金山天文台台长写了一封信，列举了五大理由说无论如何都不该不录用她。1951年，他们又回到上海。程极泰由在复旦大学任教的弟弟介绍，去复旦数学系工作。叶叔华则用了整整三个月才敲开徐家汇观象台（上海天文台前身）的大门。"进台后才知道，天文工作和以为的浪漫完全不一样。"

永远走在时间的前列

叶叔华的第一份工作，是测算标准世界时，测绘、国防、科研等很多领域都在这方面有需求。所谓世界时，是以地球自转运动为基准，通过天文观测，再经过一系列复杂的计算处理后得到的标准时间系统。天文观测是相当辛苦的：冬天冻到手指发麻，不能戴手套；夏天再多蚊子叮咬，也得先忍住，因为一双手全用来操作望远镜。只要有晴夜，便要观测，节假日也不例外。

没想到，这般竭尽全力地工作，结果还不受人待见。叶叔华至今仍清晰地记得测量专家韩天芑当年的严厉批评："不用你们的结果还好，用了，反而把我们的测绘工作搞糟了。"事实上，由法国人建造的徐家汇观象台，到了新中国初期，虽是全国唯一的从事时间工作的天文台，但无论仪器和科研，都早已不能与当年参加世界经纬度联测时相提并论了，精确度在每年的全球授时公报中常排名垫底。

新中国各方面的建设都需要有精密的地图，世界时是测量经度必需的参数，时间工作的落后势必影响到测绘工作。1958年，国务院要求建立我国自己的世界时综合系统，叶叔华勇挑重担。当时国际领先的时间工作机构有两个：总部设在法国的国际时间局所订的世界时系统，由39个天文台组成；苏联的标准时刻系统，也有17个天文台加盟。相较之下，我们总共只有徐家汇观象台和紫金山天文台两个台站。叶叔华带领的课题组，花了一年多的时间反复试验，终于找到了适用的数学模型。此后几年间，武汉、北京、西安、昆明的天文机构陆续增加了天文测时工作。经过大家的不懈努力，1964年，我国世界时测时精度跃居世界第二。从此，每一项研究，叶叔华都下决心要赶上国际先进水平，走在世界科学前沿。

赶上了国际空间技术潮流

20 世纪 70 年代初，刚走出牛棚的她，悄悄跑去了图书馆，在积满灰尘的书堆里翻阅国外天文学杂志，急于知道外国同行这几年到底在做什么。射电望远镜和甚长基线干涉测量（VLBI）技术等，就此进入她的视野。这些空间新技术，让测量精度一下子提高了一个数量级以上。于是，"文化大革命"后期，中科院来各个单位问发展事宜，她就大胆提出了 VLBI。还跑去当时的电子工业部跟人磨破了嘴皮子，说中国一定要做甚长基线和激光测月。

"我这个人其实是胆子极小的，见了老鼠就怕，但是在科学问题上，却是什么也不怕的。"第一步，建设射电望远镜。先建 6 米射电望远镜，1979 年建成。再造 25 米射电望远镜，1987 年建成，次年即开始参与美国和欧洲等一系列国际联测。接着，在叶先生的带领下，上海天文台射电天文研究室规划了中国 VLBI 网的概貌：新建乌鲁木齐 25 米射电望远镜，改建昆明 10 米射电望远镜，改进上海 25 米射电望远镜及数据处理中心。正是她的努力，让上海天文台和中国天文界，迅速赶上了 20 世纪八九十年代国际天文从经典观测转向空间观测的潮流。后来广为人知的，VLBI 在我国探月工程中成功为"嫦娥一号""嫦娥二号""嫦娥三号"测定轨道、保驾护航，更是佳话了。

今天已成上海新地标的"天马"65 米射电望远镜，也是叶先生一手促成的。1993 年年初，她便提出建设"65 米全波段射电望远镜"，认为中国 VLBI 网只有 25 米级中型射电望远镜是不够的。后来，昆明和北京分别新建了 40 米和 50 米射电望远镜。2007 年年底，在"嫦娥一号"的上海汇报会上，叶先生又一次提出："在 VLBI 测轨分系统中，我们上海的望远镜是最小的也是最老的，但又是这个项目的头，该怎么办呢？"中科院与上海市政府决定合作建设上海 65 米射电望远镜。这台综合性能亚洲第一、世界第四的大口径射电望远镜，2012 年建成，不仅圆满完成"嫦娥三号"测轨任务，而且成为国际 VLBI 网的"主将"之一。"天马"建设的每个阶段，叶先生都会去工地看看；建成投用后，叶先生多次为前来参观的公众担任讲解员。她的下一个想法是：能不能在月球上建造天文台，何时能在南极建成天文台？

天文学家的地球情结

很多人说,叶叔华不仅仅是一位天文学家,而且是一位战略科学家,有远大目标的帅才。20世纪80年代末,她提出了酝酿已久的"现代地壳运动和地球动力学研究"计划。作为天文学家,叶叔华的地球情结由来已久。早在"文化大革命"期间,就曾和同事们一道赴云南地震灾区实地调查。她促成中科院多个天文台参与美国宇航局固体地球方面的合作,从1982年延续至今。她迫切地希望联合多方资源,运用最先进的空间观测技术研究现代地壳运动,以精确、系统、全面地测出地球的微小动态变化,为我国提高自然灾害的预测预报水平另辟蹊径。这个主意得到了中科院、国家地震局、国家测绘局和总参测绘局的支持,大家一致推荐叶叔华来主持研究。

此时,叶先生又开始酝酿更大的计划:亚太空间地球动力学国际计划(APSG)。那是20世纪90年代初,尚未有国际性研究计划涵盖整个亚太地区。叶叔华去找日本同行、澳大利亚同行,谈亚太合作。1994年,联合国亚太经合组织的空间技术应用于持续发展的部长级会议在北京举行,又是她,在之前的科学会议上争取把APSG列入了决议。1995年,四年一度的国际大地测量和地球联合会大会在美国召开,她决定去那里寻获推动这一国际项目实施的最后东风。临出发前,老伴程极泰不慎跌断了股骨,需要开刀。儿子不在身边,她理应留下来照顾丈夫。但箭在弦上的大计划不允许她等,于是狠狠心,请求医生尽早做了手术,然后将老伴委托给交大和天文台的同事。在美国,叶叔华舌战群儒,如愿获得了各国专家对APSG计划的支持。次年,APSG计划在上海启动,20个国家和地区参加,总部设在上海天文台,首届主席由叶叔华担任。要知道,在现代科学研究的国际大型合作项目中,中国大多是参与者,而不是发起者和组织者。这一次,叶叔华办到了!

唯有物质追求不怕落后

叶先生说"现在最遗憾的是我对社会生产无所贡献",科研上样样争先的她,唯独在物质上是甘于落后的。"我们受过的苦太多,对物质的追求太少。"抗日战争时期的艰难时世是难以想象的:桃李树下竹子搭的教室,十几个人排排睡的大棚宿舍,一小碗豆子下一碗饭,流亡学生却甘之如饴。如今生活之简朴，也超乎想象：她出国总是坐经济舱，挑便宜的旅馆住，"国家还不富裕，不需要为我安排得这么好"。

叶叔华如今还有两种活动是能去则去的：一是关系到未来天文进展的重要会议；二是科普，尤其是青少年科普活动。1997年，她同青少年同赴漠河观测日全食，发着高烧仍坚持出席最后一晚的联欢会。同行的一个孩子长大后告诉她，就是受了当年的启蒙而投身天文的。最近一次出席公众活动，是在"天马"望远镜脚下举办的市民科普活动，她说着心爱的射电望远镜，听得人也听得津津有味。现在，她最关心的科普之事是建设中的上海天文馆。"天文对人的世界观是有直接影响的，跟这么大的宇宙相比，我们连微尘都不如，种种不如意皆不足道也。"

记者手记

一直很喜欢听叶先生讲话，语速不疾不徐，没有大道理也没有流行语，但不消几句就能打动你，无论讲的是深奥的科学还是寻常的人生，都让你一句都不肯错过。这回，叶先生的开场白和结束语，都提到"很高兴在座有这么多女同胞"。有人问及所谓女性事业的"玻璃天花板"要如何冲破。她说，障碍只在自己，女性负担更重，但是付以加倍努力，并非不可克服。我想，认识了叶先生，谁还会因为女性的瓶颈而气馁呢？成为叶先生这样的人，是无论男女都心向往之的。置身于宇宙的尺度中，站在祖国的立场上，望着世界的前沿，哪里还有什么个人的"玻璃天花板"。

科技日报

"我像你们这么大正在开卡车"

——中科院院长白春礼为国科大本科新生上第一课

科技日报社　李大庆

《科技日报》第 3 版
2014 年 9 月 9 日

刚刚跨进大学校门的新生问白春礼：我才进入大学，还不知道未来要做什么。请问您在我们这个年龄时在干什么？白春礼说："我像你们这么大的时候在开卡车。现在回想起来，人生的坎坷也是一种财富。"

9月5日，中国科学院大学（简称国科大）举行了该校历史上首次有本科生参加的开学典礼。之后，中科院院长白春礼为国科大首批本科生们上了第一课："科学报国，薪火相传。"白春礼从中科院的历史及发展、科教融合的办学模式、国科大本科教育、青春与青年四个方面，向同学们系统介绍了中科院，鼓励青年学子担当起时代的责任与使命。

　　白春礼讲课结束后，新生们踊跃提问。白春礼说，我17岁中学毕业时赶上"文化大革命"，我到内蒙古兵团当了一名卡车司机，那时我的最大愿望是继续上学。劳动之余，别人侃大山，打扑克，我就拿出我哥用过的高中课本自己学习。当时也没想到能上大学，只是想多学点知识总是有用的。人生的坎坷也是一笔财富，虽耽误了一段时间，但经过艰苦生活的磨炼，你会更加珍惜自己的学习生活。当你遇到困难时，会想那么困难的时候都过来了，还有什么可怕的？你们应该有理想，有追求，有目标，否则你就会迷失方向，不知道怎么把握人生的航向。

　　一名新生问白春礼，在未来的学习中我们怎样才能找到自己最喜欢、最擅长的东西？白春礼说，不管将来你们选什么专业，有两点很重要：一是要把你所做的事情和你的兴趣结合起来，会乐此不疲；二是你考虑个人专业的时候，不仅要凭兴趣，还要考虑中国将来发展最最需要的是什么，国家的需要会为你提供大的空间和舞台，使你有更多的机会成功。

电视作品一等奖

电视作品一等奖获奖作品

何元庆：玉龙雪山冰川密码破译人	湖南广播电视台	杨壮 等
"率先行动"计划　领跑科技体制改革	中央电视台	帅俊全

（以上获奖作品按照作品发表时间倒序排列）

何元庆：玉龙雪山冰川密码破译人

湖南广播电视台 杨 壮 李越胜 李特生 李 银

湖南卫视 湖南新闻联播
2014 年 10 月 6 日

【口 + 画】冰川被称作反映气候变化的"温度计"，科学家通过分析其中包含的各种信息，能够揭开地球气候变迁的秘密。在中国 5 万多条冰川中，云南丽江的玉龙雪山是这其中最灵敏的一支"温度计"，18 年来，冰川科学家何元庆，一直潜心破译着这支"温度计"发送的特殊密码。

【字幕】2014 年 4 月 28 日，云南玉龙雪山（Jade Dragon Mountain）海拔 5596 米。

创新年轮　攀登足迹
中国科学院第十四届科星奖获奖作品选

【实况】脚踏进雪里

【配音】这是57岁的何元庆第521次登上玉龙雪山采集雪样。

【同期】中国科学院玉龙雪山冰川和环境研究站站长　何元庆

小心，滑，那个雪钻到鞋里面就特别难受。

【配音】中国科学院玉龙雪山冰川和环境研究站最高位置的观测点海拔4900米，是目前人类攀登玉龙雪山所能到达的最高点，而海拔5596米的主峰目前尚无人征服。

【同期】何元庆

底下有冰裂缝，一层雪盖住，你不知道冰裂会在哪一脚，落到冰缝里面就没命了，几十米深啊，不得了，就像一个深井一样的，一会儿就把人冻死了。

【配音】让人步步惊心的冰裂，是玉龙雪山这样的海洋型冰川的显著特征。玉龙雪山所处的西南地区气候变化明显，由此造成每年的运动速度高达两三百米，是西北地区大陆型冰川运动速度的十倍以上。有时候冰川折腾的动静太大，还会引发冰崩、雪崩。何元庆在一次科考时，就曾经遭遇雪崩，被困了半个多月。

【同期】何元庆

当时我们在那里实在没吃的，把所有能吃的东西都吃完后，然后就挖草根，烧开水喝。

【配音】600多公里的冰川，其形成、发展及运动变化的诸多密码，只有在没有任何污染的雪样里才能找到，所以每一个采样必须小心翼翼。

【实况】

和成旺：这一米差不多吧？

何元庆：再大一点，挖成一个方形的。挖出一个剖面来，雪是一层一层的。

【实况】何元庆

别看一个小小的雪坑，它反映的东西非常多，这个雪是一年一年积累起来的，我们肉眼看不出来，都是一样的雪，通过分析你就知道，当时下雪那个季节的大气环境。

【配音】10份雪样在12分钟内迅速采集完成，可谓争分夺秒。

【实况】何元庆吃雪（用 Gpro 镜头）

【配音】何元庆总是说，冰川研究也必须争分夺秒。中国虽然冰川资源丰富，但现代冰川学直到1958年才开始起步，比欧美地区晚了两个世纪。

【同期】何元庆

过去我们是比人家起步晚一点儿，需要人回来进行这方面的研究，我们发展中国家要赶上他们。

【字幕】陕西延安

【配音】追赶，一直是何元庆的人生主题。1956年，何元庆出生在陕西延安的宝塔山下，他生活的窑洞，当年是中共中央西北局机关的驻地，父亲是西北局军械制造厂工人，母亲是一名搬运工。

【配音】1974年，高中毕业的何元庆带着一大箱书，前往延河上游的万花公社，成了一名插队知青。在那里，他白天和队友们一起开荒种地挣工分，晚上如饥似渴地看书学习。在当年知青大院的这四孔窑洞里，度过了他们别样的青春。

【实况】

赵俊贤：在这里入的党嘛，入了党，放过牛，下过磨坊，他都干了。

何元庆：入党就是要表现好，可以说是最高的奖励，那时候入党，就是在这个院子里面，收到大学录取通知书，也就在这里。这是我记忆最深刻的。

【配音】1977年，何元庆的人生与正在发生历史转折的祖国一起，来了一个急转弯，他幸运地成为"文化大革命"后恢复高考的第一批大学生。当他怀揣西北大学的录取通知书离开时，全村男女老少都来为他送行。

从1988年开始，何元庆前往英国留学，专攻海洋型冰川研究。随后13年，他完成了英国曼彻斯特大学的博士学位，并在南非纽斯卡大学、加拿大布鲁克大学任教。1999年，中国科学院实施"百人计划"，何元庆知道，自己一直等的这个时机到了。就像当年母亲在窑洞的山坡期待他回家一样。

【实况】何元庆

每次走的时候，我母亲站在那儿，一直看，目送到我们看不见的时候为止，我一直走到对面上车了，她还在这儿站着看，最苦的就是我母亲了。

【配音】决定回国时，何元庆在异国他乡已经站稳了脚跟，安下了家，结了婚，还当上了爸爸。可外面的世界再好，也是别人的精彩，科学没有国界，科学家却有自己的国籍。

【同期】何元庆

我们回到自己国家，就像回到家，从感情上也好一点，人一辈子不是为了生活安逸，我们学这个，这一辈子为了啥？还不是想干一点事情。

【字幕】云南丽江·玉龙雪山，2014年7月22日

【实况】惊险下山……

【配音】7月，冰山雪莲盛开的季节，玉龙雪山的冰雪正在融化，何元庆和学生前往冰川末端，观测冰川的位置变化。

【实况】何元庆

搞冰川不要怕冷，走一会就热了，再冷的天走一会就热了。

【配音】近10年来，气候问题开始成为国家间竞争博弈的新筹码，根据玉龙雪山雪样分析得出的气候变化数据，成为我国参加各次国际气候大会重要的谈判依据之一，确保我国既承担适当的节能减排义务，又在环境容量上为未来的发展争取到合理空间。

【同期】何元庆

我们知道国际上甚至一些国家元首都要开专门应对气候变化的会议。

【配音】近20年来，玉龙雪山的雪线正以每年10米左右的速度上升，为了保住这支珍贵的"温度计"，2010年起，何元庆会同环保部门推动国家投资5亿元，在雪山下开挖了156个人工湖，为冰川"保湿"。今年年底，何元庆主持修建的中国首座冰川博物馆将免费向公众开放。何元庆告诉我们，当你长年面对洁净的冰川时，自己的心灵也会变得纯净。

【同期】何元庆

你不能说什么事情是绝对的苦，苦里面也有乐的，我们搞这个事情也一样，我们觉得（冰川）没有那么可怕，也没有那么苦，我们研究了几十年的雪山、冰川，我觉得很有感情，看到这种景象非常好。

【字幕】玉龙雪山冰川与环境观测研究站学术委员会成员
秦大河院士：国际 IPCC 第一组主席、中国科学技术协会副主席。
姚檀栋院士：中国科学院青藏高原研究所所长。
任贾文研究员：中国地理学会冰川冻土分会副主任。
陈发虎教授：西部环境教育部重点实验室主任。
杨永平研究员：中国科学院昆明植物研究所党委书记。
陈亚宁研究员：荒漠与绿洲生态国家重点实验室主任。
丁永建研究员：WCRP-CLIC 中国委员会副主席。
和献中高工：丽江玉龙雪山省级旅游开发区管委会党委书记。
李忠勤研究员：中国科学院天山冰川观测试验站站长。
王宁练研究员：中国科学院寒区旱区环境与工程研究所副所长。
侯书贵教授：南京大学。
康世昌研究员：冰冻圈科学国家重点实验室主任。
陈拓研究员：中国科学院寒区旱区环境与工程研究所。

电视作品一等奖

李越胜

生于1975年6月9日,毕业于湖南大学,中共党员,主任记者,现任湖南广播电视台新闻中心主任助理、湖南卫视《湖南新闻联播》负责人,《胡湘平》电视评论专栏主笔,是《县委大院》《绝对忠诚》《湖南好人》《初心璀璨》等现象级新闻大片的节目策划、主创。作为一档主流新闻栏目的团队负责人,他坚持做真新闻,真做新闻,以主动变革的姿态坚守主舆论阵地,播撒主流价值之光。

李特生

34岁,湖南卫视记者。中国新闻奖、中国纪录片奖、湖南省"五个一工程"奖获得者。

2007年毕业于湘潭大学新闻系,有县级、市级、省级、国家级电视媒体工作经验,从事电视新闻工作近10年来,一直专注于新闻纪实拍摄手法,《沱江源》《山里边》等电视纪录片获得较大反响,获得中国纪录片奖;《矮寨蜘蛛人》获得第23届中国新闻奖。

在电视拍摄中,他最大的追求是真实。在采写《何元庆:玉龙雪山冰川密码破译人》一稿中,为了拍摄到最真实的玉龙雪山冰川变化情况,李特生与同事前后5次随中国科学院研究员何元庆,徒步登上海拔5000多米的玉龙雪山冰川,尤其在一段1000多米的风化的悬崖边,随时可能遇到雪崩和塌方。片子记录了科研人员严谨的科学态度、工作的艰辛和危险,也呼吁大家保护玉龙雪山冰川。

李特生在采访中留影

李 银

2014年的4月和7月,李银和同事李特生两次登上玉龙雪山,精心制作出了这一期《绝对忠诚》的"玉龙雪山篇"。冰川科学家常常为了珍贵的冰川标本,不得不在极其危险和恶劣的环境下进行采集。这次拍摄不仅是对李银的技术有着高要求,更是体力上的严峻考验。李银在非常严重的高原反应状态下,和李特生一起扛着摄像机爬上了玉龙雪山的悬崖峭壁,为的就是要记录下冰川科学家们的真实工作环境,把这些鲜为人知的画面呈现在更多人眼前。

李银在采访中留影

"率先行动"计划 领跑科技体制改革

中央电视台　帅俊全

中央电视台 《新闻联播》
2014 年 9 月 20 日

【导语】

中国科学院（简称中科院）日前启动《"率先行动"计划暨全面深化改革纲要》，对全院 104 个研究所进行分类改革，涉及近 6 万名科研人员，成为深化科技体制改革的先行者。

【正文】

董晓龙是中科院微波遥感技术重点实验室副主任，他的工作就是研究卫星上的微波遥感器，测量海水温度等关键指标。董晓龙说，在过去的项目制下，每个课题组都是项目组长临时搭班子组团队自谋生路，实验室80人手里有40个课题，数量不少，但有1/4是为了获得经费的边缘课题。

【同期】中科院微波遥感技术重点实验室副主任　董晓龙

应该说做了很多重复的工作，而且很多都是很低水平的，很零散。

【正文】

董晓龙所遭遇的问题也是整个科研系统所面临的现状，在课题经费的导向下，研究所小而全，大量人力物力浪费，也束缚了科技创新的活力。真正有重大国家任务需求时，却很难组织起一支强有力的攻坚队伍。为了破解这一难题，中科院率先打响了全面深化科技体制改革的大炮。根据"率先行动"计划，中科院将按照创新研究院、卓越创新中心、大科学研究中心和特色研究所四种类型，对全院104个研究所进行分类改革。

【同期】中科院院长　白春礼

长期没有核心竞争力，定位不清楚，我们可以对研究所进行撤并调整，可能有一些研究所的某些方向不符合研究所的核心方向，也要进行剥离。

【正文】让董晓龙庆幸的是，他所在的微波遥感技术重点实验室将进入首个改革"试验田"——空间科学创新研究院。和过去相比,最大的不同就是科学研究都将从经费导向转变为面向国家重大需求。董晓龙说,有了更多国家专项经费的稳定支持,他将着手

自己多年的愿望,就是集中实验室的核心力量,做高精度的微波遥感,把测量海水温度的分辨率从现在的 0.5 度提高到 0.1 度,从而更加精确地监测厄尔尼诺等全球环境变化,也让我国的微波遥感水平真正走在国际前列。

【同期】中科院微波遥感技术重点实验室副主任　董晓龙

全球变化是一个人类共同面临的大问题,我们做这个微波遥感是其中很重要的获取数据的一个手段。

【同期】中科院国家空间科学中心主任　吴季

新的中心绝对不会是一个零散项目的集合,而是以国家几项重大任务为主,最本质的不同就是不是为了自己研究所的生存而建立这个机构,而是为了推动国家在这个战略必争领域的发展。

【正文】

作为"率先行动"计划的"牛鼻子",研究所分类改革牵动的是科技体制改革的整体步伐。同时,中科院将通过优化科研布局、调整资源配置、完善考核管理、"新百人计划"、院士制度改革等一系列改革举措,力争到 2030 年形成中国特色的现代科研院所治理体系。

【同期】中科院院长　白春礼

我们这一次的改革主要是聚焦在体制机制的创新……打破所与所之间的栅栏,打破院内院外的各种栅栏,使资金、人才、项目设施都能活起来……能够增强我们创新的活力。

创新年轮　攀登足迹
中国科学院第十四届科星奖获奖作品选

帅俊全

中央电视台新闻中心首席科技记者和首席出镜记者，长期从事科技新闻报道工作，跟踪报道了世界最大射电望远镜 FAST、暗物质卫星、量子卫星、人造太阳等重大工程和项目，并策划制作了《探秘大科学工程》《国之利器》等重点节目，多次获得中央电视台新闻中心优秀节目一等奖。作为首席出镜记者，曾参与《尼泊尔抗震救援》《抗日战争胜利 70 周年大阅兵》等重大节目报道，先后获得中央电视台先进个人、国家新闻出版广电总局优秀共产党员、北京市科普宣传工作先进个人等荣誉称号。

电视作品二等奖

电视作品二等奖获奖作品

中国梦劳动美·大科学工程（系列报道）	中央电视台	刘鑫 等
2016年最值得期待的科技事件（系列报道）	湖南广播电视台	鲁超 等
于敏：愿将一生献宏谋	北京科学教育电影制片厂	葛 嘉
挑战国家科学技术奖	中央电视台	刘星 等

（以上获奖作品按照作品发表时间倒序排列）

中国梦劳动美·大科学工程（系列报道）

坚守使命铸造"人造太阳"

中央电视台　刘鑫　帅俊全　雷飚

【导语】

在安徽合肥的董铺水库，有一个世外桃源般的小岛，它叫科学岛，几乎所有的岛民都是中国科学院（简称中科院）的科研人员，他们正潜心铸造着被称为"人造太阳"的核聚变实验装置。今天我们就走近"人造太阳"，走近为这个大科学工程默默奉献的科学家们。

中央电视台　新闻直播间
2016年4月28日

【正文】

6000摄氏度，是地球核心的温度；1500万摄氏度，是太阳核心的温度；5000万摄氏度，是中国"人造太阳"的温度。今年年初，在安徽合肥西郊的"科学岛"上，李建刚和他的同事们实现了人类历史上第一次5000万摄氏度持续放电100秒的奇迹。

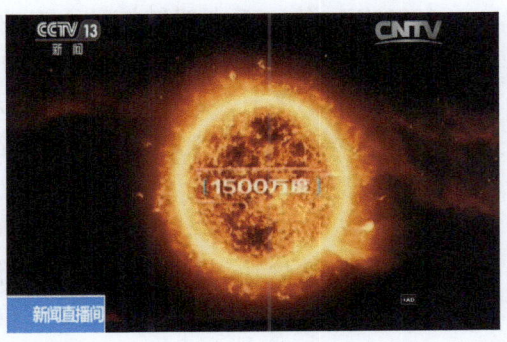

【同期】中科院等离子体物理研究所（简称等离子体所）研究员、中

国工程院院士　李建刚

太阳是自然界存在的，我们就是要在地球上来模拟太阳这个过程，为未来提供更大的能源。

【正文】

李建刚是"科学岛"上的一名"资深岛民"，在岛上从事核聚变实验已经30多年。这个看看像一个三层楼高的大锅炉，就是李建刚和同事们研制的"人造太阳"核聚变装置。"国际热核聚变实验堆"计划是目前全球仅次于国际空间站的全球大科学工程计划，旨在为人类持续提供可替代的清洁能源。

【现场】氢弹爆炸

人们认识核聚变，其实是从氢弹爆炸开始的。李建刚和同事们所做的，就是希望有效控制氢弹爆炸这样的核聚变过程，让巨大的能量能够持续、稳定地输出，从而为人类所用。

【同期】中科院等离子体所研究员、中国工程院院士　李建刚

一杯海水里面提炼出来聚变的燃料可以相当于300公升汽油，海水里面的氘资源可以为人类用100亿年，就比地球和太阳的寿命都长。

【正文】

1982年，从哈工大船舶核动力专业毕业后，李建刚就来到了科学岛上，将制造"人造太阳"作为自己终生的职业。34年来，李建刚就在这个方圆3公里的小岛上，一步步接近这个天方夜谭般的梦想。实现梦想的第一步，就是要把"人造太阳"持续加热到上亿摄氏度，这也是李建刚和同事们必须攻克的首个难关。

【同期】中科院等离子体所研究员、中国工程院院士　李建刚

家里的微波炉功率只有500瓦，我们这儿的微波炉是全世界最大的，是10兆瓦，就比家里的微波炉大2万倍。所以比如家里的微波炉只能到几十摄氏度到几百摄氏度，我们这儿就能到几百万摄氏度、几千万摄氏度。我们所有的技术指标都是世界上最高参数的。

【正文】

做世界最好的，始终是"人造太阳"核聚变团队的目标。李建刚在岛上的30多年，也是我国核聚变研究飞速发展的30多年。从20世纪80年代至今，经过三代科学家的努力，我国核聚变装置已经更换了四种。

【同期】中科院等离子体所研究员、中国工程院院士 李建刚

当年呢，用400万元的生活用品，就是羽绒服、皮夹克、牛仔裤加上一些瓷器，跟苏联人换了这么一个装置。

【正文】

1990年，我国从苏联引进并改造建成了我国首台超导托卡马克核聚变实验装置，从引进到模仿，再从消化吸收到自主设计。34年来，李建刚和他的前辈们一点点托起了中国的人造太阳，走在了世界前列。

【同期】中科院等离子体所研究员、中国工程院院士 李建刚

国外的科学家一年有四五千人，几乎每天都有一大堆人在我们这儿一起做实验。这跟30年前我带着方便面到国外去求学正好反过来，真的就反过来了。作为中国的科学家，我还是感到很自豪的，因为很多东西只有在这儿才能做，其他地方做不了。

【正文】

5000万摄氏度100秒的持续放电，标志着我国在磁约束核聚变研究领域继续走在国际前列。现在，李建刚和同事们的目标是把等离子体加热到一亿摄氏度并持续放电1000秒，实现这个目标也就意味着核聚变发电可以从实验室走向真正的应用。人造太阳的雄心，注定需要超乎常人想象的意志。长时间维持一亿摄氏度的高温，相当于把太阳搬到了室内。要把这个堪比太阳的火球牢牢控制在装置内，而不对周边造成破坏，难度可想而知。

【同期】中科院等离子体所研究员、中国工程院院士 李建刚

这个太阳是被磁场悬浮起来的，那么这个磁场也是特殊的磁场，我们

叫超导磁场。就是要在降到 -269 摄氏度的这个磁场，把一个上亿摄氏度的东西悬浮起来，你可以想象，就是地球上两个极端最冷和最热的要放在一起了。一旦悬浮起来以后，它基本上就可控了。

【正文】

一个个难题的攻克，并不意味着接下来就是一路坦途。一次实验后，"人造太阳"内部构件被高温烧坏。

【现场字幕】晨会讨论内部构件被烧坏的问题

【同期】中科院等离子体所研究员　姚达毛

今天要有人进去检查这个内部构件。破损的我们全部换掉。

【正文】

在停机检查的过程中，记者带上防护面具跟随工作人员进入装置最核心的真空室内部。

【现场】中科院等离子体所研究员　姚达毛

如果看到颜色有黑的、变白的都是不正常的，偏滤器表面的温度比火箭喷口的热流密度还高得多。

【正文】

经过一周不分昼夜的检修，"人造太阳"中烧坏受损的部件全部被更换一新，李建刚和同事们再次向一亿摄氏度持续放电 1000 秒这个目标发起了冲刺。

【现场】门关上，警报灯，发口令，看图像

龚先祖：60 秒倒计时！

科研人员：电子回旋准备完毕！

科研人员：极向场准备完毕！

李建刚：倒计时 30 秒！

科研人员：诊断准备完毕！

科研人员：真空准备完毕！

龚先祖：10 秒倒计时，7，6，5，4，3，2，1，开始！

【现场】放电现场

【同期】中科院等离子体所研究员、中国工程院院士　李建刚

仍然还有一些技术上的挑战我们没有彻底解决，我们已经做了 50 年。不是我们这些人很笨，因为的的确确这件事情太难了，它不但是 20 世纪 100 个重大的难题之一，而且在 21 世纪仍然是一个难题。

【正文】

从初上科学岛时的年轻小伙，到现在"人造太阳"的领军人物。34年来，科学岛外的世界急剧变化，岛上的樱花开了又谢，李建刚的梦想却从未改变。

【同期】中科院等离子体所研究员、中国工程院院士　李建刚

从来不动摇。我相信我这种自信和这个信仰主要来自于他，做一件事，首先你不能够往回撤，往回撤的话那就肯定干不好。

【正文】

李建刚口中的他，是指自己的父亲。父亲是一位老红军。

【同期】中科院等离子体所研究员、中国工程院院士　李建刚

我父亲当年是跟着刘邓大军下来的，1933年就参加革命，是党的忠诚干部，非常的"布尔什维克"。所以我出国以后，我父亲就要求两件事，一个是要交党费，二是一定要回来，回来做自己的事情，因为毕竟是国家培养的。他对我的影响很大，所以我坚持这么多年来做这一件事，也就是要为这个国家做点儿什么。

【正文】

军人的忠诚和血性、科学家的严谨和探索精神，在李建刚的血脉里静静流淌。为国效力的使命感，激励着这个岛上的一代代科学家前仆后继。这么多年，在实验大厅里，总有一面五星红旗，总有一行看不见的嘱托，它伴随着这支团队征战在科学研究的沙场。

【同期】中科院等离子体所研究员、中国工程院院士　李建刚

作为一个聚变科学家，我觉得很幸运，怎么叫幸运？就是它把人类的梦想、国家的需求和我们科学家的兴趣非常有机地结合在一起……我们想，无论是老一代科学家，我们这一代，还是下面这一代，都有一个梦想，而且都拼命想实现，那就是第一个发电的聚变的电站，一定必须在中国。这就是我们这面国旗的意思，这是它背后的一个含义。

【现场】实验现场画面叠字幕

34年时间，超过20万次的实验，"人造太阳"正在继续加热，向一亿摄氏度1000秒冲刺……

超级工程 FAST 大窝凼里的追梦者

中央电视台 刘 鑫 帅俊全 雷 飚

中央电视台 《新闻直播间》
2016 年 4 月 29 日

【导语】
"中国梦"是中华民族的复兴之梦,也是全体劳动者共同的梦。习总书记指出:"人民创造历史,劳动开创未来。劳动是推动人类社会进步的根本力量。"下面继续来看"五一"劳动节系列报道《中国梦劳动美》。

人类从未停止过探索太空的脚步：哈勃望远镜被送上了太空，望远镜阵列被建到了高原之上，我国科学家在中国西南部群山之中建设了一个500米口径的世界最大射电望远镜。下面记者就带您一

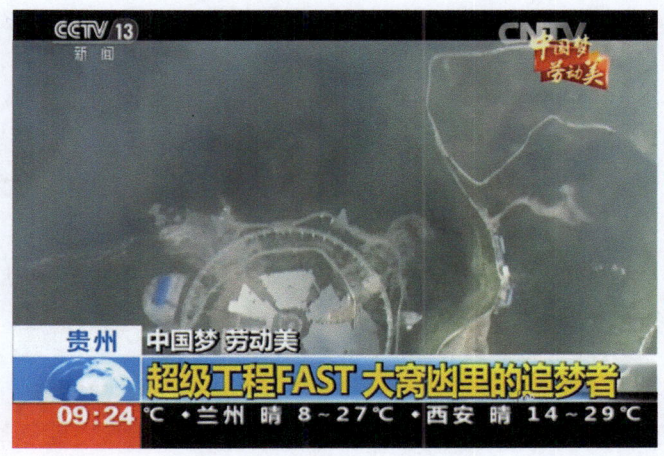

起走近这个承载着无数天文学家梦想的观天巨眼——FAST，走近为这个大科学工程默默奉献的劳动者们。

【正文】
贵州平塘，每天清晨八点，大窝凼里的雾气尚未散去，小宋就已经在百米高空的索网节点开始安装镜片了。小宋是这里土生土长的农民，通过竞聘上岗，他成了这个世界最大射电望远镜的镜片吊装工人。

【现场】小宋高空节点吊装镜片现场
再往左边来一点点。提一点儿轱辘，好，下卷扬机！

【正文】
瞄准、铆钉、拼接，边长11米的三角形镜片一面面拼接在一起；火花、焊接、组装，重达30吨的机器人馈源舱正在成型。春天山野里的工程格外神秘，从大坑底部一点点升到空中，就可以清晰地看到这个科学工程奇迹——世界最大500米单口径射电望远镜。离地面百米的高空，小宋每天要在上面待上10个小时，行动起来已经像蜘蛛侠一样自如。

高空作业危险，动作重复单调，但小宋乐在其中。他说，他马上就要梦想成真了。

【同期】FAST 项目主动反射面镜片吊装工人　小宋

我以前是做建筑的，现在参与到这个项目中来，有一种说不出的感觉，就是很有成就感那种感觉。马上要装成了，感觉很有成就感。

【正文】

小宋希望，有一天人们在谈论 FAST 时，他能骄傲地告诉大家，上面的镜片就是他装上去的。而在 6 年前，这里还只是一个天然的大坑，周边只有几处人家。

【同期】中国科学院国家天文台副台长　郑晓年

就是利用天然的喀斯特地貌的台址，然后能够突破这个望远镜的极限。

【正文】

2009 年，郑晓年来到大窝凼，开始负责主持这个世界最大的射电望远镜的建设工作。为了实现这个超级工程的梦想，郑晓年在大窝凼里坚守了 7 年。整个 FAST 项目涉及六大系统，但最难的还是反射面支撑系统。

4450 块镜片、2000 吨重，如何安放这个庞然大物？

【同期】中国科学院国家天文台副台长　郑晓年

最难的一个就是我们当时说的这个主动反射面的索支撑，4450 块的反射面都是可以动的，通过底下促动器推拉，使它形成抛物面，然后不断地跟着我要观测的目标来动，这是最大的一个创新。

【正文】

创新的设计，可以给天文研究提供世界一流的观测平台，但同时也给郑晓年和同事们带来了更大的挑战。

【同期】中国科学院国家天文台副台长　郑晓年

当初我们做索疲劳实验的时候，所有的索在规范下满足不了我的疲劳性能要求，就是工作30年要有500万次的这种循环满足不了。我们的人真有点儿崩溃，都不知道往下怎么走了。

【正文】

那段时间，郑晓年和同事们跑遍了国内外所有做索的厂家。

【同期】中国科学院国家天文台副台长　郑晓年

记者：花了多长时间，就是琢磨这个索。

郑晓年：光琢磨这个索，我想想，应该花了一两年的时间。

记者：跑了多少地方？

郑晓年：基本上国内所有做索的厂家我们都跑到了，而且都拿索来做过实验。

记者：都不行？

郑晓年：都不行！因为国家的规范就在那儿，我们要的是超规范的。

【正文】

9000多根约12米长的钢索，每一根都要承载国家要求标准两倍以上的疲劳应力，难度可想而知。找钢索难，安装这些边长约11米的三角形镜片同样困难。为了满足空中吊装的要求，设计方甚至提出过用热气球和直升机来进行镜片吊装。最终，他们设计出了一套世界首创的吊装方法。

【同期】FAST项目主动反射面吊装工程师　周工

设备在一个弧形轨道上面运转，这个是国内首创的、没有的，以前都是直线轨道。第二个是两次空中转接，第三个就是我们空中的姿态调整，你看我们每次吊在上面，我们能够满足4450块面板，有186种，它有各种不一样的形状，所以我们设计了一套吊具，它是全方位的，任何一个点、任何一个角度我都能够调整。

【正文】

通过创新，镜片吊装方案解决了。同样，在不断的技术攻关下，支撑镜面的钢索也研发成功，而且形成了12项自主创新性的专利成果，世界跨度最大、精度最高的索网结构在FAST工程上得到成功应用。

【同期】中国科学院国家天文台副台长　郑晓年

我真的没觉得这个事情到我们手里就变成做不成的事情、完不成的事情。大家心里都想着会有一个方案，其他的方案做备选，一定能做成，这个500米的望远镜一定能做成。

【现场】李菂和郑台坐车下到望远镜底部

【正文】

李菂是国家天文台射电天文研究部（简称射电部）的首席科学家，等工程人员把这些看似不起眼的大钢板和机器臂，焊接组装好成机器人馈源舱之后，他将进行现场调试。接受信号的馈源装置，是FAST最重要的部位，相当于这个"观天巨眼"的眼珠。

【同期】中国科学院国家天文台射电部首席科学家　李菂

主要还是调试，但是我们现在是能够看到已知的脉冲星，能够看到蟹状星云，能够看到银河系里的中性氢气体的。所以整个光路是通的，当然它的灵敏度，就是最终把眼睛睁开的时候，能够看得比它更远、更精细。

【正文】

重达30吨的馈源舱要被6根柔性钢索悬吊到100多米的高空，正是这个装置可以确保FAST的灵敏度和分辨率远超世界上现有的全部射电望远镜，可以看得更远、更清楚。引力波？外星生命？137亿年前的宇宙大爆炸？FAST将让所有探测都更有可能。

【同期】中国科学院国家天文台射电部首席科学家　李菂

中国的这种大规模钢架工程、土建工程，它的速度、效果及它的质量，现在在世界上是领先的。所以我们作为一个实验科学家也是非常幸运，就是我们正好在中国的这个建设能力、这个技术的基础上，让我们能够有机会走到射电探测世界前沿。

【同期】中国科学院国家天文台副台长　郑晓年

我现在就期待这么大口径、这么高的灵敏度给中国科学家带点儿惊喜来。

【正文】

从在百米高空作业的吊装工人小宋到为能够让人类看得更远而兴奋的李菂、郑晓年，从创新的镜片空中吊装方案到禁得住数百万次推拉的超强钢索，为了这个超级工程的梦想，近百个设计和工程团队在大窝凼里实现了许多个世界首创，更为身处这个创新的时代感到骄傲。

【同期】中国科学院国家天文台副台长　郑晓年

实在地说，真是像看着自己的孩子成长起来一样，就是非常欣喜也非常充实的一种感觉，就是从无到有，从小变大。原来这个地方就是一个坑，你现在变成这么一个大的、世界瞩目的科学工程，也很自豪。建成了不是真正的目的，咱们说带来很多天文发现，给中国带来几个诺贝尔奖，这才真正的成功。

领跑世界中微子的神奇捕手

中央电视台　刘　鑫　帅俊全　雷　飚

中央电视台　《新闻直播间》
2016 年 4 月 30 日

【导语】
　　明天就是"五一"国际劳动节了,是向劳动者致敬的节日。对于很多人来说,科学家的日常劳动很高端,也很神秘,而科研领域里攻坚克难、引领世界潮流的工作恐怕就更是常人难以想象的了。比如,中微子是存在于浩瀚宇宙中的一种基本粒子,但这种粒子与其他物质的相互作用极其微弱,很难探测,被称为"宇宙隐身人"。近一个世纪,捕获中微子,对它进行研究，始终被视作全球科学界的前沿课题。今天我们将带您探访我国的中微子实验项目，领略科学家们捕获中微子的神奇绝技。

【正文】

【现场】丁制备液闪的现场，要有对话

【同期】丁雅韵

二期液闪要求光衰竭

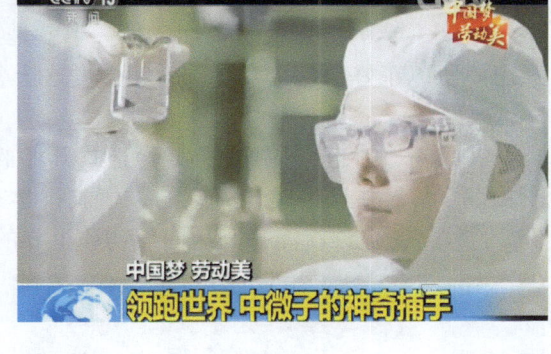

25米，要求那么高，只能用活性炭、分子筛、氧化铝一个一个去试，看看哪个的效果会更好。

【正文】

丁雅韵，中国科学院高能物理所研究人员，也是中微子项目组里少有的精通化学的专家，负责配制能够捕捉到中微子的关键材料"液体闪烁体"，简称"液闪"。把这种液体灌装在每个探测器内，当中微子穿过时，就会放光并激发出电子信号，以便直观地监测数据。液闪是整个项目的核心技术之一，而丁雅韵是唯一负责"液闪"配制的关键人物。现在，二期中微子实验项目已经开工，丁雅韵要在北京和一期的项目所在地大亚湾两地之间紧张地穿梭，为实验需要的大量液闪做前期准备。

【现场】

丁和女儿在一起。要出差，小的时候就答应买点儿好吃的哄哄，现在大了就告诉她，妈妈的工作就像你们玩搭积木，妈妈做的是基础，要不别人就搭不上去了……

【正文】

两地穿梭，丁雅韵最放不下的还是女儿。女儿小名叫微微，是丁雅韵为了纪念五年前的那次决战。

【同期】丁雅韵（大亚湾中微子项目液闪组成员）

大家在一起聊天或什么的……说要生个孩子就在大

创新年轮　攀登足迹
中国科学院第十四届科星奖获奖作品选

亚湾中微子里面选一个做小名。后来觉得这个微字很好听，中微子嘛，中微子其实一半的意思就是中性，另一半就是特别特别小，我觉得这个挺有意思。所以正好也是个女孩，就叫微微这个名字了。

【正文】

2011年，大亚湾中微子实验正式开始收取数据，目标就是寻找中微子振荡 θ_{13}，并且精确计算它的数值。科学家们认为，如果测量出中微子 θ_{13} 的数值，也许就能打开通向反物质世界的大门。

【同期】王贻芳（大亚湾中微子项目首席科学家）

如果我们测了这个 $\sin\theta_{13}$（音）这个参数为零的话，那跟这个质量这个物质反物质不对称的这个参数就永远测不着了，因为一乘，乘出来等于零啊，你永远找不着了。

【正文】

测量中微子振荡参数 θ_{13}，实际上是一场全球科技大国间的竞赛。先后共有7个国家提出了8个实验方案。最后，中国、法国、韩国这三个国家的实验项目成功立项，角逐这场竞赛的冠军。当时，国际粒子物理学界认为法国的实验室会获胜，因为他们做过中微子实验，有现成的硬件设施。而中国此前却没有开展过中微子实验，有人甚至怀疑中国有没有能力把实验完成？

【同期】曹俊（大亚湾中微子项目发言人）

他们都是只有两个探测器，一个在近点，一个在远点。那跟我们相比的话，我们是有自己的独特方案，就是我们有三个实验点，有8个探测器。

【正文】

中国科研人员高标准的实验方案，也吸引了一批美国科学家加入合作，美国能源部还提供了1/3的经费，使该实验成为中美在基础研究领域规模最大的合作项目。

【同期】陆锦标（美方发言人）

国内一个好处就是制度上对做这个基础研究是比较有利的，美国呢，经验是比较多，从这个国际合作来说呢，美国经验比较强，基本上中美一起合作的时候是互补的。

【正文】

液闪制备是决定实验成败的关键环节。实际上,从几年前开始丁雅韵就已经着手研制液闪配方了。她需要攻克的是一个世界性难题。液闪配置技术的难度在于稳定性,让无机物钆与有机物稳定混合在一起,并保持长期透明。如果不能长时间稳定澄清,那么在运行后很快就会变质,无法捕捉到中微子活动,从而导致整个实验失败。

【同期】丁雅韵(大亚湾中微子项目液闪研制人员)

足有十几、二十种不同类型的,就是因为这个配体具有不同类型,每个类型里面再选好几个,然后这样利用试分配。

【正文】

在液闪里掺加无机物钆的难度,就好比在火中加水。丁雅韵想,当水分解成氢和氧之后,水火不仅相容,还能让火越烧越旺,那么是否也可以给钆找一个配体,既保证钆的溶入,也让液闪长久稳定。

【同期】丁雅韵(大亚湾中微子项目液闪组成员)

第一个是有机膦,这个东西配合起来比较容易,但是它却很容易发黄;第二类是 β 酮类,它非常稳定,但是问题在于这个东西本身配体难以提纯,而且这个东西的溶解性不好。

【同期】杨乐(大亚湾中微子项目液闪组成员)

丁女士恨不得一夜白了头,天天趴在这个容器上看着这个变化。一趴就是两三天,哎呦,吃也吃不好,走路都晃,后来就着急,我们其实都着急。

【正文】

丁雅韵日复一日地守在容器前,在试错中逐一排除,终于找到了最佳答案。

【同期】丁雅韵(大亚湾中微子项目液闪组成员)

有机羧酸类的配体选好、选合适了就既能达到一定的溶度,又能保持稳定性。然后又能够有一个很好的透明度,所以最好选的就是这个配体。

【正文】

合作组内的美方科学家难以相信中方提供的液闪配方如此完美,超过了以诺贝尔奖获得者领衔的美方团队。配方成功之后,丁雅韵面临的另一个挑战就是在最短时间内大批量生产供实验使用。

【同期】丁雅韵(大亚湾中微子项目液闪组成员)

那时候最大的心愿首先是顺利生产完,因为你如果中间停止的话,也会耽误工期。其次就是生产完了之后，灌进你的探测器里面，一定要保持一个长期的稳定性，如果中途出现了急剧下降的情况，那就是不可饶恕的，等于宣判死刑，工作要停止了。

【正文】

在大亚湾隧道和实验室里，与时间赛跑的氛围无处不在，丁雅韵和她的伙伴们在短短3个月配制出了388吨液闪，用于中微子θ_{13}数值的测量。液闪制备完成，探测器安装就绪，一场科学界的国际竞赛终于进入最后关头。每个人都竭尽全力，大亚湾中微子实验项目一期进入最后的取数和物理分析阶段。

【正文】

3个月后，一个消息在北京发布：大亚湾中微子实验首次测量出θ_{13}数值，实验结果达到了前所未有的精度。θ_{13}得以精确测量，而且数值较大，证明反物质可以存在，这一结论振奋了国际高能物理界。寻找中微子的竞赛中，中国胜利！

【现场】广东江门二期工地

【正文】

一期项目顺利结束，丁雅韵很快又投入到二期江门中微子项目中。接下来，她要配制两万吨液闪注入探测器中，以捕获更多的中微子活动。由于二期液闪的透明度要求更高，生产难度也极大提高。为了中微子项目，她还放弃了去美国进修的机会。但这些对丁雅韵都不算什么，她说中微子中国第一，在中国研究才最有前途，她相信中国的中微子研究一定能不断领跑世界。

【同期】丁雅韵

一期已经证明高能所在粒子物理研究上占有一席之地，二期也引起学界的极大关注，我有信心完成自己的工作。

【精彩视频叠字幕】

二期中微子实验计划2020年投入运行，运行至少20年。

实验建造的中微子探测器将是世界上能量精度最高、规模最大的液体闪烁体探测器。

我国中微子研究将在全球竞赛中继续扩大领先优势。

2016年最值得期待的科技事件（系列报道）

梦 之 基 因

湖南广播电视台　鲁 超　顾 文　刘 瑛

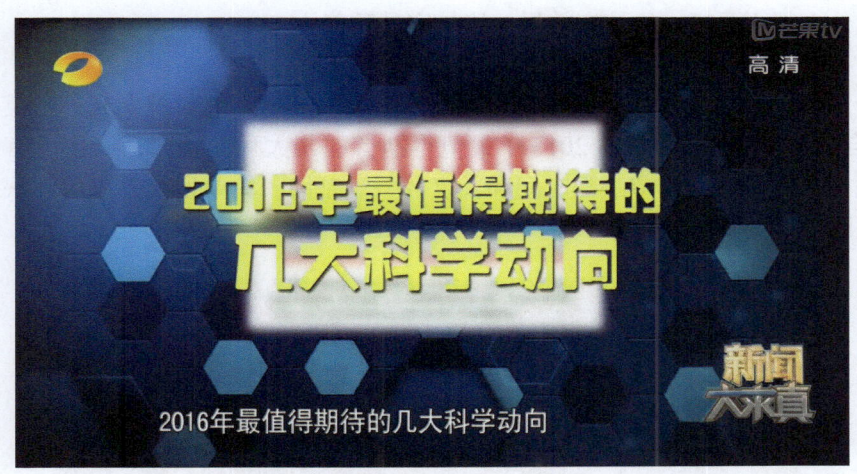

湖南卫视 《新闻大求真》
2016年2月9日

【主持人口播】

新的一年我们都会有新的憧憬，那咱们科学界当然也会有新年新规划！最近，世界上最早的国际性科技期刊——英国《自然》就发布了2016年最值得期待的几大科学动向。这些事件是什么，又会如何影响我们的日常生活，这些领域在我们国家目前的研究进展是怎样的呢？从今天开始，我们将一一为您揭晓！咱们要说的2016年最值得期待的科学动向第一条就是和睡眠相关！

【街采】

上问题板：你睡得好吗？

嘉宾：睡眠质量一般吧，不太好。

嘉宾：偶尔会失眠，就睡不了。

嘉宾：不失眠不可能，因为我心里有事。

嘉宾：工作压力大的时候有时候会有（失眠）。

嘉宾：只有在考试之前会失眠。

嘉宾：就是明天要做的事情如果不确定的话就会失眠。

上问题板：失眠会怎么办？

嘉宾：失眠的时候就是闭着眼睛。

嘉宾：就是等着，总会睡着的。

嘉宾：我自己有一个独特的方法，就是保持一个姿势不动，然后脑子里什么都不要想，比较有效果，比较容易睡着。

【配音】

你想告别失眠，从此好眠吗？世界上最早的国际性科技期刊——英国《自然》，最近就发布了2016年最值得期待的几大科学动向，其中就有一条：希望能找出调节睡眠时间和长度的关键基因，简单说就是以后睡眠也可以自我调节了！

【配音"上身份板"】浙江大学医学院教授、中科院院士　段树民

【同期】

我现在知道的睡眠控制的一些中枢，那么在这些中枢里面，是不是有

一些关键的分子，这些分子可能就会对调节睡眠的长短或者是睡眠的实效的转变产生影响，我想可以从这个意义上去做。

【配音】

段院士介绍，睡眠的确可以被调节。如果找到了调节睡眠转换的基因，那么将会更好地治疗失眠或者精神疾病。而目前在我国，浙江大学医学院神经科学研究所的研究团队已经在脑内找到了一种类似于这种基因的神经元结构。

要知道，人的睡眠有慢波和快波睡眠之分。快波睡眠就是我们常说的容易做梦的睡眠期。而目前研究发现，在脑内有一种神经元能"唤醒"处于慢波睡眠中的小鼠，还能让处于快波睡眠中的小鼠睡得更香。

【同期】

我们主要是用新发展的一种光遗传学技术，这种技术可以随时地操作它，让这个神经元随时活动，或者让它不活动，然后你直接可以很精确地知道在这个睡眠里面起到什么样的作用。

目前我们这个手段一下子用于人可能还不太现实，但是我想将来是可以的。也许将来会发展一种不需要用光，用超声、电池波，只要能找到一种手段对这种敏感的话，就是什么时候睡，然后睡多长时间都可以精确地控制。

揭秘微生物

湖南广播电视台　鲁　超　顾　文　刘　瑛

湖南卫视　《新闻大求真》
2016 年 2 月 10 日

【主持人口播】
　　都说科技改变生活，想知道 2016 年最值得期待的科学事件都有哪些吗？你知道吗？地球大约在 46 亿年前形成，而在 38 亿年前，微生物就出现了。如果你把进化这段时间算成一天的 24 小时，也就是说微生物至少存在了 20 小时，而人类是到了最后的 15 秒钟才出现的。所以微生物是地球上最早的居民，那么在新的一年里，关于微生物的了解，我们又会有怎样的新发现呢？

【街采】
【上问题板】 你认为什么是微生物？

嘉宾： 微生物就是生物有很多的结构，比细胞更小的就是微生物。

嘉宾： 我觉得微生物就是很小很小的生物，是要用显微镜可以看到的。

嘉宾： 病毒和细菌，这是比较常见的。

嘉宾： 微生物就是那些我们肉眼看不到，但是能够参与自然循环的不可或缺的一些生物。

【配音"上身份板"】中国科学院微生物研究所研究员　黄力

【同期】

首先微生物的定义就是肉眼看不见的一些生物，在地球上，如果按生物量来算的话，或者说是按生物的重量来算的话，有一半的生命是看不见的，所以我们把这种微生物叫作隐形的巨人。微生物实际上在地球上起的作用也是极大的，它让地球产生了氧气，影响了氧气，这个氧气让别的生物能够起源，能够进化，现在这个微生物组一个很重要的工作就是去认识这些所谓的还没有能够培养的微生物，那这些微生物它做些什么事？它为什么在那些环境里存在？这都是不清楚的，所以如果能了解这些未培养的微生物，能够知道它们干什么，这对整个地球生命的演化有极大的意义。

【配音】

实际上，地球微生物组从2010年开始分析全世界微生物群落。从科莫多龙的舌头到西伯利亚的冻土，他们希望收集至少20万个微生物DNA样本，并对它们进行测序和描述。而2016年最值得期待的科学事件之一就是大量微生物样本将被公布。

黄老师介绍，目前存在的90%以上的微生物，我们都不能够培养，也不清楚它们存在的意义。今年，地球微生物组公布的数据将包含一个特定环境里面所有的微生物和它的基因组。这项成果研究的数据越充分，能够解决的问题也就越多。

【同期】

我们呼吸的氧气有一半来自海洋里面的微生物。我们呼出的二氧化碳也有一半是被海洋里面的微生物利用，海洋里面的微生物实际上是帮助维持了整个地球的可居住性，让人可以生存，让其他的生物可以生存。

实际上影响是多方面的，涉及环境方面的一些数据，很快能够帮助科学家了解一些原来不知道的事情

那这些微生物做些什么事？为什么在那些环境里存在？这都是不清楚的，所以如果能了解这些未培养的微生物，能够知道它们干什么，对我们整个地球生命的演化有极大的意义。

寄望宇宙引力波

湖南广播电视台　鲁　超　顾　文　刘　瑛

湖南卫视 《新闻大求真》
2016 年 2 月 12 日

【主持人口播】
如果问你 2016 年最期待发生什么科技大事件，你是不是也会和我一样有各种脑洞大开的想法！比如说——期待真的见到外星人！大家都会好奇，外星人真的存在吗？如果他们存在，是不是也正在想办法联络到我们呢？最近就有科学家大胆预言，或许外星人真的存在，只不过他们在用一种叫作"引力波"的信号和我们联系，那么引力波到底是什么，我们又该如何监测呢？

【配音上身份板】中国科学院国家天文台研究员　张承民
【同期】
如果有引力波被发现的话，这也将是人类历史上一次革命性的飞跃。或者说也许外星人在遥远的世界里，正在用引力波的信号跟我们沟通，由于我们没有仪器设备，没法去跟他联络，这种可能性完全是有的。

【配音】

这就是 2016 年最值得期待的科学事件之一：科学家有望在 2016 年首次观测出引力波存在的证据。你可能也很好奇引力波到底是什么？其实它来自于爱因斯坦广义相对论中的一个重要预言——引力波会产生于强引力场的天体事件。正因为这个预言，近百年来，科学家一直在寻找引力波。

【同期】

首先我们给大家类比一下，比方说我们现在说话的声音就叫作声波，那么我们比较熟知的手机是通过什么传输信号的呢？是电磁波。那么我们再推广一下，如果空间物质在产生震荡的时候也会传播一个能量出来，那么这个就叫作引力波。

引力波的间接证据在 20 世纪 70 年代的时候就已经有了，因此我们说在天文学上已经间接证实了引力波，但是还没有直接测到引力波。

【配音】

那么，如果引力波真的存在，会对我们的生活有哪些影响呢？

【同期】

电磁波在通信中会受到什么干扰呢？电荷。电磁信号如果是穿越银河系，那它也会被银河系的电子干扰。当然，引力波就不会受这种干扰，如果你进行长度、大尺度或者是跨星际的旅行和传递信号时，引力波的信号传输就很可能优于这个电磁波的信号。或者说，也许外星人在遥远的世界里正在用引力波的信号跟我们沟通，由于我们没有仪器设备，没法去跟他们进行联络，这种可能性完全是有的。

【配音】

而这条新闻在今年被爆炸性地提出也是有原因的。

【同期】

2016 年有可能实现，原因是美国的一个大型干涉仪正在美国的加利福尼亚州和路易斯安那州工作。它们现在的灵敏度已经接近所能探测的星际爆发当中产生引力波信号的极限要求。所以预计在今年或者这两年之内一定会测到一些有用的信号。

我们目前在贵州平潭正在建设一个 500 米口径的大型射电望远镜，这个大型射电望远镜是目前世界上最大的望远镜，我们预计是今年 9 月有一个落成典礼。它的灵敏度和综合性能将会比美国的设备提高 3～5 倍。那么我们可以预想用我们的大型望远镜高精度地检测引力波的效应。

基因剪辑

湖南广播电视台　鲁超　顾文　刘瑛

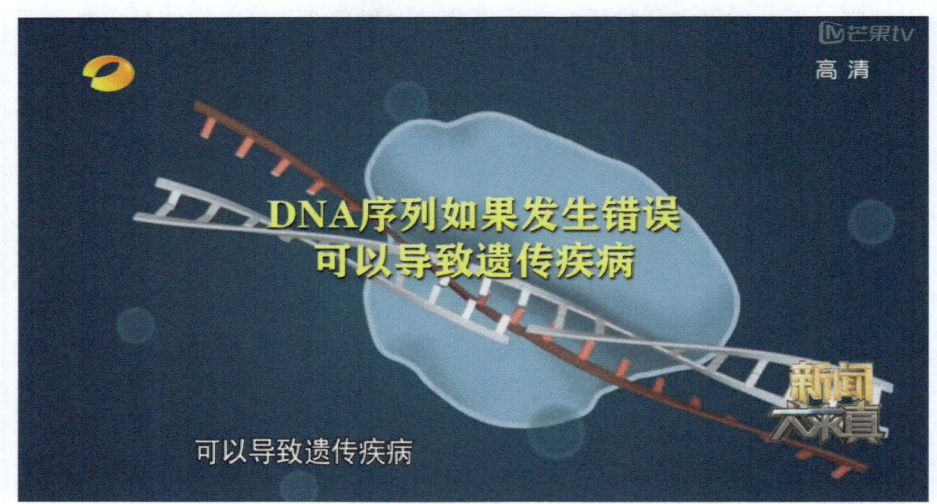

湖南卫视 《新闻大求真》
2016年2月16日

【主持人口播】

2016年科学界最值得期待的几大动向，今天要跟您说得可真是和每一个人息息相关！现在大家都在说私人定制，让我们来大胆地设想一下，会不会有一天我们的基因也可以编辑和定制了呢？我们是不是可以通过改变基因来定制我们自己的容貌或者治疗疾病呢？

【配音】

2016年最值得期待的科学事件之一：基因是可以编辑的！

英国期刊《自然》称，美国加利福尼亚州里士满的一家公司即将利用DNA编辑技术的治疗方式进行人体试验，修复能导致血友病的缺陷基因并测试治疗效果。用基因编辑技术来治病？你相信吗？

【街采】

嘉宾： 我认为可以剪辑。

嘉宾： 听说过。

嘉宾： 我有听说过。

嘉宾： 基因应该是能（编辑）的。

嘉宾： 这个肯定会存在的。

嘉宾： 我觉得基因可以改善各种疾病。得病肯定是基因出现问题，基因编辑技术可以从根本上治疗。

嘉宾： 我觉得基因剪辑可以清病虫害这一块儿，比如植入一种基因，虫子吃了棉花就会死掉。

【身份板】中国科学院北京基因组研究所研究员 孙英丽

【同期】

基因是可以编辑的。基因编辑指的是DNA序列的编辑。DNA序列如果发生错误的话，就会导致

遗传疾病或者是其他的一些问题，这样我们如果通过基因编辑技术就可以改正这个错误的序列，就可以使人类更加健康。

【配音】

看来，基因确实可以编辑。那么，如果科学家和伦理学家们达成一致，我们的生活会怎么改变？难道真的可以人体私人定制？

【同期】

大家可能都会有这样的类似设想，比如说改变皮肤的颜色，改变眼睛的颜色，或者个子的高矮。从理论上来说，这些都是可行的，在技术上都是可行的。但是第一，好多的表型是多基因调控的，在技术层面上可能比较复杂；第二，各国的法律都不会允许有这样的特意编辑。现在因为涉及一些伦理的问题，所以在人体里面的运用还是比较少的，但是在实验室运用是很多的。

【配音】

孙老师介绍，这项技术目前最有前景的应用并不是改变人体，而是利用基因编辑治疗疾病，就是改变遗传疾病的错误DNA序列。如果这项技

术能够进行人体试验，那么很多遗传病，尤其是血液病，就可以通过改变致病基因的方式治疗。

【同期】

血液的疾病可以通过把干细胞取出来后进行基因编辑，使它获得正确的 DNA 序列，再把干细胞回输，这样再产生的血液细胞就有了正确的 DNA 序列，这个血液疾病就可以得到周正了。

目前在疾病应用方面，很多都还在临床前期的探索阶段，目前关于这种技术的政策，各国可能都在紧急地酝酿之中，可能很快就会有一系列的政策出台来限制或者鼓励这个技术在某个领域的发展。

【配音】

在我国，孙老师和她的团队中国科学院精准基因组医学重点实验室的工作人员研究得更为超前。他们发现，人类后天所养成的一些习惯或者后天患的一些疾病都有可能遗传给后代，而我们正好可以利用基因编辑的方法，改变基因，治疗这些疾病，杜绝它们的遗传。

【同期】

比如说我们现在正在研究的一些癌症，像乳腺癌和前列腺癌。在这些病人中，我们都发现有异常的甲基化。而有些甲基化是可以遗传的，我们是想通过干扰这些异常的甲基化，让人避免一些患癌症的风险。我们在这个方面已经做了两年的探索，有了一定的积累。另外，整个领域的技术现在具备了获得爆发性成果的条件。

二氧化碳捕集

湖南广播电视台　鲁　超　顾　文　刘　瑛

湖南卫视 《新闻大求真》
2016 年 2 月 17 日

【主持人口播】

大家都知道，我们吸入的是氧气，呼出的是二氧化碳。除此之外，很多化工燃料、汽车尾气等的排放也都会释放二氧化碳，导致大气中的二氧化碳浓度越来越高。二氧化碳具有保温的作用，会逐渐使地球表面温度升高。所以有了冰川融化、全球变暖现象。这该怎么办呢？2016 年最值得期待的科学展望，科学家们说，我们能不能把二氧化碳收集起来再利用呢？

【配音】

英国期刊《自然》近日公布，预计在 2016 年 7 月，瑞士克莱姆工业公司将在苏黎世周边的工厂，以每月约 75 吨的速度捕集二氧化碳，再把二氧化碳销售给附近的温室，以促进作物生长。而另一家加拿大的公司则希望能将二氧化碳转化成液体燃料。

【身份板】中国科学院大连化学物理研究所研究员、中国科学院院士李灿

【同期】

这个二氧化碳本来是大气中已经有的，二氧化碳的浓度经过大气演化多少年以后，正好适合地球上生态的发展。但是经过两百多年前的工业革命，大量的煤、石油、天然气被挖出来后燃烧，释放出来很多二氧化碳。所以就发生了所谓的温室效应。这就使得人类的生态环境被破坏了，就需要把二氧化碳减下来。

现在能够做到（收集二氧化碳），比如说用很多物理的方法就可以把二氧化碳净化、收集、压缩起来，此外还有很多吸附、矿化的方法。这个应该说在科学层面上、技术层面上是可行的，只是一个成本问题。

【配音】

李灿院士介绍，其实世界各地早已开始从发电厂废气中捕集二氧化碳了，它的困难之处在于如何大规模地商业化。这也正是这项科技能够入选2016年最值得期待的科技项目之一的原因。那么，如果这项科技成功，会怎样改变我们的生活呢？

【同期】

利用太阳能把二氧化碳转化，首先整个世界能源的格局要发生重大的变化，传统能源的格局也会发生重大的变化。

用这种燃料时，整个大气的二氧化碳量慢慢降下来，降下来以后空气回归到一个非常清洁的状态，蓝天白云，也没有这么多极端的天气情况发生，灾难减少。

【配音】

在我国，李灿院士和他的团队——洁净能源国家实验室的工作人员，也一直在致力于二氧化碳向清洁能源的转化。

【同期】

我们实验室也在做，这个二氧化碳加氢就直接生成甲醇、乙醇及高钛醇，以及高钛的汽油、柴油。这些液体燃料又可以开车，可以用在各个方面。目前我们有一些点在国际上有领先的结果。

要 有 光

湖南广播电视台　鲁 超　顾 文　刘 瑛

湖南卫视　《新闻大求真》
2016年2月18日

【主持人口播】

2016年科学界最值得期待的几大动向，今天我们要说的是——光！大家都知道，在医院通过 X 射线照射，就能得到一张黑乎乎的却能看清各种骨架结构的片子。而现在，科学更加先进了，有这么一种装置，通过它去照射，不仅能看到骨架，连里面的每一个细胞结构都可以看得清清楚楚。是不是很神奇，赶快去了解一下吧！

【配音】

英国期刊《自然》介绍，中东实验科学及应用同步辐射光源装置将于 2016 年年末在约旦开启，可以从原子层面去检测各式材料和生物结构。那么同步辐射光源到底是什么呢？

【身份板】中国科学院上海应用物理研究所所长、研究员　赵振堂

【同期】

实际上这个光就是电磁波，波有不同的波长。

在可见的波段叫光，如果看不见的波段或是更短的波长叫作X光。

如果想看到更小的物质结构，特别是物质内部的结构就一定要有更短的波长。这就是光源最主要的目的，帮助人们看到物质的内部结构。就像在医院里的X光机，我们这是一个超级的X光机，这个X光机比医院的X光机亮100亿倍，正是因为亮度，可以看到物质更小的结构，比如在一个物质里面，你可以看到原子、分子的结构，在细胞的层次可以看到细胞相关的信息。

【配音】

眼前的这个建筑可不是博物馆或者音乐厅，它就是同步辐射光源。别看外观这么漂亮，走进来就可以看到里面是一个超大型的研究机构。而最重要的就是中间的部分。这个可以发射出无数条向外辐射的大圆圈里面就是一个环形的同步辐射光源。

那么，这个装置到底有什么应用呢？去年非洲爆发的埃博拉病毒的分子结构就是通过上海的这台仪器观测出的！

【同期】

用得最多的就是看病毒的情况，比如禽流感、埃博拉这样的病毒到底在分子层次上是什么样的结构？人们只知道有了它以后才能找到合适的药物。这在目前制药、在研究抑制病毒的办法当中可以用。

【配音】

目前，上海光源大科学中心正在筹划下一个比同步辐射光源更厉害的、能量更高的"大家伙"——X射线的自由电子激光。

【同期】

X射线的自由电子激光可以产生脉冲更短、峰值更高（更高是高出量级）的激光。如果说我们这个同步辐射光源是给物质结构内部拍照片，是静态的，那么自由电子激光就是要给原子、分子拍电影，是动态的，能够把很短、很快的过程拍出来。自由电子激光的项目，今年我们的计划是完成装置的安装，开始着手进行调试。

太空旅行

湖南广播电视台　鲁　超　顾　文　刘　瑛

湖南卫视 《新闻大求真》
2016 年 2 月 19 日

【主持人口播】

　　科学的魅力就在于，它能凭借人类对大千世界的好奇心，引领我们去揭开浩瀚宇宙中的种种秘密！太空里究竟有什么呢？2016年值得期待的几大科学动向，今天我们要说的是在宇宙中探测的神秘物质——暗物质。

【配音】

　　世界上最早的国际性科技期刊——英国《自然》近日发布了 2016 年最值得期待的几大科学动向，其中一项说的是中国科学院国家空间科学中心所发射的几个空间科学探测器。而"悟空"号暗物质粒子探测器已于

2015 年 12 月发射。那么这些探测器要寻找的暗物质究竟是什么呢？科学家们发现，目前宇宙中能够被我们看到的物体出现了异常现象，这说明宇宙中可能存在我们还没有看见的物质，就是暗物质了。它们通过引力影响了可见物体的运动。因为暗物质不发光也不带有电荷，所以我们感受不到。

【配音＋身份板】中国科学院国家空间科学中心研究员、暗物质粒子探测卫星工程地面支撑系统副总师　邹自明

【同期】

暗物质是人类的好奇点之一，就是科学上总有一种追求。

"悟空"是 2015 年发射上天的，去太空中寻找暗物质。

实际上，"悟空"在天上就是睁着"眼睛"在捕捉这个超高能的粒子，也就是我们的质子、电子，包括伽马射线。这样的粒子我们捕捉得到，跟我们的仪器发生作用，记录这个仪器对粒子的响应，把这些响应记录下来的数据传到地面上来，科学家通过分析这些数据来寻找暗物质粒子存在的证据。目前按计划大概安排了五六次过境，我们通过三个站，一个是喀什站，一个是密云站，一个是三亚站，由这三个地球站来接收暗物质粒子探测的数据。

【配音】

你想知道"悟空"长什么样吗？来，让我们走进中国科学院国家空间科学中心。这个就是"悟空"的模型了，但天上的"悟空"可比这个大 3 倍，重 1.85 吨。它在太空中的寿命只有 3 年。你可别小看它，目前在国际上，这颗卫星是同级中最厉害的，是能够探测暗物质的最清晰的一颗卫星。在国家空间科学中心大厅的大屏幕上，我们看到了"悟空"的运转情况。"悟空"绕轨道运转一圈需要一个半小时，上午 10 点 17 分，它正在和喀什的地面接收站取得联系，传输信号。"悟空"路过我们的接收器范围只有 10 分钟左右，这 10 分钟，它将把它这一圈捕获的所有信息都卸载给我们的接收器。

【配音】

接下来，继"悟空"之后，国家空间科学中心还将会发射另外的空间科学探测器，它们又是用来干什么的呢？

【同期】

按计划，我们在 2016 年还要继续发射三颗卫星，其中"实践十号"卫星主要是利用卫星平台在空中开展各种实验，就是说有燃烧实验这样的

生物实验，在微重力条件下的各种实验。一方面我们对做实验的过程进行观测，就是采集数据，同时把这个数据传到地面来处理，也会有一个回收舱，我们把天上做实验的一些样品通过回收带回地面来做分析工作，就是数据和样品结合起来跟地面实验做匹配，给出这样的一个分析结论。2016年发射的第二颗就叫作量子卫星，进行量子通信卫星实验。第三颗星是一颗天门卫星（音），也就是说高能天门卫星（音），主要是利用X射线调节望远镜这个卫星。

于敏：愿将一生献宏谋

北京科学教育电影制片厂　葛　嘉

中央电视台　科教频道
《大家》栏目
2015 年 7 月 1 日

【正文】

　　于敏是我国著名的核物理学家，是我国核武器研究和国防高技术发展的领袖人物，在氢弹原理突破中解决了一系列基础问题，提出了从原理到构型的基本架设，被称为"氢弹之父"。从 20 世纪 70 年代起，于敏院士对倡导、推动若干高科技项目起了关键作用，曾被国家授予"两弹一星"功勋奖章等多项荣誉。2015 年 1 月 10 日，于敏院士又获得了 2014 年度"国家最高科学技术奖"。

　　本片展现了于敏在中国核武器研发上的领军作用，通过大量外采嘉宾，从侧面反映出中国在从无核国家到有核国家，再到核大国的这条艰辛路程中，以于敏为代表的这一批核武器科学家的辛酸人生。

【片头】
科学救国的少年
中国核科学事业的先驱者
设计中国氢弹的人
50年来，指导我国核武器技术和国防事业发展
两弹一星功勋科学家
2014年度"国家最高科学技术奖"获得者核物理学家于敏

京剧： 三十功名尘与土，八千里路云和月。莫等闲，白了少年头，空悲切。

于敏独白： 氢弹之父，这样提不科学，我一直不赞成。

解说： 在中国，物理学家于敏常常是和"氢弹之父"这个称号联系在一起的。和他的名字一起出现的，还有原子核理论、量子粒子、激光核聚变、尖端核武器等敏感词语。如果不是获得2014年度国家最高科学技术奖，也许你永远不会知道，他是设计中国氢弹的人。直到1998年，于敏和他在中国核科技发展进程中的贡献才被真正解密，那时他已经72岁。而从那以后，他仍然习惯把自己隐藏在最普通的人群中。

于敏： 我也不笨，我自己认为我也不聪明。但是我刚才说过，我是很勤奋

创新年轮　攀登足迹
中国科学院第十四届科星奖获奖作品选

的,每年夏天暑假没有路费,回不了家,我就跑到景山顶上,拿着课本,拿着习题,在那儿趁景山的凉风,勤奋学习。所以我觉得我也许有点儿天赋,不过我想我不是很聪明。但是勤奋我想我是担当得起的。你知道核武器是集工程、技术、科学于一体的国防尖端武器。所以我是千百人之一。

解说: 1945年8月16日,死亡之神一箭射中了广岛的心脏,原子裂变的火球在广岛上空出现,使全世界第一次知道了这种能改变人类命运的大规模杀伤性武器。第二次世界大战后,国际局势波澜云诡,美国自恃核优势,已将核威胁与核遏制上升为国家战略。

1950年11月30日,正当中国人民志愿军在朝鲜战场上把美军打得节节败退之际,美国总统杜鲁门在华盛顿的一次记者招待会上看似轻率地发表了美国"正积极考虑"在朝鲜战场使用原子弹的言论,引起轩然大波。

正当全国各地都沉浸在政权巩固、人民当家做主的喜悦中时,国际核讹诈与核威胁却也深深地刺痛着新生的中国。

解说: 此时,身在北京大学(简称北大)的一位刚刚大病初愈的年轻人还不知道,他的命运将随着战争时局和国家发展的需求开始转变。1951年的一天,在北大做助教不足一年的于敏被神秘地带入了新中国的第一个核科学技术研究基地——近代物理研究所,接待他的是我国核科学事业的奠基人彭桓武先生。

于敏: 他说,我想把你介绍到近代物理研究所。近代物理研究所是我们核物理、核科学技术的基地。为什么让你去,因为看你家庭困难(那时候只有我父亲一个人养家,需要我做点儿工作)。

解说: 这里是位于北京市房山区的中国原子能科学研究院,它的前身便是1950年成立的中国科学院近代物理研究所,我国核科学事业的发祥地。在那里,于敏开始了自己漫长而辉煌的核科学生涯。

于敏: 要搞核武器,我们国家从"一穷二白"入手。所以要从基本技术、基本物理开始。要搞物理,他们也是很有远见的,知道一定要理论和实践并行,都要重视。所以专门成立了一个理论组,大概七八个人,我就是其中之一。

解说：与于敏同在一个小组工作的除了彭桓武，还有胡宁、朱洪元、邓稼先、黄祖洽、金星南等科学大家。新中国成立初期，核科学在我国还是一片空白，原子核物理几乎是当时最热门的专业。对于陌生的原子核理论，于敏勤奋学习，敏锐观察，周密地思考。由于在几次调研中的突出表现，彭桓武直接把原子核理论方面的研究工作交给了他和邓稼先。

张宗烨：我刚到近代物理研究所的时候，我们这个组就一间办公室，邓稼先先生和于敏先生坐在靠窗户的地方，他们是面对面两张桌子，我们这些人排在后头，就像教室一样排在后头，大概六张桌子，所以我们8个人在一间办公室。但是我觉得那办公室里非常安静，大家都认真地做自己的事，说话都到外面说。

解说：张宗烨，中国科学院院士，理论物理学家，曾与于敏同在近代物理研究所原子核理论小组工作，那时于敏是小组负责人。

张宗烨：我刚到那儿的时候，的确见于先生有点怕，主要原因就是他对我们要求挺严格的，每个礼拜得做一个汇报，就是看完书的汇报。然后我们很努力地去看，把公式都推了，觉得都看懂了。但是一报告，于先生一问问题，就把我们问住了。每次问得我们不知道怎么回答。到了研究所，尤其是在于先生指导下，看问题的深度有了很大的提高。

解说：经过长期的努力，于敏对原子核理论的发展形成了自己的思路。他把原子核理论分为实验现象和规律、唯象理论和理论基础三个层次。在平均场独立粒子方面，他做出了令人瞩目的成绩。经过几年的探索，于敏带领原子核理论小组撰写了我国第一部原子核理论专著《原子核理论讲义》，这本讲义后来成了我国理论物理教学的重要教材。

于敏：我一生的研究，都是要知其然，还要知其所以然。这样就慢慢形成了我自己的一套看法，这个看法现在看起来当然是幼稚的，但是我觉得也有好处，就是开始全面地动脑筋。

解说：正当于敏在原子核理论研究道路上崭露头角时，国际上已经进入核竞争时代。美国于1945年7月16日成功爆炸世界上第一颗原子弹，苏联继而于1949年8月29日将首颗原子弹爆炸成功，1952年11月1日，美国研制的世界上第一颗氢弹在太平洋马绍尔群岛的一个小岛上爆炸，其威力相当于1945年在日本广岛爆炸的原子弹的几百倍。从此人类的蓝天上又多了一层核阴云。

解说：消息传到新中国，1955年1月14日下午，一块铀矿石被地质部副部长刘杰带进了红墙之内。第二天，在毛泽东主持召开的中共中央书记处扩大会议上，钱三强用最通俗的语言，向在座的领导同志阐明了原子弹的基本原理。

刘杰采访： 在这次会议上，由李四光来介绍铀矿情况。

解说： 就是在这次会议上，毛泽东说："这件事总是要抓的，现在到时候了，该抓了。"从这一天起，我国的核科学事业全面正式上马，我国第一颗原子弹的研制工作就此起步。很多人不知道的是，在我国研制第一枚原子弹尚未成功时，有关部门就已做出部署，要求氢弹的理论探索先行一步。毛泽东在会议上强调："原子弹要有，氢弹也要快。"

于敏： 氢弹和原子弹必须要先有原子弹，才能有氢弹。虽然它的机制、原理要困难得多，但是它的性能好得多。

解说： 氢弹是利用原子弹爆炸的能量点燃氘、氚等轻核的自持聚变反应，瞬间释放巨大能量，又称聚变弹或热核弹。其威力比原子弹大几十甚至几百倍。

解说： 1961年冬日的一天，正当于敏与同事在讨论原子核结构理论研究的下一步工作时，我国核科学事业的奠基人之一钱三强先生把于敏叫到了他的办公室，开门见山地说："经上级批准，决定让你作为副组长领导和参加'轻核理论组'加入氢弹理论的预先研究工作。"

于敏： 钱先生找我谈话，问我怎么样，搞氢弹是很难的事情，它牵扯到科学技术、工程各方面，学科很多，不太符合我的兴趣，但是爱国主义压过兴趣，所以我当时就答应我说我转。

解说： 那时，于敏正值在原子核理论研究的巅峰时期，调入氢弹研制工作意味着人生的一次大转行，但为了国家的发展需要，于敏毅然投入到氢弹理论的探索研究中。在于敏成长的年代，他一面看到的是世界科学的大发展，一面感受着自己的祖国所受列强的欺凌。从那时起，在于敏心中便埋下了一颗科学救国的种子。

于敏： 那个年代正是抗日战争前后，日本人的压迫、侮辱无处不在。我那个时候刚学会骑车，找同学借了一辆车。迎面来了一个日本人开着吉普车，他不怀好意冲着我来了，眼看就要撞上了，如果撞上我就完蛋了。可以想象，这是在天津，如果在小地方，可能我一命难保。我那个时候还小，只有十二三岁，我立志一定要报国，科学救国。

解说： 抱着拳拳报国心的于敏从此放下了手头深爱的原子核理论基础研究，全力以赴转而摸索氢弹原理。这意味着他必须放弃光明的学术前途,并且需要隐姓埋名,长年奔波。那时的轻核理论组面对的一面是世界核威胁,一面是对氢弹的一无所知。

杜祥琬:氢弹是个什么原理?氢弹要实现任何反应都要在很高的温度和很大的压力条件下才行,这个就会产生,成分就相当的高,我们最好的物理学家当时也不知道这个氢弹该是什么样的一个原理。

于敏:虽然世界上有氢弹,但是对我们来说是一穷二白,杜鲁门和艾森豪威尔都赤裸裸地宣称,他们绝不能让中国搞氢弹,并且派军舰威胁,那时候中美关系非常紧张。并且派军舰带着核武器到我们晋安来,是可忍孰不可忍。所以我虽然是小萝卜头,但一样义愤填膺。我过去学的东西都可以抛掉,我一定要全力以赴搞出来。

解说:那时科研人员们只知道氢弹的释放当量比原子弹要大几十倍、上百倍。至于怎么造氢弹,最核心的问题是什么,谁也说不清楚。于是在探索氢弹原理初期,于敏时时刻刻都沉浸在无尽的数据计算与讨论中。

于辛:我觉得父亲很忙,很少见面,偶尔回来以后,经常带着一个困惑、疑惑的表情,经常是思考的表情。我想跟他玩儿,他经常也不带我玩儿。

于元:他们在打桥牌,因为我比较爱玩儿,就进去看他们几个人了。

嘉宾:真不记得了,突然听见一个"Rho",那时候我很小,估计小学一二年级的时候,对数学符号也不理解,特别高兴地回去跟我妈说,他们在说"肉",我妈就说不许听。他们说他们的,把我叫出来了,这是听他们说话比较有印象的一次。

解说:蔡少辉,理论物理学家,曾参与我国首颗氢弹的理论研究工作,对于50多年前那段难忘的峥嵘岁月,他仍然记忆犹新。

解说:尽管投入多路力量进行探索,但氢弹的研制,在理论和制造技术上比原子弹更为复杂。如果说我国原子弹的研制工作曾借鉴了苏联的一些东西,氢弹的研制则完全是依靠我国科学家们自力更生,从头摸索。1964年10月16日,罗布泊一声巨响,我国第一颗原子弹爆炸成功,从此步入有核国家之列。正当举国欢庆之时,于敏和他领导的轻核理论小组还在为怎样设计出当量为百万吨的氢弹苦苦探索。一段时间内曾陷入了"山穷水尽疑无路"的境地。

于敏:原子弹可以装备部队,但是性能弱得多。原子弹可以先发制人,敌人可以压迫你,所以必须要有氢弹。

贺贤土:我们当时是二十几岁刚大学毕业的小伙子,关系非常密切,我们不要叫什么主任,我们都是叫老邓,邓稼先叫老邓,周光召叫老周,于敏叫老于等。

杜祥琬: 当时我们这个理论部有个很好的优点,就是学术民主,大家不分年龄大小,不分职位高低,就在一个大教室里头,谁有什么想法,上台讲,在这个学术民主的基础上,最后理出了不止一种实现氢弹的思路,但这不止一种思路怎么选择,怎么决策,上计算机去算。

解说: 1965年,氢弹研制方案终于有了进展,为了验证这几个方案是否行得通,上级决定由于敏带领几十名科研人员赶赴上海华东计算机研究所,利用国内仅有的一台每秒运算达万次的计算机j501,进行验证计算。

蔡少辉: 我们到上海的时候,火车站的人都看着我们很奇怪。衣衫都不像现在年轻人,有补丁什么的,在一个房间里面放了四张床,四张床中间就是一排那么宽的桌子,就在那儿办公、技术开会、小组长会议,还有什么各种各样的东西都是在这儿。

解说: 在如此艰苦的环境中,于敏带领小组成员争分夺秒进行上机演算。他每天都把自己埋在大量密密麻麻、杂乱无章的数据中。

杜祥琬: 当时的计算机不是我们现在这样的,是叫什么呢?打印纸,一个时刻结果出来以后,又突出一张纸来,然后把那些计算结果打印在纸上,叫纸带,就看纸带的功夫,一个时刻出台了,就出第二个时刻,你就是眼睛盯着这个纸带,看着各种物理量随时间的变化,所以时间和空间的变化,于先生跟我们在一块儿,他这个水平就在这儿了。

贺贤土: 老于这个本事大就大在这儿,他善于把很复杂的东西归纳、提炼、总结,然后就形成一个明确的图像,本来材料是什么,结构是什么,大家都有想法,作用原理是什么,那么老于的本事就是可以把计算结果,把大家综合起来。

解说: 在一个深秋的傍晚,于敏与蔡少辉饭后在计算所旁的小路散步,那天晚上他向蔡少辉提出了一个从没有过的设想,没想到这个想法成了小组突破氢弹技术途径的关键。

蔡少辉: 我听了以后很兴奋,被他折服,所以我们马上回去就算了。第一个模型是算假如能够创造这个条件,看它是不是真的有氢弹。第二个是能不能够进一步确定把它能量引进来以后它就能创造这个条件。算的过程中间,老于不断地看纸带,不断地看过程,看过程的中间发展,又算一算,又在机器上算一下,看得出他是一步一步看到结果了。

解说: 经过周密计算,一个有关能量的关键点被于敏顺利突破。解决这个问题后，整个氢弹的研制就像是打开了拥堵的瓶颈，一下子驶入了快车道。

于敏：我把它分为三段，一个创造条件，促使热核反应起来，氢弹起来。为它创造条件，如果起来的话，不是外界条件能够让它，外界条件还得靠它自己本身能起来，再点火。它自己放的能量已经温度逐渐升高，是热核反应起来了，这是第二个。第三个，它起来以后，一点火以后，就跟普通的燃烧一样。

解说：氢弹原理突破的消息传到北京，时任九院理论部主任邓稼先连夜赶到上海，为了慰劳大家，他特地请客吃了一顿香喷喷的螃蟹。几天后，于敏奉命回京汇报，详细介绍了在上海的工作进展和氢弹从原理到构型的物理方案。100个日日夜夜，氢弹理论方案终于完成。1966年12月28日，氢弹原理试验顺利进行，等在隐蔽室里的于敏从测试报告中看到了极其清晰的特征信号，与他的理论设计完全一致。

于敏：我们是石头落地了，我想都没问题了。就是能量到底是多少，还需要做。

贺贤土：当时我们知道法国在研究氢弹，而法国爆炸的第一颗原子弹又比我们早好几年，在这种条件下我们赶在法国人前面突破氢弹，这对涨中国人的志气是非常重要的。

解说：1967年6月17日，一架战机在新疆罗布泊上空投下了一个降落伞，氢弹试验正式开始。伴随着雷鸣般的响声，大漠上空同时升起两颗"太阳"，蘑菇云随之拔地而起。我国第一颗氢弹空投爆炸试验成功。

于敏：所以我的心情也非常愉快，当初设计的是百万吨左右，实际上出来是330万吨。

解说：这一天，中国氢弹爆炸成功的消息震惊了世界。全国人民欢呼雀跃，因为从第一颗原子弹到氢弹，美国用了七年零三个月，苏联用了六年零三个月，英国用了四年零七个月，法国用了八年零六个月，而综合国力尚属落后的中国仅用了两年零八个月。中国抢在了法国前面，成为世界上第四个拥有氢弹的国家。消息传到法国后，法国科学界和政界都感到十分惊诧。时任法国总统戴高乐为此大发雷霆，拍着桌子质问为什么让中国人抢在了前面。

于敏：这是一个很重要的齐心协力的问题，最主要的是爱国主义，面对家庭、生活、工作条件的困难，没有人抱怨，照样做工作。

贺贤土：所以氢弹的原理完全是靠我们自力更生的，完全靠那些大师

创新年轮　攀登足迹
中国科学院第十四届科星奖获奖作品选

们带着我们这帮年轻人，他们从基础着手，把物理科学的规律搞清楚以后，慢慢摸索体会，我们整个的核武器发展始终是坚持着这两条，于敏先生的确在这里面做了很大的贡献，他这条路子对氢弹的突破起到很重要的作用。

杜祥琬：我觉得像他们那样的一批科学家有很深厚的学术功底，又有很强的精神支柱，这个精神支柱就是现在说的以民族振兴为己任。

解说：四川绵阳有一个口耳相传的神秘禁区，百姓们说这里是研制中国核武器的地方。如今这里是中国工程物理研究院的现址，一座建筑面积达150多万米^{2}的现代化科学城。

1969年，中国核武器研究院搬迁至绵阳的深山中，开始了核武器发展的新历程。时至今日，建筑上的标语口号仍然依稀可辨，仿佛叱咤风云的年代就在眼前。

于敏：已经有了氢弹了，有弹无枪不行，得装上枪，这是一件重要的事。这就是我们第一代核武器。已经到这个程度了，再走一步就可以武器化了。

解说：贺贤土，中国科学院院士，理论物理学家。在氢弹试验成功后，与于敏在中子弹的物理研究与设计，以及核武器物理实验室模拟研究中做了大量开拓性工作。

贺贤土：当时我们面临核武器是在什么情况下呢？它是一个大家伙，只能一个洞，武器固定在地下，人家卫星一看你这个位置都知道的，打到你很容易，所以为了核武器的生存你必须小型化，小型化确切地说是把大家伙变成比较轻的、小的，我可以带着它到处跑，你也可以带着它跑。我发射到那里去打，所以这必须要小型化。美国人当时就要卡我们，知道我们还没有小型化，逼着我们要进核实。

解说：1986年，三〇一医院的一间普通病房内总是能看到于敏去探望病人的身影。他的老朋友邓稼先在一次试验任务中受到辐射，已进入直肠癌晚期。除了探病，作为我国核武器理论设计的主要领导，于敏还肩负着一项重要工作。

于敏：我经常去看他，看他的时候我提出是不是到头了，而我们是功亏一篑了，他说他也有这种想法。他调研了情况得出的结论也是如此。我说这个事情很难办了。他说赶快上书中央。邓比我政治敏感得多。

胡思德：实际上这个事从1985年就开始了，当时美国还在做核试验，但是已经有风吹出来了，要停止核试验，根据我们的分析，其实美国核武器的水平已经达到一个接近极限的水平，如果想再往前进一步，要费很大的力气、花很长的时间才能进步一点点。对于我们来讲，技术水平还是要在新一代核武器爬坡的时候，其实我估计美国人可能都知道，那个时候把核试验停下来，就等于冻结这个技术水平，这个对我们的影响相当大。

解说： 那时，邓稼先的病情已极度恶化。于是便由胡思得记录，三人就在三〇一医院的病房中，以邓稼先和于敏的名义给中央撰写了报告书，建议我国在全面禁核试验前加快我们的核试验步伐。

胡思得： 人家要怕你，他不敢对你动用核武器，我们宁可不用，但是你得有这个东西。所以我觉得这个工作非常重要，否则我们停留在原来老一代的核武器里面，我们的能力就差多了，我们国家今天之所以能够有这样的威慑能力，我觉得和他们两个的建议有很重大的关系。

解说： 此后，我国的核武器研究基本按照于敏、邓稼先的建议书方向进行，取得了举世瞩目的进展，研制成功了大幅度小型化、高比威力的战略核武器，掌握了中子弹技术。1996年，我国签署了全面禁核试验条约。正是因为党中央做出的英明决策与邓稼先、于敏的战略眼光，为我国争取了宝贵的10年试验时间。在祖国繁荣发展的今天，我国已拥有了令世界瞩目的多种国防和军队现代化建设发展进步的新成果。

于敏： 一个是"两表酬三顾，一对足千秋"，当然时代不同了，但是战略部署的精神很值得思考，很值得考虑。同时他的忠心耿耿，但是这种赤胆忠心我想应该是中华民族的宝贵财富。

解说： 因为保密，几十年来，于敏肩负了很大的压力，在忙碌于国家任务期间，经常外出，神秘失踪很长一段时间，家里的事情全靠夫人孙玉琴打理。

于辛： 我感觉母亲每天很忙碌，有时候甚至教我一些学习的事情。

于元： 我爸身体不好，我爸住院，基本上都是我妈陪着。我们说请护工，其实我妈那时候岁数很大了，我妈也不请。她更喜欢这样。两个人一直是互相搀扶着走过来的，也挺不容易的。

解说： 今年年近九旬的于敏和儿子、儿媳一同生活在海淀某小区内，由于长期投身于保密工作，疏于对家庭的关照，晚年再将往事谈起，于敏的脸上多了一些无奈和感伤。

于敏： 最大的遗憾就是亏欠我的爱人，爱人前两年去世，她完全是因劳累过度去世的，因为她照顾我，照顾了我55年，我觉得对不起她。这是我的第一个遗憾。第二个是，我对我的孩子们管教太少，他们现在也在抱怨。

解说： 2012年，妻子的突然离世带给于敏莫大的伤痛，现在他经常在房间里一个人翻看妻子的照片，用来怀念。

于辛： 我觉得就是一种悲伤，很悲伤无助的感觉。（母亲去世时）一开始不知道，只是心脏不舒服，知道我爱人和我姐姐要把她送到医院去。但是他（父亲）那个时候非常着急，当他们走了以后，自己瘫在地上了，也没有力气爬起来。

于元： 我妈的祭日什么的，我们看我妈，他会在那个地方待好长时间。我们有时候劝他"走吧"，他还在那儿，自己并不特别大声说出来。他不太善于表达。因为原来春节我们都是一块儿在家跟我妈包饺子，我们不出去吃饭，都是在家自己做，这回没有我妈了。我爸说再给她加一双碗筷。

于敏： 我觉得我对不起他。我总是有许多愧疚。"唯将终夜长开眼，报答平生未展眉。"

解说： 2015年新年伊始，于敏迎来了自己的两位学生，一位是20世纪50年代同在原子核理论组工作的张宗烨院士，一位是自己66岁时收入的博士生蓝可。

解说： 虽然身体状况大不如前，但年近九旬的于敏仍然在指导和关心着我国国防事业和核武器理论技术的发展。

解说： 1996年全面禁核试验后，于敏等人建议加速发展我国惯性约束聚变研究，并将它作为禁核试验对策工程列入我国高技术发展计划，使我国的惯性聚变研究进入了新的阶段。

解说： 杜祥琬，中国工程院院士，曾主持关于核试验诊断理论等研究；曾任"863"计划激光专家组首席科学家。在于敏先生指导下负责惯性约束聚变的研究工作。

杜祥琬： 禁止核试验的情况下，如果发展中国的核武器，一方面就是中国试验式的手段适合发展中国核武器，这就是刚才说的基本上具备的一些东西，另一方面又如何推动高技术计划，通过发展提高中国的核心技术，让中国从战略上走到前面去，所以我觉得他特别到后来对整个国防科技的顶层设计从核到非核他起到非常重要的作用。

于敏： 作为科学家，首先要选准方向，或是前沿的、或是前瞻的、或是重大的，有社会价值、国家价值、国防价值等。其次，要深入下去，根壮叶茂。最后，如果根壮叶茂再扎得很深这是必要的，我不赞成，人脑子要活跃，可以想入非非，但是归根到底你根子要很深，不然吸收不到东西。

解说：1999年，于敏在"两弹一星"表彰大会上被授予"两弹一星"功勋科学家奖章，并代表科学家进行发言。如今耄耋之年的他在生活中除了指导核技术发展，仍然保持着从小养成的两大爱好：听京剧和看古典文学。他家的客厅中悬挂着诸葛亮《诫子书》中的一句，"淡泊以明志，宁静以致远"，诸葛亮是他心中的完人。

于敏：臣鞠躬尽力，死而后已，死而后已。

解说：多少年过去了，那个曾为国家默默奉献一生，让民族挺起脊梁的老人终于出现在我们面前，此时他已两鬓斑白，明天喧嚣散去，他又会将把自己埋藏在最普通人群中。

挑战国家科学技术奖

中央电视台 刘 星 迟忠波

中央电视台 财经频道
《对话》栏目
2015年2月8日

主持人： 大家好，欢迎各位准时收看我们今天的《对话》，你会发现今天《对话》的开场有些特别，全场特别安静。的确，在刚刚进入到《对话》现场的前36位观众当中，我们给他们安排了一项特殊的任务，他们需要在自己面前的题板上随机地写下四位数字，这长达144位的数字连成一长串超级数字的那一刻，你会有什么感觉？我觉得几乎没有人能够立刻就记住它。但是听说今天现场来了一位记忆达人，他一定要挑战一下现实中自己的记忆能力。他叫黄金东，来，我们现在掌声请出他。

欢迎。黄金东今天到底有没有可能在我们的现场完成这个看上去几乎不太可能的任务，来，各位。

主持人：时间一分一秒过去了，黄金东已经结束了他的记忆，现在其实就到了要检验他记忆水准的关键时刻。我们的要求很简单，我们将会从最上面一排的第一位观众开始，一一地对应，记对了，我们的这位观众将会举起他手中的数字牌。开始！

黄金东：第一个是1743、7283、2678、1028、0802、1696、4653。

解说：黄金东仅用25秒的时间就准确地报出了主持人左手边第一排六名观众的手写数字，紧接着又准确报出了第二排和第三排大部分观众手写的数字，可是在报第三排倒数第三名观众手写数字的时候，他却犹豫了。

黄金东：1641。

解说：黄金东还能完成下面的挑战吗？

黄金东：对，1641。接下来是8341，7928。

主持人：万里长征完成了一半。接下来继续挑战可以吗？

黄金东：好的。

主持人：好，下面是我右手这一方的另外18位观众的数字，我们再一次把时间交给黄金东。

黄金东：2513、0314。

解说：35名观众，140个数字，黄金东的准确率是100%，还剩下一个观众。黄金东能否挑战成功？

黄金东：7369。

主持人：哇。太牛了，恭喜黄金东。来，祝贺一下。黄金东看上去很年轻，但是他有着世界记忆大师之称，听说这是世界上认可的一个称号，对吧。

黄金东：对。要获得世界记忆大师的话有三个标准：第一个是两分钟内记一副扑克牌；第二个是一小时之内记1000个无规律的阿拉伯数字。第三个标准是一小时内记十副无规律的扑克牌。同时达到三个标准的话，在

创新年轮　攀登足迹
中国科学院第十四届科星奖获奖作品选

国际比赛上就可以评定为世界记忆大师。

主持人：所以我们刚才叹为观止的这一切，对你来说就是小儿科吗？

黄金东：经过训练的话，是每个人都可能做得到的。

主持人：有人已经开始窃窃私语了，说黄金东就是我们民间最强大脑，这一点我认同。接下来我想在今天的《对话》节目中带着大家来聚焦一下我们中国科学界的一群最强大脑中的代表，他们刚刚拿到了国际科技奖的一等奖，非常厉害。马上我要为大家来做一个介绍。我们用热烈的掌声欢迎第一位来自武汉大学的李德仁院士，欢迎。

解说：李德仁，两院院士，获奖项目——"对地观测与导航技术"。让中国成为全球第二个能提供数字地球系统服务的国家。

主持人：接下来我们认识的第二位嘉宾是孙泽洲，欢迎。

解说：孙泽洲，探月工程二期探测器系统、"嫦娥三号"探测器系统总设计师，获奖项目"升空探测航天器系统"首次实现我国环月探测，开创航天史里程碑。

主持人：接下来继续欢迎王恩东先生。欢迎。

解说：王恩东，浪潮集团首席科学家，获奖项目"高端容错计算机系统关键技术与应用"，突破了世界难题，打造中国第一台大型机。

主持人：刚才三位科学家全神贯注地盯着你，看看你到底有没有记错了。

嘉宾：我的记忆力不行，我很佩服记忆力好的。

主持人：民间的最强大脑，科学界的最强大脑，到底哪家强？他们的获奖项目到底是做什么的？其实这也是我们现在心中特别大的一个问号，我想接下来应该把时间交给我们这三位获奖者，请他们用最通俗易懂的语言为我们大家解释一下他们这个项目到底是什么？你们一定要带着评委的心态，认真挑剔地去听，接下来我们会有一次投票，我们投票的唯一标准就是我听懂了你所告诉我的一切。

解说：第一轮"最通俗"演讲。限时90秒，规则，现场观众将根据每人表现进行投票，选出最通俗演讲人。

主持人：第一位上场的是浪潮集团的首席科学家王恩东研究员。

王恩东：大家好，我给大家介绍的是浪潮的高端容错计算机。那么，高端容错计算机是什么东西呢？平时我们去银行存款，我们看到的是一个柜台小姐在接待你。实际上每一笔交易都要在总行的一台高端计算机上再处理，这个机器就叫作高端容错计算机。这个系统应当说是我国第一台通用的高端容错计算机，中国成为全球第三个有能力研制这种高端计算机系统的国家。它的第一个特点就是特别快，有32个处理器、265个处理器核心、8000 GB的内存。每分钟能够处理几百万个交易。通俗来讲，比方说我们日常银行的存取款交易，每天可以处理十亿笔这种交易。

我们想说的第二个关键词，就是可靠。那么大家都知道，我们银行的交易都要求非常可靠、非常安全。我这个系统可以容忍多种错误，不管是CPU出现故障了，内存出现故障了，还是硬盘出现故障了，甚至某一个电源坏掉了，我们这个系统都会正常地运行，并且我还可以实时地来检测、在线修复。所以它的可用性能够达到99.999%，也就是每年的计划外停机时间不超过5分钟。

主持人：不知道大家对于王恩东先生刚才这个限时演讲有没有想要问的问题。

提问：其实我一直非常好奇，就是我们的科学家是如何给我们的项目命名的？因为起名字是一件非常有学问的事情，是不是有特殊的讲究，高大上的或者是不能够通俗的这样一个名称。比如我们这一次的科技奖当中的一些奖项，像甲醇制取低碳烯烃，以及您的这个高端容错？

王恩东：这个问题提得非常好，我们给项目起名呢，一般会有两个名字，一个是大名，叫高端容错计算机，是按照它的应用、一些特点起一个比较规范的名字。同时我们这个项目还有一个小名，起小名有时候比较任性，会根据各种各样的场景随意地来取。那么我们这个项目的小名是什么呢？当时这个项目的名字叫作 K2，就是 K2。K2 是乔戈里峰的代号。乔戈里峰是世界第二大高峰，但是它是世界上最难爬的高峰。我们这个项目当时给我们的整体感觉是技术挑战大，所以就给它起名 K2。做成了之后，我们再给产品命名的时候说不要再叫 K2 了。这个名字还是太惊险了。于是我们为我们的产品就起了一个名字叫做 K1。所以我们现在这个产品正式的对外商品名是天梭 K1 高端容错计算机。

主持人：你解释得很完美，可以用网络上的四个字叫"不明觉厉"来代表你的这个名字。谢谢，谢谢你。

接下来我们要请出的这位科学家是中国航天科技集团第五研究院的孙泽洲先生。

孙泽洲：中国有一个古老而美丽的传说，就是嫦娥奔月。而且我觉得在座的各位，包括很多人在仰望星空的时候，可能对于浩瀚的宇宙都充满了憧憬和好奇。我所在的深空探测航天器系统创新团队所做的工作就是要把这种愿望或者梦想变为现实，我们主要做的工作就是对深空探测任务航天器的系统设计及研发的工作，我们团队目前主要完成的工作就是探月工程的一期和二期的任务，分别实现了对月球的环绕探测和着陆探测。可能大家会问，我们为什么要去月球？应该说月球是我们最近的邻居，月球对于我们未来走向更远的深空和对宇宙的探索应该也是一个前哨站。

整个一个航天器的研制是一个很复杂的系统工程。我们在"嫦娥一号"任务的时候，其实做过不完全的统计，直接参与这项工程的人员大概要到 2 万多人这样一个情况。而我们这个团队只有 91 人，这个团队实际上主要的工作是对系统和核心关键飞行（器）的设计和研究的工作。

这是"嫦娥三号"探测器的模型，它实现了国家第一次在地外天体软着陆和巡视探测。现在这个着陆器还在月面正常工作，应该是世界上到目前为止在月面工作时间最长的一个航天器。这是我们已经做的。我们未来要做的，是要从月球采集样品回来。同时我们还要对火星进行环绕和着陆探测，以探索更深、更远的宇宙空间奥秘，谢谢大家。

提问：我有两个问题想请教您一下，是关于我们的月球车"玉兔"的。因为我们从媒体上了解到，从2013年12月26日以后，它陆续经过了几次休眠期。我想请问一下，有这个休眠期是因为我们技术方面的问题，还是因为有别的因素。

第二个呢，我是替小朋友们问的，我们的"玉兔"你把它想象成为一种女性的形象呢？还是一个男性的形象呢？

孙泽洲：先回答第一个问题吧。休眠的过程呢，主要原因还是跟月球本身的运动、天体运动规律有关，它跟我们地球不一样，我们地球自转一圈是一天，而月亮自转一天是将近一个月。有长达14天的时间是看不到太阳的，我们的航天器要工作，就必须要获得能源，当然未来有同位素、核能等，但是目前主要靠太阳能。这样一来处于一种断电的状态，通过一些热控的手段，保证它处于一种最低的生存温度。未来我们要去火星的话相对就好一些，因为火星的自转周期比地球自转周期稍微长一点点。这样我们利用白天获得的能量，晚上因为只有十几个小时，还可以用来支撑在晚上进行工作的情况，这是第一个问题。

第二个问题就是"玉兔"是雌性还是雄性？

主持人：科学家的语言跟老百姓就是不一样。要老百姓直接说是男的女的？

孙泽洲：我觉得在每一个心目中，可能都有一个很完美的"玉兔"形象。大家想象的是什么样的，它就是什么样的。

主持人：接下来第三位上场的李院士应该说是压力最大的。

李德仁：大家刚才听了"玉兔"，我们的"嫦娥三号"到了月球，但是我们大家生活在地球上，地球大概有46亿年的历史，它要继续发展，我们要了解地球，要观测地球，需要有一个手段，所以对地观测就是从航空到卫星这样不同的高度上来观测我们的地球，来采集我们地球需要的信息。我们还可以通过卫星导航系统提供无线电信号。我用一个接收器就知道我在哪儿，我的汽车在哪儿，我的飞机在哪儿？这样一来，我们就可以用对地观测与导航为我们的作战、为我们的建设、为老百姓的生活提供所需要的位置信息和它的目标信息，这些信息都非常重要。我们打仗知道敌人在哪儿，我们怎么把他打中，打得怎么样？我们要搞土地，13亿人需要18亿（亩）的耕地才有饭吃，才能吃得好。那么现在耕地是多少？需要我们去做调查，这就是我们做的对地观测与导航。

我们这个团队就是要用中国发射的所有这些卫星资源，通过我们的理论研究、我们的软件算法研究，让我们的对地观测和导航达到世界先进水平。这就是我们这个78人团队的工作。谢谢大家！

主持人： 接下来您要接受两位现场观众的提问。

提问： 我的理解是，您的这个技术是不是类似于一个大型的摄像机，然后它是装在卫星上运行？因为我们知道我们平时照相，包括单反，如果你要求它的清晰度，它的镜头都会很大。那您这个是从天空上来照地下，为了追求精确度的话它有多大？

李德仁： 是的。我们的遥感对地观测，相当于我们每个人口袋里那个手机上的摄像头一样。

主持人： 那个像素。

李德仁： 那个像素。我们这个像素就比较大，测风雨、测云的。风云卫星的话，它每天都要告诉我们，它最快的时候可以每15分钟告诉我们地球表面的风云变化，用来做气象预报，这是风云卫星。一般它的分辨率是1公里。如果我们要打仗，要找一个目标，我们就要提高到很高的分辨率，比如1米、0.5米。我们国家正在做一个重大专项，到2020年会做到0.3米的分辨率来看地球的目标。它的中央就会越来越大，因为它的焦距会越来越长，可以从1米、5米、7米、9米变得越来越长，还要通过多次反射，那个体积有几吨重。我们航天的同志们就把它"打"上去，我们下面就要把它用好。

主持人： 谢谢您。您刚才提到的我们在对地观测的时候，特别讲究它的精准度。我们通俗地来讲，您也是从高空往地面来观测的，但是如果您碰上雾霾天，比如说北京现在常常都有雾霾天。这个精准度还能达得到吗？你能够穿透这个雾霾，精准地拍摄到刚才所说的地面的一切吗？

李德仁： 可以。刚才由于时间关系我没有细说。我们人照相的是可见光，我们人也是可见光，我们的遥感传感器可以通过可见光、红外，红外就是晚上才能看得着。还要有雷达，因为它就是有云、有雾的，有时阴天。汶川地震的时候下雨，有雾，看不到下面的水面积，我们就用了激光雷达，把图像扫回来，把成果当晚整理好，第二天早上交给我们的总理做决策。

主持人： 谢谢李院士。

在刚才三位科学家的第一次亮相当中，我们知道他们之所以可以获得国家科技奖一等奖的秘密之所在，我不知道这样的一个非常复杂的科学问题是不是被三位科学家用最通俗易懂的方式解释清楚了呢？如果您认为谁解释得最好，现在麻烦你拿出自己手中的表决器，把你此刻最宝贵的这一票投给他。

解说：三位国家奖一等奖获得者，究竟谁能够用最通俗的语言把自己的成果展示给观众，是德高望重的两院院士李德仁，还是年轻有为的孙泽洲，又或是略显书生气的王恩东。对话，稍后继续！

主持人：现在麻烦你拿出自己手中的表决器，把你此刻最宝贵的这一票投给他。排名最靠前的是李德仁院士，祝贺李老师，祝贺您。

为什么大多数人认为李院士的演讲更加通俗易懂呢？那么其他两位在哪一个环节上可以再适度地增加一些更通俗的表现。

解说：根据现场观众的调查显示，大家普遍认为李德仁在项目演讲时更接地气。其后两位由于使用了很多的专业术语，让观众"不明觉厉"。有观众评价，李院士的演讲是记叙文，孙泽洲是抒情散文，王恩东先生的演讲更像是一篇说明文。

主持人：所以你看，对于一个严谨的科学来说，要讲得清楚，让别人听得明白其实是特别重要的。爱因斯坦的相对论其实很多人一直都不明白它到底是怎么回事。但是我看到有人曾经这样解释，说如果你在一堆炉火面前坐了一分钟，你可能就觉得这已经过了一年了。但是如果你有机会坐在一个美丽的女士旁边，哪怕你坐了一年，你会觉得时间怎么这么快就过去了？好像才刚过一分钟，怎么我就得跟她告别了呢？其实在科学领域当中还有很多挺深奥的道理，也被别人用非常浅显，甚至好玩和有趣的语言正在表述，不信你看。

解说：生物学家巴甫洛夫的条件反射实验告诉我们，一个刺激和另一个带有奖赏或惩罚的无条件刺激多次联结，可使个体学会在单独呈现该刺激时，也能引发类似无条件反映的条件反映。打个比方就是，每天给姑娘送早餐，然后突然停止送餐，让她产生深深的疑惑及失落，这时一举将其拿下。

一个微观粒子的某些物理量不可能同时具有确定的数值，其中一个量越确定，另一个量不确定程度越大。打个比方就是，让她要么吃得到早餐，但不知道吃的是什么东西；要么知道今天早餐食谱，但是吃不到。让她每天都被早餐折磨，最终心力崩溃，扑向科学家的怀中。

事件在被观察以前，一直处在一个所谓概率云的状态下，一旦受到观察，则坍缩为实体。打个比方就是，要给姑娘神秘感。送早餐，有一顿，没一顿，这个谜一样的男子，这一刻薛定谔附体，带着量子们深沉般的哀愁，让她从此不能自拔！

主持人： 我们在欢笑之余必须要问一问科学家，你们能够接受用这样的方式来诠释一些很深奥的科学道理吗？

李德仁： 这是一个很好的方法，在我们科学攻关的时候经常会有这样的情况。已经走到非常困难的时候，突然把它跟平凡的生活、平凡的真理一关联，可能找到一个解决的方法。

主持人： 其实现在日益发达的互联网，也让越来越多的人可以在网上来表达对于科学的表情。王壮是来自36氪，在你的工作范畴当中，有没有遇到一些就是很科技或者很科学的事，让人觉得有点儿深奥。

王壮： 我觉得是有，但是我们会用一种比较酷的方式把它表达出来。1月的时候，NASA（美国国家航空航天局）跟微软就合作了一个项目。这个项目其实是去探测火星，然后在火星上放那种探测器，把全息计算应用到这个技术里面。把火星上面的影像传回来之后，用一个3D去模拟。它其实表现的形式就是，正常我们看的画面（看的是）火星，但是变成了把人的影像放到火星上去。

主持人： 身临其境的感觉。

王壮： 然后你看到的就跟你人在火星上那个位置看到东西是一样的。

主持人： 刚才我们一直都在谈如何用更通俗易懂的语言让大家跟科学走得更近一点儿。听得懂，往往只是第一步，其实我们真正关心的还是这个项目出台之后，到底它可以用在哪些领域呢？它会给我们整个产业的布局带来什么样的改变？给我们的日常生活带来什么样的影响？所以接下来我们还会把舞台留给我们三位科学家。

解说： 第二轮"最有用"演讲。本轮演讲不限时，规则，现场观众将根据每人表现进行投票选出"最有用"演讲人。

主持人： 让我们在这一轮当中看看他们三位科学家谁的项目更有用，来，欢迎。

王恩东： 大家都知道，我们进入到网络时代之后，我们以前想陆、海、空、天，现在又叫陆、海、空、天、域，也就是说网络空间称为第五维空间。在2013年3月韩国的新韩银行由于受到网络攻击，大面积的业务瘫痪，影响非常大。

那么在当天，韩国也把它的国家警备级别提高了一个级别，那么在2014年的3月，俄罗斯的阿尔法银行也是受到网络攻击，整个业务（中）

断了接近两个小时。整个影响也是非常大的。以前我们国家自己没有高端容错计算机，这样高端容错计算机是完全依赖，基本上是两三家美国的企业在垄断占领市场。我们依托国外的产品，就相当于说我们心脏的起搏器掌握在别人的手里。可能随时我们这个系统都面临被别人停顿的威胁。所以我想第一个关键词是"安全"。

那么第二个关键词就是"尊严"。由于这些产品都是进口的，基本上就是美国那么两三家企业在垄断这个市场。我们的用户别无选择。我们去买别人产品的时候，我们买的价格是在美国市场的 2.4 倍，服务的价格更高，每年要交 20% 左右的服务费，并且这个服务是必须要买的，是缴年费，相当于保护费。那么真的出现问题的时候，需要它的服务人员上门的时候，还要缴费用，并且是按照每小时上千美元，从他（服务人员）一出门，一直到你这里解决完问题离开。所以我们这里就没有任何的对话或者谈判的权利。

我想这样一种尊严，可能不仅仅是我们用户本身的尊严，实际上我认为也关系到我们这样一个大国的尊严。高端容错计算机开发和应用示范应当说打破了这样一种局面，也使我国能够在高端容错计算机这样一个领域里面有了一席之地。

主持人：谢谢，谢谢。接下来你还是需要来接受一下我们现场观众的考验。

提问：问您一个问题，就是众所周知，咱们的信息技术，在现在的战争中是有越来越广泛的应用。如您刚刚所提，就是在陆、海、空、天之外，现在网络空间实际上也是新的重要的一维（度）。您刚才提到的咱们的高端主机的本土化，它这项技术对于我们将来可能发生的信息战，会不会起到很重要的作用？

王恩东：应当讲呢，这些所有的信息产品在设计过程当中可能都留有一种调试接口，或者在研发过程当中可能存在一些 Bug，也有缺陷，都有可能成为黑客或者是一些组织攻击这个系统的一些入口。那么在这个里面，应当说相关的国家都有一些这种要求，要求它的企业要把这些入口和缺陷报告给它的安全部门。那么这样一个法律，目前可能只是要求本土的企业对本土的相关部门要报告这些东西。那么要想达到我们用其他的产品也能够安全的话，可能在这里面我认为还有相关法律制定的这样一个过程。那么在这个过程中，应当说我们国产相关的一些产品，自己研发的话，显然这里面的一些这种问题就会减少很多。在一些特殊情况下，比如说发生战争了，我们的系统被攻击的可能性、被摧毁的可能性就会减少一些。

主持人： 谢谢。接下来为我们大家呈现的是我们今天的第二位嘉宾，孙泽洲先生。

孙泽洲： 应该说我所从事的这个工作——深空探测，在未来，对于星际的航行，不仅是月球（很近），未来的火星乃至于以后的木星，都是我们要去发展的一种方向。另外一个对于近地，对地球有威胁的小行星，我们后续也会对它开展这种小行星的探测及做一些技术验证，来进行小行星的一些防护，来避免它对我们地球安全产生的影响。同时我们也希望对于宇宙的认知之后，能够对于宇宙上可以被我们利用、开发的资源有所了解，可以对包括月球上的或者火星上的，以及其他行星的一些资源，能够进行开发和利用，以服务于地球的这种文明的持续发展。

提问： 问您一个问题，美国在20世纪60年代已经实现了载人登月，但是我国目前仅仅实现人工探测器登月。请问一下，我国在探月工程领域与美国到底有多大的差距？

孙泽洲： 确实是这样。在第一波探月高潮的时候，基本上是在20世纪60~70年代。当时美国和苏联针对"冷战"大搞太空竞赛，也使美国人实现了载人登月，我们的月球探测进入工程实施是从2004年才真正开始。我们一个探测器，对于无人来讲，相对规模也比较小，系统也相对比较简单。但是一旦要实现载人飞行的话，应该说整个探测器的规模要会很大。像我们现在近地的进入的重量只有3吨多不到4吨，对我们"嫦娥三号"。但对于如果是要载人登月的话，这样一个进入要求，可能就需要上百吨这样一个情况。所以说我们也想通过我们整个的努力使我们能够飞得更高，飞得更远。

主持人： 孙先生刚才所有的发现也好，聚焦也好，都跟我手中的它有关系，这不是我们大家常见的地球仪，这是月球仪。

孙泽洲： 这个月球仪的整个制作就是通过"嫦娥一号"卫星，通过环绕月球的遥感探测的相关数据来制作的。

主持人： 所以这是我们自己的数据采集之后的呈现。

孙泽洲： 地面上看的主要是月球的一面，其实月球的另一面也很神秘，但是在这里面大家一览无余了。

主持人： 你给我们稍微用文学性的语言来描述一下这个神秘行吗？

孙泽洲： 从我从事探月这个工作以来，我觉得我看月球的感觉就不太一样。现在我看到它，我就觉得我的探测器在上面是不是可以工作得很好，是不是可以让它在那儿工作时间更长？

主持人： 接下来的时间交给李院士。

李德仁： 现在大家从屏幕上可以看到一个图像，是一个什么图像呢？是一个叙利亚内战之前和内战之后卫星拍的夜光图像。大家可以看到差别吗？大马士革在2011年的1月充满着生机，灯火辉煌。到了2013年灯火消失了很多，还有其他的城市也是一样。遥感图像可以做一件我们现在很难做的事情。由于战争很残酷，记者也不敢去，通过夜光遥感，我们就做了这样一个研究，研究叙利亚内战的残酷和激烈的程度。通过夜光消失的情况推演战场的态势。就像这样的夜光遥感，我们还把它用来做全世界GDP的分布，了解每个国家GDP的变化。我们从这个越南夜光的变化发现，1992年开始越南跟中国学习，走上了改革开放的道路。每年的夜光增长得很快，这是我为大家解释的这一张图，就说明遥感除了刚才我说的能了解地球上的山山水水、气象规律、土地规律、城市规律，还可以了解社会的发展变化规律。

我们的目标是，比如说我们正在规划，未来到2030年能不能把天上所有的卫星——遥感卫星、导航卫星、通信卫星做成天上的一个互联网。大家知道地上的互联网带来我们好多的信息交流，天上的互联网组成以后，我们希望把这个遥感数据的处理也放到天上去，给任何一个需要的人，提供他所需要的信息，来对他进行服务。对世界的可持续发展做出我们的贡献。

好，谢谢大家！

提问： 李院士您好，您提到一个导航系统，像我个人现在用的是GPS系统，而且用的是非常习惯了。相信我们在座的很多人也是一样，那么在这种情况下我们还有没有必要再研究自己的北斗系统呢？

李德仁： 卫星导航系统美国人做得早，美国的海军，它是由军事应用转到民用。它有一个政策，叫SI政策。有选择地提供服务，有可能你在打导弹的时候不支持你的服务，那你就打不准。所以中国人要有自己的导航系统，就是北斗。北斗，天上现在有16颗星，到2020年有35颗星，将来就会买到这样一款手机。它把GPS、北斗做在一个芯片上，当然还有欧洲的伽利略、俄罗斯的格罗拉斯。四个卫星导航系统，做在一个芯片上给你服务，那你会比现在定位更精确，更好。中国人用北斗是放心的系统，但是我们也跟外国的系统有兼容，已经把这样四种导航系统集成在一块芯片上，而我昨天开会听说，它的芯片的价钱只有大概一两美元。将来放在我们的手机里面是很容易的。明白了吗？

提问：谢谢您的回答。

提问：以前我有看过谷歌拍摄的图片，它的那个清晰度非常高。上面可以看到有街道，还有楼房，我家住的那个楼都可以看到。所以问题就来了，我想问您的是，您觉得你们和谷歌相比，到底哪家强呢？

李德仁：美国的卫星不是谷歌做的，是美国的军事和民用航天的卫星做的，只不过美国在那个公司投了资。比如说中国人买了美国的卫星，这一个卫星公司就把这个图片送给谷歌去用。像你说这样的卫星，这样的图片，我们中国也有 0.5 米的，可以看到每一个房子，看到马路上每一个人，美国现在做到 0.1～0.15 米，就是 10～15 厘米，我们现在做到是 50 厘米，到 2020 年我们就会赶上这样的水平。在去年国庆节之后，李克强总理已经宣布，中国国内商业市场投入到卫星遥感、卫星导航里面来，这样子更好地推进我们事业的发展。中国类似谷歌的产品，叫天地图。有 600 个城市，有你说的这样一个 0.6 米的图像，欢迎你上网。它的网址就是天地图的汉语拼音，就是 www.tianditu.com，你就可以免费去了解天地图。

主持人：刚才三位同样还是用自己最擅长的方式和他们各自几乎不太相同的风格，来描述了他们的科研到底可以用在我们现实生活当中的哪些方面。现在我们要把权利再一次交给我们现场的观众，你们再来做一次选择。

解说：在第二轮比拼中，得票数最少的王恩东调整了战略，从观众角度来讲述获奖作品的实用性，这会不会让他逆转呢？而首轮得票第一的李德仁院士的演讲依旧沉稳儒雅，信心满满。孙泽洲则带着罕见的月球仪上场拉票。科学家似乎对演讲都信心满满，但是得票结果却让人有些意想不到。

主持人：现在我们要把权力再一次交给我们现场的观众，你们再来做一次选择。

主持人：这个戏剧性的结果出现了，第一轮我记得王先生票数最少的。但是这一轮他的得票率是最高的，先来祝贺一下王先生。

高会军：为什么这一轮的得票相差这么悬殊？第一轮的时候，李老师讲的时候就是知识量特别大，讲得特别清晰，给人的感觉就是一下子全都讲明白了。

第二轮我觉得可能王总的优势在于第二轮的信息量一下比第一轮大很

多，是不是这个意思？谢谢大家！

主持人：赵刚先生，国家科技奖的评选是用什么样的方式来衡量它到底有用没用，跟我们刚才这样的了解和关注有什么区别？

赵刚：我觉得我们现在评奖呢，它有不同的类别，有关于基础科学的，还有关于技术发明的，还有科技进步奖，这几类评价标准应该是不一样。比如说，科技进步奖就像我们几位刚才讲的，有没有用？老百姓能不能感觉到。这个我觉得应该是由老百姓来评价，由市场来评价。像基础科学，这个可能离老百姓比较远，那可能是20年以后，甚至是50年以后才有用。像当年爱因斯坦提出的相对论，离老百姓很远很远。所以这个只能是靠科学，靠同行来评价。

主持人：其实关于一个科学有用没用，尤其是当改变世界已经成为一个特别时髦的使命的时候，人们更会发出这样的一个疑问。有一个跟诺贝尔沾上一点边的评选，似乎就和大家吐槽的科学有用没用有着密切的关系。是一个什么样的奖项，来，请看！

解说：2014年搞笑诺贝尔奖奖项，物理学讲，当人踩到香蕉皮时，鞋底与香蕉皮之间的摩擦力，一屁股摔倒在地，似乎是一个永恒的笑柄。然而日本东京北里大学的K教授搜集了香蕉皮、皮鞋、油毡布和木地板的样品，并设置一系列传感器来测量在正常步子下的摩擦状况。北极科学奖，研究驯鹿对人类和由人类假扮的北极熊的不同反应。为了弄清楚驯鹿究竟有多么害怕，科学家记录了一个披上深色登山服的人靠近驯鹿的反应。然后再假扮成北极熊再次靠近。驯鹿看到北极熊后狂奔的距离是看到人的两倍以上。

主持人：这个奖项的评委会中有很多就是大名鼎鼎的诺贝尔奖获得者，还需要告诉各位的一个不搞笑的事实就是，曾经获得过搞笑诺贝尔奖的人，后来也有人获得了真正的诺贝尔奖。赵刚先生，您之前了解过有一个所谓的搞笑诺贝尔奖的存在吗？

赵刚：自然科学奖里边肯定有一些看起来好像没有用，以前有一位哲人说过，叫无用之用，科学就是无用之用。科学就是无用之用。

主持人：无用之用。

赵刚：尽管它看起来没有用，但实际上它是有用的，它至少是让我们知道这个东西是什么。

高会军：其实我今年获的就是国家自然科学奖。就是刚才所谓很多看上去都没有用的自然科学奖。很多现在看上去好像是没用的这些自然科学奖，可能会为下一步应用基础研究打下很好的基础。

主持人： 对于像您这样一位科研人员，你刚才说了在自然学科里面耕耘了那么长时间，您觉得您是处在一个热门的领域，还是处在一个冷门的领域？

高会军： 我自己做的研究工作应该是比较热门的，但是做得相对基础一些。

主持人： 我记得在1883年，美国有一位科学家罗兰曾经在《科学》期刊上说，如果我们大家过度地去忽略基础科学的话，未来可能像中国人一样，因为他们几代人都没有太大的进步，唯一的原因就是他们过多地关注应用，而完全不从这当中去找寻任何可能存在的一些规律或者是理论。就有人在说我们好像不太注重基础学科的一些研究。

李德仁： 基础科学是发现规律，发现新材料，发现新的一些定律。它对于长远的社会发展进步有很大的作用，那么应用科学的话，它可以马上就用于生产力转化成价值，所以我个人是希望中国更多地加强基础性的研究，让更多的做基础研究的科学家能够稳下心来，认真去钻研。

主持人： 高先生您觉得今天大多数的科学家在面对这么变幻莫测的时代，最让他们受不了的是什么？

高会军： 从我个人的理解，我觉得最难的就是安下心来做事情，比如说如何稳定，让科研人员尤其从事基础研究的人员，怎么样能有一个比较好的一个条件。另外一个，我们国家，如果科研人员出了成果之后，怎么样让他们的这些成果得到保护，我觉得这可能也是需要探讨的一个方面。

赵刚： 我感觉到，首先全社会都要尊重科学。我们现在是权利是核心，资本是核心。所以把科学排在很后，我觉得这一点是要全社会来共同努力的。还比如说产学研都要协调，要结合，要面向市场，面向用户，这个是成果转化非常重要的方面。用户和市场是决定我们一项技术、一项成果行不行的标准，我们不能说行政去干预，或者说谁来认可。

主持人： 刚才大家是否还记得我们揭晓的第一个有关于人踩到香蕉皮之后滑倒的这个科学项目的颁奖，在滑倒的瞬间，科学家敏锐地发现鞋底跟香蕉皮之间的摩擦力的系数变换当中，有一些新的发明和新的应用。于是呢，香蕉皮当中的有机液体很好地运用到了一些科研方面，比如人工关节的润滑等。它对我们的贡献其实是完全超出了想象的。我们也给所有的科学家来鼓鼓掌，表达我们的敬意。

解说： 刚才现场观众向三位科学家提出了一些问题，那么其他国家的民众对科学家是不是也有类似的提问呢？请看财经频道《对话》特派记者在美国发回来的报道。

美国人： 外星人真的存在吗？

美国人： 100年以后的世界是怎样的？

美国人： 宇宙是如何产生的？

美国人： 我是从哪来的？

美国人： 20年后我们会在哪里？

美国人： 在世界灭亡前我们还有多少时间？

主持人： 在今天这个时代，科学已经越来越深地进入到我们的生活当中，而我们也能够通过各种各样的方式感受到科学的日新月异的变化。如果您提一个终极问题的话，科学到底会给我们带来什么，我相信答案肯定不止一个。

解说： "我认为我配成名，而且也不爱成名。"这是创立了诺贝尔奖且各种奖项均以他的名字命名的瑞典科学家诺贝尔的一句肺腑之言，他的299种发明专利中有129种是关于炸药的，被称为炸药大王。

如何看待科技天使、魔鬼的两面性，在科技迅猛发展的今天，科学的边界到底在哪里？是否会把人类带向电影中描绘的明天。

主持人： 其实我相信这样的未来恐怕是我们每个人都不愿意看到的，当他走入了另外一个极致胡同的时候，我们突然间发现这跟我们期盼当中的科学美好像是有了一点距离了，可是到底这一天会不会出现？

朱进： 其实我以前的考虑，对未来是比较乐观的，但是最近就在考虑这些问题，特别是包括刚才那个《星际穿越》的电影，我确实在想这个问题，就是科技的发展未来对我们地球人来讲，是会让我们过得更好，还是会让我们的风险更大。比如说我们受到限制会更大。那么这个问题也是想请教几位。

李德仁： 这个问题非常重要，我们科学家都知道很多科学技术的发明都是一把双刃剑。

主持人： 现在最热门的一个话题就是机器人，刚才其实也展现了一点，如果未来机器人真的有了自我思考的能力，他们会不会出现伤害人类这样一些事？这是埃隆·马斯克等人最近在很多的杂志访问当中都提到的一个观点，您的观点是什么？

李德仁： 美国这几年不是搞了一个无人机机器人去消灭本·拉登吗？在这个同时，在巴基斯坦、阿富汗、伊拉克已经造成2000多平民的伤亡。

所以我记得我在报上看到，巴基斯坦一个老太太带着她的孩子到美国国会去告美国政府。你的无人机机器人把我在田地种田的老伴给炸死了。她向美国的参众两院提出抗议，还有美国的好多人士支持。机器人，我们要发挥它积极的一面，还要限制它不该做的事情，它不能做。这人是可以做得到的。

主持人： 其实我想在这一刻，我们了解的科学越多，我们对科学的追问恐怕也就越多，但是由于时间关系，我们只想把全场接下来唯一一个追问留给现场年纪最小的一位观众。

小观众： 科学家们，我想问的问题是，科学到底是什么？

主持人： 谢谢你替我问出了这个问题，他们就在你面前，你可以自己来选，如果你选中了他，就请你过去跟他握一下手。

李德仁： 这就是我们人类探索未知的一门学问，是我们需要用毕生的精力去从事的，通过探索未知，能够让我们更好地对我们整个地球、太阳系、整个宇宙的发展做出我们的贡献。

主持人： 谢谢各位的参与，下周同一时间再见！

电视作品三等奖

电视作品三等奖获奖作品

《两院院士谈创新》之"搞科研如何选对路?"	中央电视台	赵悦 等
科学卫星"悟空"开启太空探索之旅	中央电视台	帅俊全
纪念人工合成牛胰岛素五十周年	北京科学教育电影制片厂	张 莉

（以上获奖作品按照作品发表时间倒序排列）

《两院院士谈创新》之"搞科研如何选对路?"

中央电视台 赵 悦 等

中央电视台 《央视财经评论》
2016 年 5 月 30 日～6 月 2 日

5 月 30 日上午,全国科技创新大会、两院院士大会、中国科协第九次全国代表大会在人民大会堂隆重召开。上一次科技界的"三会"合一是在 1978 年,改革开放总设计师邓小平第一次提出"科学技术是生产力"的论断,奠定了我国科教兴国人才强国战略的基础,被称为"科学的春天"。全国科技创新大会、两院院士大会和中国科协第九次全国代表大会的召开必将对中国科学技术发展产生深远的影响。《央视财经评论》节目联合中国科协，连续四天推出系列特别节目——《两院院士谈创新》，邀请相关领域的专家院士从不同的角度来谈一谈科技创新。

今年5月，《国家创新驱动发展战略纲要》正式发布，将发展健康技术作为一个重点的战略任务列入创新产业中。早在2015年8月，国家食品药品监督管理总局下发关于改革药品医疗器械审评审批制度意见，就给予了创新药很多审评的便利。2016年3月发布的关于促进医药产业健康发展的指导意见，也是助力医药产业创新升级后的一次重大举措。

肿瘤靶向药物、细胞治疗、艾滋病治疗新药，医药研发领域出现了哪些突破？那么中国的医药创新该从哪里起步？研发原创新药、仿制专利到期药品、医药创新需要怎样的政策支持？

昨晚（5月30日）央评演播室邀请到了中国生物工程学会理事长、中国科学院院士高福，中国科学院院士、中国人民解放军第三〇二医院感染病诊治与研究中心主任王福生教授和央视财经评论员刘戈共同评一评医药创新的那些事儿。

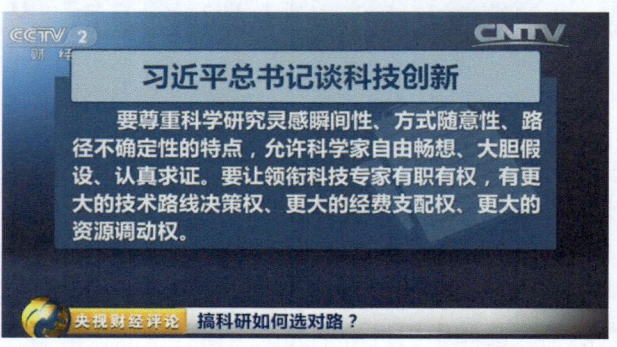

换个视角看经济，CCTV2《央视财经评论》周一至周四每晚21：50准点开评。

【央评说】创新的源泉，源自何方？

5月30号早上，习近平总书记出席"科技三会"发表重要讲话，他提到要尊重科学研究灵感瞬间性、方式随意性、路径不确定性的特点，允许科学家自由畅想、大胆假设、认真求证。这段话对科学创作进行了准确而又深刻的阐述，在座的嘉宾，尤其是两位院士深有感触。来听听他们怎么说？

高福（中国科学院院士）：从两个方面来推动科技创新。

首先从创新的角度，我们国家要夯实自己的基础，建一系列的大科学设施，建一系列的科学平台；其次给科学家更多

的自由，让他自由探索，让他迸发出自己原创的火花，科学家需要给他时间，让他自由探索，迸发火花。

王福生（中国科学院院士）：科学的本质是创新，是由量变到质变的转变。

习总书记的话其实是揭示了一个科学的本质的问题，因为科学的本质实际上是一个创新，在这个创新过程中间，它是由量变到质变，质变以后是一个飞跃，是一个转接点，而质变这个转接点就是有这三性的特点。要夯实科学基础，把握重大的科技方向。另外，要解决国计民生——民生问题、经济问题、人民健康问题，要解决实际问题。

刘戈（央视财经评论员）：科学研究的规律决定要给予科学家们足够自由的科研空间。

对于科学研究，有一个规律，如果要求科学家要干什么，要怎么干，有非常明确的规定和干预的话，可能原创性的科学真的很难研究出来。其次，科研单位能不能给那些真正优秀的科学家提供良好的条件，也是推动创新的一个先决条件。

原创药？还是仿制药？

一说到医药创新，大家的第一反应就是药物的创新。然而现阶段，中国在原创药的研发上似乎并不太理想，仿制药成为医药市场上的主力军。那么，仿制药和原创药有什么联系？又能不能成为中国现阶段医药创新方面的抓手呢？

高福（中国科学院院士）：未来医药创新应当更加着眼于原创药。

在医药创新上，仿制药毕竟是"拿来的"，我们还是应该着眼于未来的创新方向，就是原创药。事实上，当有了一定的平台、一定的基础，创新性的新药完全可以在我们国家研发出来的，既然叫原创，就要靠创新驱动整个社会的发展，应该把开发创新性新药作为我们的目标。

王福生（中国科学院院士）：只是药物创新远远不够，还要在治疗技术和方法上实现创新。

从临床来说，我说需要创新的药、原创的药，但是我们医生本身也要有原创性或者是有创新的治疗技术和方法，这个实际上也是能够促进病人的健康。

创新需要哪些驱动力？

由此可见，实现医药创新不是一个简单的过程，那么未来在进一步推动医药创新的过程中，还需要哪些方面的支持呢？

高福（中国科学院院士）：政策创新配合药物创新，才能实现医药研究上的真正创新。

当谈业务创新的时候不能单独谈业务本身，还有就是一个机制体制的创新。政策创新一定要配合我们所谓的药物本身的创新，真正达到我们医药研究的创新。

王福生（中国科学院院士）：多种因素影响着医药创新。

现有的体制毕竟还是有一定要求的，比如编制的问题，人员还有个大家非常的投入、人员激励机制的问题，还有平台怎么扩大的问题，除掉这些因素，政策也很重要。还有一点就是科学家的追求、科学家的自信也非常重要。

刘戈（央视财经评论员）：风投在医药创新中起关键作用。

风投在医药创新中起关键作用。医药从发展的角度来说，一部分是由大公司投资研发的，还有不少就是大学里的教授或者是其他一些科技工作者，没钱也没经费，风投如果要是看上了，就可以投资这个项目。

科技创新需要注意哪些问题？

俗话说失败是成功之母，在医药创新的道路上，也许并不是一帆风顺的，那么在这当中又有哪些问题是值得我们注意的？

王福生（中国科学院院士）：医药创新要允许失败。

科技创新也要允许失败，今天习总书记提到这个宽容失败，因为这是个很艰辛的过程。不是科学家不优秀，而是这个病或者病毒太狡猾了。全国科技创新大会，国家领导人都这么重视，就说明科技创新是一个艰辛的过程，并不是说想做就能做成的，所以要宽容失败。

高福（中国科学院院士）：未来要逐步加快对新药的审批速度。

要加快我们对新药审批制度建设的速度，这个大家也已经开始关注了。从政府到新药研发的人员都开始意识到这个问题了。随着时间推移，这会是一个短板，对医药创新造成阻碍。

央评君认为，中国的医药创新要以原创为主，不要跟风，要发挥自身民族的医药优势，既要继承既有历史，也应有意识地合理采纳引入现代的方法手段，更好地发挥中华传统瑰宝的创新发现，实现具有中国特色的医药创新。

【《两院院士谈创新》内容介绍】

科技大会召开当天，播出系列节目第一集《搞科研如何选对路？》。节目中，中国科学院院士高福与王福生根据自身的经验，与评论员一起，解读习总书记重要讲话的重大意义，解读大会传递的新信息、国家创新布局和发展方向，并对创新的源泉、医药创新的机遇与瓶颈、医药领域的体制机制创新还需要哪些支持等问题给出了自己的意见和看法。其中提到的政策创新配合药物创新，才能实现医药研究上的真正创新、未来要逐步加快新药审批速度等观点，具有建言献策的作用，引起了场外微信"大咖群里百位来自不同领域的上会代表的共鸣"。

第二集《"智"从何来，"造"往哪去》中，中国工程院院士郑南宁与王恩东就"人工智能会取代人吗？大数据的应用能够改变企业的生产模式吗？发展智能制造，中国的优势何在？"这一系列与企业发展、与生活发展结合紧密的财经、产业话题进行了深入的探讨，试图为观众看人工智能的发展提供专业的科研视角与财经视角。

第三集《如何让更多千里马竞相奔腾》中，中国科学院院士、清华大学副校长薛其坤，腾讯副总裁奚丹分别从高校与企业两个不同的视角，阐述了创新领军人才的特质、千里马如何培养等问题，其中更是一针见血地提出产学研一体化程度低、科研人员对科研成果转化的热情不高等，是我国科技成果转换率低的重要阻碍，并对如何提高科技成果转化率给出了自己的看法。

第四集《航天竞技的跟跑、并跑与领跑》一集中，中国航天科技集团一院、中国科学院院士余梦伦、中国航天科技集团钱学森空间技术实验室主任助理刘乃金做客演播室，从新老两代航天人的视角，在历史回溯与科技产业发展中，为广大观众深入解读我国航天科技事业的发展。节目中还连线美国，探讨了航天事业的产业化发展方向、高端航天技术将如何影响、改变生活等新颖的话题，全球视野、生动活泼、深入浅出。

科学卫星"悟空"开启太空探索之旅

中央电视台　帅俊全

正文：

【同期】现场倒计时（点火现场画面）

三、二、一！点火！

【正文】

北京时间17日上午8点12分，由"长征二号丁"火箭搭载的我国首颗暗物质粒子探测卫星"悟空"，在酒泉发射升空，进入距地球500公里的轨道，开始执行为期三年的暗物质探测任务。

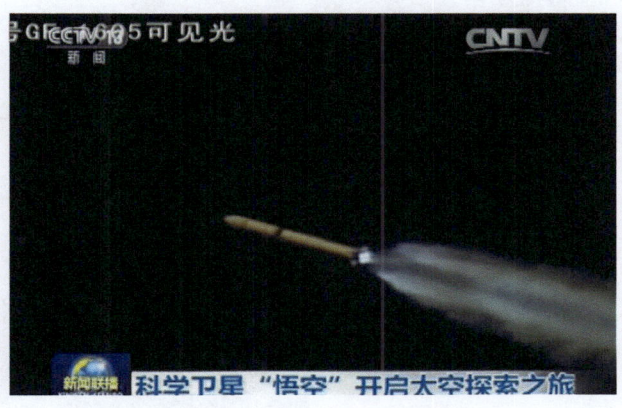

中央电视台 《新闻联播》
2015年12月17日

【同期】酒泉发射场区指挥部副指挥长　夏晓鹏

酒泉发射过87颗卫星，除了"神四"，这次的发射条件从温度上来说是最低的，我们想了很多办法，一定要确保我们国家

创新年轮　攀登足迹
中国科学院第十四届科星奖获奖作品选

空间科学系列的首发星成功发射。

【正文】

暗物质至今在学界仍没有明确定义，因为科学家们还没有找到它。但是种种迹象特别是科学家们对引力的大量观测证明，暗物质确实存在，只是它不发光、不发出电磁波，无法用任何光学或电磁观测设备直接"看到"。"悟空"配备了国际领先的四层探测器，一旦发现暗物质这样一种全新的物质，将很可能在未来为人类找到取之不尽的高效新能源，甚至帮助人类实现星际旅行。

【同期】中科院院长　白春礼

我国还将在明年陆续发射"量子卫星""实践十号"和"硬X射线"三颗空间科学卫星。应该说，我国空间科学探索进入到新阶段。

纪念人工合成牛胰岛素五十周年

北京科学教育电影制片厂　张　莉

【正文】

提起新中国成立以来的创新科研成就，人们立即会联想到人工全合成结晶牛胰岛素。

这项工作由中国科学院生物化学研究所（简称生化所）、北京大学、中国科学院有机化学研究所（简称有机所）协作完成，自1958年12月正式立项至1965年9月观察到结晶，历时近七年。

中央电视台　科教频道《大家》栏目
2015年11月4日

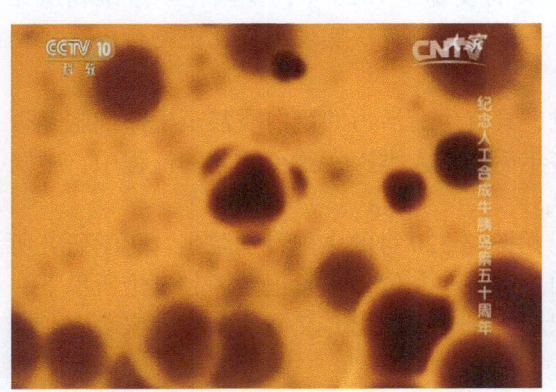

这是世界上第一次人工合成与天然胰岛素分子相同化学结构并具有完整生物活性的蛋白质，是继1828年从无机物出发人工合成首个有机分子尿素后，人类在揭示生命本质的征途上实现的里程碑式新飞跃，将促进今后深入重组生命细胞等基础

探索的再次飞跃，在生命科学发展史上具有永恒的意义。

2015年是人工全合成牛胰岛素成功五十周年，节目将通过追访当年参加过这项工作的科学家，回顾这项伟大的科学成就诞生的全过程，展示科学家们大胆创新、严谨求真、无私奉献的科学精神，揭开这项具有里程碑意义的科学成果为何与诺贝尔奖擦肩而过的真正原因。

【宣传片】

50年前一项轰动世界的科研成果，当年它为何与诺贝尔奖擦肩而过？今天它又会带给我们怎样的启示？

纪念人工全合成牛胰岛素五十周年特别节目，《大家》敬请关注。

【主持人】

观众朋友，大家好！欢迎收看本期《大家》。

今年10月5日，我国药学家屠呦呦获得诺贝尔生理学或医学奖的新闻，让沉浸在国庆长假中的中国人霎时兴奋起来，中国科学家终于实现了诺贝尔奖零的突破。

不过这一必将载入史册的新闻在一时轰动之后，也让人们想起了另一项曾轰动世界的科研成果，那就是1965年中国科学家完成的人工全合成结晶牛胰岛素。很多人都说，这项成果曾经是中国人距离诺贝尔奖最近的一次。今年正好是人工全合成牛胰岛素成功50周年，我们一起来回顾一下，这项成果当年是如何在极端困难的条件下做成的？它划时代的意义在哪里？当年又为何与诺贝尔奖擦肩而过？50年后的今天，它又会给我们带来怎样的启示呢？

生命如何起源？在无机自然界中如何产生有机的生命？千百年来，关于生命奥秘的终极问题一直吸引着无数的科学家去探索和追寻。

人类第一次具有里程碑意义的发现是1828年，德国化学家维勒从无机物中合成了第一种有机分子——尿素，首次实现了从无机物合成有机物的突破。

那么既然有机物可以合成，具有生命活力的蛋白质甚至生命细胞是否也能通过人工合成呢？130多年后，在人类探索这个问题的征程中，中国科学家迈出了至关重要的一步。

1958年6月，位于上海市岳阳路320号的中国科学院生物化学研究所的会议室里，在所长王应睐的主持下，九位科学家正在一起讨论所里下一步要研究的重大课题。然而课题一个个被提出，又一次次被大家否定，会议室内，科学家们的讨论热火朝天。

而会议室外,"大跃进"运动已全面展开,自党的八届二中全会提出"鼓足干劲,力争上游,多快好省地建设社会主义"后,"大跃进"运动不仅迅速波及农业和工业生产,科学研究也受到极大影响,那时中国科学院的很多研究所纷纷提出诸如"人造小太阳"、"攻克肿瘤"、让"稻草变油"等宏大响亮的口号。

在这样的形势下,生化所要提出一个怎样的研究课题才能一鸣惊人呢?

会议室里,所长王应睐继续组织大家思考讨论,突然会场里冒出一句话:合成一个蛋白质。顿时会议室内安静下来。

【采访】葛麟俊

我记得是沈昭文先生提的合成一个蛋白质,沈先生,当时大家都称他百科全书。

沈昭文,早年留学加拿大多伦多大学,获生物化学博士学位,是我国著名的生物化学家。除沈先生之外,参加会议的科学家还有被誉为"剑桥三剑客"的生化学家王应睐、曹天钦和邹承鲁,以及从美国学成回国的生化学家钮经义、张友端等。极高的科学素养让在场的科学家们马上意识到,这是一个大胆而创新的选题。

【采访】李伯良

从当时的角度提出这样一个问题,都必须有一个,我们叫作科学的胆略,他的胆量也很大,科学胆量够大,就是在科学的前沿摸爬滚打,跟打仗一样知彼知己,才能获胜。

蛋白质是由多种氨基酸聚合而成的生物大分子,它是生命活动的主要承担者,调节生长、发育、繁殖、代谢和行为等生命过程。那时世界上人工合成的最大的多肽是13肽的促黑激素,合成蛋白质还是无人敢问津的课题。

然而探索未知,摸索一条前人没有走过的路,不仅需要勇气,更需要科学的智慧和细致的科研规划。尽管身处激进狂热的"大跃进"

创新年轮　攀登足迹
中国科学院第十四届科星奖获奖作品选

时代氛围中，生化所并没有立刻确定立项，而是首先进行科学调研。

【采访】李伯良

应该说生化所聚集了这么一个群体的科学家，即使在那个时候提出来以后，非常慎重地做一系列的调研工作，做一系列的准备和学术交流工作，然后再把想法定下来。这个想法，从提出到立项还是经历了近一年的时间。

在查阅了各种文献之后，科学家们发现，人工合成蛋白质这个选题不仅大胆，而且有一定的科学基础。在合成方法上，1953年美国科学家维格纳奥德已经合成了世界上第一例生物活性多肽——催产素，为人们提供了一套可行的多肽合成方法。更重要的是，1955年英国科学家桑格完成了世界上第一种蛋白质——牛胰岛素的一级结构测定，也就是说人们已经知道了牛胰岛素的氨基酸排列顺序，因此它成为可能被合成的对象。

【采访】陈常庆

蛋白唯一知道结构的就是胰岛素，1955年测定了胰岛素结构，1958年唯一能选的就是胰岛素这一个东西，没有别的了，就是最小的胰岛素，也是最小的蛋白质。

1958年12月21日，生化所正式确立人工合成牛胰岛素的课题。同年，它被列入国家科研计划，代号"601"。这意味着它已不仅仅是生化所的科研攻关课题，更是关系到国家战略和体现国家意志的重大基础研究项目。

立项后，生化所的科学家们专程到北京大学化学系做了几场与胰岛素相关的报告，此后两家科研机构正式拟订了合作协议，共同攻关人工合成牛胰岛素的课题。

【主持人】

我们都知道，胰岛素是临床上用来治疗糖尿病的特效药物。它是动物胰脏分泌的调节血糖水平的蛋白质激素，由一条21个氨基酸残基组成的A肽链和另一条30个氨基酸残基组成的B肽链构成，中间还有三对二硫键相连。虽然它是最小的蛋白质分子，但有着复杂的三维结构和特殊的空间构象，是一个典型的球状蛋白质。1956年，桑格教授因为测定了牛胰岛素的一级结构而获得诺贝尔奖时，英国权威的科学期刊《自然》就曾预言："人工合成胰岛素还有待于遥远的将来。"那么为什么会有这样的评论？它看似不可逾越的困难到底在哪里？中国的科学家们又会如何去突破呢？

【解说】

1959年1月，人工合成牛胰岛素的课题正式启动。当时生化所面临的现实是，所内甚至全中国都还没有人从事过多肽合成工作，连蛋白质合成最基本的原材料氨基酸也无法在国内买到。到底如何着手？怎样才能摸索出一条可行的合成路线呢？

在所长王应睐先生的主持下，生化所成立了五个小组，由生化所副所长、我国蛋白质研究的奠基人之一曹天钦先生领导，决定从五个方向同时进行探索。

在五路进军、齐头并进的前期摸索中，让大家没想到的是，邹承鲁先生领导的天然胰岛素拆合小组很快就做出了突破性成果。

【采访】陈常庆

因为1959年我们就成功了，而且有活性了，重组有活性了。

拆合小组在胰岛素工作中相当于探路者的角色，他们的任务是把天然胰岛素的A链和B链拆开，之后再将二硫键重新连接起来，看如此重组后能否形成胰岛素的三维空间构象，同时具有与天然胰岛素相同的生物活性？如果可以，那就说明，我们的合成策略可以定为，分别合成A链和B链，之后再重组。否则就必须考虑其他合成路线。而这其中最关键的问题就是三对二硫键能否正确连接？

【采访】邹承鲁

我就接受了这个任务，尝试把两条链分开，看连不连得起来，接受了这个任务，当然首先要查阅文献，一查，别人是做过的，但是没有一个例外全都是失败的，我的年纪比较大一些，所谓大一些，就是三十来岁，其他都是二十几岁的年轻人，所以我考虑得多一些，年轻人就说，不管它，做了再说。

在拆合组里，有一位刚从北大毕业分配到生化所的年轻人杜雨苍，尽管当时国外科学家的尝试都无一例外地失败，但思路活跃、敢想敢干的杜雨苍用自己独创的方法将A、B两条链拆开重组后，惊喜地发现，胰岛素竟然测出了生物活性。

创新年轮　攀登足迹
中国科学院第十四届科星奖获奖作品选

【采访】杜雨苍

后来想，能不能像中药一样，复方。复方就是炒什锦，就是两个炒，三个炒，四个炒，炒什锦，这样那样。到最后，实际上我们做了大概，这个失败了大概600多次，实在找不出办法了，干脆一样也不加，就是让它最慢氧化，放在冰箱里，让它去，这个成功了。

1959年国庆节前，杜雨苍在实验室中将重组的胰岛素活力恢复到原活力的5%～10%，这个突破让大家看到了希望，如果能继续提高活力，拿到与天然胰岛素同样的结晶，那么人工全合成牛胰岛素就不再遥不可及了。

今年，90岁的张友尚因为身体原因住院，1957年他考入上海生化所念研究生，师从曹天钦先生。1959年，他被调入拆合组，提高重组胰岛素活性的任务当年就落在了他的身上。

【采访】张友尚

开始杜雨苍有个突破，使它能够回去5%～10%。那么既然能够回去5%～10%，那么有没有可能回去更多呢？有一个办法，是干脆把它都拆开，然后再让它重新合回去。这样的话，我们想让它全部都变成结晶，最后我们成功了。

在邹承鲁的领导下，杜雨苍和张友尚用不到一年的时间完成了天然胰岛素的拆合。

这项工作的成功，解决了人工合成牛胰岛素最重要的策略问题，那就是通过分开合成 A 链和 B 链，之后再将二硫键配对重组，最终就能拿到与天然胰岛素相同活性的结晶。

【采访】李伯良

邹承鲁先生领导的拆合组先行地突破了，这个突破不光是确定了研究的策略，也为重组合和测活性、结晶准备了非常充分的条件。

1961 年 8 月，拆合小组将他们的成果发表在新创刊的《生物化学与生物物理学报》上。

合成策略制定后，生化所马上调配精兵强将加快 B 链的有机合成，而 A 链的合成则由北京大学化学系同时进行。

生化所的 B 链合成小组由钮经义先生负责领导，同时调来上海圣约翰化学系毕业的龚岳亭、复旦大学化学系毕业的葛麟俊、南开大学化学系毕业的陈常庆、上海沪江大学化学系毕业的黄惟德，四个年轻人成为 B 链合成的主力，他们当时被大家称为"四大金刚"。

【采访】葛麟俊

分配任务的时候我跟龚岳亭是一个小组，我们负责的是 C 端的 22 肽。然后跟黄惟德、陈常庆他们合成的 N 端 8 肽，是 8+22 变成 30 肽。

肽是一个氨基酸的氨基与另一个氨基酸的羧基缩合而成，由两个氨基酸组成的蛋白质片段就称为二肽。牛胰岛素的 A 链、B 链一共有 51 肽，由 17 种氨基酸组成。一般来说，每接一个氨基酸，需要三四步反应，其中每一步都需要极为繁复的分离纯化等工作，不仅工作量大，而且一环扣一环，一步不合要求，则前功尽弃。当时世界上已经合成的最长的多肽是 13 肽的促黑激素，合成 30 肽的牛胰岛素 B 链，对他们来说，无疑是个极大的挑战。

【采访】葛麟俊

所以就觉得非常艰巨，但是我们有信心，因为这一项是国家的政治任务，我们知道要完成这项工作是为国争光。所以自己觉得压力也很大，责任也很重，每一步一定要严格地把关。每一个小的肽段都要重复十几次，甚至数十次，每次这些指标都要能够重复。

那时除了技术难题，生化所还要解决的另一大难题就是合成牛胰岛素的原料——氨基酸。当时国内没有自主生产氨基酸的能力，几乎全部依赖高价从国外进口。而人工合成胰岛素需要的氨基酸不仅量大，而且种类达

17种，不可能全部依赖进口，因此生化所决定自主研制生产氨基酸，1959年，从苏联学成回到生化所的戚正武参与了氨基酸的制备工作。

【采访】戚正武

那个时候条件很差的，什么东西都没有，就在319号一个小房间里头。

为合成牛胰岛素制备氨基酸的工作小组后来逐渐发展壮大，组建为东风生化试剂厂，为全国的科研院所提供生化试剂。

生化所的B链合成小组在钮经义先生的领导下，工作也很快就有了进展，合成了B链末端的8肽，但是正当他们的工作稳步向前推进时，一场运动的来临，让正常的科研秩序被彻底打乱。

【15秒宣传片】

正常的科研秩序为何被打乱？胰岛素的合成还会面临哪些波折呢？《大家》，请继续关注。

【主持人】

1959年，反"右倾"运动开始，之后迅速影响到了全国的科研机构，并由此带来了一种富有时代特点的科研方式——"大兵团作战"。处于时代漩涡中的北京大学受到严重冲击，原本领导胰岛素A链合成工作的张滂、邢其毅等老专家们被"靠边站"，化学系和生物系一共约300名"革命师生"组成了胰岛素的科研队伍，而在上海，相对安静的生化所也被一场闹剧彻底卷入了"大兵团作战"的混乱中。

【解说】

【采访】陈常庆

复旦大学先报告他们合成了，要献礼了。我们不相信，怎么可能呢，肽合成也不是一天两天的事，但是领导急了，中科院也急了，杜润生亲自来掌舵了，说年轻学生打败了科学家，中科院的牌子还要不要了，要摘牌子了，这就是"大兵团作战"，这是在外界的压力之下开展的。

复旦大学报喜的成果后来自然被证明是一场闹剧，但生化所自此被卷入"大兵团作战"的漩涡之中，中科院从全国各地调来大批工作人员加入到胰岛素合成的团队中。

【采访】徐来根

几百个人，生化所全是人，一个实验室，我记得我们一个很小的实验室都挤满了人，实验室台面上可以工作的地方不多。大家开始是早班、晚班，后来不分昼夜了，因为要量太大了。

与科学规律背道而驰的"大兵团作战"让牛胰岛素的合成工作被彻底

打乱，除了费钱、费力，在科研上没有任何实质进展。在那个激进狂热的时代，很多科研人员对胰岛素项目也失去了信心。关键时刻，所长王应睐顶着巨大的压力来到北京，向中国科学院党组提出建议停止"大兵团作战"。

【采访】李伯良

王应睐先生到北京的时候，建议要集中，就是精干的专业队伍做这件事，这个建议得到中科院领导、国家领导人的支持，后来生化所就进了精干专业队伍。

1962年，生化所的胰岛素课题组基本恢复到"大兵团作战"之前的状态，科研主力精简为不到20人。尽管当时的科研条件非常艰苦，但是调整之后，合成工作迅速步入正轨。

【采访】徐来根

那个时候光气是很毒的，陈常庆老师说，这个光气是世界大战当中的化学武器，我们要小心，弄不好就要死，当时我们因为工作需要，注意一点就可以了，我们都在顶楼做，来了要先看天气的，今天刮东风我们人就站在东面，跟风向走的。人就在上风口，反应的东西在下风口。

除了条件艰苦，更难的是，在合成技术上必须有前所未有的突破。

【资料】

这是1981年北京科学教育电影制片厂拍摄的科教片《生命与蛋白质——人工合成胰岛素》，导演形象地将肽链的合成用小朋友手拉手排队来做比喻。

在B链合成组里，当时30多岁的龚岳亭被大家尊称为"龚大师"，严谨认真的他，在B链合成中发挥了重要作用。

【采访】葛麟俊

龚岳亭教授非常严格，对我们做的每一步他都要严格检查。一定要重复，一定要过得了关，不允许有任何差错，他在实验室下班之前，检查门窗要关好，毒气橱要关好，水龙头要关好，都要一步步检查完毕才下班，把门锁上。

1963年，生化所的胰岛素B链合成稳步推进，但北京大学化学系的A链却因为"大兵团作战"的影响进展缓慢。

转机发生在这一年的8月，那时中科院在青岛举行全国天然有机化学学术会议，以此为契机，生化所、北京大学、有机所再次就胰岛素项目达成合作协议，生化所继续合成B链，A链则由北大和有机所共同合成。

为了吸取"大兵团作战"的教训，这次的合作，不仅人员精干，而且在时任有机所所长、著名化学家汪猷先生的领导下，大家对每个数据、每一步反应都严格把关，不允许有丝毫纰漏。

【采访】施溥涛

每天中午下班了，人家吃饭了，他把我们叫过来，他的办公室就在我们对面，数据都要跟他对过，他说行了你才能通过，他说不行你不能通过，汪猷先生很严的。

三家单位再次合作后，牛胰岛素的人工合成进展很快。

1965年年初，生化所成功合成牛胰岛素的B链，几个月后，北京大学和有机所共同合成的A链也相继成功。

1965年9月，人工A链和人工B链的全合成实验在生化所进行，近七年的攻关，所有人都在等待最后实验的结果。

【采访】施溥涛

杜雨苍（生化所）、张伟君（有机所）、我（代表北京大学），都在生化所的这个小楼里面大家一起做。做好封好一起放到冰箱里。当时说好，开冰箱，我们三个人同时在才能开的。

【采访】杜雨苍

到了9月17号，那天早晨，也像你们一样，上海那个时候有来拍照的，因为已经报上去了，成败在此一举啊。我们那个时候在楼顶上，外面有个平台，照相机啊都在外面，我们在里面，三个人共同打开冰箱，把那个毛细管拿出来，对着光，假如是结晶，可以看得见上面有闪光的东西，一看，看见有闪光的，大家很高兴，马上奔走相告，然后拿到显微镜下看，那个结晶的样子和天然胰岛素结晶一样的。

拿到全合成的牛胰岛素结晶后，科学家们马上进行生物测试，果然小白鼠发生了惊厥反应！

我们终于成功了！

这里是位于上海市徐汇区衡山路的衡山宾馆，1965年11月，人工合成牛胰岛素的成果鉴定会在这里召开。尽管了拿到胰岛素结晶，但科学家们依然保持着科学的严谨和认真，没有马上发表文章，而是在时任中科院副院长吴有训的主持下对成果进行科学鉴定。会议中，科学家们对所有实验数据都一一核实、验证，同时还提出了一个重要的问题，那就是这项成果的意义到底是什么？在会上，时任生化所副所长的曹天钦先生做了完美的回答。

【采访】李伯良

包括王应睐来先生都明确地提出,这是继 1828 年德国无机分子合成第一个有机尿素分子之后,又一次新的里程碑式的飞跃,其中曹天钦先生还特意提到,这将促进下一次重组生命细胞等前沿性基础探索的再次飞跃。

1965 年 11 月,人工全合成牛胰岛素的论文首次在《科学通报》上公开发表。

近七年的时间,在复杂的历史环境下,在与国际同行的激烈竞争中,中国科学家们始终秉持科学精神,终于取得了人工全合成结晶牛胰岛素的成功,合成了世界上第一个蛋白质。

【15 秒宣传片】

人工全合成结晶牛胰岛素的成果到底为何与诺贝尔奖擦肩而过?《大家》栏目,请继续关注。

【主持人】

说到人工合成牛胰岛素的意义,可能很多观众和我之前一样,会误以为,既然我们能在实验室里合成胰岛素,那么是不是从此以后,临床上糖尿病人使用的胰岛素就可以大量地生产呢?其实,这是我们外行一个很天真的想法。在实验室里合成的胰岛素,尽管比在动物身上提取的更纯,但是它需要很高的经济成本和大量的人力物力,不可能通过这种办法大批量地生产胰岛素。现在糖尿病人使用的胰岛素是 20 世纪后期基因工程发展起来之后,生产的人胰岛素。

尽管当时我们这项工作的实用价值还没体现出来,但是它的科学意义毋庸置疑,成果发表后包括诺贝尔奖评审委员会化学组主席蒂斯利尤斯在内的很多欧洲著名科学家,都陆续到上海生化所访问,当时就有科学家评价,这项成果足以获得诺贝尔奖。那么它当年到底为什么会与诺贝尔奖擦肩而过呢?我们先来看一段视频。

【采访】杨振宁

1971 年,我第一次访问新中国,在那之前我就很清楚地听说,中国人工合成胰岛素是一个重大的科学上的贡献,所以在上海的时候我就要求到生化所参观访问。到了生化所看到了很多科学家,还有几位书记,我就提出来,中国人工合成胰岛素中外都觉得是一个很大的科学贡献,我愿意想法子给这个贡献提名,那么我问,第一,中国赞成不赞成这件事情,第二假如提名的话,提哪几位?因为诺贝尔奖金规定不能超过三个人,结果我发现,院里面的领导人他们面面相觑,不能回答这个问题。所以他们对我说，这个问题，他们考虑考虑。

1973年，杨振宁得到了中国科学院的最后答复，婉言谢绝了他的这次提议。

1978年改革开放之后，杨振宁再次提出愿意为人工合成牛胰岛素提名诺贝尔奖，同时另一位美籍华裔学者也主动提出愿意帮助提名。这一次他们得到了中国科学院的积极回应。但是胰岛素合成是一项集体攻关的项目，而诺贝尔科学奖只颁发给个人，而且一般不超过3人。到底提名谁为候选人呢？

为此，1978年年底，中国科学院组织召开了胰岛素人工全合成总结评选会议，由时任中国科学院副院长钱三强主持。

【采访】张友尚

一开始我们提出的是4个人，后来太多了，就决定提1个人，就提了钮经义，结果呢，没有得到诺贝尔奖。过了那么多年才来申请，人家就觉得这个意义没有你刚合成的时候大了。

【主持人】

关于人工合成牛胰岛素为什么没有得到诺贝尔奖，以前有很多种说法，比如诺贝尔奖评委会可能存在歧视，还有的说因为我们提名的人太多等，看来这些说法都不准确。

没有获得诺贝尔奖当然是一大遗憾，但是对于科学家们来说，其中还有一件更为遗憾的事，这也是他们当年与诺贝尔奖擦肩而过的重要原因。这件事就得回到1961年了。

1961年，邹承鲁先生领导的拆合小组将天然胰岛素的A链和B链拆开后，又重组成功。同年，美国科学家安芬森完成了一项，与他们类似但相对简单的工作。然而不同的是，安芬森由此提出了一个重要的化学原理"蛋白质的一级结构决定高级结构"，1972年安芬森因为这项工作获得了诺贝尔奖。而我们的工作尽管比安芬森成功得早，实验难度更大，但在文章中只是阐述了实验过程和结果。

【采访】张友尚

我们没有把这个拆合蛋白质的化学上的一个重要原理提出来。

当年没有提出实验成功背后隐含的重要的化学原理，也是我们与诺贝尔奖无缘的重要原因之一。

【主持人】

2015年9月17日是人工全合成牛胰岛素结晶成功50周年的日子。中国科学院上海生命科学研究院特别选在这一天举行纪念邮票的首发仪式。当年参与合成工作的科学家们难得地聚在了一起。

时光荏苒，50年光阴似箭，当年的青年才俊如今都已满头银发，大家在追忆往事的同时，更加怀念那些故去的前辈和同事。当年领导和组织攻关的王应睐先生、曹天钦先生、钮经义先生、沈昭文先生和邹承鲁先生，以及并肩奋战的同事杜雨苍、龚岳亭、黄惟德等都已先后离开人世，他们中的很多人当年在发表成果的文章中都没有署名。在这个特别的纪念日里，我们要向这些老一辈的科学家们致敬，同时更为重要的是，思考今天我们要传承的"胰岛素精神"到底是什么？未来我们如何才能做出类似"胰岛素"甚至超越"胰岛素"的成果？

在中国科学院上海生化与细胞生物学研究所大楼的一层大厅里，立着首任所长王应睐先生的雕像，在大厅一角原样陈列着王应睐先生生前用过的办公室。

这一次纪念人工全合成结晶牛胰岛素50周年的陈列室也特地设置在这栋大楼的三层。50年来，胰岛素文化和胰岛素精神以各种形式在这个研究所里传承。

【采访】李伯良

我个人认为，胰岛素精神实际上是，在国际前沿在未知的领域里面有胆量提出我们的目标，然后又能够脚踏实地，一步一步地，精细地推进，组织队伍，所以在推进的过程中，胰岛素就是科学精神。

【主持人】

胰岛素精神就是科学精神，这也正是我们今天纪念、传承它的最重要的核心。只要我们秉持科学精神，追求科学真理，再加上国家在科研体制上的不断优化改革，相信这次屠呦呦获得诺贝尔奖仅仅只是一个开始，未来在世界前沿领域的创新突破中，会有更多中国科学家的贡献。

感谢您收看本期《大家》，我们下期节目再见。

广播作品一等奖

广播作品一等奖获奖作品

中国"天眼"将要开眼,视野穿越百亿光年　　中央人民广播电台　　黄光辉

中国"天眼"将要开眼，视野穿越百亿光年

中央人民广播电台　黄光辉

央广网
2015 年 11 月 23 日

【央广网贵州省黔南布依族苗族自治州 11 月 23 日消息】世界最大球

面射电望远镜（FAST），又被形象地称作中国"天眼"，位于贵州省平塘县，今天（11月23日）上午其核心部件馈源舱起舱，这标志着国家天文台FAST工程已接近尾声。

国家天文台FAST工程副总工艺师孙才红介绍说，FAST望远镜馈源支撑系统的首次升舱试验是FAST工程的又一个重要里程碑，标志着FAST工程馈源支撑系统正式进入六索带载联调阶段。

中国"天眼"有多大？记者今天沿着FAST的圈梁走了一圈用了43分钟。"天眼"的"眼眶"是一圈钢铁结成的圈梁，登上圈梁往下看，巨大的天坑里星罗棋布地排列着一个个"网结"。FAST的圈梁被50根6～50米高低不等的钢柱支在半空，周长约1.6公里。FAST口径有500米，组成的球形反射面相当于30个足球场大小。

国家天文台FAST工程技术人员介绍说，探听地球之外的音讯，"天眼"的能力和其大小息息相关。简单来说，眼睛越大，看得越远。特殊的是，这只"天眼"并非"死眼"，FAST的索网结构可以随着天体的移动自动变化，带动索网上活动的4450个反射面板产生变化，足以观测到更大天区的天体，同时，馈源舱也随索网一同运动，采集天体发射的无线电波。如同人类转动自己的眼珠，调整视线的指向，遥远的太空对它来说将不存在方向上的死角。

中国"天眼"的视野有多宽？据专家介绍，哪怕是远在百亿光年外的射电信号，中国"天眼"也有可能捕捉到，还可能发现高红移的巨脉泽星系，实现银河系外第一个甲醇超脉泽的观测突破；用于搜寻识别可能的星际通信信号、寻找地外文明等。

国家天文台副台长、FAST工程常务副总指挥郑晓年强调，"天眼"建成后，将有能力巡视宇宙中的中性氢、探测星际分子、观测脉冲星、搜寻星际通信信号。FAST作为一个多学科基础研究平台，能用一年时间发现约7000颗脉冲星，研究极端状态下的物质结构与物理规律；有希望发现奇异星和夸克星物质；发现中子星——黑洞双星，无须依赖模型精确测定黑洞质量；通过精确测定脉冲星到达时间来检测引力波；作为最大的台站加入国际甚长基线网，为天体超精细结构成像。

记者在采访中了解到，中国"天眼"建成后，与号称"地面最大的机器"德国埃菲尔斯伯格100米口径望远镜相比，其灵敏度能提高约10倍；与被评为人类20世纪十大工程之首的美国阿雷西博300米口径射电望远镜相比，"天眼"的灵敏度是其 2.25 倍。

　　FAST 工程由中科院国家天文台主持，全国 20 余所大学和研究所的百余位科技骨干参加。2007 年 7 月，FAST 项目正式立项；2011 年 3 月 25 日，FAST 工程正式开工建设。世界最大球面射电望远镜将于 2016 年 9 月 25 日竣工。

创新年轮　攀登足迹
中国科学院第十四届科星奖获奖作品选

黄光辉

中央人民广播电台记者。曾获得中国国际新闻奖二等奖、全国体育好新闻二等奖。2013年8月第一次采访长年扎根新疆、甘肃野外台站无私奉献的科学家，深受感动，从此执迷于科技报道。三年来参加了世界首颗暗物质卫星、量子卫星等中科院所有重大新闻的报道，走访了近70个研究所和野外台站，在《中国之声》、央广网播发大量的录音、消息和图片，有声、有图、有文字，见人、见事、见精神，尽力展示中科院科技创新成果和科学家的感人事迹。

黄光辉在穿越塔克拉玛干沙漠采访途中播发消息

黄光辉在中科院三江源实验站采访

广播作品二等奖

广播作品二等奖获奖作品

全球最高等级P4实验室在武汉建成　　　　　　　　　中国国际广播电台　　陈　雨
——中国将对埃博拉等烈性传染病开展研究

全球最高等级 P4 实验室在武汉建成

——中国将对埃博拉等烈性传染病开展研究

中国国际广播电台　陈　雨

【主持人】

由中法两国合作建设的亚洲首个 P4 实验室昨天（1月31日）在湖北武汉建成。这是全球最高等级的生物安全实验室之一，对埃博拉等烈性传染病病毒研究有重大作用。对于中国来说，这个 P4 实验室的建成究竟有什么意义？既然它能够研究烈性传染病病毒，那么其安全性如何？我们来听一下《环球资讯》记者陈雨、实习记者宋道玉发回的报道。

P4 实验室是生物安全四级实验室的简称，它是人类迄今为止能建造的生物安全防护等级最高的实验室，也被称为研究病毒学的航空母舰。像能引起严重致死并且没有预防和治疗方法的病原体，都是它的主要研究对象。也就是说，像

中国国际广播电台　环球资讯广播
2015 年 2 月 1 日

埃博拉病毒、炭疽杆菌、SARS病毒这类突发并且没有特效药预防和治疗的病原体，就只能在 P4 实验室开展研究。谈及武汉 P4 实验室的建成，中国科学院（简称中科院）院长白春礼院士评价说：

音响一：白春礼（中国科学院院长）

"'工欲善其事，必先利其器。'国家重大科技基础设施是科学研究的重要基础和保障，更是全面衡量一个国家科技创新能力的重要标志。武汉 P4 实验室是构建中国公共卫生防御体系的重要环节之一。必将在增强我国应对新发、突发传染病防控能力，提升抗病毒药物及疫苗研发等科研能力方面发挥举足轻重的作用。"

P4 实验室适用于从事世界上最危险的致病性病原体的研究，因此，保护研究人员、公众和环境的安全对于 P4 实验室显得尤为重要。对于武汉 P4 实验室的安全性，中科院武汉分院院长、P4 实验室主任袁志明说：

音响二：袁志明（中科院武汉分院院长、P4 实验室主任）

"物理设施这一块已经考虑到所有的自然危害会给实验室带来的损害。比如在抗震这一块，武汉市这种设施的防震等级是六级，那我们把它提高到八级，选址地点高于武汉市历史上记录的防洪设防水位。现在这个实验室采取了国内外最好的生物安全防范的一些技术和措施，来保证在实验室的运行过程中，不会发生一些实验的感染事件和病原的泄漏事件。"

专家介绍，如果出现人为制造的不可预测事件时，武汉 P4 实验室将及时启动国家应急安全系统，采取有效的安全应对行动，以确保生物安全。

【主持人】

既然武汉 P4 实验室将要承担如此重大的任务，那么它究竟有哪些特殊之处？和一般的实验室比有什么特点？我们继续来听记者的报道。

武汉 P4 实验室坐落在武汉市南部的江夏区，项目占地 200 亩。这里距离城区武昌有 1 小时的车程，人口稀少，适宜从事科研工作。实验室建筑外观呈灰色，除了宽度较大外，看起来与其他建筑并无特别之处。整个实验室呈悬挂式结构，共分为 4 层。其中，只有第二层是供科学人员使用的核心实验室。

音响三：袁志明（中科院武汉分院院长、P4 实验室主任）

"P4 实验室里所有的空气都要经过空气处理系统，所有的水都要经过污水处理系统，所有的废弃物都要经过高压灭菌。整个实验室是一个悬挂式的结构：（从下自上）底层是污水处理和生命维持系统的空气供应系统；

这个夹层是我们的管道系统,第三层是整个过滤器系统;最上一层是空调系统,中间的这个是实验室。也就是说,一层、二层、三层和中间的夹层,所有这些东西都是为了保证中间这一层的正常运行。要保证里面整个的气流是单向的气流,能够保证实验室里面是一个负压状态。它里面的东西不能出来,只有外面的东西有可能进去,而且这整个盒子是一个封闭的盒子。"

来到二楼核心实验室区域,亮银色的不锈钢将300多米^{2}的实验室内外分隔开来。无论是墙体还是门板,一律由不锈钢制成。核心区包括3个细胞实验室、2个动物实验室、1个动物解剖室、消毒室等。每到一个区域都要经过一道或几道门。

记者在实验室内看到,有生物安全柜、超低温冰箱、离心机、电热细胞培养柜、显微镜和实验台、电脑等设备。引人注目的是,300多米^{2}的实验室有着近百个从上方耷拉下来的蓝色气管。据了解,这些气管用于给科研人员输送呼吸用的空气,与P4实验室内的空气系统隔离,互不影响。

除了眼见为实的硬件设施,P4实验室在人员管理方面也有着极为严格的要求。据了解,人们想要进入实验室,需要花费至少半小时进行层层消毒,包括沐浴、二更、缓冲等步骤,才能入内。相比而言,比它低一等级的P3实验室也就需要10分钟左右。

音响四:工作人员

"再来穿左手,好。这个时候小心点儿,你的左手拉着上面这个环。我现在把它关上了,可能有一点点憋,可以忍受吗?"

对于这样的过程,曾到法国里昂P4实验室参加培训的中科院武汉病毒研究所石正丽研究员深有感触。她对每天两次半个小时的更换衣服早已习以为常。在她看来,要想成为P4实验室的科研人员首先要有健康的身体和坚强的意志,每天除了高强度的工作,还要能忍受住不吃不喝及特殊的工作条件。

音响五:石正丽

"刚开始要去适应,因为进去要戴耳麦,耳麦的电流声音,然后一进去空气呼呼的声音让人很不舒服。你想你处在一个充满噪声的环境,但是适应以后就好了。不能上厕所,你早上起来就不要喝水,最长的时候5个小时,没想着要上厕所,因为它是怎么?它很干燥,空气呼呼吹得很干燥,5个小时很快就过去了。"

在另一位同样赴法国里昂P4实验室培训的中科院武汉病毒研究所研

究员胡志红看来，由于防护级别极高，科研人员花费在防护消毒方面的时间较长，会影响研究效率，但是对烈性传染病及研究成果来说，这都是值得的。

音响六：胡志红

"它的效率明显比普通实验室要低，但是要做烈性病原研究，这就是唯一的途径，没有办法。你要做到研究那种病原的话，就必须在那个实验室来做。所以，你要慢慢理解这个事情。"

广播作品三等奖

广播作品三等奖获奖作品

突破奖，突破了什么？	北京人民广播电台	段玉龙
第八届中国科学院-新疆科技合作洽谈会今天开幕	中央人民广播电台	黄光辉
丹心铸就共和国核盾牌	中央人民广播电台	张棉棉
——2014年度国家最高科学技术奖获得者"于敏"		

（以上获奖作品按照作品发表时间倒序排列）

突破奖，突破了什么？

北京人民广播电台　段玉龙

解说： 不久之前，2016年科学突破奖颁奖仪式在美国举行，中国科学家王贻芳作为大亚湾项目的首席科学家，获得了基础物理学突破奖。这也是中国科学家首次获得这个奖项。什么是科学突破奖？我国科学家在中微子研究项目方面取得了怎样的突破？这个高能物理领域的研究对我们的日常生活将会产生什么样的影响？欢迎收听本期《照亮新闻深处》——突破奖，突破了什么？

主持人： 汇集科学之光，照亮新闻深处，欢迎大家继续收听我们的节目，我是本期的主持人玉龙。到底突破奖突破了什么？这事是前几天在美国颁的一个奖，引起了大家的关注。这个奖其中有一个奖项——基础物理学突破奖，是颁给了咱们国家的科学家，今天我们说这事一点都不晚。因为我们这两天就在联系这个研究团队中的研究成员，中科院高能物理所的研究员曹俊老师，一会儿曹老师就会给我们来解读一下到底这次的这个研究其中具体的内容是什么？是什么理由让他们获得了突破奖呢？在中微子这个领域又取得了哪些突破，另外还有一位嘉宾做客我们本期节目的直播——《科技日报》评论理论部的副主任、中国科普作家协会常务副秘书长尹传红。尹老师，您好！

尹传红： 您好，主持人。

主持人： 欢迎您来到我们的节目，今天我们要和大家来关注的是有关突破奖这个事。我不知道您是不是和我一样，就是在听到这个新闻之前我都不太了解这个突破奖。您之前是不是就知道这个奖？

尹传红： 说实在的，我之前也不知道。一个方面它这个颁奖颁得比较晚，2013年开始颁奖，再有一个如果不是因为有我们中国的科学家获得这个奖，恐怕媒体也不会大张旗鼓地报道。

主持人： 对，就是因为中国的科学家王贻芳教授作为大亚湾中微子项目的首席科学家代表这个团队获得了基础物理学突破奖（我们才知道这个奖）。接下来我们就邀请这个团队中的另外一位重要的研究成员——中科院高能物理所的研究员曹俊。曹老师，您好！

曹俊：您好。

主持人：曹老师，欢迎您来到我们的节目。首先我们要向您表示祝贺，祝贺您这个团队获得了大奖。接下来想和您了解了解，也顺道向您学习一下，您这个团队所进行的是中微子项目的研究，能不能给我们简单介绍一下，到底这个研究做的是什么呢？

曹俊：我们这是一个基础科学的研究。它的主要目的就是理解我们生活的世界为什么是这样的。比如说现在按照离子的理解，组成我们物质世界的总共有12种基础离子，我们看到的所有的东西都是由这12种离子组成的，中微子是其中的三种。我们显示研究的就是中微子的基本属性，所以我们在广东的大亚湾核电站做了一个试验，研究的是我们叫中微子振荡的属性。

主持人：过去我们关注到诺贝尔奖的时候，其实也有中微子振荡的相关项目，也在诺贝尔奖当中取得了肯定和认可。您刚才提到说这个项目是在大亚湾核电站中进行的，为什么要选在核电站当中进行这个项目的研究呢？

曹俊：因为我们研究中微子的性质首先要有中微子。那么中微子实际是有很多来源的，比如说今年的诺贝尔物理学奖中微子振荡，他们一个是大气中微子振荡试验，一个是太阳中微子振荡试验，他们的来源一个是在大气中产生的中微子，另一个是来自太阳的中微子。另外还有几种中微子，我们用的是来自于反应堆的中微子，这些东西在运行的过程中都会产生中微子，所以我们到了大亚湾核电站是用了它的另外一种性质。

主持人：那个地方中微子比较丰富，就地取材就能够进行研究了。

曹俊：对。

主持人：咱们这次获得的奖叫作基础物理学突破奖。关于中微子的研究咱们是取得了哪些方面的突破呢？

曹俊：这一次的基础物理学突破奖，讲的就是中微子振荡。这次诺贝尔奖发的也是中微子振荡，但是他们只发了最初发现中微子振荡的两个实验。所以发了两个人，这次基础物理学突破奖对中微子振荡有重要贡献的五个实验全发了，所以这次基础物理学奖讲的比诺贝尔奖稍微宽一点，讲了五个实验，我们是其中一个。

主持人： 如果咱们来做一个让大家更能够容易理解的一个比喻的话，诺贝尔奖当中中微子的振荡是什么样的振荡，您在大亚湾核电站所得到的科研成果，或者物理学方面的突破又是什么样的振荡，这两种振荡之间相同吗？

曹俊： 他们都是中微子振荡，我们总共有三种中微子，那么一种中微子在飞行过程中自己会变，变成另外一种中微子，那么我们把它叫作中微子振荡，然后我们刚才说了，中微子还有不同的产生来源。比如有来自太阳的中微子，太阳中微子说的科学点叫电子中微子，那么电子中微子产生以后，会变成其他的中微子，我们把它叫太阳中微子振荡，然后产生大气的有两种——一种是谬中微子（音），一种是电子中微子，他们在产生以后也会变成其他的中微子，我们在反应堆看到的是电子反中微子，它也会变成其他中微子，但是它们变化的规律就是具体的参数不一样，我们把它叫大气中微子振荡模式，我们把诺贝尔奖发给中微子振荡，具体的发现是在1998年和2001年做出来的，到那时候我们已经相信中微子振荡了，然后我们就有一个理论能描述它。但是这个理论需要有三个参数，三种振荡，这两个实验只发现两种振荡，那么我们去找第三种振荡。

主持人： 那我这么理解可以吗？其实您这一次在物理学方面的突破，也完全是一个诺贝尔奖级的科学成果。

曹俊： 那不一定。

主持人： 同样都是振荡，前两个得奖了，咱这个为什么就说不一定呢？

曹俊： 他们是开创性的，到我们的时候大家已经相信中微子振荡，在他们那儿是中微子振荡有还没有？他们已经发现两种，我们发现了第三种，当然是非常重要的，要不然也不会给我们发这个奖。但是是不是够诺贝尔奖那不一定。

主持人： 其实我们过去也关注到很多和诺贝尔奖有关的内容，诺贝尔奖也得需要时间和历史的检测，得需要好长时间才能够确定说这个奖项够不够得诺贝尔奖，所以我衷心希望咱们科学家，无论是王贻芳教授还是您，都能够在未来的某一个时刻获得诺贝尔奖，让大家再高兴一次，再兴奋一次。

曹俊： 我们也希望。

主持人： 希望这个良好的愿望都能够实现。接下来我想和您再聊一聊这个话题，还是关于这次的科研项目。在这个科研项目进行的过程中，您觉得如果站在科学普及的角度，告诉我们收音机前的听众这样的基础研究是特别的重要，也会对我们的生活带来一些影响，您可以给大家带来什么样的解读呢？

曹俊：基础研究主要是偏重于理解，理解我们的世界为什么这样。具体没有直接的用处，因为到我们生活里面来，一般是要技术，从基础科学变成应用科学，然后变成技术，然后才跟我们生活发生直接关系，所以我们要过很久，可能比瑞典要长得多。比如50年、100年才真正地影响到我们的生活。我们一般到基础研究的时候，都不问它对我们的生活产生什么直接的影响，而只是问它对我们理解世界有没有重大的突破。但是我们在做实验的过程中会有一点小小的副产品，就是我们做的技术，我们做这种高新的试验，全世界很多地方都想做，然后我们一般的技术都是最好的技术。这种技术你要做起来会很难，会带动相关的企业去做研发，把某一方面技术做到最好。

主持人：这实际上也是在整个基础物理研究过程当中非常必要的一个元素，就是要有好的设备。您的意思是说，正是因为在这个领域有更加精尖的追求，才促使其他的一些生产厂家还要不断地来生产好设备。这个也算是一种带动。

曹俊：对，我们生产设备的时候，我们自己做仪器的时候，我们派人驻厂，就是到厂里面跟人家一块做，把设备做出来。

主持人：那应该从生产厂家来讲也是沾了您这儿的光了。另外再和您聊一聊，现在已经是获了大奖了，这也是对咱们科研成果的一个肯定，接下来您这边还有什么样的打算呢？

曹俊：我们的实验还在进行，因为这个是一个自然界的基本阐述，然后我们这个实验是世界上做得最准的。我们每一天的结果都是打破自己的纪录，也是打破世界纪录，所以我们要把装置的设计能力发挥到最大，我们计划运行到2020年左右，把基本的参数做到最准确，然后我们也在广东另外做一个实验，刚刚开始建设的叫江门中微子实验。江门中微子实验可以说比这个实验更重要。

主持人：就是未来我们还会听到更多在中微子研究方面的好消息，会随着那个实验项目的进展。

曹俊：希望如此。

主持人：其实在科研的这条路上有很多想象不到的事情，但是与此同时也会有很多让人不断产生惊喜的地方，希望您的这个项目——中微子的研究接下来一切顺利。而且刚才还跟您说了，我们收音机前的听众朋友包括我们今天直播间的嘉宾都希望咱们今天说到的这个研究项目能够早一点获得诺贝尔奖，这也是对中国在基础物理学这方面研究的一个重要肯定。好了，谢谢您接受我们的采访。送您走了，再见。

曹俊： 好，再见。

主持人： 汇集科学之光，照亮新闻深处，欢迎大家继续收听我们的节目，今天来说一说突破奖到底突破了什么。以上时间我们通过电话连线的是中科院高能物理所的研究员曹俊，曹俊也是这次大亚湾中微子项目整个项目组的成员之一，刚才也给大家来解读了一下这个项目所研究的中微子到底是什么，项目当中取得了哪些突破。除此之外，今天还有一位嘉宾也做客我们的直播间，《科技日报》评论理论部副主任、中国科普作家协会常务副秘书长尹传红，欢迎尹老师回来。刚才尹老师我们也是听了一下曹先生的解读，曹研究员给我们说了一下这个研究，他其实讲起来如数家珍一般，说得特别清晰。

尹传红： 术业有专攻，我们不一定很理解。

主持人： 在他们看来可能那个问题很简单，但是外行听起来，原来是一头雾水。中微子我们之前跟大家来分享了今年诺贝尔奖的获奖成果，有一项也是物理学奖，是颁给了中微子振荡这个研究项目。过去大家认为中微子是不具有质量的，不具有质量就意味着不会振荡。但是后来发现这个东西是有振荡的，意味着是有质量的。在我们的现实生活中，其实每天咱们身边都会有无数的中微子存在，甚至会穿过我们的身体，在这方面基础物理学的研究也是让大家更多地了解这个世界的本原了。我们回头再来说一下，关于今天提到的基础物理学突破奖，其实这个突破奖除了基础物理学还有其他的一些门类都有，都有突破奖。您能不能给大家介绍一下，这个突破奖又是怎么回事，是怎么来的呢？

尹传红： 其实这个奖也是突然冒出来的一个特别让人侧目的奖，特别让人注意的一个奖。所以有一个特别的名号叫豪华诺贝尔奖。为什么这么说呢？如果从它的奖金额度来讲，它的单项奖达到 300 万美元。

主持人： 一项奖 300 万美元？

尹传红： 对啊，我们知道诺贝尔奖的奖金大概是 90 万美元。而 2016 年基础科学突破奖总额达到 2190 万美元，相当于 1.4 亿元人民币。

主持人： 就是那个奖池里边的奖金是那么多钱。

尹传红： 对，当然它是分散给很多奖项。除了刚才您提到的那个咱们这次获得的基础物理学奖，还有生命科学、数学科学，而且它发这个奖当时有一个初衷，就是说要奖励，像生命科学、基础物理学、数学科学这几个领域做出杰出贡献的科学家，而且要让他们能够像摇滚明星一样，得到公众的认知。

主持人： 对，您这说得太好了，我看了一点儿资料就是说这个奖是一个俄罗斯的富豪出资说我来建一个，世界上有钱的兄弟姐妹们都来掺和掺和这事，大家都来捐点钱。

尹传红： 但是不只他一个人。

主持人： 据说马云都有捐钱。

尹传红： 对，俄罗斯这位亿万富翁叫领衔资助，其他几位名头特别大，还有谷歌的两位联合创始人，还有咱们青年朋友比较熟悉的青年才俊扎克伯格。

主持人： Facebook 的创始人，扎克伯格。

尹传红： 最后就是咱们阿里巴巴集团的创始人马云和他的夫人张瑛女士。他们捐赠的这笔钱总数不知道是多少，但是它是 2013 年开始颁发了，所以公众认知度还不是很高。不过相信随着它不断的宣扬，本身这些捐助人名头很大，再有一个它把它奖励的宗旨说得那么露骨，像摇滚明星一样推销我们的科学家，说明他们是有大的打算的，而且绝对是不缺钱的。

主持人： 您刚才提到这个俄罗斯的富豪，他的名字叫尤里米尔纳。20 世纪，《时代周刊》的封面人物除了政治家之外，还有像爱因斯坦这样对人类贡献巨大的科学家。但是当今的世界所充斥的新闻就是为大众提供娱乐服务的球星和歌手。上《时代周刊》封面的都是这些人，我们希望科学家同样要赢得大家应该有的关注和尊重。

尹传红： 这说得非常好，不管设奖初衷是什么，它能意识到科学对我们这个社会的影响程度和深度已经很了不起了。我印象中上过《时代周刊》封面的人物，除了爱因斯坦以外，还有发现宇宙膨胀的哈勃。还有一位是美国的天文学家和科普作家卡尔萨根。我是记得有三位。

主持人： 我记得李宇春上过。

尹传红： 对，李宇春好像是上过。基本是政治人物或者娱乐明星，当然也有经济学家，科学家是很少见的。

主持人： 不知道这次王贻芳教授他们获奖了以后能不能也上一下《时代周刊》，当然这个是其次的，重要的是我觉得用这种方式让大家来关注科学，承认科学的价值，尤其是基础研究的价值，刚才我就特别想从曹俊研究员那儿逼问出来几句，让他告诉大家实际上我们的研究是多么多么的有用，怎么着怎么着，但是我发现挺难的，因为基础物理这个领域的研究距离普通老百姓的生活真是太远了。

尹传红： 基础研究长期以来一直是跟应用研究并列提出来的。都知道一个国家的科技发达程度跟它的基础研究水平是密切相关的，但是我们现在这样一个商业化气息特别浓郁的社会，投资不管是进行研究还是进行一个项目也好，总会问它有多少收益，它会带来哪些好处。不能都怪咱们的提问人都那么俗气，现实中可能也就是这样严重。

主持人： 对，一般你做一个事大家都会问你，经济效益有没有？没有。社会效益呢？也没有。那你为什么要做它？

尹传红： 对，像这样的话当然一方面通常有一个解释，就是说我们同时花了那么多钱，比如像粒子加速器，都是上亿的。我们国家现在也在建很多大科学装置，包括咱们高能所里边有一个加速器，都是上亿甚至十几亿元的投资。本身我们从事这个基础研究，直接的经济效益应该说没有，那么间接的也许以后会有，但是更重要的是它代表了我们国家的一个科技发展的水平，本身你看因为美国、欧洲甚至日本、意大利它们也在基础研究上，像基本粒子上投入很多，这些我们笼统地可以说为了探索微观世界，对世界、对物质、对宇宙有更多、更深的认识。因为你不做这项工作人家都在做，我们跟人家的差距越来越大。当某一天，我是想象，突然感到基础研究的成果能够跟某项很可能会深刻改变我们社会结构的一项技术突破有关联的时候，我们已经失去了这个科技高地了。

主持人： 对，您说到的这点我也是比较有体会的，我们现在身边很多大家觉得不可或缺的一些东西、一些科技、一些发明在当年最初的形态都是一些基础性的研究。比如说互联网，互联网最初的形态，包括光纤，光纤的运用和发明，以及我们生活当中的一些通信，通信的使用和发明，这些东西往前去追根溯源都是和基础研究是有关系的，尤其是比如说物理这方面的研究，它告诉我们材料世界的秘密是什么样的。我怎么样能够去开发出来又轻、又薄、又结实的材料，这些都是和基础研究息息相关的。

尹传红： 对，有些科学理论带来的一种突破往往引领技术产生巨大的变化，那当然对我们这个社会变化是想象不到的，就像比如您刚才提到的互联网，最初只是美国军方在开发在用，谁能想到后来据说可以认为是我们整个20世纪最伟大的发明。以前说是计算机，现在看来因为当然互联网也包括计算机这个基础了，如果没有当初计算机的理论的突破，没冯·诺依曼、图灵他们这些先驱者所做的很基础的研究，就不会有后来的技术突破，也没有今天我们所看到的互联网包括跟手机连带的这种移动技术的发展。

主持人：对对对，其实就是大家可能平常不关注。不关注的同时就可能会觉得这个事情我们为什么要去花那么多的钱，但是我觉得这次咱们讲到的突破奖，最重要的一个价值是让大家去关注到基础研究，尤其是咱们国家，我看到的那些数据，在基础研究这一部分的投入，之前不是很多，现在是处在一个逐年增长的状态，可能过去我们认为学以致用，所有的东西你最终要落到一个可以去用的地方，能用的地方这是最重要的。但是现在意识到基础研究的重要性，这也是一个大国在发展过程当中应该具备的一块。

尹传红：比较典型的一个例子就是航天技术的应用，当然它也是以很多基础科学为依托开发出来的，科学做先导，技术在推进。所以带来了我们整个航天事业的一个巨大变化，实际上航天技术的很多应用，很多也走向民用了，像今天我们熟悉的数码相机等吧，这些很生活化的一些高技术产品，其实最早要么是用在军方，要么是用在我们的航天领域。

主持人：这部分我们刚才跟大家聊了聊，我们接下来再说一下，就是纵览全世界各种各样的科学，比如说除了诺贝尔奖，这是大家都知道的一个奖，这绝对是顶级的大奖，这次我们又知道了突破奖。除此之外还有哪些这样的大奖？

尹传红：其实说起来的话挺多的，我们先挑一些比较著名的说吧，比如说咱们屠呦呦获得了诺贝尔奖，她在此之前获得了一个美国的拉斯克奖，这个奖也有一个特别的名号，叫诺贝尔奖的风向标。为什么呢？我们还是拿数据说话吧。比如近些年来，已经有300位杰出人士获得了拉斯克奖，这300位人士当中后来又有81位获得了诺贝尔奖，这个比例比1/4还多了。相当高了，所以屠呦呦得了这个拉斯克奖的时候，当时也确实有议论，有可能会得诺贝尔奖，但是谁都不敢相信，因为毕竟她是老早以前的一个研究了，而且在我们国家好像因为这个谁贡献最大，一直都有争议的。所以也是一个比较有意思的事。当然还有一些奖项我们比较熟悉，比如计算机领域有一个图灵奖，其实也相当于技术领域的诺贝尔奖。像我们建设领域有一个普茨克奖，著名的华裔建筑家贝聿铭是第五位获得这个奖的，这是建筑领域的世界性奖项，他也是唯一一位获得这个奖项的华人。

主持人：还有一个奖，您这一说我想起来了，叫雨果奖。

尹传红：当然是我们科幻界、科普界比较熟悉，是美国的一个科幻奖项，不了解的人以为是法国文豪雨果。

主持人：我们是怎么跟法国文豪有关系的？

尹传红：这个人的全名是雨果·根斯巴克，是一个很有经济头脑的美国人。大概在20世纪的20年代，他创办了美国有很大影响的科幻杂志《惊奇故事》。后来经过屡次改版，培养了大批的美国科幻黄金时代的著名作家，我们比较熟悉的阿西莫夫就是其中的一位。后来为了纪念他对科幻事业的推动，就设立了这么一个雨果奖。

主持人：之前我们也在节目中跟各位聊过，刘慈欣是获得了这个大奖。您这一讲和科学有关系的很多各种各样的门类奖项，可能在这个领域当中大家都了解，这个绝对是大奖，但是平常我们可能听的都是和诺贝尔奖有关，一得诺贝尔奖这绝对都是大奖。其实各个领域的奖和诺贝尔奖相比较，我觉得没有什么高下，也没有什么说谁会更胜一筹。大家都是在不同的领域不断地向前走，取得了研究。只不过可能诺贝尔奖知道的人更多一点，大家就认为说这才是科学大奖，在科学当中只要是为人类做出了贡献都应该是大奖。您刚才还提到说，雨果奖是一位比较有钱的金主设立了奖项。我们今天和大家来讲的这个突破奖是好多位有钱的金主设立的奖项，这个奖金很高，这也是引起大家关注的原因，您觉得从科学的角度来讲，给科学家们来设这么高的奖金，这个事您怎么看？有人认为说这是不是这些有钱人哗众取宠，也有人说科学家们应该一门心思做研究，如果以后都想着去挣大钱的话，有没有可能会走偏了？

尹传红：对这个问题，我倒是从正的方面看得多一点。不管设奖者的初衷是什么，是为了提高本人的知名度，还是所谓哗众取宠什么，或者是提高企业的知名度，我只讲一点，他们肯把钱投入科学领域，至少我们要相信他们的眼光，感叹他们的这种壮举。因为毕竟科学是相对偏冷的一个领域，比起娱乐八卦来。本身我们认为科学是对我们人类社会影响最大的一个门类，相对其他来说。那么这个投入我认为社会价值是很大的，所以我觉得还是持支持和赞赏的态度。至于科学家拿了这个奖以后，其实我们要涉及为什么要从事科学研究，其实有各种各样的心态，我听到很多的回答，比如说丁肇中先生就说，他是因为好奇心，有一种探究欲望，想从事科学研究。当然没有一个人会赤裸裸地说，我就是为了得名得利，为了获得诺贝尔奖，从来没有人这么讲。但在现实生活中呢，我觉得想获奖也是自己的一个体现。

主持人： 对，您说到这部分我是觉得，最终的结果能够看到它是正向的，是正能量的，对整个社会甚至整个人类的发展做出了贡献，我觉得这个是大家都喜闻乐见的情况，至于说这个过程当中是不是因为大奖的刺激，我觉得这也是其次的事，毕竟它也是对于整个的科学建设做出了自己的贡献。有付出，有回报，这一部分也是大家乐于见到的。时间的原因，今天这个话题我们暂且就和各位分享到这儿，再次感谢尹传红先生做客本期的《照亮新闻深处》，也感谢收音机前各位听众朋友的收听，我是玉龙，明天相同时间咱们还会接着聊。

第八届中国科学院－新疆科技合作洽谈会今天开幕

中央人民广播电台　黄光辉

【央广网昌吉8月28日消息】第八届中国科学院－新疆科技合作洽谈会今天在新疆农业博览中心开幕。本届科技合作洽谈会的主题是"科技驱动发展，万众创新创业，产业转型升级，支撑核心区建设"。中国科学院院长白春礼在开幕式上发表讲话，新疆维吾尔自治区主席雪克来提·扎克尔宣布第八届中国科学院－新疆科技合作洽谈会开幕。

第八届中国科学院－新疆科技合作洽谈会展会规模为历届最大，参会单位也是历届最多。来自全国13个省市、中国科学院及其12家分院、新疆维吾尔自治区14个地州市、10余家科研院所和高校、20余家企业参加了科技合作洽谈会的科技成果展览和项目洽谈。目前提出科技需求

央广网
2015年8月28日

和转让的项目达569项，涉及11个领域。其中中国科学院参展成果386项，展品119个，另有援疆项目22项，将分为八个主题专区进行展示。

为庆祝新疆维吾尔自治区成立六十周年和推动大众创新、万众创业及丝绸之路经济带核心区建设，在第八届中国科学院－新疆科技合作洽谈会期间将举办4个科技成果展、6个科技讲座，以及第四届全国创新创业大赛新疆赛区总决赛、众创空间的展览洽谈和演示等活动。

记者在采访中了解到，目前新疆正朝着打造辐射中亚的科技创新高地的目标奋力前行，在中央作出"一带一路"重大战略部署，新疆提出要建设丝绸之路经济带核心区的背景下，通过中国科学院－新疆科技合作洽谈会这个平台，将进一步加强新疆与中国科学院、内地科研院所、知名高校的合作，吸引国内外人才、技术等资源向新疆聚集，把科技创新变成创业的起点，实现经济效益和社会效益双丰收。

第八届中国科学院－新疆科技合作洽谈会由新疆维吾尔自治区人民政府、中国科学院和新疆生产建设兵团共同主办，由新疆维吾尔自治区科技厅、中国科学院新疆分院、新疆生产建设兵团科技局、昌吉回族自治州人民政府共同承办。

丹心铸就共和国核盾牌

——2014年度国家最高科学技术奖获得者"于敏"

中央人民广播电台 张棉棉

【导语】

新闻纵横，问面孔。"于敏"这个名字很多人并不熟悉，因为直到20世纪80年代后期，于敏才进入公众视线。"秘密"和"隐身"背后，是我国的核武器氢弹研究。氢弹的型号有很多，但是寻根溯源，其实全世界的氢弹只分为两种：美国的TU构形，除了中国，全世界的氢弹都是这个构造；另外一个就是我们的氢弹，如今它被全世界都叫作"于敏构形"。

所谓的TU构形取自发明人泰勒和乌拉姆名字的首字母。简单来说，就是大炸弹套小炸弹，由小炸弹的初级核爆产生辐射内爆，最终引发大炸弹的刺激核爆，这个技术有一个特点，就是辐射内爆的"度"极难掌握，而"于敏构形"的氢弹完美解决了辐射内爆过程中，传递X射线的方法。别忘了这是在几十年前，于敏领导的攻关小组用一个比现在最落后的手机还落后不知道多少倍的计算机硬生生算出来的。

在1988年前，就连"于敏"这个名字都是机密，而昨天，88岁的中科院院士——于敏，坐在轮椅上，从国家主席习近平手中接过了2014年度国家最高科学技术奖的奖杯。1999年，同样是在人民大会堂，于敏和邓稼先、钱学森等23人共同获得"两弹一星"功勋奖章。如果用一句话形容于敏的一生，或许用他非常欣赏的那句"留取丹心照汗青"是最为贴切的。下面来听中央台记者张棉棉、张闻的报道。

【出录音】

（氢弹爆炸音响压混）

1967年6月，我国西北罗布泊上空，蔚蓝色的天空骤然升起一团炽烈耀眼的火光，迸射出比几百个太阳还要亮的光芒，形成了一朵巨大无比的蘑菇状紫色烟云。中国人从此拥有了氢弹，当量330万吨级。于敏这个名字从此也与中国氢弹技术紧紧连在了一起。

下午三点，在北京市海淀区一处普通单元房里，记者见到了于敏先生。冬日稀薄的阳光照在客厅里，给整个房间镀上了一层暖色。戴着银框眼镜、头发全白、穿着暗红色唐装的于敏坐在硬木椅子上，拐杖放在旁边，对面则是一整面墙的书架，《资治通鉴》《中国通史》等文史类书籍赫然在列。

见记者进门，已等候多时的于敏老先生缓缓站了起来，摆了摆手，恬淡地微笑着。他的家人说，这是他一天中最有精神的时候。谁能想到，就是这样一位看起来再普通不过的耄耋老人，在20世纪60年代，曾带领攻坚团队，从无到有找到了攻关氢弹技术的突破口。说起当年，于敏再次露出了浅浅的笑容。

于敏： 大家都非常高兴，我当然也很高兴。

氢弹的威力是原子弹的几百倍以上。国际上，真正意义上的战略核武器都是指氢弹。作为中国土生土长的科学家，北京大学物理系毕业的于敏和氢弹真正结缘是在1961年。当时，组织决定让本来在研究原子弹的于敏转而投身到氢弹研究中，难度可想而知。一方面，原子弹和氢弹在技术原理上并不相同；另一方面，国际上核大国对氢弹的研究绝对保密，没有任何公开资料，这意味着一切从零开始。但是，于敏没有犹豫。

于敏： 它很复杂。

记者： 是集体的力量是吧？

于敏： 要调动各方面的力量，大力协同，一定要用自己的力量，要自力更生，独立自主，把核心技术掌握在手。

1965年，于敏带领团队前往华东计算机所，开始了中国核武器发展史上著名的氢弹原理突破"百日会战"。固本浚源，他凭借着扎实的物理功底、敏锐的科学直觉，与同事一起完成了氢弹原理的突破。一次，于敏突然指出了一个计算错误，立即叫停了运算。回忆起这件事情，中国工程院院士、与于敏多年共事的杜祥琬仍然印象深刻。

杜祥琬： 搞物理的人去查吧，没有问题。然后是搞数学的来查，乘各种方程来查，然后是计算数学、编程序——程序的指令、程序的逻辑对不对？查查也没错。最后查出来，是一个晶体管坏了，这是搞计算机的同志查出来的。这件事，我印象太深了，就是一个人要有很好的物理概念，要及时地判断物理概念的正确性，就是他对物理量的规律的理解。

【导语】

从第一颗原子弹爆炸到第一颗氢弹试验成功，美国用了七年三个月，苏联用了六年三个月，而我国只用了两年八个月。然而很快，国际开始禁止核试验，我国接下来的氢弹研究该怎么办？接着来听记者的报道。

【出录音】

运筹帷幄之中，决胜千里之外。20世纪80年代中期，我国第二代核武器已实现重大进展。于敏分析，美国核武器的设计已经接近理论极限。为了限制他国发展，美国很可能会促成国际社会全面禁止核武器试验。当机立断，于敏决定和邓稼先一起上书中央，抓住稍纵即逝的时间，加快完成我国核试验进程。中国工程院院士杜祥琬：

杜祥琬： 我们还有几次必须要做的试验，否则我们的核武器就停在一个半截的发展，他用了一个词，叫"功亏一篑"，就是不要差这么一点，将来搞的后悔都来不及。这样就要运筹帷幄了，大的事情上要有大到世界的全局视角。

到1996年我国正式签署全面禁止核试验条约时，一共进行了45次核试验，只占核大国试验总次数的2%。但是，我国核武器基本和美国、俄罗斯处于同一水平上。

有人不理解，为什么我们要进行这样的试验？氢弹是不是杀人武器？于敏回答：核武器，不是用来杀人，而是中国要自卫。中国工程院院士彭先觉进一步解释，核武器对于维护世界和平至关重要。

彭先觉： 美国现在在做反导，一般的武器很难突破它的防御。所以这就是说，你的武器是不是有效，作为另外一方，你还是要做到具有这种能力来制衡你，所以你还必须要开展一些研究，所以这种研究对维护整个世界的和平有很重要的作用。

于敏不仅对事业鞠躬尽瘁，对于培养年轻人，也是毫无保留。他的学生蓝可回忆：

蓝可： 每一篇草稿上头都有他密密麻麻的修改字迹，但是于老师从来不同意我在文章上写他的名字。于老师常说的一句话就是，不怕出错，关键是要知错就改,如果明知错了,还不纠正那可就糟了。

在于敏先生家中,曾挂着诸葛亮的《诫子书》:淡泊以明志,宁静以致远。他说:一个人的名字,早晚是要没有的。能把微薄的力量融入祖国的强盛中,便足以自慰了。现在这幅字已经被老先生从房中取下,他孩子般的告诉记者,我把它藏起来了。是的,他把这幅字藏在了心里。

于敏: 因为人总有他的思想,总有信仰,这个信仰应该是无愧于中华民族的,学好真本事,给国家做点事,给民族做点事。

网络新闻作品一等奖

网络新闻作品一等奖获奖作品

| 总书记讲话戳到科技界痛点　院士盼早日落实 | 人民网 | 赵竹青 |

总书记讲话戳到科技界痛点
院士盼早日落实

人民网　赵竹青

【人民网北京6月1日电】在30日举行的全国科技创新大会、中国科学院第十八次院士大会和中国工程院第十三次院士大会、中国科学技术协会第九次全国代表大会上，中共中央总书记、国家主席、中央军委主席习近平出席大会并发表重要讲话。讲话中掌声不断。31日上午，中科院各学部集中组织院士学习习总书记讲话，交流感想。

"习总书记的讲话让我感到很振奋，"中科院院士葛昌纯说，"总书记在讲话中高度评价了院士和全国科技工作者为国家所做的贡献，这对我们无疑是一个很大的鼓舞。另外，习总书记特别提到了要对科技人员松绑，这也是掌声最多的部分。"

"昨天总书记的讲话把创新驱动发展提到了更高的高度，"中科院院士于起峰说，"特别是总书记在讲话中提到的科技人员官员化管理、财务管理等问题，都是科技工作者长久以来的切身'痛点'。"

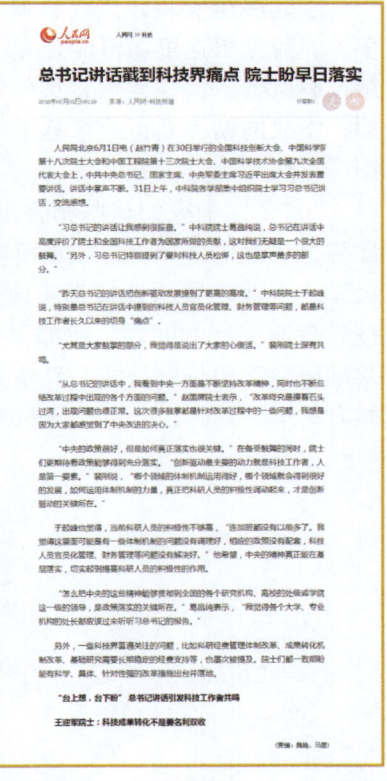

人民网
2016年6月1日

"尤其是大家鼓掌的部分，我觉得是说出了大家的心里话。"裴刚院士深有共鸣。

"从总书记的讲话中，我看到中央一方面是不断坚持改革精神，同时也不断总结改革过程中出现的各个方面的问题，"赵国屏院士表示，"改革终究是摸着石头过河，出现问题也很正常。这次很多鼓掌都是针对改革过程中的一些问题，我想是因为大家都感觉到了中央改进的决心。"

"中央的政策很好，但是如何真正落实也很关键。"在备受鼓舞的同时，院士们更期待着政策能够得到充分落实。"创新驱动最主要的动力就是科技工作者，人是第一要素，"裴刚说，"哪个领域的体制机制运用得好，哪个领域就会得到很好的发展，如何运用体制机制的力量，真正把科研人员的积极性调动起来，才是创新驱动的关键所在。"

于起峰也觉得，当前科研人员的积极性不够高，"连加班都没有以前多了。我觉得这里面可能是有一些体制机制的问题没有调理好，相应的政策没有配套，科技人员官员化管理、财务管理等问题没有解决好"。他希望，中央的精神真正能在基层落实，切实起到提高科研人员的积极性的作用。

"怎么把中央的这些精神贯彻到全国的各个研究机构、高校的处级或学院这一级的领导，是政策落实的关键所在，"葛昌纯表示，"我觉得各个大学、专业机构的处长都应该过来听听习总书记的报告。"另外，一些科技界普遍关注的问题，比如科研经费管理体制改革、成果转化机制改革、基础研究需要长期稳定的经费支持等，也屡次被提及。院士们都一致期盼能有科学、具体、针对性强的改革措施出台并落地。

赵竹青

人民网科技频道记者、编辑。从事新闻传媒工作10年，曾获2010年度中国新闻奖一等奖、2011年度中国新闻奖二等奖。

网络新闻作品二等奖

网络新闻作品二等奖获奖作品

沙漠上种葡萄 ——中科院力助南疆"聚沙成金"	人民网	赵竹青
王震西院士：中国稀土永磁行业的领路人	中国网	王振红

（以上获奖作品按照作品发表时间倒序排列）

沙漠上种葡萄

——中科院力助南疆"聚沙成金"

人民网　赵竹青

【人民网新疆和田 8 月 14 日电】你也许想象不到，在以"和田玉"闻名了数千年的新疆和田，当地的大部分人正生活在贫困中。为了改变南疆地区"人均耕地不足 1.4 亩，人均收入 4542 元"的现状，中国科学院（简称中科院）的一大批博士和研究员们走进田间，走进农民家中，用"科技之光"照耀南疆广袤大地。

沙漠上种起核桃和葡萄，收入翻番

人民网
2015 年 8 月 14 日

为缓解南疆的经济社会矛盾，党中央对南疆四地州实行了特殊扶持政策和资金投入，并通过"访民情、惠民生、聚民心"活动，三年抽调 20 余万名机关干部下乡驻村。中科院新疆分院也积极响应此号召，不仅通过驻村工作组真心为当地百姓办实事，还依靠科技力量构建了"促进新疆和田地区农牧民增收的技术体系"，带领农牧民持续增收。

创新年轮　攀登足迹
中国科学院第十四届科星奖获奖作品选

沙漠种植核桃林（赵竹青摄）

和田县"和谐新村"和和田市"团结新村"，都是去年刚刚在沙漠上建起来的村庄。房屋直接盖在沙漠上，农作物直接长在了沙漠中。买买提·库尔班·伊民是从和田老区搬入"和谐新村"的第一批居民。来的时候，政府给他分了一套房子、一个院子、一个大棚，还有五亩地，依靠科技人员的"沙漠种植技术"，收入比以前翻了一倍。他在新家种了核桃和葡萄，大棚的十几万元前期投入目前均由政府负担，农民只需要等赚了钱，再慢慢还。"有机会想让儿子也搬过来。"他说。

传统"林下种植"有了新选择

示范的力量是巨大的。目前，"插秧"技术在全国各地水稻种植中基本算是"标配"，但墨玉县加罕巴格乡阿依玛克村的水稻种植依然采用"撒播"的模式，当地村民不了解，也不接受"插秧"，认为"太麻烦"。但当村民看到"示范区"的插秧水稻长势很好之后，却忍不住自发跑来"请教"。

当地除了水稻，另一大作物是核桃。此前，这里的核桃树下一般是种植小麦和玉米。但小麦因采光问题，产量一年不如一年，玉米更是和核桃相互影响。"林下种植"投入不小却难获益。中科院新疆理化技术研究所植物资源化学研究室的副研究员陈艳瑞来到这里后，根据自己所学，为村民引进了7种维药药材，包括小茴香、香青兰等，设法提高当地单产综合收益。目前正在和当地的5个农户合作进行两年的药材种植试验，以便筛选出适合当地的品种。

王震西院士：中国稀土永磁行业的领路人

中国网　王振红

中国网
2014年12月26日

【中国网/中国发展门户网讯】王震西，中国工程院院士，43岁"下海创业"，创建了中国科学院三环新材料研究开发公司（简称中科三环）。历经30年的拼搏、创新和发展，他把中科三环从员工不足20人、占地25米^{2}的中科院平房实验室、启动经费仅40万元的公司，锻造成员工超5000人、厂房40万米^2、市值近180亿元、资产规模超过50亿元的上市公司，中科三环稀土磁性的材料年产量过万吨，成为全球第二大稀土永磁材料及器件供应商。中科三环在中国稀土永磁行业创造了太多的"最早"或"第一"：最早在实验室开发出稀土钕铁硼永磁材料；中国第一条钕铁硼工业生产线的建造者；第一家获得钕铁硼专利许可的磁材企业；第一家将钕铁硼出口到海外市场的中国企业；中国稀土永磁行业第一家上市公司；中国第一家稀土永磁信赖性实验室的创建者……

中科三环的创始人王震西院士

"这是我们在公司初创的时候难以想象的。我本人从中国科学院的一个研究员、博士生导师变成一个高科技上市公司的董事长、总经理,在人生的道路上是一个极大的转折,"回忆起30年的创业历史,已经72岁的古稀老人感慨地说,"我的这个下海,走上高科技企业这条路,有点像逼上梁山。"

抉择:出海抑或下海,踌躇一月白发

王震西1964年毕业于中国科学技术大学,分配到中国科学院物理研究所磁学实验室一个永磁材料的研究室,做实习研究员。"当时中国科学院有9万多科技人员,在中关村应该有20多万科技人员,我想我也就是芸芸众生中普通的一名青年,"王震西说,"但我很幸运。1973年,敬爱的周恩来总理与法国乔治·蓬皮杜总统议定了加强中法之间的科技合作。法国作为西方国家,第一次对中国的科技工作者开放高科技实验室。而且蓬皮杜总统主动提出,法国拿出10个国家最高奖学金名额,邀请中国派出10位青年科学工作者,到法国工作、访问。我有幸成为其中一员前往法国,在诺贝尔奖获得者路易·奈尔教授实验室开始接触、学习稀土磁性,这也奠定了我后面41年，可以说奠定了我大半生的路。"

回国后，王震西领导的钕铁硼研究工作取得实验室突破性成果，获得中国科学院和国家科学技术委员会（简称国家科委）科技进步奖一等奖。他说："当时我已经得到了美国、加拿大和法国等5个国家的实验室和公司的高薪聘请，去做进一步的科学研究。作为当时我们这一代科技工作者的传统习惯，就是能够继续发表论文，得到国家成果奖，继续在研究的路上发展。这是我习惯和熟悉的一条人生道路。而且当时我爱人已经到了美国斯坦福大学，后来我的孩子也到了美国的麻省理工，作为自己个人和家人来讲，这条出国路对于我来说已经有了很好的基础。但是历史的转变往往不因人的主观意愿而转移。我也正好碰上了一个伟大的、历史性的、非常难得的机遇。"

20世纪80年代初，中央开始在中关村创建全国首个高科技的创新园区，鼓励一批科技工作者"下海创业"。比较有代表性的，如中国科学院计算技术研究所的柳传志。王震西评价说："柳传志是第一批最勇敢的弄潮儿、挑战者，而我不是，我完全没有这个打算，没有这个勇气。"王震西认为，是中科院时任院长周光召高瞻远瞩，他看到了我国有非常丰富的稀土资源，并且预见到稀土作为新一代的磁性材料，会有很大的、潜在的发展机遇。"周光召院长三次动员我不要到美国去，留下来参加一个全新的机制体制方面的事业。在短短不到一个月的时间里，我反反复复地思考，那年我43岁，一头黑发不到一个月变白了。"

破冰：创建中科三环，奋力探索前行

1985年4月，由王震西创办的中科三环（1993年更名为"北京三环新材料高技术公司"）在北京正式成立。将中科院物理所、电子所、电工所、长春应化所从事稀土研究的科技人员联合起来组建企业，以新的模式、新的机制进行钕铁硼成果产业化的探索和尝试。

同年6月，王震西到赣南实地考察，在赣南地面两米以下蕴藏着全世界最好、最丰富、最优质的稀土资源，这使得王震西信心大增，也深刻地认识到了党中央和周光召院长坚持要成立中科三环决策的战略意义和使命感。

中科三环在中关村的诞生，昭示着中国科技体制改革春潮涌动之初，中国最早、最有代表性的一批高水平的科技成果产业化已经开始上路，那是怎样的一条路？荆棘曲折，还是一次华丽转身，当时的创业者们不得而知，却又义无反顾、勇往直前。1985年，注定成为中国稀土永磁产业腾飞的"元年"。自此，以钕铁硼稀土永磁材料研究开发、产业化、市场化为目标的中科三环在"稀土之邦"的中国大地破土而出、初露锋芒，并从那时起，一直推动着30年以来中国乃至全球稀土永磁产业的发展。

开拓：争做行业翘楚，变革国际格局

第三代稀土永磁材料自诞生以来，一直保持着快速发展态势，尤其是近十余年来，以烧结钕铁硼磁体为代表的全球稀土永磁材料产量进入高速增长时期。2000～2010年，全球烧结钕铁硼磁体的年均增长率达到20%，而中国的年均增长率更是接近了30%。进入21世纪，尽管日本、美国、欧盟稀土永磁产业发展不同程度放缓，但由于中国稀土永磁产业的超常发展，全球稀土烧结钕铁硼永磁产业依然保持了迅猛增长的态势。王震西院士说，中科三环的稀土永磁产量占到全球产量的10%左右。2015年前后，在全球新能源汽车、节能电机等低碳经济产业的新增需求拉动下，稀土永磁行业将再次迎来一个快速发展时期。

在中科三环的辐射和带动下，我国的稀土永磁企业如雨后春笋般不断涌现，蓬勃发展。王震西对此非常自豪。自1986年三环公司在宁波建立第一家钕铁硼工厂，目前中国钕铁硼企业已发展到200余家，其中年产超3000吨的有5家，年产1000～3000吨的约20家，主要分布在上海、浙江、北京、天津和山西等地。稀土永磁产业也迅速发展成为中国新材料产业的代表性产业，产销量雄踞全球80%的市场份额，在国际上具有举足轻重的地位。

王震西说，受中国稀土永磁产业迅猛发展的影响和推动，20世纪末至21世纪初，全球稀土永磁产业格局发生了重大调整，美国、欧盟稀土永磁产业出现剧烈震荡和萎缩，使得发达国家烧结钕铁硼企业仅剩欧洲的VAC，以及日本的日立金属、TDK及信越化工。进入21世纪后，中国稀土永磁能否再次推动国际格局变革，瘦削的王震西信心满满。

后记

年逾古稀的王震西院士仍然奋战在创新驱动发展的改革道路上，谈及一起奋斗过已经离世的"战友",老人数度哽咽;谈及创业的这些年,他说,"我很庆幸的就是生长在这么一个好的时代,遇上了最卓越的领导,还有后来居上的一大批富有创新和奉献精神的优秀的年轻人";谈及自己对社会的贡献,他谦逊地说:"自己最有价值的贡献在于在世界科技发展出现新的趋势,高科技领域的研究、开发、生产和进入市场的各个环节,联系得日益紧密,高速转化,在这样的变革大潮中,自己没有落伍,也没有成为一个旁观者,在外力的推动下,积极地投身参与进去,还能有所成功,有所收获,为国家做了一些实际的贡献,也为后来的年轻朋友积累了一些有益的经验教训,为他们铺了一点路。"王震西院士一直甘当青年的领路人。他带给后辈们的不仅是沉淀30年的创业精神,更是古稀人生的深刻感悟。

网络新闻作品三等奖

网络新闻作品三等奖获奖作品

西藏高原环境变化科学评估（系列报道）	中国网	王振红
欧阳自远：寻梦广寒宫	光明网	宋雅娟 等
新中国第一奖学金的前世今生	中国新闻社	吴 兰
最初的远征 ——中国发现约八万年前的新人类化石	果壳网	张博然

（以上获奖作品按照作品发表时间倒序排列）

西藏高原环境变化科学评估（系列报道）

气候专家详解西藏高原气候变化污染物主要来自境外

中国网 王振红

【中国网/中国发展门户网讯】青藏高原被誉为地球的"第三极"，而西藏高原则无疑是"第三极"的核心。中国科学院（简称中科院）近日发布了由中外100余位科学家合作撰写的报告《西藏高原环境变化科学评估》，分别评估和预估了西藏高原过去2000年及未来100年的环境变化。该报告显示，西藏高原气候变化的突出特征是变暖和变湿，生态系统总体趋好，但是冻土退化、水土流失和沙漠化严重，西藏高原灾害风险趋于增加。

中国网
2015年12月11日

气候变暖对西藏高原的生态系统来说是正面的还是负面的？人类活动对西藏高原环境有什么样的影响？西藏高原污染物来自哪儿？针对这些热点问题，兰州大学副校长陈发虎、中国气象科学研究院研究员张人禾、中国科学院青藏高原研究所研究员徐柏青、北京大学教授朴世龙接受了记者的采访。

记者：报告中提到西藏高原生态系统总体趋好，但又提到灾害风险趋于增加，这两者是否矛盾？我们要如何应对？

徐柏青：这两者并不矛盾，西藏高原生态系统总体向好。一方面，主要是变暖和变湿的气候特征促进了生态系统的良性发展。持续变暖改变了农区种植制度，过去 50 年来，农作物 ≥0℃ 的生育期平均每 10 年延长 4～9 天，≥10℃ 的生育期平均每 10 年延长 4 天。21 世纪西藏高原森林和灌丛将向西北扩张，高寒草甸分布区可能被灌丛挤占，植被净初级生产力将增大；种植作物将向高纬度和高海拔地区扩展，冬播作物的适种范围将会进一步增加，复种指数进一步提高。农牧民有望增收。另一方面，长期以来，中央人民政府及西藏自治区在当地开展了一系列生态环境建设工程，通过不同类型的生态系统的保护及专有物种的保护等一系列措施，促进了生态系统的好转。

环境风险增加并不是指生态恶化，像泥石流、冰湖溃决等自然灾害的发生，主要由于西藏高原东南缘地区的高山峡谷地形地貌和地质构造复杂，加之冰川极为发育，随着变暖变湿，降水量的进一步增加等因素，自然灾害潜在的风险会进一步增加，尤其冰川融化的加速，也会导致湖泊溃坝，形成灾害。同时，在全球变暖背景下，极端天气事件的致灾风险增加。

张人禾：变暖变湿和灾害风险增加实际上不矛盾。这里面有两个概念，变暖变湿是指气候总体变化的态势，变暖变湿是平均的状况。而灾害风险增加跟自然变动和变异有关系，比如说极端降水事件造成泥石流增加，极端降雪的雪灾出现等。变暖变湿的过程中，自然变异加大，为什么会这样？当气候从一个态到另一个态变化的过程中，大气的调整是增强的，所以灾害增加，实际上整个气候变化造成灾害增加的原因也是如此。

陈发虎：全球变暖对有的区域的影响是负面的，但对有的区域是正面的。根据过去的记录和模拟的季风，西藏高原气候变暖，降水增多，对西藏高原的生态系统来说是一个正面效应。变暖后，农业种植面积会扩张，过去只有很小的区域才能种植，现在可以在海拔更高的地方种植，对农业来讲，会有更大的发展潜力，植物生产量也会增加，所以对西藏高原农业的可持续是好的。

但是变暖同时会导致灾害风险的增加，导致局部地区和边缘地区灾害风险增加，这是全球变暖导致的气候变化过程存在的现象，是全球共同的问题，而不是西藏自身的问题。我们所要做的，就是采取各种手段来防治灾害风险。

记者：报告中提到人类活动对西藏高原环境有正负两方面的重要影响，那么人类活动的影响究竟占多大的比重？

徐柏青：人类活动并不是人类对环境的破坏来讲的，它是多方面的，既要生存，又要保护。目前，相对于整个中国甚至全球而言，人类活动对西藏高原的影响小得多，从环境的调研结果看，西藏高原目前仍是全球环境质量最好的区域之一，这是我们的基本结论。

当前西藏高原的污染物主要来自境外，当地人类活动对环境造成的压力非常小。西藏高原人类活动的影响主要有两个特点：一个是点性的污染，一个是线性的污染，没有形成大面积的污染，所以说人类活动对西藏高原环境的压力是非常小的。

张人禾：谈到人类活动对环境的影响到底占多大的比重，这确实是一个好的命题，这是我们科学界近20年来和未来一直要关注和攻关的问题，现在还很难回答。

人类活动是高层次的，比如说我们为了生存进行的一系列经济和社会活动，有正面和负面两种影响。

正面的影响，如国际上把青藏铁路称为"绿色铁路"，在青藏铁路建设过程中，我们充分考虑到了生态的正面效应，以及人类扰动的负面效应，并且知道如何应对负面效应，所以在建设中有很多创新的设计和理念。现在青藏铁路运行了近十年，它的生态正效应和经济效益、社会效益都有所体现。

西藏高原地处大高原核心区，在羌塘高原还有很多无人区域，无人区域里面的自然变化几乎是纯粹的、原始的。而在人类生活密集区和城市周围生态系统的变化，包括人工生态系统的变化都是以人类活动影响为主体的，自然影响只起到一定的辅助作用。

记者：刚才谈到西藏高原污染物主要来自境外，能否具体讲一下？

徐柏青：首先证实污染物来自境外，这是基于科学研究得出的结论。西藏高原升温加速，冰川融化加速，基于这些事实，我们在研究其背后的原因时，发现境外的污染物促进了西藏高原冰川加速消融，特别是我们在报告中重点提到的黑炭和持久性有机污染物，这些污染物在西藏高原包括青藏高原更大的范围内都已经检测到，我们追踪这些污染物的来源，通过一系列科学的检测手段，所有的结论都指出西藏高原并不存在局地的污染，西藏高原有机污染物都来自于境外。具体的来源，包括从喜马拉雅山脉南侧由印度季风带过来的，以及从高原以西由西风带来的。中国主要发达地区位于东部，处于西藏高原的下风口，打个比方，就像水不能往高处流一样，这些地方的污染物也不可能飘到西藏高原去。我们通过科学研究证实这些污染物对环境和气候确实产生了影响，是客观的科学结论。

这些研究不仅仅是中国科学家在做，而且过去20多年里国外科学家也做了大量的工作，发表了至少两三百篇比较有影响的科学论文。

记者：境外污染物有黑炭还有持久性有机污染物，这些是不是主要的空气污染物，对西藏高原气候变暖有没有促进作用？

徐柏青：刚才说的黑炭和持久性有机污染物，目前检测到是从境外来的是一个客观事实，但并不是说它对气候变暖起了多大作用。黑炭主要的作用是可以引起大气加热，黑炭主要是落到冰川表面，在原有气温增速的情况下，又让冰川吸收更多的阳光，这样就加速了冰川的消融。

持久性有机污染物比黑炭复杂一些。有机污染物是挥发性和半挥发性的。刚才说的都是大气污染，通过一种挥发、沉降、再挥发、再沉降过程，从高温地区不断向低温地区迁移，如北极，污染物通过长期不断地跳跃、迁徙传输到极地地区。寒冷的西藏高原也一样，持久性有机污染物传到西藏高原并不会引起增温，对西藏高原湖泊、生态系统有很重要的影响，西藏藏高原湖水较冷，鱼类的生长周期非常长，那里的鱼一年才能长几克，寿命相对比较长，污染物不断从食物链的低端向高端传递，生物寿命越长，体内聚集的污染物会越多，这是我们比较担心的一个问题。

记者：报告中提到西藏高原冻土退化、水土流失和沙漠化严重，这与生态系统总体趋好相矛盾吗？

朴世龙：报告中提到沙漠化严重，并不是指整个高原都是沙漠化严重，而是指局部地区有一些冻土退化和沙漠化。沙漠化在局部特定的地区有增加的趋势，但是从整个西藏高原来看，通过近30年的遥感数据分析，植被覆盖度是显著增加的。一般来讲，生产力增加，光合作用能力越强，生态系统就会变好，绿地的覆盖度也会显著增加。

张人禾：首先我们讲生态系统，地表覆盖、草地、森林、湿地、冰川，还有荒漠、一块块小的沙漠都是生态系统。基于遥感看那些参数整体上是趋好的，生态系统总体向好，西藏高原气候变化的突出特征是变暖和变湿，但是南部、北部、东部、西部是有区域差异的，比如最西边是趋暖、趋干的，这儿的生态系统是有些荒漠的生态系统，冻土退化、降水减少，就可能加速荒漠化。再比如在一些人类活动聚集的地方，建设活动的加剧，结合冻土的退化，就造成了局部沙漠化现象。而有些地方出现的冻土退化，冰川消融，湖边有些草场和房屋被淹没，这在整个变化过程是一个短时波动的现象，当地政府及时地应对这种气候变化，进行了相关的调整和规划，当地居民都得到了妥善的安排。

记者：全球气候总体变暖，1983～2012 年是过去 1400 年来最热的 30 年，2014 年全球气温创历史新高。全球平均气温为 14.6 摄氏度，比 20 世纪的平均水平高出 0.69 摄氏度。有人认为，是中国的经济高速发展造成了这种现象，事实是怎样的呢？

张人禾：全球变暖并不是污染物造成的，污染物是阳伞效应，全球变暖最主要的原因是二氧化碳、温室气体排放。气候变暖不仅仅是我国的发展造成的，实际上从工业革命以后，二氧化碳排放增多导致了全球气候变暖，并且二氧化碳气体寿命很长，可以持续百年甚至几百年。

中国的经济是最近几十年才发展起来，而气候变暖实际上早就开始了，过去的工业化，是以发达国家为主导，温室气体是发达国家首先排放，人类活动特别是发达国家以前对气候变暖起到了很大的推动作用。

另外，西藏高原的气候变暖，实际上是在全球大的气候变暖背景下产生的。西藏高原本身并没有非常多的工业发展，二氧化碳、气溶胶的排放都很少。全球变暖，西藏高原区域也跟着变暖。

人类活动对西藏高原环境压力非常小

中国网　王振红

【中国网/中国发展门户网讯】青藏高原被誉为地球的"第三极",而西藏高原则无疑是"第三极"的核心。中国科学院近日发布了由中外100余位科学家合作撰写的报告《西藏高原环境变化科学评估》,分别评估和预估了西藏高原过去2000年来及未来100年的环境变化。该报告显示,西藏高原气候变化的突出特征是变暖和变湿,生态系统总体趋好,但是冻土退化、水土流失和沙漠化严重,西藏高原灾害风险趋于增加。

该报告指出,人类活动对西藏高原环境有正负两方面的重要影响,中国科学院青藏高原研究所研究员徐柏青指出,人类活动是多方面的,既要维持生存,又要保护环境,并不只是对环境造成破坏。目前,相对于整个中国甚至全球而言,人类活动对西藏高原的影响比别的因素小得多,西藏高原目前仍是全球环境质量最好的区域之一,这是我们的基本结论。

"当前西藏高原的污染物主要来自境外,当地人类活动对环境造成的压力非常小。西藏高原人类活动的影响主要有两个特点:一个是点性的污染,一个是线性的污染,没有形成大面积的污染,所以说人类活动对西藏高原环境的压力是非常小的。"徐柏青说。

中国气象科学研究院研究员张人禾说:"谈到人类活动对环境的影响到底占多大的比重,这确实是一个好的命题,这是我们科学界近20年来和未来一直要关注和攻关的问题,现在还很难回答。"他指出,人类活动是高层次的,比如说我们为了生存进行的一系列经济和社会活动,有正面和负面两种影响。正面的影响,如国际上把青藏铁路称为"绿色铁路",在青藏铁路建设过程中,我们充分考虑到了生态的正面效应,以及人类扰动的负面效应,并且知道如何应对负面效应,所以在建设中有很多创新的设计和理念。现在青藏铁路运行了近十年,它的生态正效应和经济效益、社会效益都有所体现。

"西藏高原地处大高原核心区，在羌塘高原还有很多无人区域，无人区域里面的自然变化几乎是纯粹的、原始的。而在人类生活密集区和城市周围生态系统的变化，包括人工生态系统的变化，都是以人类活动影响为主体的，自然影响只起到一定的辅助作用。"张人禾说。

境外污染物促进了西藏高原冰川加速消融

中国网 王振红

【中国网/中国发展门户网讯】青藏高原被誉为地球的"第三极",而西藏高原则无疑是"第三极"的核心。中国科学院近日发布了由中外100余位科学家合作撰写的报告《西藏高原环境变化科学评估》,分别评估和预估了西藏高原过去2000年来及未来100年的环境变化。该报告显示,西藏高原气候变化的突出特征是变暖和变湿,生态系统总体趋好。但是冻土退化、水土流失和沙漠化严重,西藏高原灾害风险趋于增加。

西藏高原污染物来自哪儿?中国科学院青藏高原研究所研究员徐柏青接受记者采访时指出,当前西藏高原的污染物主要来自境外,当地人类活动对环境造成的压力非常小。西藏高原人类活动的影响主要有两个特点:一个是点性的污染,一个是线性的污染,没有形成大面积的污染,所以说人类活动对西藏高原环境的压力是非常小的。

他解释说,西藏高原的污染物主要来自境外,这是基于科学研究得出的结论。西藏高原升温加速,冰川融化加速,基于这些事实,我们在研究其背后的原因时,发现境外的污染物促进了西藏高原冰川加速消融,特别是我们在报告中重点提到的黑炭和持久性有机污染物,这些污染物在西藏高原包括青藏高原更大的范围内都已经检测到,我们追踪这些污染物的来源,通过一系列科学的检测手段,所有的结论都指出西藏高原并不存在局地的污染,西藏高原有机污染物都来自于境外。具体的来源,包括从喜马拉雅山脉南侧由印度季风带过来的,以及从高原以西由西风带来的。中国主要发达地区位于东部,处于西藏高原的下风口,打个比方,就像水不能往高处流一样,这些地方的污染物也不可能飘到西藏高原去。我们通过科学研究证实这些污染物对环境和气候确实产生了影响,是客观的科学结论。徐柏青说:"这些研究不仅仅是中国科学家在做,而且过去20多年里国外科学家也做了大量的工作,发表了至少两三百篇比较有影响的科学论文。"

全球变暖并非中国经济发展所致

中国网　王振红

【中国网/中国发展门户网讯】青藏高原被誉为地球的"第三极",而西藏高原则无疑是"第三极"的核心。中国科学院近日发布了由中外 100 余位科学家合作撰写的报告《西藏高原环境变化科学评估》,分别评估和预估了西藏高原过去 2000 年来及未来 100 年的环境变化。报告显示,西藏高原气候变化的突出特征是变暖和变湿,生态系统总体趋好,但是冻土退化、水土流失和沙漠化严重,西藏高原灾害风险趋于增加。

全球气候总体变暖,1983～2012 年是过去 1400 年来最热的 30 年,2014 年全球气温创历史新高。全球平均气温为 14.6 摄氏度,比 20 世纪的平均水平高出 0.69 摄氏度。有人认为,是中国经济的高速发展造成了这种现象,事实是怎样的呢？中国气象科学研究院研究员张人禾接受记者采访时指出,全球变暖并不是因污染物造成的,污染物是阳伞效应,全球变暖最主要的原因是二氧化碳、温室气体排放。"气候变暖不仅仅是我国的发展造成的,实际上从工业革命以后,二氧化碳排放增多导致全球气候变暖,并且二氧化碳气体寿命很长,可以持续百年甚至几百年。中国的经济是最近几十年才开始发展起来,而气候变暖实际上早就开始了,过去的工业化,是以发达国家为主导的,温室气体是发达国家首先排放的,人类活动特别是发达国家以前对气候变暖起到了很大的推动作用。"张人禾说。

另外,西藏高原的气候变暖,实际上是在全球大的气候变暖背景下产生的。西藏高原本身并没有非常多的工业发展,二氧化碳、气溶胶的排放都很少。全球变暖,西藏高原区域也跟着变暖。

欧阳自远：寻梦广寒宫

光明网　宋雅娟　战　钊

光明网
2015年11月16日

【记者手记】

邀约欧阳自远院士做客"科技名家风采录"栏目既顺利又艰难。顺利的是，欧阳院士作为《光明日报》科普专家委员会顾问，听闻记者策划要拍摄关于他的人物访谈，很快就答应了下来；艰难的是，欧阳院士掐着手指算日子却发现，再怎么挤时间，也得两个礼拜之后的9月28日了，正是中秋节和国庆节间隙。

9月28日，视频访谈如约进行，记者也深切地感受到了欧阳院士的忙碌。记者一行一早过去，却发现欧阳院士已经工作多时。热情接待我们后，在一行人布置采访环境的间隙，他又埋头继续工作了。

近两个小时的采访，欧阳院士既耐心又真诚，回忆了"嫦娥"系列卫星的研制发射，动情之处，眼中甚至泛出了泪花。谈及"嫦娥一号"探月卫星发射时，他动情地给我们讲起了当时的场景："突然，报告说被月球抓住了，就是'嫦娥一号'没飞掉，也没撞上，被月亮抓住了，能绕月亮飞了。我们两个老头抱头痛哭，这是我经历的应该说是在'嫦娥一号'发射当中最难忘的一个时刻了，因为它渡过了难关，渡过了危机，它平安地进入到它正常人生发展的轨道。就像女儿一样，她已经能够自立了，而且已经按照她生命的前景自己在努力，在完成她的使命。"

事实上，早在一开始与欧阳院士打电话沟通时，记者就被他的儒雅，以及对年轻记者的尊重和呵护感动到。他说话时，总是缓慢而低沉，似乎整个世界的节奏都慢了下来。虽然已至耄耋之年，欧阳院士的状态却让他看起来年轻了不少。访谈中，他甚至边抽烟边笑谈自己的保养方式：抽烟、吃肥肉、不运动。这不禁让我们大吃一惊，不过这倒反而像极了他钟爱的武侠小说中的人物的大口吃肉，大口喝酒，潇洒与叛逆的一面。

在谈到科学家做科普时，欧阳自远感慨颇多。他说，近十多年，自己一直坚持做科普报告。他的听众层次多样，从小学生到中学生，从大学生到官员，连院士都有。面对记者，他坦言，自己其实不太喜欢通过媒体来传达科普，反而喜欢通过自己直接来演讲，"这样就不会有人把我的话掐一截，少一段，来断章取义了"。他告诉记者，之前碰到一些媒体，胡乱改动自己的话，说实话，有点怕了。现场演讲的方式则不同，讲座后学生的反响很热烈，事后还收到各种各样的来信，让他觉得很满足，很值得。他扶了扶自己的眼镜，说道："正是这些反馈，让我总觉得有无穷无尽的力量去做科普。"

时间飞逝，预约好的两个小时的采访时间很快就过去了。中午12点时，欧阳院士的助理告知我们欧阳院士下午1点还有一个会议，要留一点时间吃饭。我们本已决定结束访谈，欧阳老师却摆摆手，又花了十多分钟的时间继续聊刚刚未结束的问题。

12点10分，我们结束了访谈，却惊讶地看到了助理所说的中饭，竟然只是两盒便当：一盒饺子，一盒青菜。于是，书桌瞬间变成了餐桌。兴许是我们叨扰太久，欧阳院士只能边吃饭，边打开电脑继续修改文档。记者留意几番，发现饭菜并无热气，看来早已凉了，但欧阳院士似乎并没有察觉到，一直盯着电脑改文档，偶尔才会连吃几个饺子。那一刻，记者被这个八十岁的"老头子"感动到了。

片头

月亮，曾几何时，变成了人世间喜怒哀乐的见证者。
她见证了人世间的相思，才有"海上生明月，天涯共此时"。
她见证了人世间的浪漫，才有"月上柳梢头，人约黄昏后"。
她也见证了一个人的梦想。
所以才有"仰望星空，脚踏实地"。

耄耋之年夜以继日，只为科普

【采访】最近这十几年，我一直坚持做一件事情，就是做科普报告。

【采访】给大学生、中学生、小学生、公务员、领导干部、院士，为各种层次的听众准备不同类型的科普报告，有介绍月亮的、有介绍火星的、有介绍生命的，大概有十几种内容。结果我没有想到，特别是给学生的报告，激励他们要热爱科学，要热爱自己的祖国，要为祖国做贡献，要艰苦奋斗，我是通过大量的我们"嫦娥"的历程、"嫦娥"的成果去告诉大家，结果不知道有多少回信，简直是……我就感觉到有无穷无尽的力量在推动我去做这些事情。

【文字】如今已 80 岁高龄的欧阳自远，仍然日夜不停地忙于自己的工作，就像看不出他的年龄一样，有很多人并未真正读懂他的梦想。在"探月"这条梦想旅途上，欧阳自远已经走了 55 年。

青春年华励志探月，原因何在

【采访】严格讲，我们准备了 35 年。那是从 1960 年开始，一直到大概是 1993 年、1994 年，我们大概准备了，都是收集整理，所以我在中国带头研究陨石，研究这些天体上有什么东西，是什么石头，它是怎么形成的、起源的，当时中国几乎没有什么人去搞这些，所以我就开始进入了这个阶段。

到了 1993 年，我们觉得我们国家有条件了，为什么呢？国力强盛了，钱也开始有了，技术也进步了，另外科学家也有一些了，我觉得我们国家现在应该说有条件来准备探测月球。

【文字】35 年，最青春的年华，他为何执着于一个看似遥不可及的梦想。

【采访】在我念研究生的第一年，世界上发生的一件事情对我的震撼很大，那就是苏联在 1957 年发射了人类的第一个人造地球卫星，我感觉到这是人类空间时代的到来，人类将要借助于空间的观测来研究地球，我也坚信我们中国总有一天也会有卫星，所以我们总会有空间时代的到来。

苏联发射人造地球卫星以后，1958 年，美国和苏联这两个超级大国开始探测月亮。为什么要探测月亮？这给我极大的启发，月球与地球有什么关系？紧接着，1961 年苏联的加加林上天了，这是人类第一个宇航员离开了地球而绕地球运行。苏联的进展快得简直不得了，所以我得了解它们为什么要搞月亮、怎么搞法，到底在月亮上做什么事情？为什么这么热衷，当然它们是为了空间霸权的争夺、为了"冷战"的需要、为了战争的竞争。这是这两个超级大国做的，但是背后隐藏的科学是什么、技术是什么？我觉得我作为新中国的一位青年应该了解，等到我们国家有一天也有能力做的时候，我们有准备，机会只给有准备的人。

【文字】从 1993 年开始，欧阳自远积极呼吁中国启动探月工程，并进行了长达 10 年的科学论证。

梦想成真　泪洒现场　情系嫦娥

【访谈】2004 年，国家批准了我们的第一次月球探测，我觉得我们究竟花多少钱？当时我们申报的是 14 亿元人民币，人家都以为你搞这个月亮简直是个无底洞，不知道要花国家多少钱，我觉得咱们得老老实实，回报国家 14 亿元，最后你要把全部的基础设施建好，你要发射卫星，你要最后把全部的成果都告诉全世界。

【文字】2007 年 10 月 24 日，"嫦娥一号"探月卫星发射。2007 年 11 月 5 日，"嫦娥一号"顺利被月球捕获，进入绕月轨道。

【记录】欧阳自远泪洒指挥现场。

【访谈】突然之间报告，"嫦娥一号"被月球抓住了，就是嫦娥一号没飞掉也没撞上，被月亮抓住了，现在绕月亮飞，我们两个老头抱头痛哭，这是我经历的应该说是在"嫦娥一号"发射过程当中最难忘的一个时刻了，因为它渡过了难关，渡过了危机，它平安地进入到它正常"人生"发展的轨道。就像女儿一样，她已经能够自立了，而且已经按照她生命的前景自己在努力，在完成她的使命。

【文字】2009 年 3 月 1 日，"嫦娥一号"完成使命撞向月球预定地点。

【访谈】"嫦娥一号"是撞上去的，大家都心碎了。

这是成千上万人辛苦的结晶，被寄托了极大的希望——寄托了民族的希望，寄托了人民的梦想，它完成了它的使命，但是最后不得不撞在月亮上,粉身碎骨,心疼啊。

【文字】但我觉得她是一位英雄,为国献身,埋藏在异乡。我觉得中国人会永远记住她的功绩和贡献。

心系未来,期盼人才,当知爱国

【采访】

"嫦娥二号"咱们后说,我们胆子大了,得了,直飞,别那么绕圈了,直飞4天半到月球。"嫦娥二号"降得很低,干什么?我们希望做出来的图是分辨率最高的,什么意思?看得最清楚,我们做了多大的图?分辨率7米,7米大小的一个东西在月亮上,大概也就我房子这么大,我可以在图上看见它。所以我在飞啊飞,全部飞完了一点空隙都没有,飞得如此美满,所以这是世界上最好的一张月亮的地图。

【文字】2013年12月2日,"嫦娥三号"探月卫星发射。

【动画】"嫦娥三号"探月模拟动画。

【采访】

那么"嫦娥四号",我们准备发射到月球的背面去。

"嫦娥五号"又不同了,嫦娥五号是绕落回、回来。

当然我们中国不会止步于月亮,我们中国现在已经有计划,我们很快也要去火星。

我们还要去探测小行星,去探测太阳系,总之我们中国人一定会飞得更远。

所以我想我们必须一代传一代,有更多人参与其中,中国大有希望,希望就是人才起来了,所以对未来我是充满信心,他们一定能搞得比我们好多了,绝对,一定会更好。

【花絮:民族凝聚力】但是你要知道,对于"嫦娥"工程来说,美国自始至终不愿意卖给中国任何一个元器件,在欧洲我们现在是什么?军事禁运,到现在还没有解除。

【花絮:匹夫强国梦】所以我有一个最深刻的体会,别人并不希望中华民族伟大复兴,中国人只能咬紧牙关,自力更生,艰苦奋斗,自主创新,否则只能被人欺侮,所以我们要争口气,要自强。我觉得要靠中国自己的本事,靠别人是靠不住的!

视频节目链接:http://tech.gmw.cn/scientist/2015-11/16/content_17739431.htm

新中国第一奖学金的前世今生

中国新闻社 吴 兰

23日，第34届郭沫若奖学金颁奖典礼在中国科学技术大学（简称中科大）举行，该校戴晨光等34名学生获此殊荣。

郭沫若奖学金（简称郭奖）是由国务院批准设立的新中国第一奖学金，设立于1980年，是首个个人冠名奖学金，是中科大本科生最高荣誉奖。

郭奖前世今生

据悉，旧中国曾有奖学金制度，但新中国成立后到改革开放前，高校一直实行"助困"性质的人民助学金制度，没有实行"奖优"性质的奖学金制度。直到1983年，教育部才发文开始实施"人民助学金"和"人民奖学金"并存的办法。在此前，1980年，国务院正式批准设立郭沫若奖学金。

据中科大"1980年大事记"

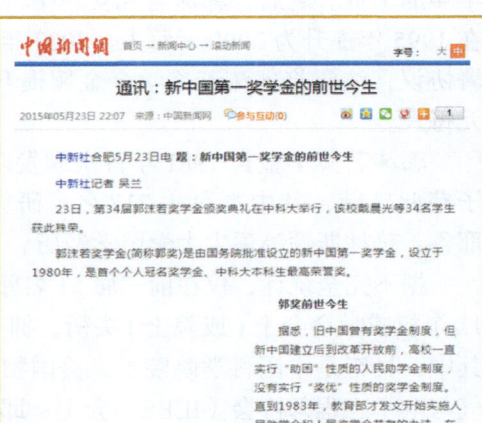

中国新闻网
2015年5月23日

记载，郭沫若奖学金是中国科学院利用郭沫若院长生前交给院党组的 15 万元人民币稿费在该校设立的专项奖学金，每年设 15 个名额，获奖者可获得一枚"郭沫若奖学金获得者"银质奖章和 200 元现金。当年工人平均月工资约 35 元。

1981 年，中科大举行首届郭沫若奖学金颁奖大会，彭小维等 15 名同学获得首届"郭沫若奖学金"。据说当年金银短缺，中科大为了制作奖章，还专门向中国人民银行申请了 10 公斤白银，一共制作了 200 枚奖章。

1987 年，郭沫若奖学金额度提升至 500 元每人，这超过了大学毕业生半年的工资。之后，郭沫若儿女、中科院数次向郭沫若奖学金注资，奖金在 1995 年提升为 2000 元每人。2007 年，中科大新创校友基金会和学校签署协议，注资将郭沫若奖学金金额提升为 8000 元每人，后又提升为 1 万元每人。

郭沫若奖学金自 1981 年首次颁发以来，迄今共有 34 届 812 名科大学子获此殊荣，其中本科生 717 名，研究生 95 名。他们大部分曾有哈佛、耶鲁、普林斯顿等顶尖大学留学经历。

据不完全统计，仅在前三届 51 名郭沫若奖学金获得者中，有 8 人拥有 11 个权威学会会士（或院士）头衔，拥有会士头衔的得主比例高达 15.6%。其中，吴奇是中国科学院院士、美国物理学会会士；李卫平、付敏跃是电气与电子工程师协会（IEEE）会士；邱建伟是美国物理学会会士；邓立是 IEEE 会士、美国声学学会会士；林间、李献华是美国地质学会会士；姜涛是美国计算机学会会士、美国科学促进会会士。他们中还出现大批纵横商海的精英，郭沫若奖学金得主黎彦修被公认为最出色的华人金融家之一，被媒体称为"震荡华尔街的华人高手"。

郭奖蜚声海外

郭沫若奖学金的品牌效应在国际上许多著名高校间声口相传。郭沫若奖学金获得者杨培东 2012 年当选为美国艺术与科学院院士，美国《科学》期刊以"青云直上"为题撰文称赞杨培东"名列最顶尖的十名材料科学家之列"。

2004 年 7 月，哈佛大学博士白重恩出任清华大学经济学系主任。他是大批郭沫若奖学金得主满怀爱国激情回国效力的一个缩影。

据了解，今年 34 名获奖者将全部去国内外一流高校或研究所深造，其中 29 名同学将赴包括哈佛大学、普林斯顿大学、哥伦比亚大学等在内的国外一流大学深造，占今年获奖总人数的 85%。

中科大校长万立骏说，大学之道，在明明德，在亲民，在止于至善。郭沫若奖学金获得者如今都活跃在不同领域，为世界科学发展、为国家建设做出了贡献。

郭沫若先生从 1958 年 9 月起一直兼任中科大校长，直到 1978 年 6 月病逝，长达 20 年之久。

最初的远征

——中国发现约八万年前的新人类化石

果壳网　张博然

"许多个世纪之后，其他的民族也终于渡海而来。最先来到的是高大金发的安达尔战士。约8000年前，他们带着精钢打造的武器，胸膛画了象征新神的七芒星，渡海杀来。先民和他们的战争持续了数百年，六个南方王国一个接一个落入他们手中。只有在这里，冬境之王击败了所有试图穿越颈泽的军队；也只有在这里，先民依旧占有一席之地。"

——鲁温学士，《冰与火之歌》

他们像潮水一样涌来，却在北方一道无形的界限止步。他们覆满了大地的角落，北进的旅程却被阻挡了数万年之久。即便如此，他们向东方的扩张却不曾停歇——2015年10月15日的《自然》(Nature)上，一篇来自中国的论文证明，他们早在12

万～8万年前就抵达了遥远的东方大陆，比突破北境屏障至少要早整整3万年。

或者，应该说是"我们"——我们人类。因为，虽说这画风转得有点快，但《冰与火之歌》中发生的故事，的的确确也出现在了真正的现代人类历史中。

他的后代必多如海沙，他的族裔必继承大地

我们——智人（*Homo sapiens*）——在19万～16万年前的某个时候诞生在东非。然而，我们来晚了。此时的世界并非鸿蒙初辟，也非走出伊甸；它是乱世，早已被诸多其他智慧生命占领。乍得沙赫人和地猿早已被遗忘，南方古猿和傍人也成了上古传说，就连能人、鲁道夫人、匠人和海德堡人都已经是历史。此时，在欧洲，尼安德特人已经生存了10万年，还将继续生存下去，击退一切入侵的企图，直到自身的毁灭降临；在遥远的东方，直立人经历了百万年的辉煌，最后的孑遗还将勉力支撑十万年。佛罗勒斯人的祖先可能已经在前往东南亚的路上，并将在那里隐居；而丹尼索瓦人刚刚与尼安德特人分道扬镳，自中东踏上前往中亚之旅。

但今天，他们全都消失了。我们的体内大概有少量尼安德特人的混血，可能还有些其他人类的蛛丝马迹，但占领世界的是我们，而不是他们。

很容易将这个结果想象成类似于天命昭昭的事情，觉得世间万物都以指向智人为结局。几十年前，我们还以为人类的演化是像爬梯子一样直线上升的，从南方古猿—能人—直立人—智人这样一步步走过来。但现在我们知道，人的演化——事实上，任何生物的演化——都不是一架梯子，而是一棵树。智人的天下是在诸多兄弟姐妹中间打出来的，它的背后有真实的历史；而这些历史，可以从古人类学的发现中初见端倪。

现代人的东征是何时开始的

昨天之前，我们知道的历史基本如下：智人在东非诞生后，长期以来始终无法北进。曾有一支智人入侵过地中海东部，但是没能站稳脚跟，被尼安德特人赶走或消灭了。直到约4.5万年前，智人才终于真正击破了尼人的北境欧洲防线，逐步占领全欧洲，而尼人则在几千年后就灭绝了。与此近乎同时，亚洲的智人也入侵了中国北方，将这里残留的人类消灭。

这一突然的胜利说明了什么呢？是不是智人此前大部分时间都受困于东非附近，到此时终于变强了，开始征服世界？还是说智人的扩张早已开始，只是始终被北方的人类阻挡，直到4.5万年前的某种变故，让北方防线崩溃了？

答案的关键在中国南方，这里遍布的喀斯特地貌盛产化石。但是长期以来这里的化石很难确定具体的年龄，形态特征也模棱两可。几年前，中国研究者在广西崇左木榄山智人洞发现了一块下颚骨，时代约在11万年之前，但它的混杂特征令人迷惑。研究者最终认为这属于"早期"的现代人，也有人认为这只是晚期的直立人而已。

但今天，中国研究者又发表了一组新的化石：来自湖南道县福岩洞的47枚人类牙齿。论文第一作者，中科院古脊椎动物与古人类研究所的刘武研究员在接受果壳网科学人采访时说，它们毫无疑问属于真正的现代人，而时间则能相当可靠地确定到12万～8万年前。换言之，在进入北方之前很久，智人就已经大踏步向东前进了。

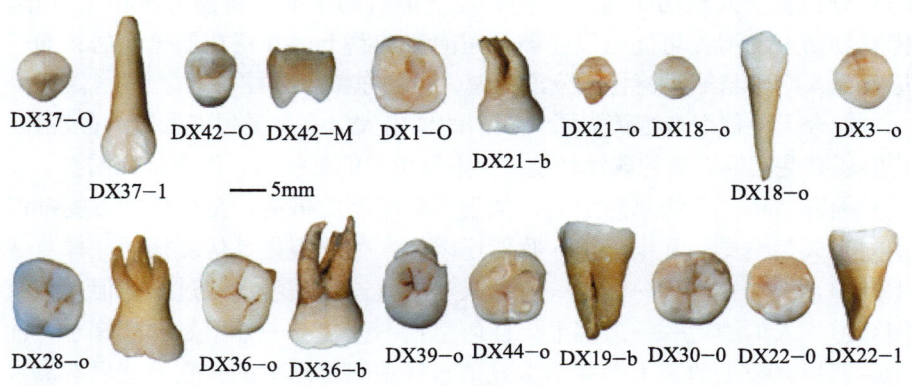

在道县福岩洞发现的人类牙齿（部分）

图片来源：The earliest unequivocally modern humans in southern China，论文配图

一个洞穴，47枚牙齿，12万～8万年前

挖出一具完整的古人类，是每个研究者的白日梦——现实中当然不可能有如此好事。就连相对完整的头骨之类，都是可遇而不可求。论文作者之一，中国科学院地球环境研究所的蔡演军研究员接受采访时说，道县福

岩洞和北京周口店猿人不同，这个洞并非古人类生活的洞穴，其中的遗骸是后来在流水冲刷等力量的作用下搬运进去的，而不是本来就在那里的。所以，研究者只发现了牙齿。

但牙齿非常有用：它小而结实，容易保存，一颗牙上最多能保存20余个形态特征，其演化路径清晰。当特征和样本足够多的时候，就可以使用统计学方法来将它归类，最高程度地降低主观误差。研究者认为，这47颗牙齿可以明确地归为真正的现代人（晚期智人），和今天的我们几乎没有区别。

而这个洞穴也好得不同寻常。洞穴底部被整整一层完好的"流水石"铺满了，因此这层石头下面的化石一定要更加古老。"福岩洞属于华南板块的海上碳酸盐沉积发育成的岩溶喀斯特地貌，现在岩溶发育近乎停滞，内部相当干燥，堆积物顶部又有钙质胶结，比较稳定，这保证了里面埋藏的东西没有被改造过。"论文作者之一、中国科学院古脊椎动物与古人类研究所的裴树文研究员在接受果壳网采访时说。对流水石进行的钍230定年表明，这层石头至少在80 100（±1200）年前沉积形成。

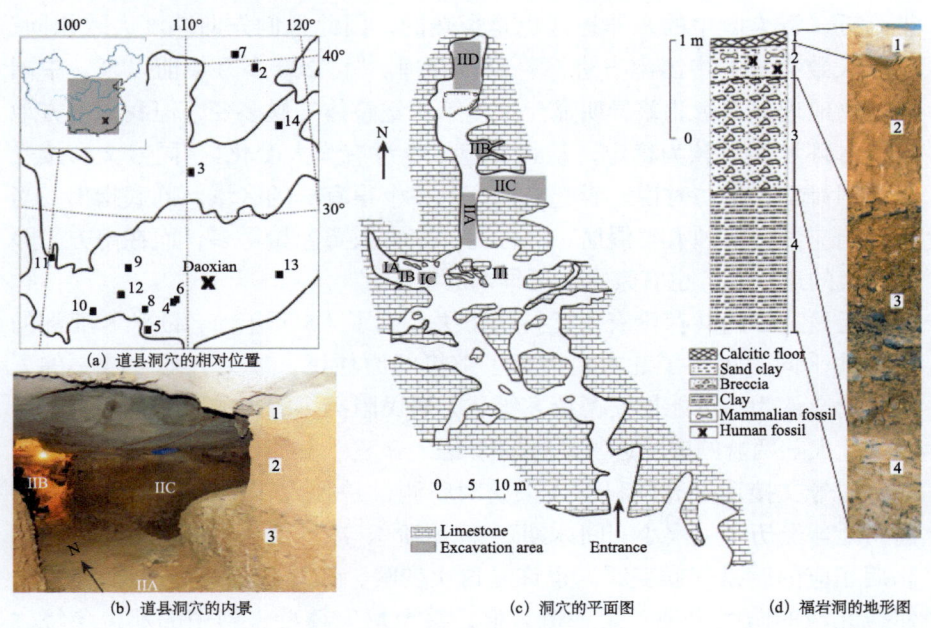

发现牙齿的洞穴有着得天独厚的地貌

图片来源：The earliest unequivocally modern humans in southern China，论文配图

另外，根据下层的碎屑测年和伴生的动物群估计，这些化石不会早于12万年前。"这是第四纪华南地区典型的大熊猫剑齿象动物群，"论文作者之一，中国科学院古脊椎动物与古人类研究所的同号文研究员在接受果壳网采访时说，"其中有熊猫、剑齿象、貘、叶猴、长臂猿等动物。"当然，这个熊猫和今天的熊猫（Ailuropoda melanoleuca）并非同一物种，它是巴氏熊猫（Ailuropoda baconi），约在75万年前诞生，比现在的熊猫还要大一号。

两者结合，认定福岩洞里的古人类——不，应该说，他们已经不古了，已经是现代人了——生活在8万~12万年之间。这比人类进入欧洲或者华北地区要早3万~7万年；比此前人们以为的现代人东进时间也提前了2万~6万年。

最后的夏天，与北境的末日

在某种意义上，这个结果也不那么令人惊讶。最早的人类就起源于热带附近，智人诞生的东非地区也是炎热的，因此他们先向纬度大致相同、气候大致类似的中国南方进军，也算合理。"自200多万年前以来，中国的动物地理分布南北差异明显。虽然第四纪整体气候多变，但我国南方地区的古环境相对较为稳定，动物群组成也没有太大变化。"同号文在接受果壳网科学人采访时说。看起来，这是一个很宜居的区域。刘武指出，当时中国应该有多种人类混居，北方的许家窑人要原始得多，而在南方，除了现代的道县人，也有崇左的更早期的智人。

但是这样的共存没有永远持续下去。到了4.5万年前，欧洲和亚洲的智人几乎同时进入了北方，消灭了那里的原住民，成为大陆上唯一的人类。论文认为，可能尼安德特人等北方居民阻挡了智人的脚步，但是什么因素让大陆两端的屏障近乎同时倒塌呢？

同号文接受果壳网科学人采访时猜测，是因为气候。4.5万~4万年前，地球经历了一次小"间冰期"（间冰阶）。冰期意味着气候变冷，而间冰期相应的就是气候变暖。也许是这次变暖，让北方的寒冷不那么严苛，使得北境的防线出现了第一道裂痕；甚至尼安德特人当中的那位冬境之王，恐怕也将束手无策。这个时期，正是智人向高纬度扩散的开始；自那以后，智人才真正地遍布了整个世界。

《冰与火之歌》中的北境之王也没能抵抗来自南方的烽火
4.5万~4万年前那次温暖的间冰期是智人向北方扩散的开始
图片来源：http://seanniewan.wordpress.com

因此，发生在现实中地球上的这个真实故事，虽然和《冰与火之歌》如此相似，但在一个至关重要的地方是相反的：4.5万年前，欧洲和中国北方的人类所畏惧的，并非凛冬将至，而是炎夏来袭。

摄影作品一等奖

摄影作品一等奖获奖作品

"悟空"升空目击记 ——我国首颗暗物质粒子探测卫星昨成功发射	上海文汇报社	谢震霖
中国"天眼"成长记（系列报道）	新华社	金立旺 等

（以上获奖作品按照作品发表时间倒序排列）

文匯報

"悟空"升空目击记

——我国首颗暗物质粒子探测卫星昨成功发射

上海文汇报社　谢震霖

文汇报
2015 年 12 月 18 日

"悟空"由"长征二号丁"火箭送入空间

摄影作品一等奖

搭载"悟空"的"长征二号丁"火箭升空后的转向姿态

紫金山天文台伍健和陈灯意两位研究人员正在调试暗物质粒子探测卫星的核心

技术人员在检测卫星的中子探测器

"悟空"上路前,酒泉卫星指挥控制中心的测控人员在做最后的联调

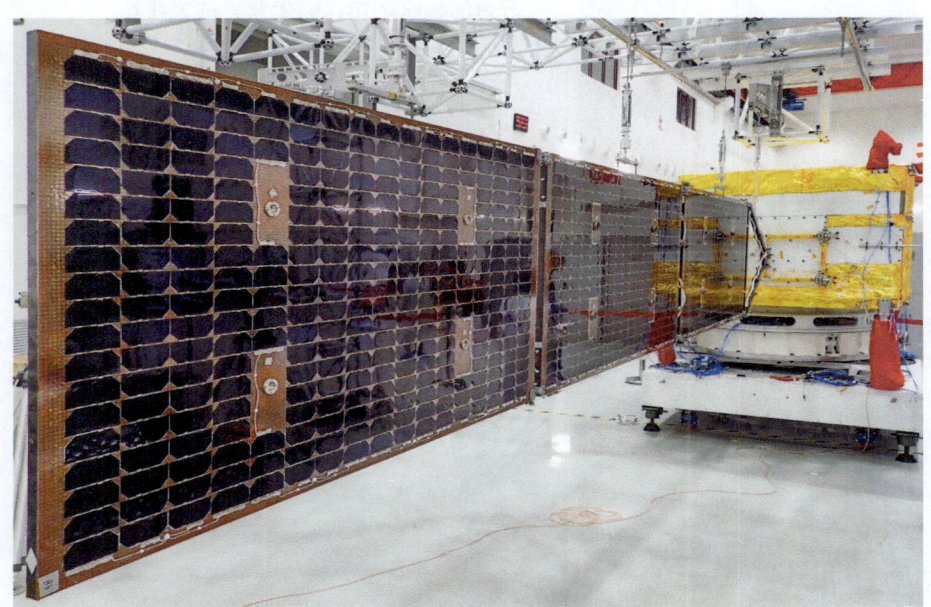

暗物质粒子探测卫星的太阳电池阵,在中科院微小卫星创新研究院内进行展开时的姿态

谢震霖

现为《文汇报》摄影部主任、中国摄影家协会会员。同时还担任上海市摄影记者行业组织——上海市新闻摄影学会副主任、秘书长。他是上海新闻界集文字、摄影于一身的"两栖"型记者。

多年来，他在担任文汇报《镜头纪实》《视觉》版面主编期间，为提高广大群众、普通读者的摄影艺术创作水平，倾注了大量的心血。

他独具慧眼，发现新作，为他人作嫁衣，介绍和编发过国内外各类优秀摄影作品。

他还坚持深入一线进行大量专题类的摄影报道，发表了许多视角独特、画面具有冲击力的独家之作，颇受业界的关注。

中国"天眼"成长记(系列报道)

新华社　金立旺　欧东衢　刘　续

正在建设中的 500 米口径球面射电望远镜(金立旺 2014 年 7 月 16 日摄)

　　正在中国贵州平塘安装建设的 500 米口径球面射电望远镜(FAST),是目前世界上在建的口径最大、最具威力的单天线射电望远镜。中国 FAST 工程办公室称,这一超级望远镜有望在 2016 年建成,建成后将成为世界级射电天文研究中心。

施工人员在圈梁上作业（金立旺 2014 年 7 月 16 日摄）

工人们在面板组装场地上施工，背后是建设中的 500 米口径球面射电望远镜（金立旺 2015 年 7 月 27 日摄）

摄影作品一等奖

正在建设中的500米口径球面射电望远镜（金立旺 2015年7月27日摄）

世界最大单口径射电望远镜面板安装近三成（金立旺 2015年11月21日摄）

正在贵州黔南布依族苗族自治州建设的世界最大单口径射电望远镜——500米口径球面射电望远镜目前正在进行反射面面板安装，4400块边长约11米的三角形面板安装已经完成近三成，预计2016年4月前后安装完毕。

工人在安装反射面面板（金立旺 2015 年 11 月 21 日摄）

世界最大单口径射电望远镜面板安装近三成（金立旺 2015 年 11 月 21 日摄）

观天智眼的"眼珠"动了（金立旺 2015 年 11 月 21 日摄）

2015年11月21日，6根钢索拖动球面射电望远镜（FAST）馈源舱进行功能性测试。当日，正在贵州黔南安装建设的500米口径球面射电望远镜馈源支撑系统进行首次升舱试验，6根钢索拖动馈源舱提升108米，并进行相应的功能性测试。

馈源是指望远镜用来接收宇宙外来信号的装置系统，馈源舱就是安放这个系统的舱体，可以称之为智眼的"眼珠"。

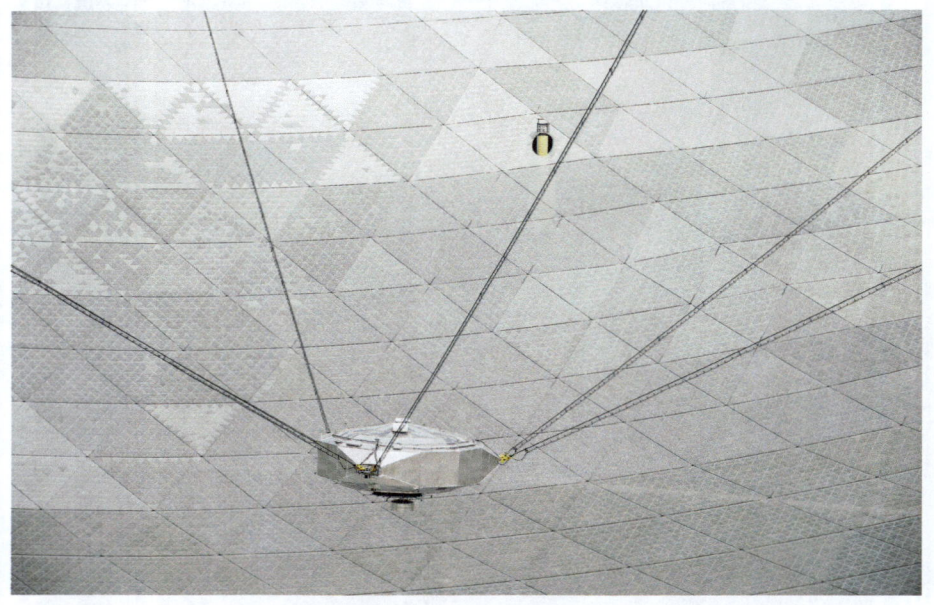

世界最大单口径射电望远镜反射面面板安装将于7月3日完成（刘续 2016年6月29日摄）

6月29日，500米口径球面射电望远镜（FAST）工程核心部件馈源舱在进行调试。

截至6月29日，正在贵州省平塘县建设的世界最大单口径射电望远镜——500米口径球面射电望远镜已完成4443块反射面面板安装，完成比例达99.8%。据悉，FAST的反射面总面积约25万米^2，用于汇聚无线电波供馈源接收机接收，反射面安装工程预计将于2016年7月3日完成。

摄影作品一等奖

星空下的 500 米口径球面射电望远镜工程（欧东衢 2016 年 6 月 27 日摄）

正在贵州省平塘县建设的世界最大单口径射电望远镜——500 米口径球面射电望远镜（FAST）反射面板将于近日安装完成，在不同的光线环境下，天眼呈现出别样的美丽。

落日余晖下的 500 米口径球面射电望远镜（FAST）工程全景（刘续 2016 年 6 月 27 日摄）

金立旺

2000年毕业于复旦大学新闻学院国际新闻专业，2007～2008年英国外交部志奋领学者（同时获利物浦大学MBA学位），曾先后在《文汇报》、《东方早报》、北京奥组委等单位工作，现供职于新华社摄影部。多次获得中国新闻奖，并在《人民摄影报》新闻作品年度评选和国际新闻摄影比赛(华赛)中获奖，2005年拍摄的《纪实系列》获平遥国际摄影大展中国当代优秀摄影师奖，2011年拍摄的《索马里难民》入选TOP 20中国当代摄影新锐展、2012年中国新闻摄影"金镜头"纪实类组照金奖，拍摄的《汉旺母亲》获2012年度中国新闻摄影年赛多媒体短片类金奖（与人合作），2013年度佳能十佳专业摄影师。拍摄的《中国科学家》获2014年中国新闻摄影"金镜头"新闻人物类组照金奖。译有《〈生活〉杂志数码摄影教程》《单灯摄影》《镜头中里的生活》（合译）。

摄影作品一等奖

欧东衢

　　2002～2006年就读于贵州大学汉语言文学专业（本科），2006～2009年就读于广西大学新闻传播学院（硕士研究生），2009年至今任新华社摄影记者。现为新华社贵州分社摄影部主任。2012～2015年连续4年有作品入选新华社年度照片。曾参加过贵州"6·28"关岭滑坡、云南彝良地震等多起重大突发事件的报道，并参加过"9·3"阅兵，第九届、第十一届少数民族运动会，第十二届全运会，南京青奥会，里约残奥会等重大战役性的报道。

9月24日，欧东衢在世界最大单口径射电望远镜内进行采访

2016年9月25日，欧东衢在即将竣工的世界最大单口径射电望远镜内采访

创新年轮　攀登足迹
中国科学院第十四届科星奖获奖作品选

2015年9年3日，欧东衢在"9·3"阅兵现场拍摄照片

刘续

男，四川大学新闻系毕业，现任新华社贵州分社摄影记者，从事新闻摄影近十年，其间先后参与"9·3"阅兵、云南鲁甸地震、天津东亚运动会、第九届全国少数民族运动会等一系列重大战役性报道。所拍照片多次被《人民日报》、新华每日电讯等中央级媒体头版采用。

刘续在采访中留影

摄影作品二等奖

摄影作品二等奖获奖作品

树梢上的实验室	上海文汇报社	谢震霖
暗物质粒子探测卫星	新华社	金立旺
中国科学院国家天文台对全世界发布LAMOST首批巡天光谱数据	新华社	殷 刚

（以上获奖作品按照作品发表时间倒序排列）

树梢上的实验室

上海文汇报社　谢震霖

《文汇报》第4版
2016年2月23日

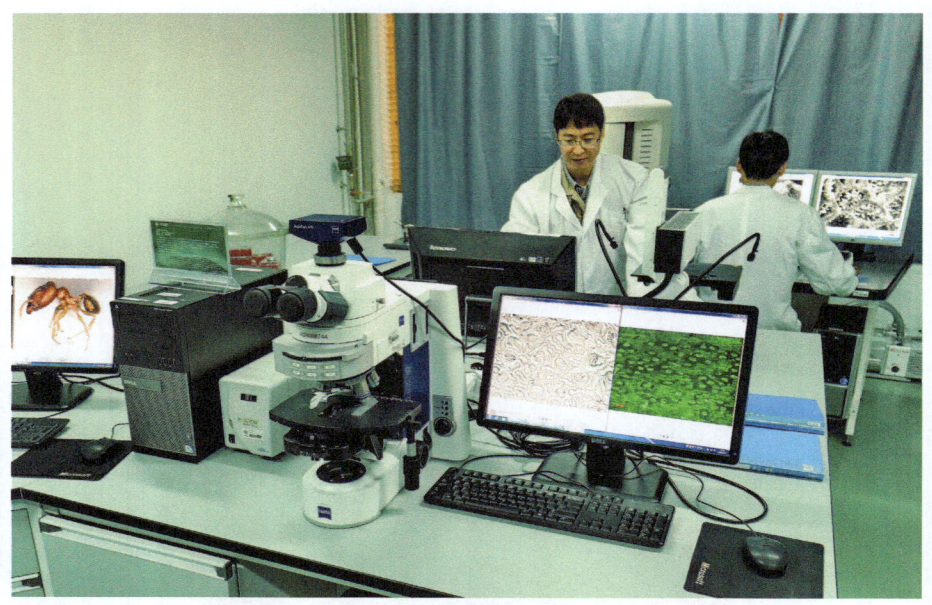

搜集到的林冠数据被汇总到重点实验室进行分析

记者跟随科考队穿越丛林接近塔吊时的情景

塔吊有效解决了许多因设备和人员不能到达林冠而无法开展的研究难题

研究人员宋亮、吴毅正顺着吊臂作水平延伸来接近林冠,这次他们将对望天树作剪枝取样的监测分析

截至 2015 年，国外共有 11 座林冠塔吊，覆盖森林总面积约 11.7 公顷，其中 5 座位于热带雨林。塔吊主要集中在欧洲（4 座）、美洲（4 座），而亚洲只有 2 座，另一座在澳大利亚

摄影作品二等奖

塔吊的机动性突破了以往大部分林冠研究局限于森林地面的历史

塔吊上多种仪器设备发挥着各自的探测功能

观测站站长邓晓保在检查塔吊安全运行情况

林冠是蕴含丰富物种却又受严重威胁的复杂生境,现已成为全球变化生态学的研究热点

暗物质粒子探测卫星

新华社　金立旺

我国成功发射暗物质粒子探测卫星（2015年12月17日摄）

2015年12月17日，搭载暗物质粒子探测卫星的"长征二号丁"运载火箭升空。当日8时12分，我国在酒泉卫星发射中心用"长征二号丁"运载火箭成功将名为"悟空"的暗物质粒子探测卫星送入太空。

当日下午5时55分，我国科学卫星系列首发星——暗物质粒子探测卫星"悟空"在升空后第7天，成功获取首批科学数据并下传至中科院国家空间科学中心空间科学任务大厅。接收到的数据显示，暗物质卫星的四大科学载荷——塑闪阵列探测器、硅阵列探测器、BGO量能器、中子探测器探测到的高能电子和伽马射线计数与此前地面预测计数率一致，表明暗物质卫星的有效载荷已开始正常工作。暗物质卫星有效载荷还要经历两个月的在轨测试和标定，之后正式交付中科院紫金山天文台负责的科学应用系统，进入在轨运行阶段，开始为期两年的巡天观测和一年的定向观测。

暗物质卫星"悟空"成功获取首批科学探测数据（2015年12月24日摄）

这是2015年12月24日拍摄的中科院国家空间科学中心空间科学任务大厅屏幕上显示的接收到的第一批科学数据。

暗物质卫星工程首席科学家常进（左三）和国家空间科学中心主任吴季（左四）、暗物质卫星工程总设计师艾长春（左一）、空间科学先导专项高级顾问崔吉俊（左二）在中科院国家空间科学中心空间科学任务大厅讨论（2015年12月24日摄）

中科院国家空间科学中心工作人员在空间科学任务大厅监视卫星综合状态（2015年12月24日摄）

中科院国家空间科学中心主任吴季在介绍数据接收情况（2015年12月24日摄）

暗物质粒子探测卫星在轨交付紫金山天文台（2016年3月17日摄）

2016年3月17日，在中科院国家空间科学中心，相关部门负责人签署文件。

当日，我国空间科学系列首发星——暗物质粒子探测卫星"悟空"圆满完成3个月的在轨测试任务，交付用户单位中科院紫金山天文台。截至今日，"悟空"在轨飞行92天，共探测到4.6亿个高能粒子，完成了2/3天区的扫描。

中国科学院国家天文台对全世界发布 LAMOST 首批巡天光谱数据

新华社 殷 刚

中国科学院国家天文台 LAMOST（2015 年 3 月 19 日摄）

3 月 19 日，中国科学院国家天文台对全世界发布 LAMOST（大天区面积多目标光纤光谱天文望远镜，又称郭守敬望远镜）首批巡天光谱数据。

此次公开发布的数据包含 220 万条光谱，其中信噪比大于 10 的恒星光谱有 172 万条，已超过目前世界上所有已知恒星巡天项目的光谱总数。发布数据中还包括一个 108 万颗恒星光谱参数星表，也是目前世界上最大的恒星光谱参数星表。

郭守敬望远镜（LAMOST）是我国自主创新研制的中星仪式主动反射施密特望远镜。LAMOST 创造性地应用主动光学技术，实现在观测中镜面曲面连续变化，突破了望远镜大口径与大视场难以兼得的瓶颈，最大通光口径为 4.9 米，最大视场直径为 5°，是世界上口径最大的大视场望远镜。

LAMOST 项目作为国家重大科学工程，于 2001 年动工，2012 年 9 月正式巡天观测。LAMOST 第一期光谱巡天计划在 5 年时间里获得超过 500 万条高质量的光谱，这些数据对于研究银河系的结构、运动、形成和演化具有重要的科学意义。

工作人员在 LAMOST 观测控制室观测（2015 年 3 月 19 日摄）

发布会现场的星云图映射出一位记者的身影（2015 年 3 月 19 日摄）

摄影作品二等奖

中国科学院国家天文台 LAMOST（2015 年 3 月 19 日摄）

摄影作品三等奖

摄影作品三等奖获奖作品

LED灯下的猕猴	新华社	金立旺
天眼——实地探秘FAST工程现场	上海文汇报社	谢震霖
中科院发掘、保护、发展贵州从江县农业文化遗产	中央人民广播电台	黄光辉
搭建观天智眼 ——记世界最大单口径射电望远镜铺设工程	新华社	欧东衢 等

（以上获奖作品按照作品发表时间倒序排列）

LED 灯下的猕猴

新华社　金立旺

　　LED 光源是否安全，长期使用 LED 光源是否会导致青少年近视，什么样的 LED 光源有助于提高睡眠质量，LED 光源会如何影响情绪……中国科学院（简称中科院）"璀璨行动"中的一个项目正在利用猕猴进行 LED 光源的生物效应研究，试图回答这些大众关心的问题。

　　负责这个项目的是中科院昆明动物研究所动物模型和人类疾病机理重点实验室研究员胡新天。他告诉记者，LED 灯源作为新型光源，具有节能、寿命长、全光谱等特点，但人类长期使用是否安全还是个未曾回答的问题。全球科学界并没有经过系统而长期的研究来回答这个问题。

　　胡新天带领的研究团队按照不同的颜色、光照强度、时间等因素和实验目的，把猕猴分成不同小组，每组实验由 6～8 只猕猴完成，试图通过长期实验找到以上因素对人类健康的安全边界。胡新天介绍，LED 光源安全性研究已经进行将近两年，这是世界范围内首次进行模仿 LED 光源光照条件下的慢性效果的长期实验。目前，他们距离划出清楚的安全边界还有一定距离，预计明年可以完成。

　　同为灵长类动物的猕猴的大脑和眼睛的结构、功能与人类十分相似，猕猴是完成这一实验研究最理想的动物。胡新天实验室助理研究员胡英周博士告诉记者，根据国际惯例，为了得到可靠的数据，做一组实验需要 6 只猕猴，但因为实验时间更长，万一有猕猴出问题或者因比较特殊而被剔除就会影响数据的获取，而采用 8 只猕猴可以保证至少获得其中 6 只猕猴的实验数据。对于各种参数的测量，严格来说测量次数越密越好。但考虑到人力成本和麻醉次数过频会影响猕猴健康等因素，目前基本上是一个月左右测量一次猕猴的 ERG 眼电图和眼睛光轴的变化。

　　胡新天说："我们做出来的结果，要得到国际公认，实验动物的管理和福利设施有一套严格的国际标准。目前，我们的实验室采用的是国际上广泛认可的美国国立卫生研究院（NIH）的标准。只有这样才不会受到别人质疑，论文才能获得发表。同时，动物的健康有保证，测量所得数据才是正常数据，科学结论才有保证，这也是科研的内在要求。"

胡新天期待他的实验室在未来能够成为在国际上有影响力的LED光源生物效应研究实验室。

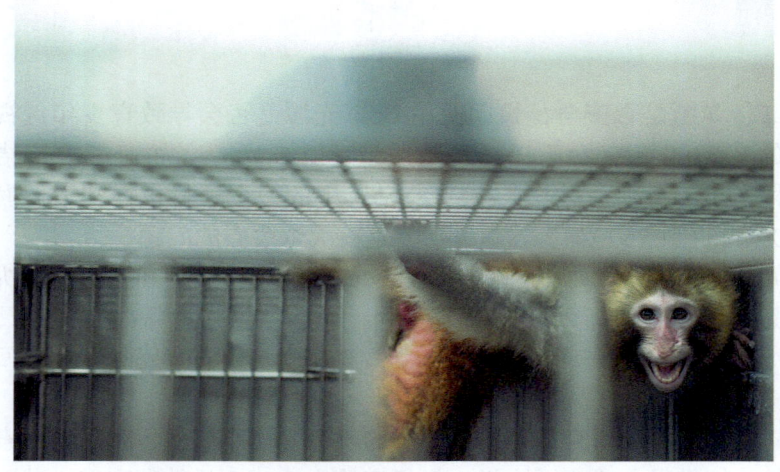

一只猕猴正在进行灯光试验（2015年12月10日摄）

炽灯光照条件下的实验房间（2015年12月10日摄）

摄影作品三等奖

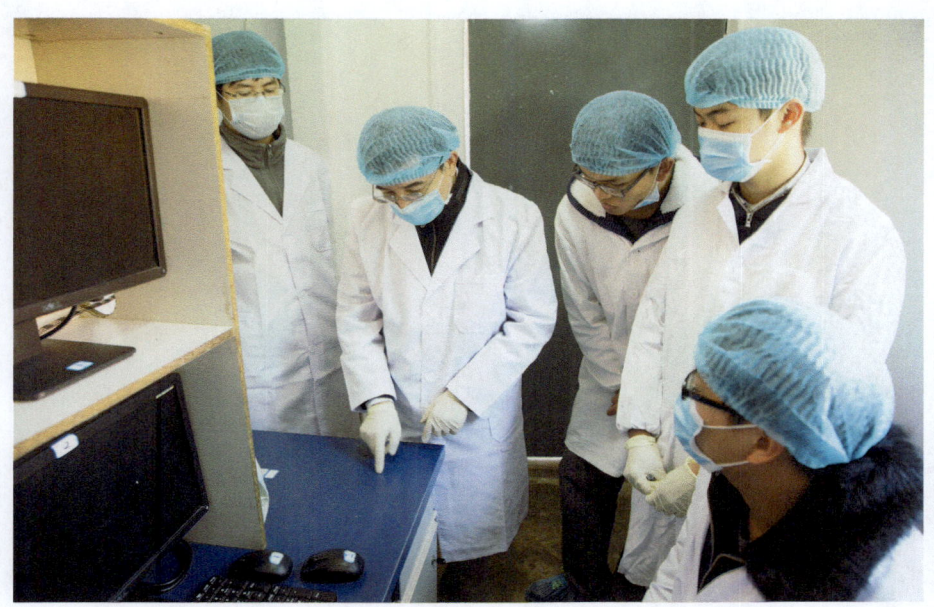

胡新天研究员（左二）和实验室工作人员在讨论如何改善实验设计（2015年12月10日摄）

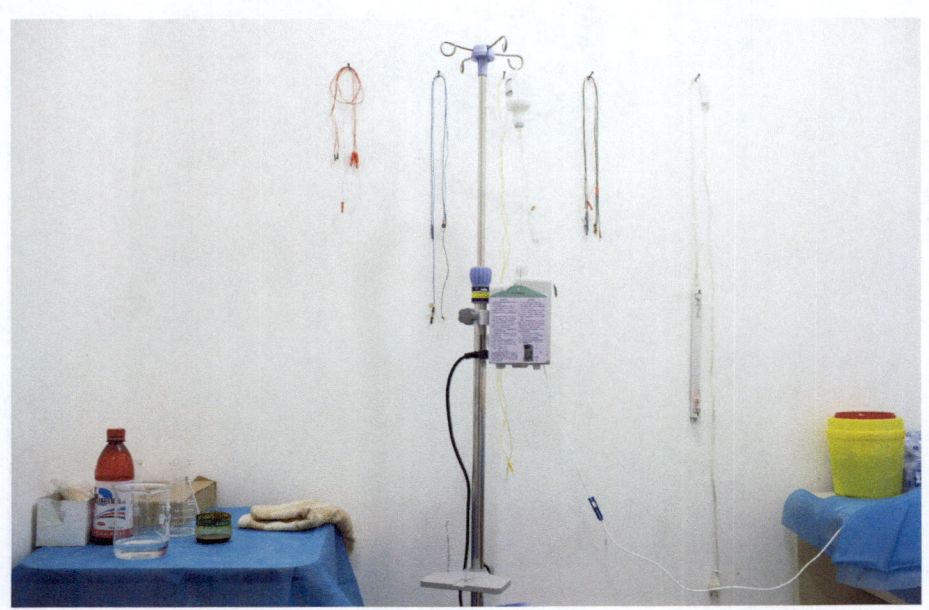

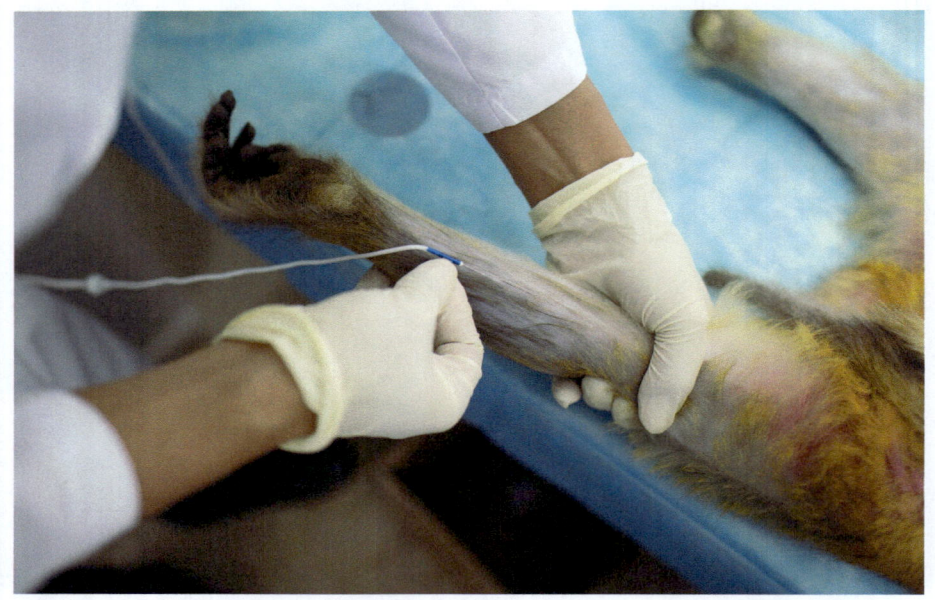

实验人员给一只幼猴注入麻醉剂（2015年12月10日摄）

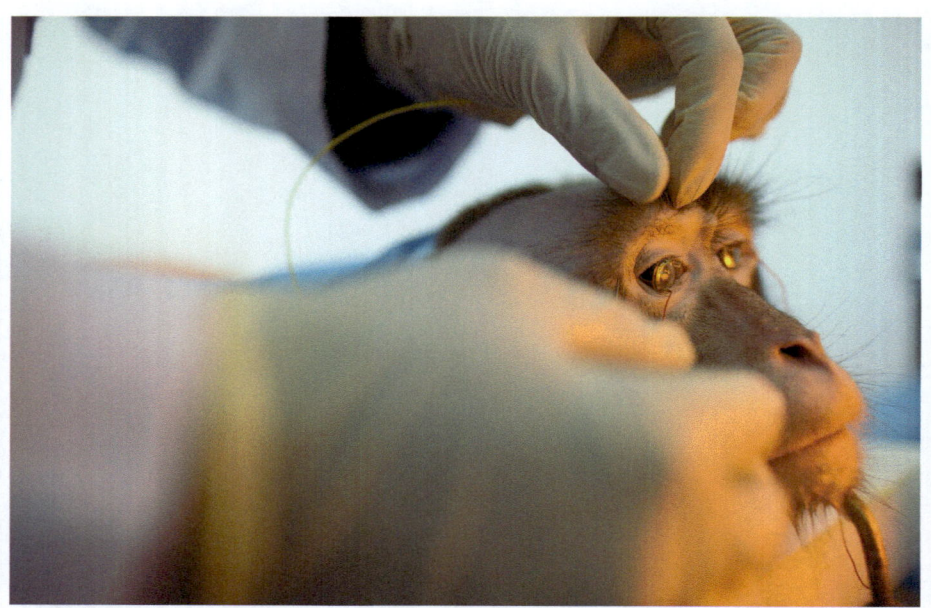

一只猕猴进行不同光照条件下视网膜细胞功能的测试后取下安装在眼睛上的电极（2015年12月10日摄）

摄影作品三等奖

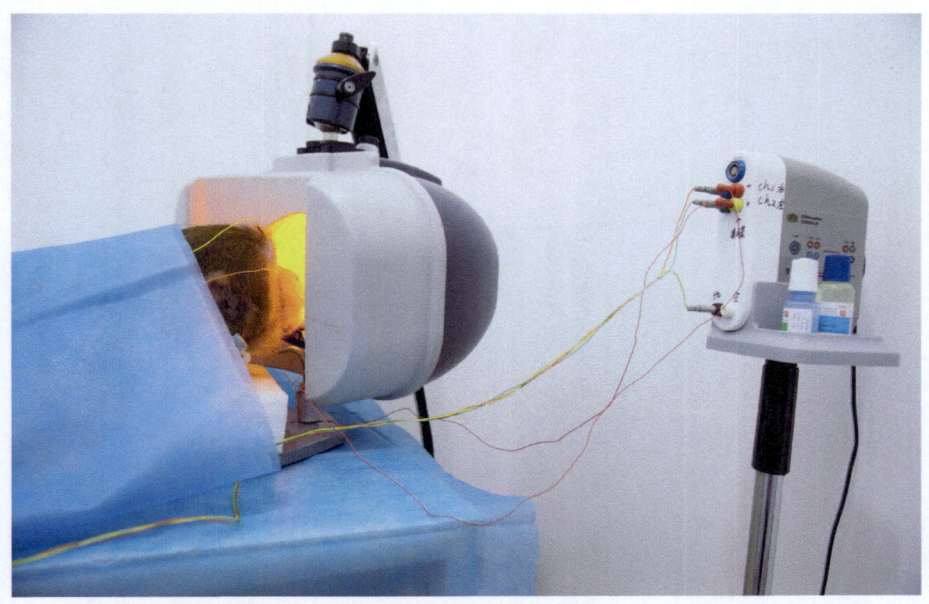

一只猕猴正在进行不同光照条件下视网膜细胞功能的测试（2015年12月10日摄）

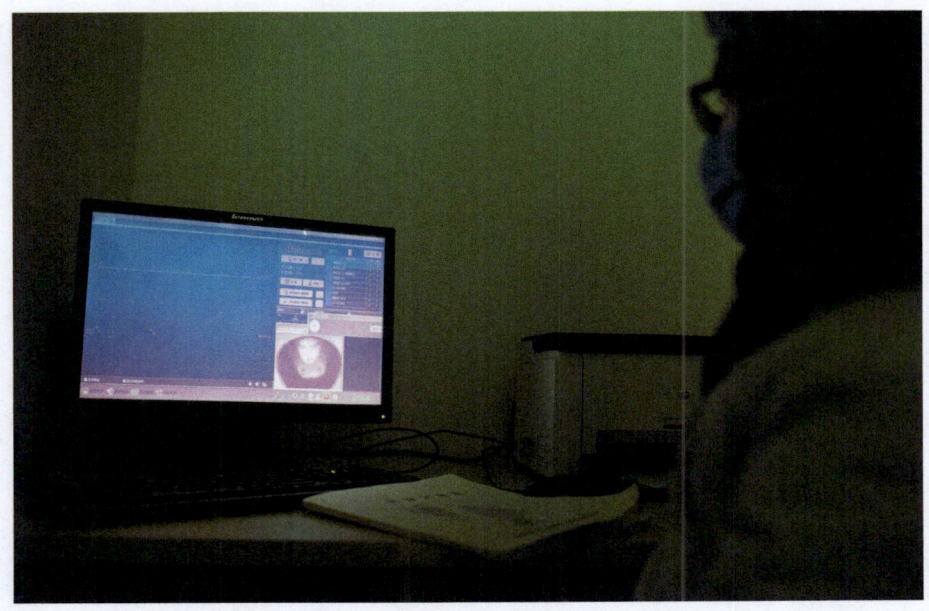

实验人员正在监测暗适应条件下猕猴视网膜细胞功能的相关实验数据（2015年12月10日摄）

549

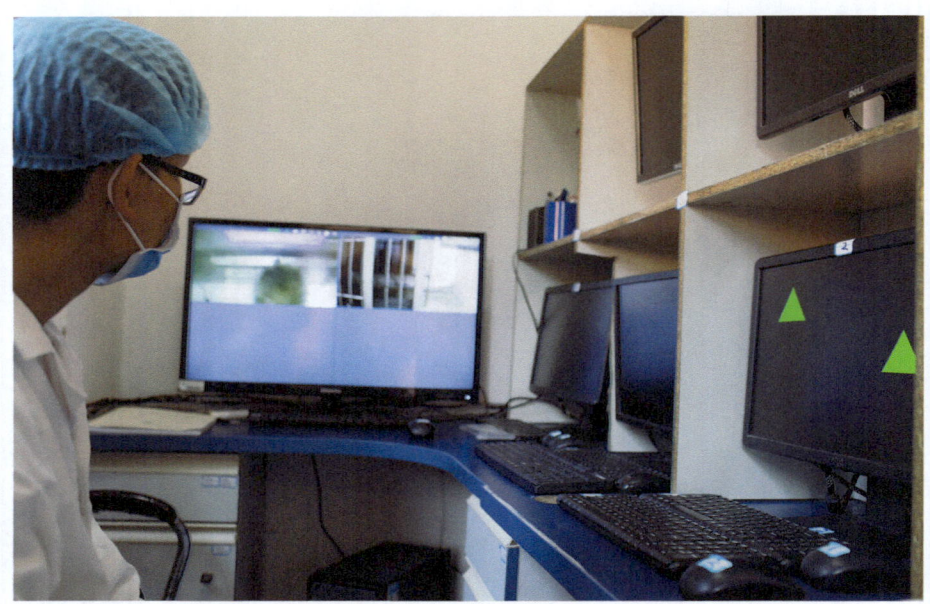

实验人员正在进行猕猴短时空间记忆实验（2015年12月10日摄）

一只猕猴正在进行不同光照条件下视网膜细胞功能的测试（2015年12月10日摄）

天眼——实地探秘 FAST 工程现场

上海文汇报社　谢震霖

《文汇报》
2015 年 11 月 24 日

创新年轮　攀登足迹
中国科学院第十四届科星奖获奖作品选

FAST 工程现场（1）

FAST 工程现场（2）

摄影作品三等奖

FAST 工程现场（3）

FAST 工程现场（4）

FAST 工程现场（5）

FAST 工程现场（6）

FAST 工程现场（7）

中科院发掘、保护、发展贵州从江县农业文化遗产

中央人民广播电台　黄光辉

【央广网从江9月20日消息】中科院记者行今天走进贵州省从江县。从江县稻鱼鸭农耕历史悠久，已有1400多年的发展历史，现有稻田面积17.5万多亩，其中保灌面积达12万多亩，是全球重要农业文化遗产保护地。

全球重要农业文化遗产保护地团长中科院地理科学与资源研究所研究员闵庆文在接受媒体采访时说：贵州省从江县稻鱼鸭系统具有保护生物多样性、控制病虫害、调节气候、保持水土和涵养水源等生态功能。"从江县侗乡稻鱼鸭生态示范园"作为省级农业园区进行建设，黔东南苗族侗族自治州将"稻鱼鸭生态产业"列为全州6个100万亩绿色生态现代农业工程，把从江稻鱼鸭传统生态产业上升为省州级农业园区来实施，并纳入贵州大健康产业来发展。

从江县农业文化遗产成为从江农业景观和民族文化旅游项目。贵州省从江县副县长蒋正才介绍说，结合贵州侗乡大健康产业示范区建设，以农耕文化、梯田文化、禾晾文化、饮食文化为重点，大力发展文化旅游项目，推动农业景观与文化旅游融合发展。依托光辉太阳山、加鸠孔明山、加榜梯田、刚边三百河、东朗孔明塘、民族传统村落等农业生态资源，开发打造"休闲度假养生胜地"。加大观光农业、生态农业和景区景点打造力度，将县内旅游景点与省内外景点串联起来，把"珍珠变项链"，打造大健康旅游休闲精品线路，积极融入"桂林旅游圈"和"东盟陆路旅游环线"，打造成国际旅游度假目的地和国际文化旅游健康养生目的地。

从江加榜梯田

从江加榜梯田稻鱼丰收

多年参与推动从江农业文化遗产的发掘、保护与利用的从江县农业局局长刘华钧说，从江县为进一步落实农业文化遗产的保护工作，深入探索农业文化遗产的动态保护与可持续管理途径，从江县县委、县政府大力开发稻鱼鸭等生态产业，带领群众发展特色农业、生态农业、乡村旅游业，为当地群众实现"农业增效、农民增收"而努力。

从江县农业局副局长谌洪光说，从江县注重传统文化传承工作。按照现代理念来发展保护传统农业，加强农耕文化的挖掘和资料收集整理，建立农业文化遗产传承展室。2014年，县农业局与县民族宗教事务局在从江农业文化遗产核心区高增乡小黄村合建"小黄侗族大歌博物馆"暨"从江侗乡稻－鱼－鸭复合系统展示厅"，同时开发"国家级非物质文化遗产——瑶族洗浴文化体验中心"，更好地展现了从江县丰富的农业文化与民俗民族文化。

从江梯田山光水色

中科院地理科学与资源研究所研究员闵庆文近十年积极推动农业文化遗产宣传工作。他说，我们团队通过开展各种文化活动，利用媒体、网络广泛而深入地推介从江县丰富多彩的民间民俗文化、梯田文化、乡村旅游文化和生态农业文化，做好农业文化遗产传承和发展宣传工作。一是依托

"中国从江原生态侗族大歌节"加大宣传。从江原生态侗族大歌节是黔东南苗族侗族自治州重要的文化旅游节日之一，大歌节期间，县政府精心安排了丰富多彩、规模宏大的民俗活动迎接海内外的宾客，让宾客体验从江各族人民独具特色的民俗活动，品尝特色美食，欣赏全球农耕文化保护试点的旖旎风光，生动地展现了从江的农业文化、民族文化，宣传了从江农业文化遗产，也推动了乡村特色旅游的发展。

搭建观天智眼

——记世界最大单口径射电望远镜铺设工程

新华社　欧东衢　等

世界最大单口径射电望远镜——500米口径球面射电望远镜（FAST）目前正在贵州平塘建设。自开建以来，记者多次到达现场进行采访，通过航拍与传统手法相结合的方式进行采访拍摄。作品多角度、多节点地记录了FAST的建设进展，画面壮观，构图大胆，富有冲击力。让读者有一种跨越时空的"科幻感"，比较充分地满足了读者的视觉阅读期待。

记者紧跟工程进展节奏，争取到多次采访机会，分别于吊装第一块反射面板、安装馈源舱、面板铺设三成、面板铺设近半等节点拍摄，克服了交通、住宿等困难，在贵州平塘偏远山区采访。在采访拍摄时，两位记者爬高走低，还采用航拍器在700余米高空进行航拍，多角度记录了工程进展和建设人物，获得的图片极具视觉冲击力，获得了良好的社会效果。

播发后，图片被《人民日报》、国际在线等近千家媒体采用，最高单张采用达120家次，获得了良好的对内、对外传播效果。

正在贵州黔南安装建设的500米口径球面射电望远镜（FAST），是目前世界上在建的口径最大、最具威力的单天线射电望远镜。目前，FAST已经完成索网制造与安装工程和支撑框架建设，即将进行反射面面板拼装。中国FAST工程办公室称，这一超级望远镜有望在2016年9月建成，建成后将成为世界级射电天文研究中心。

8月2日，位于贵州平塘县的500米口径球面射电望远镜（FAST）完成首块反射面单元的吊装工作，施工进入冲刺阶段。

FAST的反射面由4450块反射面单元组成，总面积约25万米^2，用于反射无线电波、供馈源接收机接收，是FAST工程的主线。

FAST工程预计于2016年9月竣工，该望远镜建成后，将成为世界上最大的单口径射电望远镜和世界级射电天文研究中心。

工人们在面板组装场地上施工,背后是建设中的 500 米口径球面射电望远镜(金立旺 7 月 27 日摄)

在 500 米高空航拍的 FAST 全景(欧东衢 8 月 2 日摄)

摄影作品三等奖

FAST 首块反射面安装成功（欧东衢 8 月 2 日摄）

6 根钢索拖动球面射电望远镜（FAST）馈源舱进行功能性测试（金立旺 11 月 21 日摄）

当日,正在贵州黔南安装建设的 500 米口径球面射电望远镜(FAST)馈源支撑系统进行首次升舱试验,6 根钢索拖动馈源舱提升 108 米,并进行相应的功能性测试。

馈源是指望远镜用来接收宇宙外来信号的装置系统,馈源舱就是安放这个系统的舱体,可以称之为智眼的"眼珠"。FAST 望远镜口径达到 500 米,从顶到底的垂直距离接近 138 米,是目前世界上在建的口径最大、最具威力的单天线射电望远镜,被称为观天智眼。FAST 有望在 2016 年 9 月建成,建成后将成为世界级射电天文研究中心。

正在贵州黔南州建设的世界最大单口径射电望远镜——500 米口径球面射电望远镜(FAST)目前正在进行反射面面板安装,4400 块边长约 11 米的三角形面板安装已经完成近三成,预计 2016 年 4 月前后安装完毕。

正在贵州省平塘县建设的世界最大单口径射电望远镜——500 米口径球面射电望远镜(FAST)目前正在进行反射面面板安装,边长约 11 米的三角形面板安装已经完成 2059 块,完成比例达 46%。FAST 的反射面总面积约 25 万米^2,用于反射无线电波、供馈源接收机接收,是 FAST 工程的主线,预计将于 2016 年 4 月安装完毕。

6 根钢索拖动球面射电望远镜(FAST)馈源舱进行功能性测试(金立旺 11 月 21 日摄)

工人在安装反射面面板（金立旺 11 月 21 日摄）

工人在安装反射面面板（金立旺 11 月 21 日摄）

创新年轮　攀登足迹
中国科学院第十四届科星奖获奖作品选

施工现场（欧东衢 12 月 16 日摄）

中国科学院第十四届科星新闻奖
突出贡献奖获奖名单

获奖者	单 位
王晓萌 帅俊全 李 瑛 杨 丽	中央电视台
金振蓉 夏 欣	光明日报社
赵永新	人民日报社
堵 力	中国青年报社
崔俐莎	新华社
戴 飞	湖南卫视

中国科学院第十四届科星新闻奖
丰产奖获奖名单

分 类	获奖者	单 位
文字作品	丁 佳	中国科学报社
	张 素	中国新闻社
	李大庆	科技日报社
	佘惠敏	经济日报社
	齐 芳	光明日报社
	吴晶晶	新华社
电视作品	帅俊全	中央电视台
广播作品	黄光辉	中央人民广播电台
网络作品	赵竹青	人民网
摄影作品	金立旺	新华社摄影部